Deepen Your Mind

前言

人以「血」為「氣之母」。金融之於一個國家，猶如血液之於人的身體。風險管理作為必不可少的金融行業之一，時時刻刻都在管理著金融「血液」的流動，監控著金融「血液」的各項指標，是預防各類金融「血液」問題發生的重要管理方法。

現代金融風險管理是由西方世界在二戰以後系統性地提出、研究和發展起來的。一開始，還只是簡單地使用保險產品來避開個人或企業由於意外事件而遭受的損失。到了 20 世紀 50 年代，此類保險產品不僅難以面面俱到而且費用昂貴，風險管理開始以其他的形式出現。舉例來說，利用金融衍生品來管理風險，並在 70 年代開始嶄露頭角，至 80 年代已風靡全球。到 90 年代，金融機構開始開發內部的風險管理模型，全球性的風險監管陸續介入並扮演起管理者的角色。如今，風險管理在不斷改善過程中，已經成為各金融機構的必備職能部門，在有效地分析、理解和管理風險的同時，也創造了大量的就業機會。

金融風險管理的進化還與量化金融的發展息息相關。量化金融最大的特點就是利用模型來解釋金融活動和現象，並對未來進行合理的預測。1827 年，當英國植物學家羅伯特 • 布朗 (Robert Brown) 盯著水中做無規則運動的花粉顆粒時，他不會想到幾十年後的 1863 年，法國人朱爾斯 • 雷諾特 (Jules Regnault) 根據自己多年股票經紀人的經驗，第一次提出股票價格也服從類似的運動。到了 1990 年，法國數學家路易士 • 巴切里爾 (Louis Bachelier) 發表了博士論文《投機理論》The theory of speculation。從此，布朗運動被正式引入和應用到了金融領域，樹立了量化金融史上的首座里程碑。

而同樣歷史性的時刻，直到 1973 年和 1974 年才再次出現。美國經濟學家費希爾 • 布萊克 (Fischer Black)、邁倫 • 斯科爾斯 (Myron Scholes) 和

羅伯特 • 默頓 (Robert Merton) 分別於這兩年提出並建立了 Black-Scholes-Merton 模型。該模型不僅實現了對選擇權產品的定價，其思想和方法還被拓展應用到了其他的各類金融產品和領域中，影響極其深遠。除了對隨機過程的應用，量化金融更是將各類統計模型、時間序列模型、數值計算技術等五花八門的神兵利器都招致麾下，大顯其威。而這些廣泛應用的模型、工具和方法，無疑都為金融風險管理提供了巨大的養分和能量，也成為了金融風險管理的重要手段。舉例來說，損益分佈、風險價值 (VaR)、波動性、投資組合、風險對沖、違約機率、信用評級等重要的概念，就是在這肥沃的土壤上結出的果實。

金融風險管理師 (FRM) 就是在這樣的大背景下應運而生的國際專業資質認證。本叢書以 FRM 為中心介紹實際工作所需的金融風險建模和管理知識，並且將 Python 程式設計有機地結合到內容中。就形式而言，本書一大特點是透過豐富多彩的圖表和生動貼切的實例，深入淺出地將煩瑣的金融概念和複雜的計算結果進行了視覺化，能有效地幫助讀者領會重要並提高程式設計水準。

貿易戰、金融戰、貨幣戰這些非傳統意義的戰爭，雖不見炮火硝煙，但所到之處卻是哀鴻遍野。安得廣廈千萬間，風雨不動安如山。筆者希望本書系列，能為推廣金融風險管理的知識盡一份微薄之力，為從事該行業的讀者提供一點助益。在這變幻莫測的全球金融浪潮裡，為一方平安保駕護航，為盛世永駐盡心盡力。

在這裡，筆者衷心地感謝清華大學出版社的欒大成老師，以及其他幾位編輯老師對本叢書的大力支持，感謝身邊好友們的傾情協助和辛苦工作。最後，借清華大學校訓和大家共勉——天行健，君子以自強不息；地勢坤，君子以厚德載物。

作者和審稿人

按姓氏拼音順序。

安然

博士，現就職於道明金融集團，從事交易對手風險模型建模，在金融模型的設計與開發以及金融風險的量化分析等領域具有豐富的經驗。曾在密西根大學、McMaster 大學、Sunnybrook 健康科學中心從事飛秒雷射以及聚焦超音波的科學研究工作。

姜偉生

博士，FRM，現就職於 MSCI 明晟 (MSCI Inc)，負責為美國對沖基金客戶提供金融分析產品 RiskMetrics 以及 RiskManager 的諮詢和技術支援服務。建模實踐超過 10 年。跨領域著作豐富，在語言教育、新能源汽車等領域出版中英文圖書超過 15 種。

李蓉

財經專業碩士，現就職於金融機構，從事財務管理、資金營運超過 15 年，深度參與多個金融專案的運作。

梁健斌

博士，現就職於 McMaster Automotive Resource Center，多語言使用時間超過 10 年。曾參與過 CRC Taylor & Francis 圖書作品出版工作，在英文學術期刊發表論文多篇。為叢書 Python 系列資料視覺化提供大量支援。

蘆葦

博士，碩士為金融數學方向，現就職於加拿大五大銀行之一的豐業銀行

(Scotiabank)，從事金融衍生品定價建模和風險管理工作。程式設計建模時間超過十年。曾在密西根州立大學、多倫多大學從事中尺度氣候模型以及碳通量反演的科學研究工作。

邵航

金融數學博士，CFA，博士論文題目為《系統性風險的市場影響、博弈論和隨機金融網路模型》。現就職於 OTPP (Ontario Teachers' Pension Plan，安大略省教師退休基金會)，從事投資業務。曾在加拿大豐業銀行從事交易對手風險模型建模和管理工作。多語言建模實踐超過 10 年。

涂升

博士，FRM，現就職於 CMHC (Canada Mortgage and Housing Corporation，加拿大抵押貸款和住房管理公司，加拿大第一大皇家企業)，從事金融模型審查與風險管理工作。曾就職於加拿大豐業銀行，從事 IFRS9 信用風險模型建模，執行監管要求的壓力測試等工作。多語言使用時間超過 10 年。

王偉仲

博士，現就職於美國哥倫比亞大學，從事研究工作，參與哥倫比亞大學多門所究所學生等級課程教學工作，MATLAB 建模實踐超過 10 年，在英文期刊雜誌發表論文多篇。參與本書的程式校對工作，並對本書的資訊視覺化提供了很多寶貴意見。

張豐

金融數學碩士，CFA，FRM，現就職於 OTPP，從事一級市場等投資專案的風險管理建模和計算，包括私募股權投資、併購和風投基金、基礎建設、自然資源和地產類投資。曾就職於加拿大蒙特婁銀行，從事交易對手風險建模。

致謝

謹以此書獻給我們的父母親。

推薦語

本叢書作者結合 MATLAB 及 Python 程式設計將複雜的金融風險管理的基本概念用大量圖形展現出來，讓讀者能用最直觀的方式學習和理解基礎知識。書中提供的大量原始程式碼讓讀者可以親自實現書中的具體實例。真的是市場上少有的、非常實用的金融風險管理資料。

——張旭萍｜資本市場部門主管｜蒙特婁銀行

投資與風險並存，但投資不是投機，如何在投資中做好風險管理一直是值得探索的課題。一級市場中更多的是透過法律手段來控制風險，而二級市場還可以利用量化手段來控制風險。本叢書基於 MATLAB 及 Python 從實操上教給讀者如何量化並控制投資風險的方法，這「術」的背後更是讓讀者在進行案例實踐的過程中更進一步地理解風險控制之「道」，更深刻地理解風控的思想。

——杜雨｜風險投資人｜紅杉資本中國基金

作為具有十多年 FRM 教育訓練經驗的專業講師，我深刻感受到，每一位 FRM 考生都希望能將理論與實踐結合，希望用電腦語言親自實現 FRM 中學習到的各種產品定價和金融建模理論知識。而 MATLAB 及 Python 又是金融建模設計與分析等領域的權威軟體。本叢書將程式設計和金融風險建模知識有機地結合在一起，配合豐富的彩色圖表，由淺入深地將各種金融概念和計算結果視覺化，幫助讀者理解金融風險建模核心知識。本叢書特別適合 FRM 備考考生和透過 FRM 考試的金融風險管理從業人員，同時也是金融風險管理職位筆試和面試的「葵花寶典」，甚至可以作為金融領域之外的資料視覺化相關職位的絕佳參考書，非常值得學習和珍藏。

——Cate 程黃維｜高級合夥人兼金融專案學術總監｜中博教育

千變萬化的金融創新中，風險是一個亙古不變的議題。堅守風險底線思維，嚴把風險管理關口，是一個金融機構得以長期生存之本，也是每一個員工需要學習掌握的基礎能力。本叢書由淺入深、圖文生動、內容充實、印刷精美，是一套不可多得的量化金融百科。不論作為金融普及讀物，還是 FRM 應試圖書，乃至工作後常備手邊的工具書，本叢書都是一套不可多得的良作。

——單碩 | 風險管理部風險經理 | 建信信託

✣ 本書的重要特點

- 探討更多金融建模實踐內容；
- 由淺入深，突出 FRM 考試和實際工作的關聯；
- 強調理解，絕不一味羅列金融概念和數學公式；
- 將概念、公式變成簡單的 Python 程式；
- 全彩色印刷，賞心悅目地將各種金融概念和資料結果視覺化；
- 中英文對照，擴充個人行業術語庫。

✣ 本書適用讀者群眾

有志在金融行業發展，本書可能是金融 Python 程式設計最適合零基礎入門、最實用的圖書。

✣ 請讀者注意

本書採用的內容、演算法和資料均來自公共領域，包括公開出版發行的論文、網頁、圖書、雜誌等；本書不包括任何智慧財產權保護內容；本書觀點不代表任何組織立場；水準所限，本書作者並不保證書內提及的演算法及資料的完整性和正確性；本書所有內容僅用於教學，程式錯誤難免；任何讀者使用本書任何內容進行投資活動，本書筆者不為任何虧損和風險負責。

目錄

01 波動性

02 隨機過程

03 蒙地卡羅模擬

04 回歸分析

05 選擇權二元樹

06 BSM 選擇權定價

07 希臘字母

08 市場風險

09 信用風險

10 交易對手信用風險

11 投資組合理論 I

12 投資組合理論 II

A 備忘

波動性

對了解自己的投資者來說，波動性創造了機會。

For the investor who knows what he is doing, volatility creates opportunity.

——約翰・特雷恩 (John Train)

在低的波動性下持續超越市場是不可能的。我在 30 多年裡超越了市場，但這不是在低的波動性下。

Outperforming the market with low volatility on a consistent basis is an impossibility. I outperformed the market for 30-odd years, but not with low volatility.

——喬治・索羅斯 (George Soros)

「波浪無時潮失信」，金融市場或許會有風平浪靜，但是更多的是「失信」的潮水和「無時」的波浪。在金融市場上，無論是股票、利率、匯率、大宗商品的價格，甚至波動本身，每時每刻都湧動著「潮水」和「波浪」，金融市場本身就是一個波動的市場。

波動性作為衡量金融資產價格波動程度的指標，毫無疑問地成為金融領域一個非常重要的概念，它不僅反映了資產收益的不確定性，而且也反映了金融資產的風險水準。波動性越高，金融資產價格的變動越劇烈，資產收益率的不確定性和金融風險就越高；波動性越低，金融資產價格的變動越平緩，資產收益率的確定性就越強，對應的金融風險就越低。

本章核心命令程式

- arch.arch_model().fit() ARCH 模型擬合
- arch.archmodel.params 列印輸出模型參數
- ax.get_xlim() 獲取 x 軸範圍
- ax.get_ylim() 獲取 y 軸範圍
- ax.hist() 繪製柱狀圖
- DataFrame.cumprod() 計算累積回報率
- DataFrame.ewm() 計算指數權重移動平均
- DataFrame.expanding().std() 產生擴充標準差
- DataFrame.ffill() 按前差法補充資料
- DataFrame.pct_change() 生成回報率
- matplotlib.pyplot.gca().xaxis.set_major_formatter() 設定主標籤格式
- mdates.DayLocator() 設定日期選擇
- pandas.to_datetime() 轉為日期格式
- Series.resample() 對序列重新組合，可選擇周、雙周、月等參數
- Series.rolling().std() 產生流動標準差

1.1 回報率

回報率是一個非常廣泛的概念，比如經常提到的投資報酬率 (Return On Investment, ROI)，顧名思義是指透過投資而獲得的回報，它利用投資的增量與初始投資的比值來表示，如圖 1-1 所示。

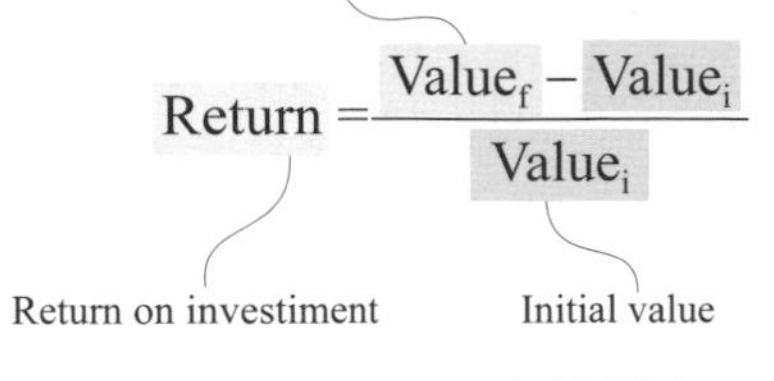

▲ 圖 1-1　投資報酬率

其中，投資的增量 $\text{Value}_\text{f} - \text{Value}_\text{i}$ 被稱為淨回報 (net return)。

下面以某股票的價格為例詳細討論股票的回報率。這裡只考慮工作日 (Business Day) 的收盤價。如圖 1-2 所示，時刻的股票價格為 S_t，對應的，$t-i$ 時刻的股票價格為 S_{t-i}。如果已知 t 時刻和 t–1 時刻的股票價格，透過式 (1-1) 可以計算出對應的損益 (Profit and Loss, PnL, P&L)。

$$\text{PnL}_t = S_t - S_{t-1} \tag{1-1}$$

在不考慮分紅的情況下，如果 $\text{PnL}_t > 0$，則 $t-1$ 時刻買進的股票，t 時刻賣出，投資者會從股票獲利；反之，如果 $\text{PnL}_t < 0$，$t-1$ 時刻買進的股票，t 時刻賣出，投資者則會由於投資該股票而導致虧損。

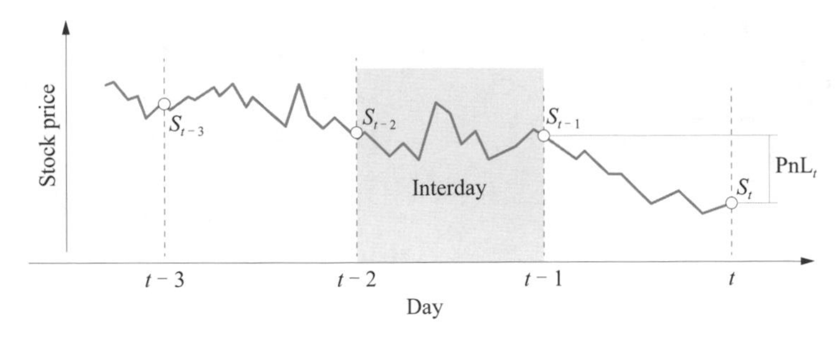

▲ 圖 1-2　某股票的價格變動

在沒有分紅 (dividend) 的情況下，單日簡單回報率 (simple return) 可以透過式 (1-2) 計算。

$$r_t = \frac{S_t - S_{t-1}}{S_{t-1}} \tag{1-2}$$

透過下面的例子可以幫助理解日簡單回報率。首先利用以下程式，下載亞馬遜公司 (Amazon) 在 2020 年 12 月 21 日到 28 日的股票的調整收盤價格。

B2_Ch1_1_A.py

```
import numpy as np
import pandas_datareader
ticker = 'AMZN'
stock = pandas_datareader.data.DataReader(ticker, data_source='yahoo',
start='12-21-2020', end='12-28-2020')['Adj Close']
print(stock)
```

展示結果如下。

```
Date
2020-12-21    3206.179932
2020-12-22    3206.520020
2020-12-23    3185.270020
2020-12-24    3172.689941
2020-12-28    3283.959961
Name: Adj Close, dtype: float64
```

根據前面對於回報率介紹的公式，用 Python 寫出計算式，並計算日簡單回報率。

B2_Ch1_1_B.py

```
#via formula
returns_daily = (stock / stock.shift(1)) - 1
print(returns_daily)
```

日簡單回報率如下。

```
Date
2020-12-21         NaN
2020-12-22    0.000106
2020-12-23   -0.006627
2020-12-24   -0.003949
2020-12-28    0.035071
Name: Adj Close, dtype: float64
```

Python 中還提供了一個單獨的函數 pct_change() 來計算日簡單回報率，如果借助這個函數，程式如下所示。

B2_Ch1_1_C.py

```
#alternative via pct_change() function
returns_daily = stock.pct_change()
print(returns_daily)
```

得到的日簡單回報率結果如下所示，可見這與前面根據公式計算的結果完全相同。

```
Date
2020-12-21          NaN
2020-12-22     0.000106
2020-12-23    -0.006627
2020-12-24    -0.003949
2020-12-28     0.035071
Name: Adj Close, dtype: float64
```

另外，對於股價的分析，常常會用到對數回報率，其數學表示式為：

$$r_t = \ln\left(\frac{S_t}{S_{t-1}}\right) = \ln(S_t) - \ln(S_{t-1}) \tag{1-3}$$

對應地，下面程式可以用來計算對數回報率。

B2_Ch1_1_D.py

```
#log return
log_return_daily = np.log(stock / stock.shift(1))
print(log_return_daily)
```

對數回報率結果如下。

```
Date
2020-12-21          NaN
2020-12-22     0.000106
2020-12-23    -0.006649
2020-12-24    -0.003957
```

```
2020-12-28    0.034470
Name: Adj Close, dtype: float64
```

回報率是經過一段時間的回報，前面例子介紹的是時間為一天的回報，如果經過的時間為 k 天，那麼簡單回報率公式為：

$$\begin{aligned} r_t(k) &= \frac{S_t - S_{t-k}}{S_{t-k}} \\ &= \frac{S_t}{S_{t-k}} - 1 \\ &= \frac{S_t}{S_{t-1}} \frac{S_{t-1}}{S_{t-2}} \cdots \frac{S_{t-k+1}}{S_{t-k}} - 1 \\ &= (r_t + 1)(r_{t-1} + 1)\cdots(r_{t-k+1} + 1) - 1 \end{aligned} \tag{1-4}$$

對應地，單周簡單回報率可以透過式 (1-5) 求得。

$$r_t(5) = \frac{S_t - S_{t-5}}{S_{t-5}} \tag{1-5}$$

雙周簡單回報率可以透過式 (1-6) 求得。

$$r_t(10) = \frac{S_t - S_{t-10}}{S_{t-10}} \tag{1-6}$$

單月簡單回報率可以透過式 (1-7) 求得。

$$r_t(20) = \frac{S_t - S_{t-20}}{S_{t-20}} \tag{1-7}$$

下面的程式從弗萊德資料庫 (FRED：https://fred.stlouisfed.org) 獲得從 2010 年 12 月 28 日到 2020 年 12 月 28 日十年間標普指數 (S&P500) 的價格資料，並進行了繪圖展示。

B2_Ch1_2_A.py

```
import pandas_datareader
import matplotlib.pyplot as plt

#sp500 price
sp500 = pandas_datareader.data.DataReader(['sp500'], data_source='fred',
```

```
start='12-28-2010', end='12-28-2020')
#plot sp500 price
plt.plot(sp500['sp500'], color='dodgerblue')
plt.title('S&P 500 price')
plt.xlabel('Date')
plt.ylabel('Price')
plt.gca().spines['right'].set_visible(False)
plt.gca().spines['top'].set_visible(False)
plt.gca().yaxis.set_ticks_position('left')
plt.gca().xaxis.set_ticks_position('bottom')
```

如圖 1-3 所示為上述程式執行結果。從圖中可以看出，標普指數的價格整體趨勢為上升，這與全球經濟在這十年中的走勢相符。但是，價格的波動始終伴隨其中，有時甚至會有巨大的上升或下降。比如，從圖中明顯可見，2020 年標普指數的價格出現了斷崖式下降，這是因為新型冠狀病毒對全球經濟的巨大衝擊。

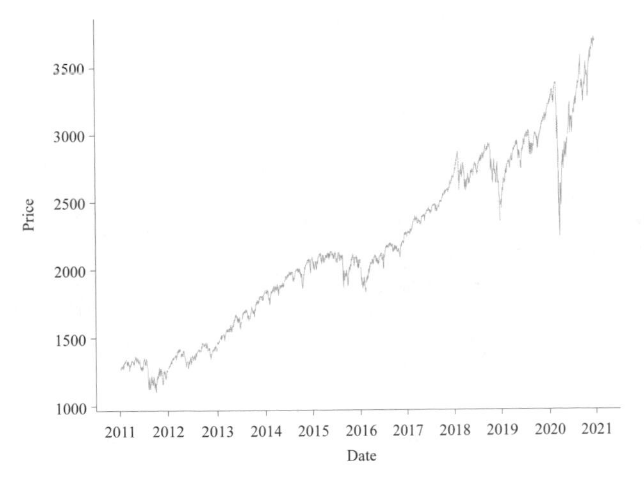

▲ 圖 1-3　標準普爾價格

套用最初介紹的日簡單回報率計算公式，可以用下面程式，繪製標普指數的日回報率曲線，如圖 1-4 所示。

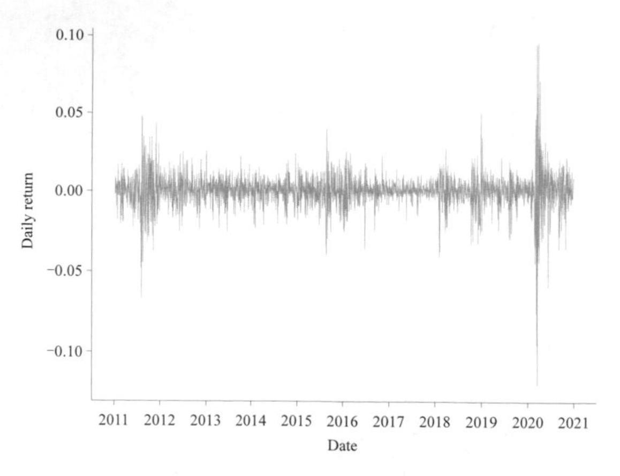

▲ 圖 1-4 標普指數日回報率

B2_Ch1_2_B.py

```
#daily return
sp500['return_daily'] = sp500['sp500'].pct_change()
sp500.dropna(inplace=True)
#plot daily return
plt.plot(sp500['return_daily'], color='dodgerblue')
plt.title('S&P 500 daily returns')
plt.xlabel('Date')
plt.ylabel('Daily return')
plt.gca().spines['right'].set_visible(False)
plt.gca().spines['top'].set_visible(False)
plt.gca().yaxis.set_ticks_position('left')
plt.gca().xaxis.set_ticks_position('bottom')
```

利用下面程式，可以很容易地計算月回報率，並繪製如圖 1-5 所示的曲線圖。程式中函數 resample('M') 可以計算月回報率，如果需要得到周回報率、雙周回報率，將該函數的參數對應改為 'W'、'BW' 即可。這個函數非常有用，大家可以修改程式進行嘗試，以更好掌握該函數。

B2_Ch1_2_C.py

```
#monthly return
sp500_monthly_returns = sp500['sp500'].resample('M').ffill().pct_change()
#plot monthly return
```

```
plt.plot(sp500_monthly_returns, color='dodgerblue')
plt.title('S&P 500 monthly returns')
plt.xlabel('Date')
plt.ylabel('Monthly return')
plt.gca().spines['right'].set_visible(False)
plt.gca().spines['top'].set_visible(False)
plt.gca().yaxis.set_ticks_position('left')
plt.gca().xaxis.set_ticks_position('bottom')
```

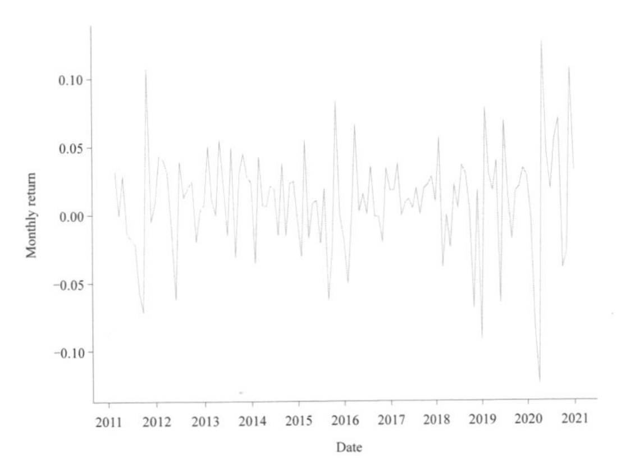

▲ 圖 1-5　標普指數月回報率

前面介紹的日回報率、月回報率等可以幫助理解投資回報的單日或單月等的波動程度，為了計算投資的回報，通常要利用總回報，這就需要計算累積回報率 (cumulative return)。下面程式，利用 cumprod() 函數計算得到累積回報率，並繪製了如圖 1-6 所示的曲線圖。

B2_Ch1_2_D.py

```
#daily cumulative return
sp500_cum_returns_daily = (sp500['return_daily'] + 1).cumprod()
#plot daily cumulative return
plt.plot(sp500_cum_returns_daily, color='dodgerblue')
plt.title('S&P 500 daily cumulative returns')
plt.xlabel('Date')
plt.ylabel('Cumulative return')
plt.gca().spines['right'].set_visible(False)
plt.gca().spines['top'].set_visible(False)
```

```
plt.gca().yaxis.set_ticks_position('left')
plt.gca().xaxis.set_ticks_position('bottom')
```

大家可以發現，圖 1-6 與代表標普指數價格的圖 1-3 除了座標以外，完全一致，這是因為累積回報實際上是價格的標準化，即假設初始投資為一個貨幣單位，之後得到的回報。

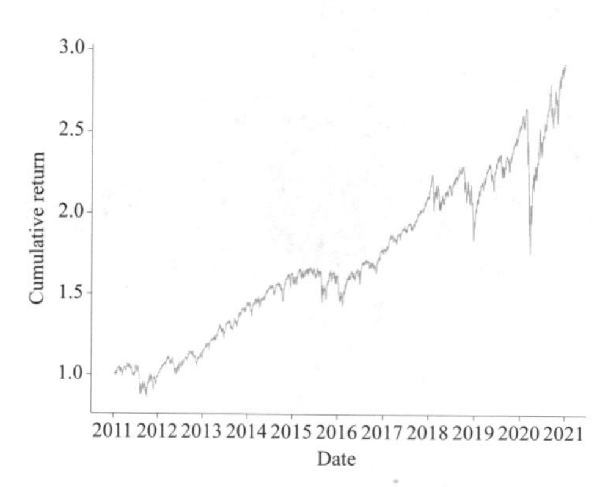

▲ 圖 1-6　標普指數累積日回報率

類似的，利用以下程式可以計算並視覺化累積月回報率。

B2_Ch1_2_E.py

```
#monthly cumulative return
sp500_cum_returns_monthly = (sp500_monthly_returns + 1).cumprod()
#plot monthly cumulative return
plt.plot(sp500_cum_returns_monthly, color='dodgerblue')
plt.title('S&P 500 daily cumulative returns')
plt.xlabel('Date')
plt.ylabel('Cumulative return')
plt.gca().spines['right'].set_visible(False)
plt.gca().spines['top'].set_visible(False)
plt.gca().yaxis.set_ticks_position('left')
plt.gca().xaxis.set_ticks_position('bottom')
```

如圖 1-7 所示即為上述程式生成的累積月回報率曲線，由於平均效應，曲線要比日累積回報率平滑許多。

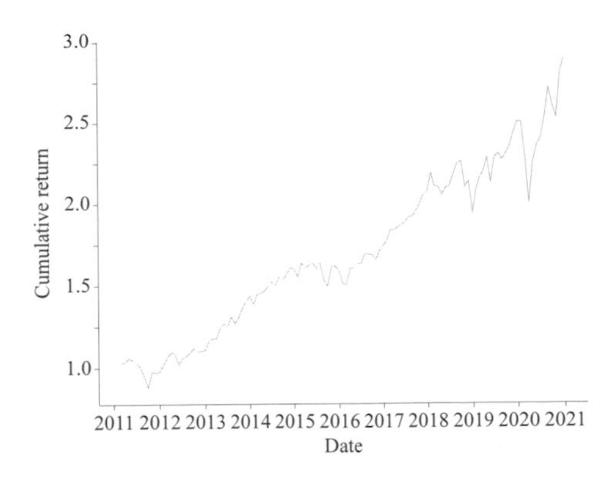

▲ 圖 1-7　標普指數累積月回報率

在實際工作中，經常遇到資料量不足的問題。比如，假設一年有 252 個工作日，如果每週只擷取一次單周回報率，只能得到 50 個資料。但是，如果每天都向前回溯一周，擷取一個單周回報率，即每天都能得到新的過去一周的回報率。也就是，以周為單位的資料視窗每天都隨著時間不停向前移動，這樣在一年之中就可以得到 247 個周回報率資料。這種周回報率也稱為重疊 (overlapping) 單周回報率，類似的，其概念也可以用到其他的時間單位上，比如月、季和年。相較於非重疊 (non-overlapping) 回報率，重疊回報率大大增加了資料量。但需要注意的是，由於資料存在較高的自相關性，重疊回報率樣本序列的波動性會降低。

非重疊單周回報率和重疊單周回報率如圖 1-8 所示。

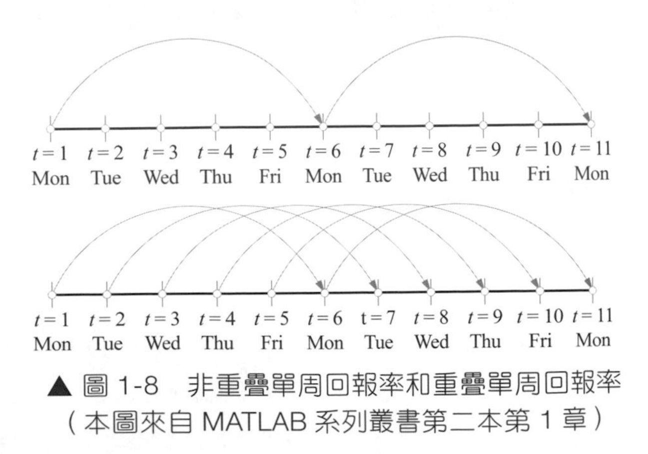

▲ 圖 1-8　非重疊單周回報率和重疊單周回報率
（本圖來自 MATLAB 系列叢書第二本第 1 章）

前面的討論均沒有涉及存在分紅的情況，那麼如果考慮分紅，股票的回報率則可以由公式 (1-8) 計算得到。

$$y_t = \frac{S_t - S_{t-1} + D_t}{S_{t-1}} \tag{1-8}$$

其中，D 為分紅收益率 (dividend rate)。

在回報率已知的情況下，可以很容易地計算投資的損益，比如，對於某個投資組合 (investment portfolio)，如果只包含有同一股票，當前這個投資組合的價值為 A_t，那麼 t 時刻投資組合的損益可以透過式 (1-9) 計算得到。

$$Q_t = A_t \frac{S_t - S_{t-1}}{S_{t-1}} \tag{1-9}$$

對回報率，既可以用小數 (decimal) 表示，也可以用百分數 (percentage) 來表示。前面的介紹，主要涉及簡單回報率，但是也提及了對數回報率。對數回報率實質上是連續回報率 (continuously compounded return)。通常來說，簡單回報率廣泛用於各種會計計算，而連續回報率則在各種數學模型中得到大量應用。

連續回報率與簡單回報率有著密切的關係。比如，當 S_t/S_{t-1} 的比值很小時，對數回報率 $\ln(S_t/S_{t-1})$ 和 $(S_t–S_{t-1})/S_{t-1}$ 很接近。此外，採用連續回報率可以簡化多階段收益率的計算。對於橫跨幾個時間單位的多期連續回報率，可以透過式 (1-10) 得到。

$$\begin{aligned} r_t(k) &= \ln\left(\frac{S_t}{S_{t-k}}\right) \\ &= \ln(S_t) - \ln(S_{t-k}) \\ &= \left[\ln(S_t) - \ln(S_{t-1})\right] + \left[\ln(S_{t-1}) - \ln(S_{t-2})\right] + \cdots + \left[\ln(S_{t-k+1}) - \ln(S_{t-k})\right] \\ &= r_t + r_{t-1} + \cdots + r_{t-k+1} \end{aligned} \tag{1-10}$$

下面的公式變換，展示了連續回報率和簡單回報率的關係，在這裡為了區別，連續回報率標記為 r_t，簡單回報率標記為 y_t。

$$r_t = \ln\left(\frac{S_t - S_{t-1} + S_{t-1}}{S_{t-1}}\right) = \ln(y_t + 1) \tag{1-11}$$

另外，透過觀察下面的泰勒展開式，也可以看到在回報率數值較小的情況下，連續回報率和簡單回報率的差別非常小。

$$\begin{aligned}\ln(y_t+1) &= \sum_{n=1}^{\infty}\frac{(-1)^{n+1}}{n}(y_t)^n \\ &= y_t - \frac{y_t^2}{2} + \frac{y_t^3}{3} - \frac{y_t^4}{4} + \frac{y_t^5}{5}\cdots, \forall y_t \in (-1, +\infty)\end{aligned} \tag{1-12}$$

1.2 歷史波動性

波動性 (volatility) 是用統計的方法對資產價格偏離基準程度的度量，通常用希臘字母 σ 表示。在金融數學中，波動性實質就是資產價格變化的標準差。選擇權定價中使用的波動性通常以一年作為時間單位，因此此時波動性為一年連續複利回報率的標準差；而風險控制領域的波動性通常以一天為時間單位，此時的波動性對應每天連續複利回報率的標準差。

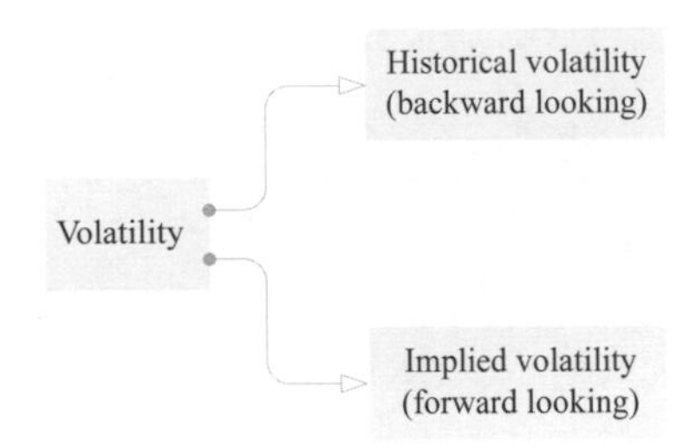

▲ 圖 1-9　波動性分類

如圖 1-9 所示，波動性一般可以分為兩種：一種是利用歷史資料計算得到，稱為歷史波動性 (historical volatility)，它是透過回溯並分析歷史上已經出現的價格而得到的，因此也叫回望波動性 (backward looking volatility)；另外一種是根據當前市場的選擇權價格，用 Black-Scholes 選擇權定價模型反推出來，稱為隱含波動性 (implied volatility)，它是對資產未來價格波動性的預測，因此也稱為前瞻波動性 (forward looking volatility)。本節中會對它們分別進行詳細介紹。

在計算波動性時，通常使用交易的天數，而非日曆天數，這是因為波動性植根於交易，累積的是不同交易日的「交易的不確定性」，當然，也有解釋認為波動性的值在交易日要遠高於非交易日，因此在波動性的計算中，非交易日可以忽略。在日回報獨立同分佈，且具有相同方差的假設下，T 天回報的方差為 T 與日回報率的乘積，也就是說，T 天回報的標準差為日回報標準差的 $\sqrt{T}$ 倍。這與大家熟知的「不確定性隨時間長度的平方根增長」這一法則是一致的。

使用單日連續回報率，單日波動性可以透過式 (1-13) 求得。

$$\sigma_{\text{daily}} = \sqrt{\frac{1}{N-1}}\sqrt{\sum_{i=1}^{N}(r_i-\mu)^2} \tag{1-13}$$

其中，N 為樣本資料個數，比如一年單日資料一般取工作日天數 $N = 250$ 或 252；r 為對數回報率，這裡是單日對數回報率；μ 為對數回報率的平均值。

回報率的方差，也就是波動性的平方，可以透過式 (1-14) 求得。

$$\text{var} = \frac{\sum_{i=1}^{N}(r_i-\mu)^2}{N-1} \tag{1-14}$$

公式中的每個回報值減去所有回報值的平均值得到的資料叫作去平均值資料 (demeaned data)，也叫作平均值中心化資料 (mean-centered data)。平均值 μ 則可以透過式 (1-15) 求得。

$$\mu = \frac{\sum_{i=1}^{N} r_i}{N} \tag{1-15}$$

一般情況下，這個平均值近似為 0，往往可以忽略。另外，當 N 足夠大時，$N-1$ 可以被 N 替換。因此，方差的公式可以簡化為：

$$\text{var} = \frac{\sum_{i=1}^{N} (r_i)^2}{N} \tag{1-16}$$

因此，單日波動性的計算可以簡化為：

$$\sigma_{\text{daily}} = \sqrt{\frac{\sum_{i=1}^{N} (r_i)^2}{N}} \tag{1-17}$$

下面的程式，從 Fred 資料庫獲取了標普指數一年的價格資料，計算了每天的對數回報率，並根據前面介紹的公式，計算得到年化回報率。

B2_Ch1_3.py

```
import matplotlib as mpl
import numpy as np
import matplotlib.pyplot as plt
import pandas_datareader

#sp500 price
sp500 = pandas_datareader.data.DataReader(['sp500'], data_source='fred',
start='12-28-2019', end='12-28-2020')

#daily log return
log_return_daily = np.log(sp500 / sp500.shift(1))
log_return_daily.dropna(inplace=True)

#calculate daily standard deviation of returns
daily_std = np.std(log_return_daily)[0]

#annualize daily standard deviation
std = daily_std * 252 ** 0.5

#Plot histograms
mpl.style.use('ggplot')
fig, ax = plt.subplots(1, 1, figsize=(10, 6))
n, bins, patches = ax.hist(
    log_return_daily['sp500'],
    bins='auto', alpha=0.7, color='dodgerblue', rwidth=0.85)
```

```
ax.set_xlabel('Log return')
ax.set_ylabel('Frequency of log return')
ax.set_title('Historical volatility for SP500')

#get x and y coordinate limits
x_corr = ax.get_xlim()
y_corr = ax.get_ylim()

#make room for text
header = y_corr[1] / 5
y_corr = (y_corr[0], y_corr[1] + header)
ax.set_ylim(y_corr[0], y_corr[1])

#print historical volatility on plot
x = x_corr[0] + (x_corr[1] - x_corr[0]) / 30
y = y_corr[1] - (y_corr[1] - y_corr[0]) / 15
ax.text(x, y , 'Annualized volatility: ' + str(np.round(std*100, 1))+'%',
    fontsize=11, fontweight='bold')
x = x_corr[0] + (x_corr[1] - x_corr[0]) / 15
y -= (y_corr[1] - y_corr[0]) / 20

fig.tight_layout()
```

程式執行的結果如圖 1-10 所示，年化回報率為 35.2%。另外，從圖中可以看到，透過分析回報率的具體分佈情況，可以對投資情況進行考量和評估。

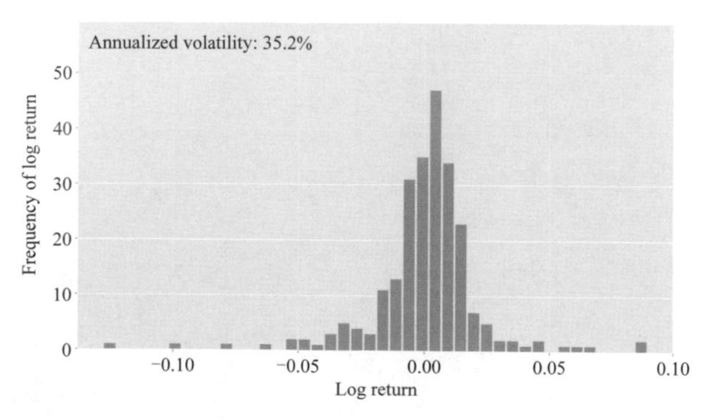

▲ 圖 1-10　標普指數回報率分佈及歷史年化波動性

1.3 移動平均（MA）計算波動性

移動平均 (Moving Average, MA) 又稱滑動平均、捲動平均 (running average, rolling average)，是一個統計學的概念，是指透過建立整體資料中一系列子集的平均數來對整體資料進行分析的一種技術手段。移動平均可以分為簡單移動平均、累積移動平均和加權移動平均等。

簡單移動平均 (Simple Moving Average, SMA) 是指週期性計算某確定數量資料的平均值，如圖 1-11 所示。

$$\bar{p}_n = \frac{p_1 + p_2 + \cdots + p_n}{n} = \frac{1}{n}\sum_{i=1}^{n} p_i \tag{1-18}$$

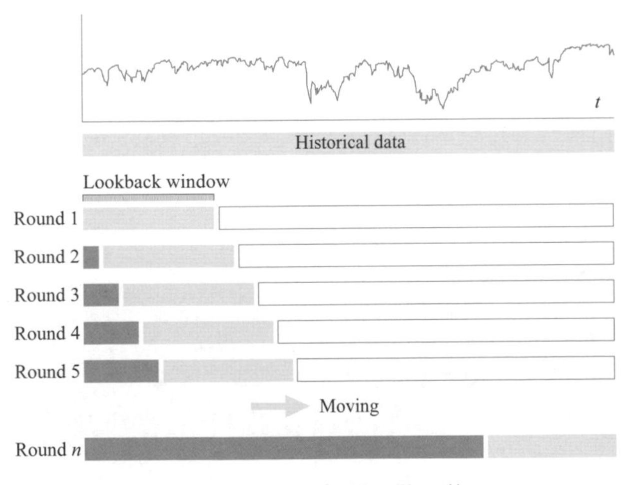

▲ 圖 1-11　簡單移動平均

在每次計算時，剔除最老的資料，加入最新的資料，形成一個新的子資料，再進行取平均計算。但是，沒有必要對整個子資料集進行求和再取平均的計算，可以直接借助上一步已經得到的平均值，簡化的計算公式為：

$$\bar{p}_n = \bar{p}_{n-1} + \frac{1}{n}\left(p_n - \bar{p}_{n-1}\right) \tag{1-19}$$

Pandas 運算套件提供了一種非常簡單的方法來計算簡單移動平均波動性，即透過 rolling().std() 函數計算某移動視窗 (rolling window) 的標準差，下面的程式利用獲取的標普指數 10 年的歷史資料，分別以 5 天、50 天、100 天和 250 天為移動視窗，繪製對應的歷史波動性的曲線。

B2_Ch1_4.py

```
import numpy as np
import pandas_datareader
import matplotlib.pyplot as plt

#sp500 price
df = pandas_datareader.data.DataReader(['sp500'],
data_source='fred', start='12-28-2010', end='12-28-2020')
df.dropna(inplace=True)

#daily log return
df['Daily return squared'] = np.log(df['sp500'] /
df['sp500'].shift(1))*np.log(df['sp500'] / df['sp500'].shift(1))
df.dropna(inplace=True)

#calculate simple moving average
win_list = [5, 50, 100, 250]
for win in win_list:
    ma = df['sp500'].rolling(win).std()
    df[win] = ma
    df.rename(columns={win:'Vol via '+str(win)+' days MA'}, inplace=True)

#plot dataframe
fig, (ax1, ax2, ax3) = plt.subplots(3, 1, figsize=(12, 12))
#sp500 price
ax1.plot(df['sp500'])
ax1.set_title('SP500 price')
ax1.set_xlabel("Date")
ax1.set_ylabel("Price")
ax1.spines['right'].set_visible(False)
ax1.spines['top'].set_visible(False)
ax1.yaxis.set_ticks_position('left')
ax1.xaxis.set_ticks_position('bottom')
```

```
#daily log return squared
ax2.plot(df['Daily return squared'])
ax2.set_title('Daily return squared')
ax2.set_xlabel("Date")
ax2.set_ylabel("Daily return squared")
ax2.spines['right'].set_visible(False)
ax2.spines['top'].set_visible(False)
ax2.yaxis.set_ticks_position('left')
ax2.xaxis.set_ticks_position('bottom')
#ma vol
ax3.plot(df.loc[:, (df.columns != 'sp500') & (df.columns != 'Daily
return squared')])
ax3.legend(df.loc[:, (df.columns != 'sp500') & (df.columns != 'Daily
return squared')].columns)
ax3.set_title('SP500 price volatility via moving average analysis')
ax3.set_xlabel("Date")
ax3.set_ylabel("Volatility")
ax3.spines['right'].set_visible(False)
ax3.spines['top'].set_visible(False)
ax3.yaxis.set_ticks_position('left')
ax3.xaxis.set_ticks_position('bottom')

fig.tight_layout()
```

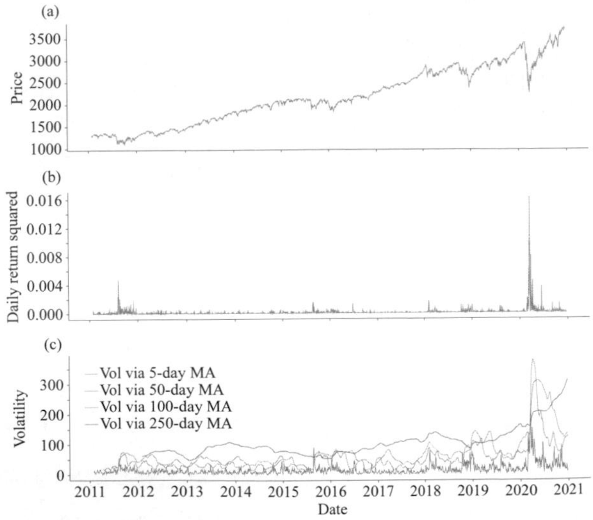

▲ 圖 1-12 簡單移動平均計算波動性

如圖 1-12 所示，簡單移動平均使得資料曲線更加平滑，便於從冗雜的資料中整理出較為清晰的脈絡，以此可以幫助分析隱含於資料中的真正趨勢。隨著移動視窗的變大，資料曲線會變得更簡單平滑，但是需要注意，資料的細節在這個過程中會遺失，因此需要根據具體情況，合理地選擇移動視窗的大小。

與簡單移動平均類似，累積移動平均 (Cumulative Moving Average, CMA) 也是週期性計算一系列資料的平均值，公式為：

$$\text{CMA}_n = \frac{p_1 + p_2 + \cdots + p_n}{n} = \frac{1}{n}\sum_{i=1}^{n} p_i \tag{1-20}$$

但是，不同於簡單移動平均，移除舊的資料，加入新的資料，累積移動平均會考慮所有的資料。具體地說，累積移動平均透過有序加入新的資料，並對該資料與原來所有資料進行平均，得到平均值，直到當前資料點為止，如圖 1-13 所示。

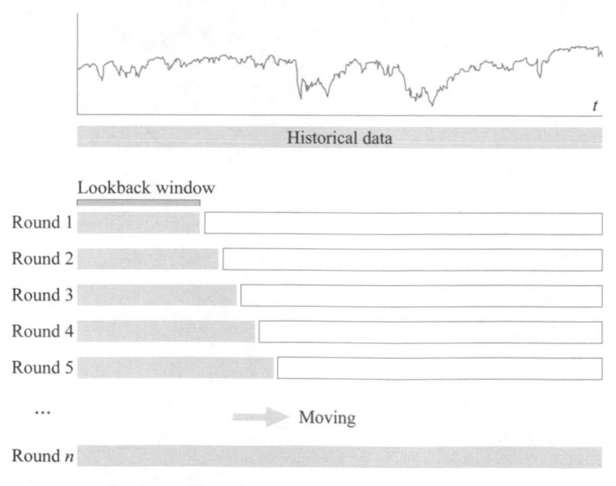

▲ 圖 1-13　累積移動平均方法示意圖

同樣，類似於簡單移動平均，在每次計算中，沒有必要計算所有資料的總和，然後除以資料個數，得到平均值。累積移動平均在得到新的資料後，可以簡單地更新累積平均值，用式 (1-21) 來簡化計算。

$$\text{CMA}_{n+1} = \frac{p_{n+1} + n \times \text{CMA}_n}{n+1} \tag{1-21}$$

前面介紹過的簡單移動平均，可以利用 rolling() 函數進行計算。對於累積移動平均，Pandas 運算套件也提供了一個函數——expanding().std() 來計算累積移動標準差，rolling() 函數移動視窗的大小會被預先設定，因此是固定的，而 expanding() 函數移動視窗是不斷變化的，即每次移動視窗會加 1，也正因如此，該函數名稱被稱為「擴充」(expanding)。

下面的程式利用獲取的標普指數 10 年的歷史資料，透過 expanding().std() 函數計算累積波動性，並繪製曲線。

B2_Ch1_5.py

```
import pandas_datareader
import matplotlib.pyplot as plt

#sp500 price
df = pandas_datareader.data.DataReader(['sp500'],
data_source='fred', start='12-28-2010', end='12-28-2020')
df.dropna(inplace=True)

#calculate cumulative moving average
df['cma'] = df['sp500'].expanding(1).std()
df.dropna(inplace=True)
#df.rename(columns={win:'Vol via '+str(win)+' days MA'}, inplace=True)

#plot dataframe
fig, (ax1, ax2) = plt.subplots(2, 1, figsize=(12, 12))
ax1.plot(df['sp500'])
ax1.set_title('SP500 price')
ax1.set_xlabel("Date")
ax1.set_ylabel("Price")
ax1.spines['right'].set_visible(False)
ax1.spines['top'].set_visible(False)
ax1.yaxis.set_ticks_position('left')
ax1.xaxis.set_ticks_position('bottom')
```

```
ax2.plot(df['cma'])
ax2.set_title('S&P500 price cumulative volatility via moving average 
analysis')
ax2.set_xlabel("Date")
ax2.set_ylabel("Volatility")
ax2.spines['right'].set_visible(False)
ax2.spines['top'].set_visible(False)
ax2.yaxis.set_ticks_position('left')
ax2.xaxis.set_ticks_position('bottom')

fig.tight_layout()
```

累積移動平均是考慮所有資料的疊加，如圖 1-14 所示，它對於累積的資料曲線具有平滑的作用，但是，與簡單移動平均不同，它並不能極佳地反映整個資料的走勢。

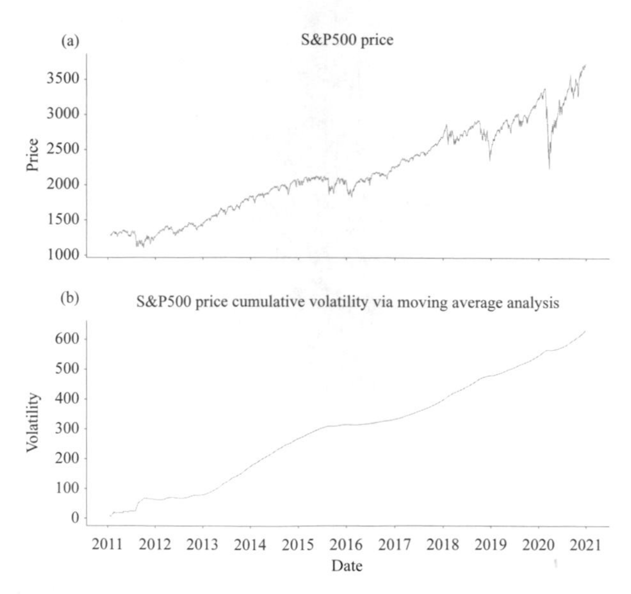

▲ 圖 1-14　累積移動平均波動性

前面介紹的，無論是簡單移動平均還是累積移動平均，對於所有資料，無論距離當前時刻的遠近，它們的權重是相同的，但是在實際應用中，近期的資料往往對當前資料有相對較大的影響，也更能反映當前以及未來的趨勢。基於以上的認知，出現了加權移動平均法 (weighted moving average)，它是根據資料的時間序列，指定不同的權重，再依照權重求得移動平均值。如前所述，採用加權移動平均法，近期值對預測值有較大影響，它更能反映近期變化的趨勢。如圖 1-15 所示對比了未加權與加權移動平均的不同。

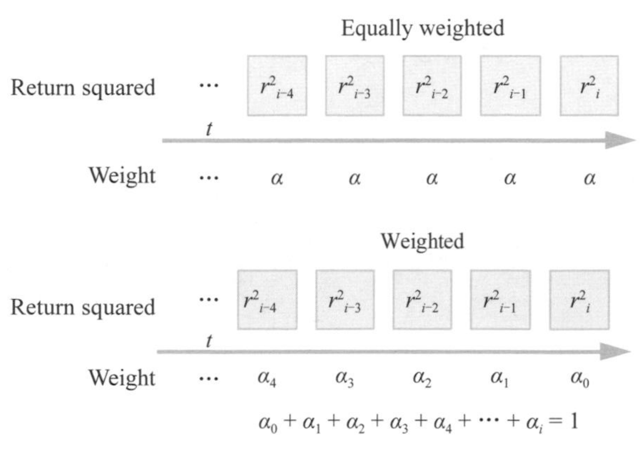

▲ 圖 1-15　未加權與加權移動平均對照圖

指數移動加權平均 (Exponentially Weighted Moving Average, EWMA) 是常用的一種加權平均方法，是指各數值的加權係數隨時間呈指數式遞減，越靠近當前時刻的數值加權係數就越大。如圖 1-16 所示為指數加權移動平均的權重以指數形式的變化。

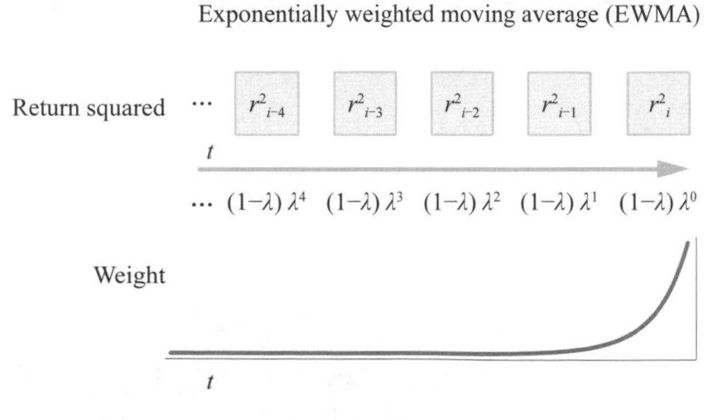

▲ 圖 1-16　指數加權移動平均示意圖

指數加權移動平均在波動性上的應用最初是由 RiskMetrics 於 1996 年第一次提出的。理論上，這種方法需要計算如圖 1-16 所示一系列權重的序列，但是在實際應用上，通常會用到式 (1-22)。

$$\sigma_n^2 = \lambda\sigma_{n-1}^2 + (1-\lambda)r_{n-1}^2 \tag{1-22}$$

其中：λ 為衰減因數 (decay factor)；σ_n 是當前時刻的波動性；σ_{n-1} 是上一時刻的波動性；r_{n-1} 是上一時刻的回報率。

為了方便大家理解，透過下面的例子進行簡單推導，討論衰減因數如何影響波動性計算。

以下列出 n、$n-1$、$n-2$ 和 $n-3$ 四個時間點的 EWMA 波動性計算式為：

$$\begin{cases} \sigma_n^2 = \lambda\sigma_{n-1}^2 + (1-\lambda)r_{n-1}^2 \\ \sigma_{n-1}^2 = \lambda\sigma_{n-2}^2 + (1-\lambda)r_{n-2}^2 \\ \sigma_{n-2}^2 = \lambda\sigma_{n-3}^2 + (1-\lambda)r_{n-3}^2 \\ \sigma_{n-3}^2 = \lambda\sigma_{n-4}^2 + (1-\lambda)r_{n-4}^2 \end{cases} \tag{1-23}$$

對它們依次代入，即將 σ_{n-3} 代入 σ_{n-2}，然後將 σ_{n-2} 代入 σ_{n-1}，最後 σ_{n-1} 代入 σ_n，可以得到式 (1-24)。

$$\sigma_n^2 = (1-\lambda)\left(r_{n-1}^2 + \lambda r_{n-2}^2 + \lambda^2 r_{n-3}^2 + \lambda^3 r_{n-4}^2\right) + \lambda^4\sigma_{n-4}^2 \tag{1-24}$$

把推導出來的這個等式與圖 1-17 對照，可以看到離當前時刻越遠，其權重隨指數衰減越厲害。較大的衰減因數，表示較慢的衰減。以 RiskMetrics 使用的 94% 衰減因數為例，前一天的權重為 $(1-0.94) \times 0.94^0 = 6\%$，之前第二天權重為 $(1-0.94) \times 0.94^1 = 5.64\%$，之前第三天權重則為 $(1-0.94) \times 0.94^2 = 5.30\%$。

EWMA 波動性迭代公式告訴我們，當前一天的波動性是前一天波動性的函數，這也提供了一種用過去波動性預測未來波動性的方法。這種方法，不需要保存過去所有的數值，而且計算量較小，因此在實際中廣泛應用。

下面的例子，首先從 Fred 資料庫中提取了標準普爾指數一年的價格資料，然後利用 ewm() 函數計算指數移動平均。ewm()+ 函數使得 EWMA 的計算變得非常方便，但是它並沒有直接指定衰減因數，而是提供了與平滑係數 α 的轉換關係。衰減因數 λ 與平滑係數 α 有下面的關係。

$$\lambda = 1 - \alpha \tag{1-25}$$

其中，alpha 為平滑係數 α，且 $0 < \alpha \le 1$。

ewm() 函數衰減參數介紹如下。com 為根據質心指定衰減，α 可以透過式 (1-26) 計算得到。

$$\alpha = \frac{1}{1 + \text{com}}, \ \text{com} \ge 0 \tag{1-26}$$

span 為根據範圍指定衰減，α 可以透過式 (1-27) 計算得到。

$$\alpha = \frac{2}{1 + \text{span}}, \ \text{span} \ge 1 \tag{1-27}$$

halflife 為根據半衰期指定衰減，α 可以透過式 (1-28) 計算得到。

$$\alpha = 1 - \exp\left(\frac{\ln(0.5)}{\text{halflife}}\right), \ \text{halflife}>0 \tag{1-28}$$

下面的程式，透過指定平滑係數為 0.01、0.03 和 0.06，即衰減因數分別為 0.99、0.97 和 0.94，計算得到波動性曲線。感興趣的讀者，可以修改程式，嘗試用其他幾種方式來指定衰減。

B2_Ch1_6.py

```
import pandas_datareader
import matplotlib.pyplot as plt
import numpy as np

#sp500 price
df = pandas_datareader.data.DataReader(['sp500'], data_source='fred',
start='12-28-2010', end='12-28-2020')
df.dropna(inplace=True)
```

```
#daily log return
df['Daily return squared'] = np.log(df['sp500'] / df['sp500'].
shift(1))*np.log(df['sp500'] / df['sp500'].shift(1))
df.dropna(inplace=True)

#calculate exponentially weighted moving average
alpha_list = [0.01, 0.03, 0.06]
for alpha in alpha_list:
    ma = df['sp500'].ewm(alpha=alpha, adjust=False).std()
    df[alpha] = ma
    df.rename(columns={alpha:'$\lambda$ = '+str(1-alpha)}, inplace=True)

#plot dataframe
#sp500 price
fig, (ax1, ax2, ax3) = plt.subplots(3, 1, figsize=(12, 12))
ax1.plot(df['sp500'])
ax1.set_title('SP500 price')
ax1.set_xlabel("Date")
ax1.set_ylabel("Price")
ax1.spines['right'].set_visible(False)
ax1.spines['top'].set_visible(False)
ax1.yaxis.set_ticks_position('left')
ax1.xaxis.set_ticks_position('bottom')

#daily log return squared
ax2.plot(df['Daily return squared'])
ax2.set_title('Daily return squared')
ax2.set_xlabel("Date")
ax2.set_ylabel("Daily return squared")
ax2.spines['right'].set_visible(False)
ax2.spines['top'].set_visible(False)
ax2.yaxis.set_ticks_position('left')
ax2.xaxis.set_ticks_position('bottom')
#ewma vol
ax3.plot(df.loc[:, (df.columns != 'sp500') & (df.columns != 'Daily return
squared')])
ax3.legend(df.loc[:, (df.columns != 'sp500') & (df.columns != 'Daily
return squared')].columns)
ax3.set_title('SP500 price volatility via EWMA analysis')
```

```
ax3.set_xlabel("Date")
ax3.set_ylabel("Volatility")
ax3.spines['right'].set_visible(False)
ax3.spines['top'].set_visible(False)
ax3.yaxis.set_ticks_position('left')
ax3.xaxis.set_ticks_position('bottom')

fig.tight_layout()
```

程式執行後，生成圖 1-17，可見，衰減係數越小，估算的波動性峰值越高，而且波動也會越顯著。

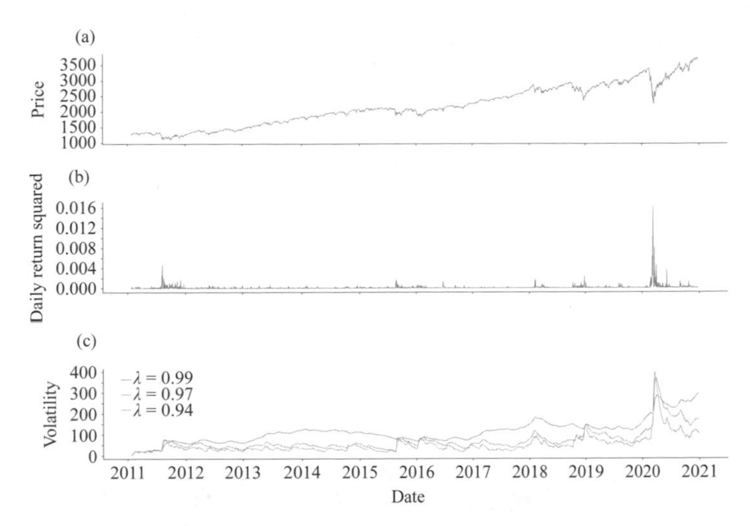

▲ 圖 1-17　指數權重移動平均計算波動性

1.4 自回歸條件異方差模型 ARCH

傳統的計量經濟學假設時間序列變數的方差 (波動性) 是固定不變的，然而，這與實際情況是不相符的。比如，股票收益的波動性就是隨著時間而變化的。因此，傳統的計量經濟學在分析許多實際問題時，陷入了困境。

1982 年美國統計學家羅伯特 · 弗萊 · 恩格爾三世 (Robert Fry Engle Ⅲ) 在研究英國通貨膨脹率的波動性問題時，提出了自回歸條件異方差模型 (Autoregressive Conditional Heteroscedasticity model, ARCH)， 即 ARCH 模型。在這裡，異方差 (heteroscedasticity) 是指一系列的隨機變數值的方差不同。這個模型以自回歸方式，透過刻畫隨時間變異的條件方差，成功解決了時間序列的波動性問題。正是因為在 ARCH 模型上的傑出貢獻，羅伯特 · 弗萊 · 恩格爾三世在 2003 年獲得了諾貝爾經濟學獎。

Robert F. Engle III (1942–) Developed methods to study the volatility properties of time series in economics, particular in financial markets. His method (ARCH) could, in particular, clarify market developments where turbulent periods, with large fluctuations, are followed by calmer periods, with modest fluctuations. (Sources: https://www.nobelprize.org/prizes/economic-sciences/2003/engle/facts/)

觀察波動性曲線，可以看到波動性變化大往往會持續一段時間，這就是波動性聚集 (volatility clustering) 現象，傳統計量經濟學的模型中，干擾項的方差均被假設為常數，這對波動性來說，顯然是不適合的。ARCH 模型則將波動性定義為條件標準差，收益率序列是前後不相關的，但是前後也並不獨立，而是用一系列落後值的線性組合來表示。

為了簡便，對於 ARCH 模型的具體講解，在這裡只考慮波動性項，即令。在實際處理收益率的歷史資料時，可以透過歸一化移除其期望值，來達到處理後的資料期望值為零的效果。

假設收益率服從期望為零的獨立同分佈隨機過程，在時刻 t 的收益率可表達為：

$$X_t = \sigma_t Z_t \tag{1-29}$$

其中，隨機變數 Z_t 可以服從標準正態分佈，也可以服從 t- 分佈。則可以表示為：

$$\sigma_t^2 = \omega + \sum_{i=1}^{L_1} \alpha_i X_{t-i}^2 \tag{1-30}$$

其中，$\omega > 0$，$\alpha_i \geq 0$，$L_1 > 0$，即各期收益以非負數線性組合，常數項為正數，這是為了保證波動性為正值。為了保證協方差的平穩性 (covariance stationarity)，還需要滿足 $\sum_{i=1}^{L_1} \alpha_i < 1$。$L_1$ 是模型中含有的落後序列的個數。這就是 ARCH 模型的基本表示式。在這個表示式的等號右側的落後序列均沒有新增的隨機項，為確定函數，所以 ARCH 模型屬於確定性的波動性模型。

另外，分析上面模型的結構，如果存在較大的隨機變化，將導致條件異方差變大，因此有取絕對值較大的值的趨勢。反映在 ARCH 模型上，即大的隨機變化出現後，緊接著會有傾向繼續出現另一個大的隨機變化，這與波動性聚集現象非常相似。

當時 $L_1 = 1$，便是經常用到的 ARCH(1) 模型，其表示式為：

$$\sigma_t^2 = \omega + \alpha X_{t-1}^2 \tag{1-31}$$

即時刻 t 的波動性平方 σ_t^2 等於一個常數加上時刻 t -1 的收益率 X_{t-1} 的平方。可見，此時的波動性依賴於已知觀測值，所以是一個條件波動性 (conditional volatility)。

下面考察，收益率 X 的 m 階矩 (moment)，它與其在時間序列上的觀測值 $\{X_t\}$ 有以下關係：

$$\mathrm{E}\left(X^m\right) = \mathrm{E}\left(\mathrm{E}_t\left(X^m\right)\right) = \mathrm{E}\left(X_t^m\right) \tag{1-32}$$

當 $m = 2$ 時：

$$\mathrm{E}\left(X^2\right) = \sigma^2 = \mathrm{E}\left(X_t^2\right) = \mathrm{E}\left(\sigma_t^2 Z_t^2\right) = \mathrm{E}\left(\sigma_t^2\right) \tag{1-33}$$

將其代入 ARCH(1) 模型中可以得到：

$$\sigma^2 = \mathrm{E}\left(\omega + \alpha X_{t-1}^2\right) = \omega + \alpha\sigma^2 \tag{1-34}$$

因此，式 (1-35) 成立。

$$\sigma^2 = \frac{\omega}{1-\alpha} \tag{1-35}$$

注意，與 ARCH(1) 模型自身的運算式不同的是，此處 σ^2 的解與具體時刻無關，也不直接依賴之前的收益率觀測值，所以它被稱為無條件波動性 (unconditional volatility)。

下面的程式獲取了從 2009 年 12 月 28 日到 2020 年 12 月 28 日標準普爾指數 11 年的歷史價格資料，並利用 Arch 運算套件的 arch_model() 函數進行擬合。在參數設定時，vol 設定為 'ARCH'，p 設定為 1，即要使用的擬合模型為 ARCH(1)。在完成擬合之後，列印出這個模型的所有整理資訊，並利用內建的函數對標準殘差和條件波動性直接進行了視覺化操作，如圖 1-18 所示。

B2_Ch1_7_A.py

```
import numpy as np
import pandas_datareader
import matplotlib.pyplot as plt
from arch import arch_model

#sp500 price
sp500 = pandas_datareader.data.DataReader(['sp500'],
data_source='fred', start='12-28-2009', end='12-28-2020')

#daily log return
log_return_daily = np.log(sp500 / sp500.shift(1))
log_return_daily.dropna(inplace=True)

#ARCH(1) model
arch=arch_model(y=log_return_daily,mean='Constant',
lags=0,vol='ARCH',p=1,o=0,q=0,dist='normal')
archmodel=arch.fit()
archmodel.summary()
archmodel.plot()
```

擬合 ARCH 模型所有資訊整理。

```
"""
                     Constant Mean - ARCH Model Results
==============================================================================
Dep. Variable:                 s&p500   R-squared:                      -0.001
Mean Model:             Constant Mean   Adj. R-squared:                 -0.001
Vol Model:                       ARCH   Log-Likelihood:                7797.43
Distribution:                  Normal   AIC:                          -15588.9
Method:            Maximum Likelihood   BIC:                          -15571.5
                                        No. Observations:                 2417
Date:                Fri, Jan 08 2021   Df Residuals:                     2414
Time:                        13:58:58   Df Model:                            3
                                 Mean Model
==============================================================================
                 coef    std err          t      P>|t|       95.0% Conf. Int.
------------------------------------------------------------------------------
mu         7.6186e-04  1.934e-04      3.939  8.184e-05 [3.828e-04,1.141e-03]
                              Volatility Model
==============================================================================
                 coef    std err          t      P>|t|       95.0% Conf. Int.
------------------------------------------------------------------------------
omega      6.7599e-05  5.039e-06     13.415  4.920e-41 [5.772e-05,7.748e-05]
alpha[1]       0.4500  8.258e-02      5.449  5.057e-08      [  0.288,  0.612]
==============================================================================
Covariance estimator: robust
"""
```

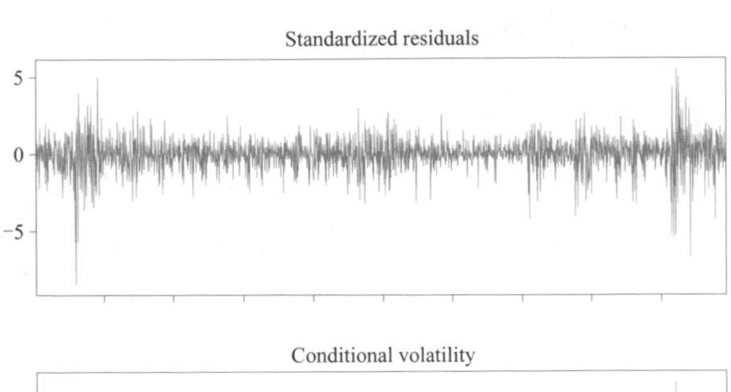

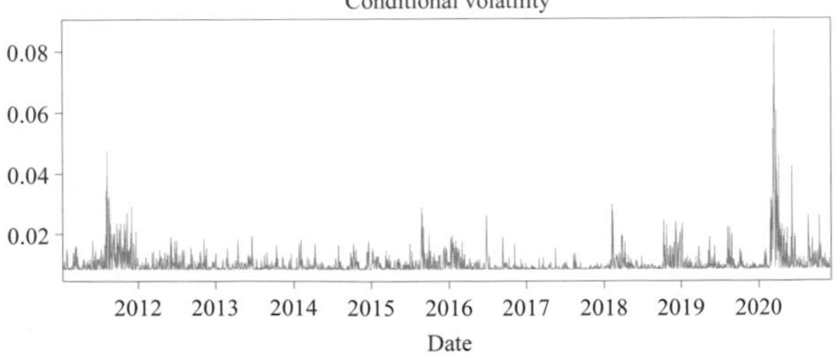

▲ 圖 1-18　ARCH(1) 模型標準殘差和條件波動性

從圖 1-18 可以看出，標準化殘差近似為一個平穩序列，這也説明該模型具有較好的表現力。

另外，利用下面程式，可以把日回報率和條件波動性用圖形展示出來。

B2_Ch1_7_B.py

```
plt.figure(figsize=(12,8))
plt.plot(log_return_daily,label='Daily return')
plt.plot(archmodel.conditional_volatility, label='Conditional volatility')
plt.legend()
plt.xlabel('Date')
plt.ylabel('Return/Volatility')
```

如圖 1-19 中的藍色線代表日回報率的波動，橘色線代表條件波動性即條件異方差，由圖可見，條件異方差曲線極佳地反映了日回報率的變化趨勢。

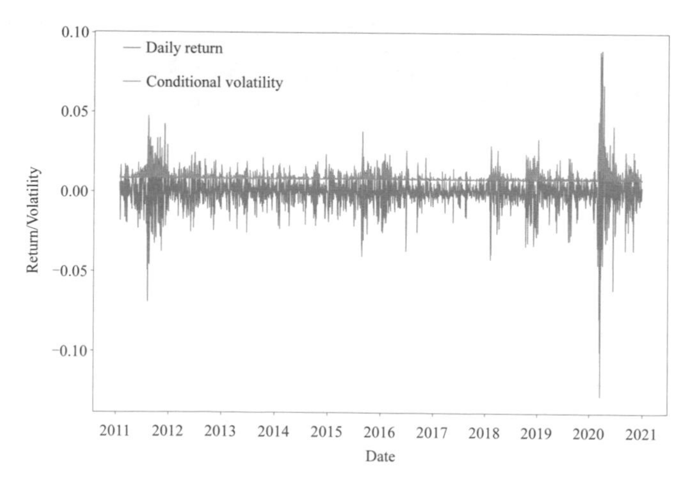

▲ 圖 1-19　日回報率和 ARCH(1) 模型條件波動性

透過查前面輸出的整理表，或簡單地輸入下面的命令，可以得到 ARCH(1) 模型的參數。

```
archmodel.params
```

模型參數輸出如下。

```
mu           0.000762
omega        0.000068
alpha[1]     0.450000
Name: params, dtype: float64
```

因此，上面例子最終擬合得到的 ARCH(1) 模型為：

$$\sigma_t^2 = 0.000068 + 0.45 X_{t-1}^2 \tag{1-36}$$

1.5 廣義自回歸條件異方差模型 GARCH

ARCH 模型形式非常簡單，也可以極佳地描述波動性，但是為了保證條件方差為正值，往往需要引入很多落後值，建立高階模型，這就需要很多的參數。為了解決這個問題，丹麥經濟學家提姆·波勒斯勒夫 (Tim Bollerslev) 在 ARCH 模型基礎上，透過引用條件方差落後值，在 1986 年提出了廣義自回歸條件異方差模型 (generalized ARCH model, GARCH)，即 GARCH 模型。GARCH 模型是對 ARCH 波動性建模的一種重要推廣，迅速在金融領域獲得了巨大的成功。在其提出之後，又有諸如 NGARCH、IGARCH、EGARCH 等一系列針對不同應用的衍生模型相繼出現。

Tim Bollerslev (1958–) is a Danish economist, currently the Juanita and Clifton Kreps Professor of Economics at Duke University. Professor Bollerslev conducts research in the areas of time-series econometrics, financial econometrics, and empirical asset pricing finance. He is particularly well known for his developments of econometric models and procedures for analyzing and forecasting financial market volatility. (Sources: https://scholars.duke.edu/person/tim.bollerslev)

GARCH 模型的運算式如下：

$$\sigma_t^2 = \omega + \sum_{i=1}^{L_1} \alpha_i X_{t-i}^2 + \sum_{j=1}^{L_2} \beta_j \sigma_{t-j}^2 \tag{1-37}$$

可見，GARCH 模型在形式上與 ARCH 模型相似，本質上它是在 ARCH 模型的基礎上，引入了落後的波動性平方項 σ_{t-j}^2。另外，運算式中的 L_1 和 L_2 是模型中含有的落後序列的個數，分別對應之前時刻的收益率 X 項和波動性 σ 項。在運算式中，需要滿足 $\omega > 0$，$\alpha_i \geq 0$，$\beta_j \geq 0$，$L_1 > 0$ 以及 $L_2 > 0$，這可以確保得到正的波動性。另外，為了保證模型的無條件方差有限且不變，並且條件方差可以隨時間變化，參數 α_i 和 β_i 還需要滿足式 (1-38)。

$$0 < \sum_{i=1}^{L_1} \alpha_i + \sum_{j=1}^{L_2} \beta_j < 1 \tag{1-38}$$

對於 GARCH 模型，當 $L_1 = 1, L_2 = 1$ 時，便是其中形式最簡單的 GARCH(1,1) 模型，即時刻 t 的波動性平方 σ_t^2 等於一個大於 0 的常數 ω，加上時刻 t -1 的收益率 X_{t-1} 的平方項，再加上時刻 t -1 的波動性 σ_{t-1} 的平方，即：

$$\sigma_t^2 = \omega + \alpha X_{t-1}^2 + \beta \sigma_{t-1}^2 \tag{1-39}$$

式 (1-39) 中的 σ_{t-1}^2 項，在 ARCH 模型中沒有，它的引入使得歷史波動性的影響能在模型中表現，從而彌補了 ARCH 模型的不足。

下面還是以最簡單的 GARCH(1,1) 模型為例研究 GARCH 模型的性質。GARCH(1,1) 模型的無條件波動性可以做以下的變換與推導。

$$\sigma^2 = \mathrm{E}\left(\omega + \alpha_1 X_{t-1}^2 + \beta_1 \sigma_{t-1}^2\right) = \omega + \alpha\sigma^2 + \beta\sigma^2 \tag{1-40}$$

從而得到：

$$\sigma^2 = \frac{\omega}{1 - \alpha - \beta} \tag{1-41}$$

無論從 ARCH 模型和 GARCH 模型的運算式還是實際意義來看，都可以認為 ARCH 模型是 GARCH 模型的特殊形式，即 ARCH 模型是 GARCH 模型中波動性平方項 σ_{t-j}^2 前係數 $\beta_j = 0$ 時的情況。因此，也與 ARCH 模型一樣，GARCH 模型可以極佳地反映波動性聚集現象，在條件方差變大的情況下，後面會傾向於出現較大的對數收益率。另外，相對於 ARCH 模型高階的情況，GARCH 往往會舉出一個更加簡潔有效的波動性模型。

下面的程式使用了與 1.4 節完全相同的標準普爾的資料，計算對數回報率。接著，同樣地利用 arch_model() 函數進行擬合，但是在設定這個函數的參數時，需要設定參數 vol 為 'GARCH'，p 為 1，q 為 1，即這個擬合模型為 GARCH(1,1)。透過擬合，最終列印輸出 GARCH 模型的擬合結果整理，以及繪製標準殘差和條件波動性的圖形，如圖 1-20 所示。

B2_Ch1_7_C.py

```
#GARCH(1,1) model
garch=arch_model(y=log_return_daily,mean='Constant',lags=0,vol='GARCH',
p=1,o=0,q=1,dist='normal')
garchmodel=garch.fit()
garchmodel.summary()
garchmodel.plot()
```

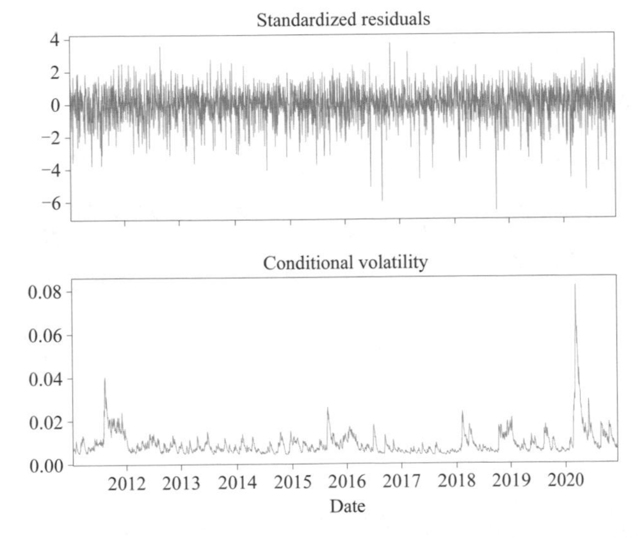

▲ 圖 1-20　GARCH(1,1) 模型標準殘差和條件波動性

GARCH 模型結果整理如下。

```
"""
                     Constant Mean - GARCH Model Results
==============================================================================
Dep. Variable:                  sp500   R-squared:                      -0.001
Mean Model:             Constant Mean   Adj. R-squared:                 -0.001
Vol Model:                      GARCH   Log-Likelihood:                8152.99
Distribution:                  Normal   AIC:                          -16298.0
Method:            Maximum Likelihood   BIC:                          -16274.8
                                        No. Observations:                 2417
Date:                Fri, Jan 08 2021   Df Residuals:                     2413
Time:                        14:24:52   Df Model:                            4
                                 Mean Model
==============================================================================
                 coef    std err          t      P>|t|       95.0% Conf. Int.
------------------------------------------------------------------------------
mu         8.1981e-04  3.342e-06    245.339      0.000 [8.133e-04,8.264e-04]
                              Volatility Model
==============================================================================
                 coef    std err          t      P>|t|       95.0% Conf. Int.
------------------------------------------------------------------------------
omega      2.4582e-06  1.055e-11  2.331e+05      0.000 [2.458e-06,2.458e-06]
alpha[1]       0.2000  2.885e-02      6.933  4.121e-12     [  0.143,  0.257]
beta[1]        0.7800  2.247e-02     34.707 6.180e-264     [  0.736,  0.824]
==============================================================================
Covariance estimator: robust
"""
```

觀察圖 1-20，標準化殘差近似為一個平穩序列，這從一個角度說明 GARCH(1, 1) 模型對於分析該問題是適合的。

另外，利用下面程式，也可以把日回報率和條件波動性用圖形展示出來。

B2_Ch1_7_D.py

```
plt.figure(figsize=(12,8))
plt.plot(log_return_daily,label='Daily return')
plt.plot(archmodel.conditional_volatility, label='Conditional volatility')
plt.legend()
plt.xlabel('Date')
plt.ylabel('Return/Volatility')
```

圖 1-21 中反映出本例子中所用的 GARCH(1,1) 模型，條件異方差非常好地表現了波動性的變化。

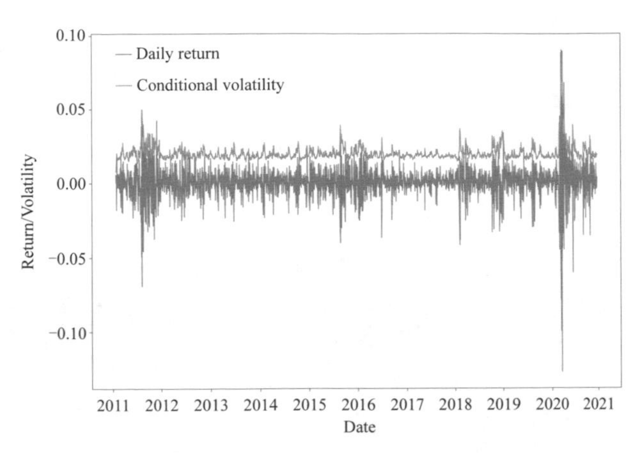

▲ 圖 1-21　日回報率和 GARCH(1) 模型條件波動性

同樣地，GARCH(1,1) 模型參數也可以透過查閱整理表格或執行下面命令而獲得。

```
garchmodel.params
```

擬合得到的模型參數輸出如下。

```
mu          0.000820
omega       0.000002
alpha[1]    0.200000
beta[1]     0.780000
Name: params, dtype: float64
```

因此，該 GARCH(1,1) 模型的運算式為：

$$\sigma_t^2 = 0.000002 + 0.2X_{t-1}^2 + 0.78\sigma_{t-1}^2 \tag{1-42}$$

1.6 波動性估計

本章前面幾節分別介紹了幾種分析波動性的方法和模型。表 1-1 展示了 EWMA、ARCH 和 GARCH 三種方法的公式對比，可以看到三種方法的內在聯繫。如前面提到過的，當 GARCH(1, 1) 模型的參數 β 為零時，即為 ARCH(1) 模型；而當 $\omega = 0, \alpha = 1 - \lambda, \beta = \lambda$ 時，GARCH(1, 1) 模型變換成為 EWMA 模型。

表 1-1 EWMA、ARCH 與 GARCH 數學運算式對比

模型	運算式
EWMA	$\sigma_n^2 = \lambda\sigma_{n-1}^2 + (1-\lambda)r_{n-1}^2$
ARCH	$\sigma_t^2 = \omega + \sum_{i=1}^{L_1}\alpha_i X_{t-i}^2$
ARCH(1)	$\sigma_t^2 = \omega + \alpha X_{t-1}^2$
GARCH	$\sigma_t^2 = \omega + \sum_{i=1}^{L_1}\alpha_i X_{t-i}^2 + \sum_{j=1}^{L_2}\beta_j\sigma_{t-j}^2$
GARCH(1,1)	$\sigma_t^2 = \omega + \alpha X_{t-1}^2 + \beta\sigma_{t-1}^2$

對於這幾個模型的介紹，前面主要偏重於分析具體的資料並建立模型。而借助這些模型，也可以對波動性進行預測。下面的例子，對於 EWMA 模型，利用了通常用的 0.94，即 JP 摩根 RiskMetrics 採用的設定。而另外的 ARCH(1) 模型和 GARCH(1, 1) 模型則採用了前面擬合得到的參數。三個模型具體如下所示。

$$\begin{cases} \sigma_n^2 = 0.94\sigma_{n-1}^2 + (1-0.94)r_{n-1}^2 \\ \sigma_t^2 = 0.000068 + 0.45X_{t-1}^2 \\ \sigma_t^2 = 0.000002 + 0.2X_{t-1}^2 + 0.78\sigma_{t-1}^2 \end{cases} \tag{1-43}$$

下面程式繼續使用標準普爾的歷史資料，分別利用上面三個模型估算了 2009 年 12 月 28 日到 2020 年 12 月 28 日的波動性。

B2_Ch1_8.py

```
import numpy as np
import pandas_datareader
import matplotlib.pyplot as plt
import datetime
import matplotlib.dates as mdates

#sp500 price
sp500 = pandas_datareader.data.DataReader(['sp500'],
data_source='fred', start='12-28-2009', end='12-28-2020')

#daily log return
log_return_daily = np.log(sp500 / sp500.shift(1))
log_return_daily.dropna(inplace=True)

n = 250
r = log_return_daily.iloc[-n:]

#volatility prediction by EWMA with λ=0.94
lmd = 0.94
vol_ewma = np.zeros(n)
vol_ewma[0] = log_return_daily[(-n+1):(-n+6)].std()
for i in range(n-1):
    vol_ewma[i+1] = np.sqrt(lmd*vol_ewma[i]**2 + (1-lmd)*r.iloc[i]**2)

#volatility prediction by ARCH(1)
omega_arch = 0.000068
alpha1 = 0.45
vol_arch = np.zeros(n)
vol_arch[0] = np.sqrt(omega_arch + alpha1*log_return_daily.iloc[-n-1]**2)
for i in range(n-1):
    vol_arch[i+1] = np.sqrt(omega_arch + alpha1*r.iloc[i]**2)

#GARCH(1,1)
omega = 0.000002
alpha1 = 0.2
beta1 = 0.78

vol_garch = np.zeros(n)
```

```
vol_garch[0] = log_return_daily[-n+1:-n+6].std()
for i in range(n-1):
    vol_garch[i+1] = np.sqrt(omega + alpha1*r.iloc[i]**2 + beta1*vol_
garch[i]**2)

#plot the curves
xdate=(r.index+datetime.timedelta(days=1))
plt.figure(figsize=(12,8))
plt.xlabel('Date')
plt.ylabel('Volatility')
plt.title('Volatility comparison')
plt.plot(xdate,vol_arch, label='ARCH(1)')
plt.plot(xdate,vol_garch, label='GARCH(1,1)')
plt.plot(xdate,vol_ewma, label='EWMA')

plt.gca().xaxis.set_major_formatter(mdates.DateFormatter('%m/%d/%Y'))
plt.gca().xaxis.set_major_locator(mdates.DayLocator(15))
plt.xticks(rotation=30)
plt.legend()
plt.gca().spines['right'].set_visible(False)
plt.gca().spines['top'].set_visible(False)
plt.gca().yaxis.set_ticks_position('left')
plt.gca().xaxis.set_ticks_position('bottom')
```

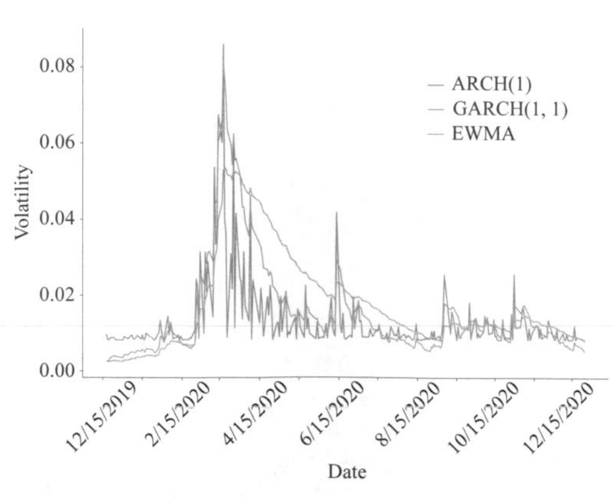

▲ 圖 1-22　EWMA、ARCH(1) 和 GARCH(1, 1) 模型估算波動性

如圖 1-22 所示繪製了這三種方法估算的波動性，可以發現它們的預測結果整體趨勢是大致相似的。大家可以嘗試改變預測天數，以及調整參數

深化對這三種模型的理解。在實際應用中，需要根據具體的情況，靈活選用適合的模型。

1.7 隱含波動性

透過對本書前面關於 Black-Scholes 模型的章節的學習，我們利用五個基本參數，即標的物價格 (underlying price)、到期時間 (time to maturity)、無風險利率 (risk-free interest rate)、選擇權執行價格 (strike price)、資產價格回報波動性 (volatility)，可以對選擇權進行定價，如圖 1-23 所示。

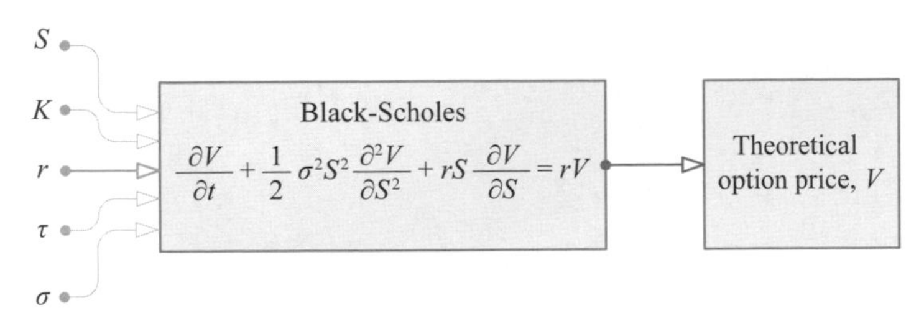

▲ 圖 1-23　Black-Scholes 模型選擇權定價示意圖

對應地，如圖 1-24 所示，如果將從市場獲取的選擇權交易價格代入 Black-Scholes 模型，利用其他參數，可以反推出波動性的數值，這個數值被稱為隱含波動性 (implied volatility)。隱含波動性反映了投資者所投資的資產未來一段時間內波動的預期。通常來說，隱含波動性與歷史波動性會有一些差別，但是一般會比較接近。

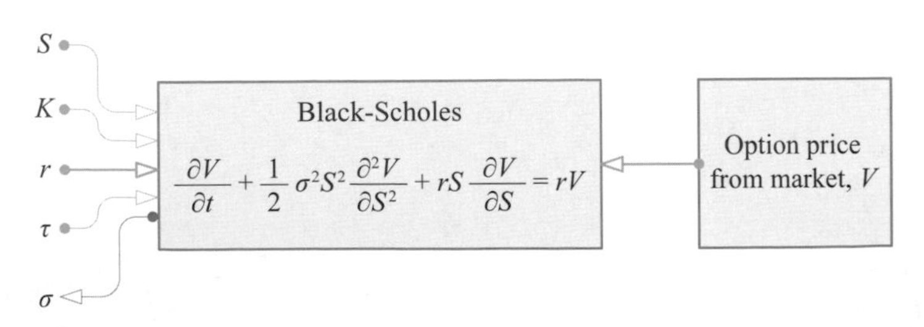

▲ 圖 1-24　Black-Scholes 模型選擇權定價模型推導隱含波動性

下面的程式，首先定義了一個基於 Black-Scholes 模型的計算選擇權價格的函數 option_price_BS()，然後利用這個函數建構了一個借助二分法 (bisection method) 估算隱含波動性的函數 implied_vol()。最後，用這個函數計算了一個選擇權類型為看漲選擇權，標的物價格為 586.08，選擇權執行價格為 585，距離到期時間為 30 天，無風險利率為 0.0002 的選擇權的隱含波動性。

B2_Ch1_9.py

```
import numpy as np
from scipy import stats

#function to calculate price of options (call or put) by BS
def option_price_BS(option_type, sigma, s, k, r, T, q=0.0):
    d1 = (np.log(s / k) + (r - q + sigma ** 2 * 0.5) * T) / (sigma *
np.sqrt(T))
    d2 = d1 - sigma * np.sqrt(T)
    if option_type == 'call':
        option_price = np.exp(-r*T) * (s * np.exp((r - q)*T) *
stats.norm.cdf(d1) - k *  stats.norm.cdf(d2))
        return option_price
    elif option_type == 'put':
        option_price = np.exp(-r*T) * (k * stats.norm.cdf(-d2) - s *
np.exp((r - q)*T) *  stats.norm.cdf(-d1))
        return option_price
    else:
        print('Option type should be call or put.')

#funciton to calculate implied volatility by bisection method
def implied_vol(option_type, option_price, s, k, r, T, q):
    precision = 0.00001
    upper_vol = 500.0
    lower_vol = 0.0001
    iteration = 0

    while iteration >= 0:

        iteration +=1
```

```
        mid_vol = (upper_vol + lower_vol)/2.0
        price = option_price_BS(option_type, mid_vol, s, k, r, T, q)

        if option_type == 'call':
            lower_price = option_price_BS(option_type, lower_vol, s, k, r,
T, q)
            if (lower_price - option_price) * (price - option_price) > 0:
                lower_vol = mid_vol
            else:
                upper_vol = mid_vol
            if abs(price - option_price) < precision:
                break

        elif option_type == 'put':
            upper_price = option_price_BS(option_type, upper_vol, s, k, r,
T, q)

            if (upper_price - option_price) * (price - option_price) > 0:
                upper_vol = mid_vol
            else:
                lower_vol = mid_vol
            if abs(price - option_price) < precision:
                break

        if iteration == 100:
            break
    print('Implied volatility: %.2f' % mid_vol)
    return mid_vol

implied_vol('call', 17.5, 586.08, 585, 0.0002, 30.0/365, 0.0)
```

隱含波動性計算結果如下。

```
Implied volatility: 0.25
```

對於具有相同到期時間和標的資產價值的歐式選擇權，隱含波動性會隨著執行價格的變化而變化。如果對一系列該類選擇權的隱含波動性的執行價格繪製曲線圖，往往會得到一個凹線，即虛值選擇權 (out of money)

和實值選擇權 (in the money) 的波動性高於平值選擇權 (at the money) 的波動性，使得波動性曲線看起來像是一個人在微笑，這就是著名的波動性微笑 (volatility smile)，如圖 1-25 所示。從圖中可以看出，具有相同到期時間和標的資產價值而執行價格不同的選擇權，其執行價格偏離標的資產現貨價格越遠，其實值程度或虛值程度越大，透過 Black-Scholes 公式計算得到的隱含波動性也會越大。

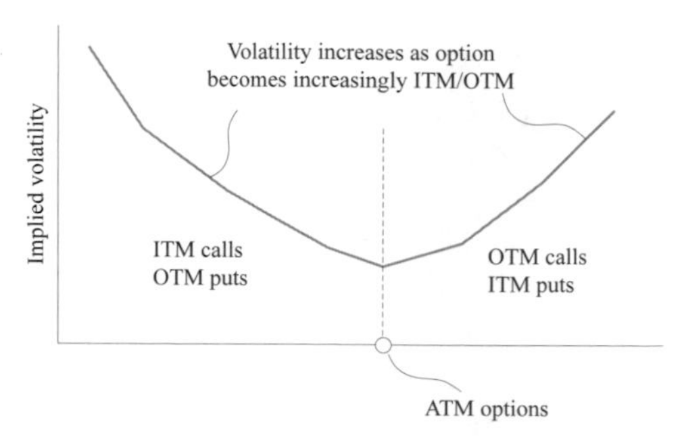

▲ 圖 1-25　波動性微笑

波動性微笑的形狀取決於標的資產和市場的狀況，而波動性並不總是微笑的，如圖 1-26 所示，其曲線有可能是偏斜的，被稱為波動性偏斜 (volatility skew)。波動性偏斜通常指的是低行權價的隱含波動性高於高行權價隱含波動性的波動性曲線。但是，有時也泛指各種偏斜形狀的波動性曲線。

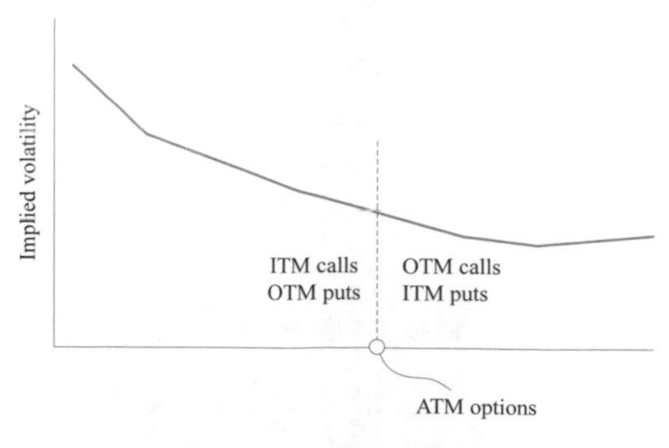

▲ 圖 1-26　波動性偏斜

在外匯選擇權市場，更多地會看到「波動性微笑」，而在股票選擇權市場，則常常會看到「波動性偏斜」。

波動性微笑以及波動性偏斜是金融領域的熱點研究課題。對於其出現的原因從不同角度有一些探討和解釋。

首先，從隱含波動性的來源，即推導隱含波動性的 Black-Scholes 模型來看，它的前提假設是收益率服從正態分佈，但是實際的金融資產的收益率一般會有厚尾現象，也就是收益率出現極端值的機率高於正態分佈。因此，使用 Black-Scholes 模型計算的隱含波動性會低估到期時選擇權價值變為實值與虛值的機率，亦即低估了深度實值和深度虛值選擇權的價格。另外，Black-Scholes 模型採用的是風險中性 (risk neutral) 定價，並假設資產價格服從帶漂移項的維納過程，而現實市場的資產價格在很多情況下會有發生跳躍的可能，這會導致選擇權的市場價格與理論價格發生偏離。

其次，從選擇權的市場交易機制來看。理論上，選擇權從平值狀態變為實值狀態和虛值狀態的機率應該大致相同，並且在平值狀態時其時間價值最大。但是，深度實值選擇權的 Delta 接近 1，在投資中的杠桿作用最大，對應市場需求量很大，然而，深度實值選擇權的市場供應量卻很小，因此，供需的不平衡會導致其溢價較高。對應地，這也推高了隱含波動性。在市場交易中，對於市場巨幅動盪的擔憂，會導致交易員對深度虛值看跌選擇權指定較大的價值，從而造成較高的波動性。另外，交易成本的不對稱，買賣價差的不對稱，尤其對於深度實值和深度虛值選擇權，買賣差價會更明顯。這些原因都可能導致波動性微笑或波動性偏斜的產生。

為了幫助大家更加感性地理解波動性微笑，下面程式繪製了基於真實市場資料的波動性微笑曲線。首先，從芝加哥期貨交易所資料庫 (http://www.cboe.com/delayedquote/quote-table-download) 獲取 2021 年 1 月 15

日標普指數頭寸選擇權的資料，存入 csv 檔案，然後根據賣價 (ask) 和買價 (bid) 的平均計算選擇權的價格。

B2_Ch1_10_A.py

```
from mibian import BS
import pandas as pd
import matplotlib.pyplot as plt

#convert data to dataframe and initialize "Implied volatility" column
option_data = pd.read_csv(r"C:\Users\Ran\Dropbox\FRM Book\Volatility\SPX_
Option.csv")
option_data['date'] = pd.to_datetime(option_data['date'])
option_data['Implied volatility'] = 0
option_data.head
```

展示前五行，預覽資料。

```
<bound method NDFrame.head of          date Expiration Date  ...  days to
maturity  Implied volatility
0  2021-01-15      2022-01-21  ...            266                 0
1  2021-01-15      2022-01-21  ...            266                 0
2  2021-01-15      2022-01-21  ...            266                 0
3  2021-01-15      2022-01-21  ...            266                 0
4  2021-01-15      2022-01-21  ...            266                 0
..        ...             ...  ...            ...               ...
74 2021-01-15      2022-01-21  ...            266                 0
75 2021-01-15      2022-01-21  ...            266                 0
76 2021-01-15      2022-01-21  ...            266                 0
77 2021-01-15      2022-01-21  ...            266                 0
78 2021-01-15      2022-01-21  ...            266                 0

[79 rows x 16 columns]>
```

接著，定義計算隱含波動性的函數 compute_implied_volatility()，並應用於每一列。當然，也可以透過讀取每一行，進行計算，但是計算速度會很慢，感興趣的讀者可以自行嘗試，並對比兩種方法的運算速度。

B2_Ch1_10_B.py

```
#function to calculate implied volatility
def compute_implied_volatility(row):
    underlyingPrice = row['underlying value']
    strikePrice = row['strike']
    interestRate = 0.002
    daysToMaturity = row['days to maturity']
    optionPrice = row['call price']
    result = BS([underlyingPrice, strikePrice, interestRate,
daysToMaturity], callPrice= optionPrice)
    return result.impliedVolatility

option_data['Implied volatility'] =
option_data.apply(compute_implied_volatility, axis=1)
```

透過繪製隱含波動性相對於行權價格的曲線，可以得到波動性微笑，如圖 1-27 所示。

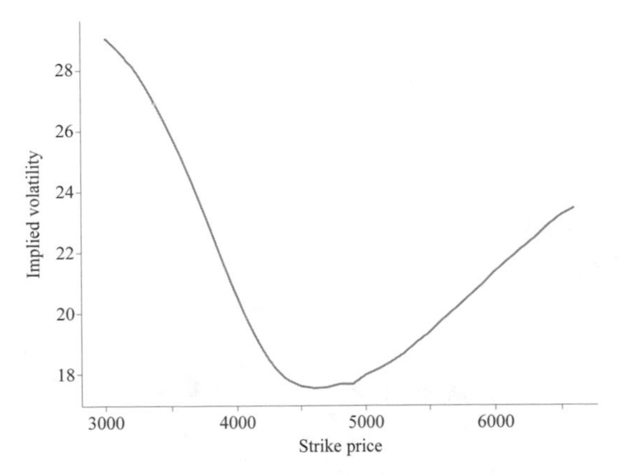

▲ 圖 1-27　隱含波動性微笑曲線

B2_Ch1_10_C.py

```
#plot volatility smile
option_data = option_data[option_data['date'] == pd.to_
datetime('1/15/2021')]
plt.plot(option_data['strike'], option_data['Implied volatility'])
plt.title('Volatility smile')
```

```
plt.ylabel('Implied volatility')
plt.xlabel('Strike price')

plt.gca().spines['right'].set_visible(False)
plt.gca().spines['top'].set_visible(False)
plt.gca().yaxis.set_ticks_position('left')
plt.gca().xaxis.set_ticks_position('bottom')
```

圖 1-27 展示了一個典型的波動性微笑。感興趣的讀者可以從前面介紹的網站，下載更多選擇權價格資料，修改程式，自行繪製更多波動性曲線。

本章從基本的回報率談起，緊接著介紹了歷史波動性，以及分析歷史波動性的幾種方法，大家可以借助圖 1-28 回顧介紹過的 EWMA、ARCH、GARCH 等模型，更加系統地加深對這些重要且基本的方法的理解，這些方法不但應用於本章的波動性，對風險價值 (Value at Risk) 等金融度量也有著重要的應用。

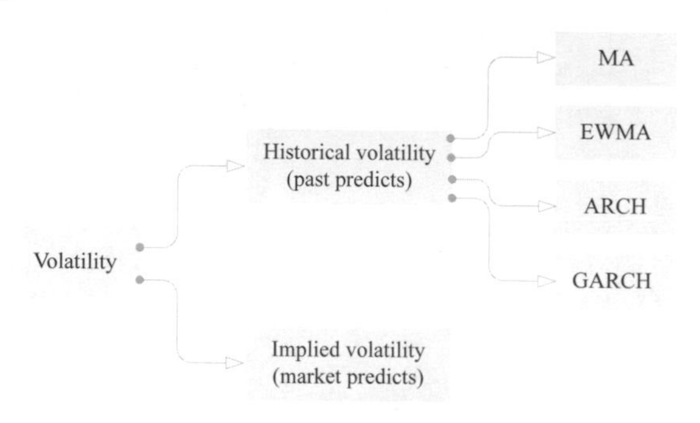

▲ 圖 1-28　波動性概覽

並且用視覺化的方法比較了上述幾種模型。最後，介紹了隱含波動性，並分析了波動性微笑產生的原因。時至今日，對於波動性曲面的研究仍然是熱點領域。另外，除了本章介紹的幾種波動性模型，隨機波動性模型、局部波動性模型等也是實際工作中常常用到的波動性模型，有興趣的讀者可以翻閱相關資料。「大海浩瀚，逐波而動」，希望大家閱讀本章後，立足於波動性的基本概念，更加深切體會「波動」對於「金融海洋」的重要意義。

隨機過程

真是無比的奇妙：一門來自博弈遊戲的科學，最終發展成為人類知識中最重要的課題。

It is remarkable that a science which began with the consideration of games of chance should have become the most important object of human knowledge.

—— 皮埃爾 - 西蒙 · 拉普拉斯 (Pierre-Simon Laplace)

無論是宇宙的起源、生物的進化，還是股市的漲跌、天氣的變化，都伴隨著不確定性。人類在探索世界的過程中，越來越深刻地意識到不確定性因素無時無刻不在發揮著重要作用。隨機過程就是對這些不確定性因素進行描述的一種數學方法。

源於對物理現象的研究，包括玻爾茲曼、愛因斯坦在內的許多物理學家對隨機過程理論的發展發揮了巨大的推動作用。蘇聯數學家柯爾莫哥洛夫 (Andrey Nikolayevich Kolmogorov) 和美國數學家杜布 (Joseph Leo Doob) 的傑出貢獻最終奠定了隨機過程的理論基礎。現在，隨機過程已經廣泛應用於物理、化學、生物、資訊、電腦等諸多領域。而由於金融市場內在的不確定性，隨機過程很自然地滲透進了金融領域，尤其在衍生品的估價和風險管理方面業已成為一種應用廣泛的建模方法。

Biography: Joseph Leo Doob (1910——2004), a pioneer in the study of the mathematical foundations of probability theory and its remarkable interplay with other areas of mathematics. In 1940, he began a systematic development of martingale theory, the focus of one of the chapters, nearly 100 pages long, in his 1953 book "Stochastic Processes." This treatise of over 650 pages has been one of the most important and influential books on probability since Laplace's 1812 book. (Sources: https://math.illinois.edu/resources/department-history/faculty-memoriam/joseph-doob)

Biography: Andrey Nikolayevich Kolmogorov, (born April 25 [April 12, Old Style], 1903, Tambov, Russia——died Oct. 20, 1987, Moscow), Russian mathematician whose work influenced many branches of modern mathematics, especially harmonic analysis, probability, set theory, information theory, and number theory. A man of broad culture, with interests in technology, history, and education, he played an active role in the reform of education in the Soviet Union. He is best remembered for a brilliant series of papers on the theory of probability. (Sources: https://www.britannica.com/biography/Andrey-Nikolayevich-Kolmogorov)

本章核心命令程式

- ax.scatter3D() 繪製三維立體散點圖
- DataFrame.pct_change() 計算變化率
- isoweekday() 傳回一星期中的每幾點，星期一為 1
- matplotlib.pyplot.axes(projection='3d') 定義一個三維座標軸
- numpy.concatenate() 將多個陣列進行連接
- numpy.cumsum() 產生沿某一軸的資料元素的相加累積值
- numpy.random.choice() 從一組資料中隨機選取元素，並將選取結果放入陣列中傳回

- pandas.date_range() 指定日期範圍
- pandas.Timedelta() 設定時間增量
- pandas.to_datetime(date, format = "%Y-%m-%d") 依照設定格式轉換產生日期格式資料
- to_series() 建立一個索引和值都等於索引鍵的序列

2.1 隨機變數與隨機過程

在本叢書的機率與統計章節中，已經介紹過隨機變數的概念，它主要是針對「靜態」隨機現象的統計規律進行描述。而如果隨機變數隨著時間發生演化，那麼對於這種「動態」隨機現象的統計規律的描述，則被稱為隨機過程 (stochastic process, or random process)。圖 2-1 所示為隨機變數與隨機過程。

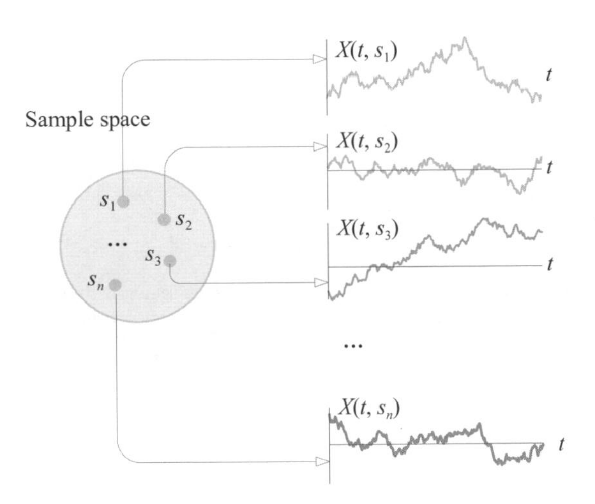

▲ 圖 2-1　隨機變數與隨機過程

在數學上，隨機過程可以作以下定義。對於一指標集合 T，如果有參數 $t \in T$ 的一組隨機變數 $X = \{X(t), t \in T\}$，那麼這組隨機變數的序列就被稱為隨機過程。參數 t 常常解釋為時間。因此，簡單來說，隨機過程是遵

照時間序列的一系列隨機變數的集合。如果指標集 T 為離散集，則 $\{X_t, t \in T\}$ 為離散時間隨機過程 (discrete time stochastic process)；如果指標集 T 是連續的，則 $\{X_t, t \in T\}$ 被稱為連續時間隨機過程 (continuous time stochastic process)。

以拋硬幣為例，每次的結果為隨機變數，而如果每隔一分鐘拋一次硬幣，連續拋一小時，就可以看作產生了一系列隨時間而變化的隨機變數，這就是一個離散時間隨機過程。而股票價格的變化，就是一個連續時間隨機過程。另外，隨機過程的狀態空間可能為離散或連續。拋硬幣的結果只可能為正面或反面，因此其狀態空間就是包含這兩個結果的離散狀態空間。而股票價格可能出現無限多種情況，其狀態空間為連續的。

根據時間和狀態空間為連續或離散的情況，可以把隨機過程分為如圖 2-2 所示的四種類型。

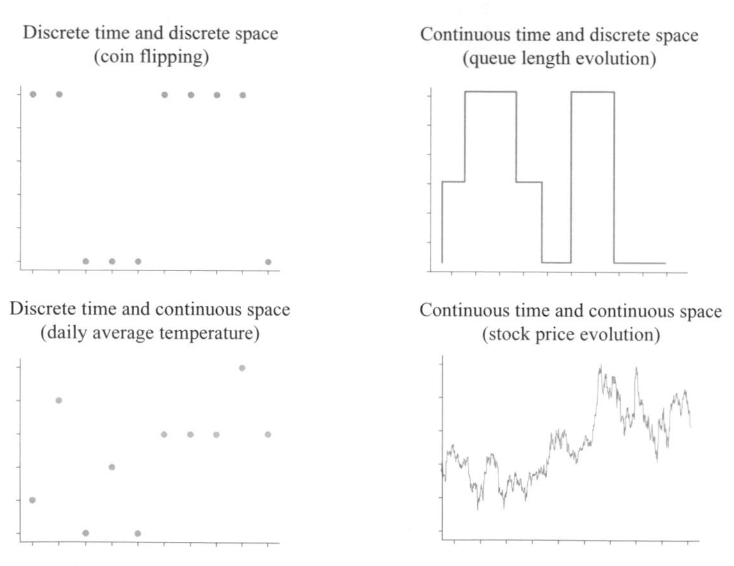

▲ 圖 2-2　隨機過程類型 (離散 / 連續的空間 / 時間)

金融領域的股票和匯率的波動都與隨機過程的走勢非常相像。下面的程式，提取了推特公司 (Twitter) 2018 年 10 月 1 日至 2020 年 10 月 1 日兩年間股票價格的資料，並繪製了曲線圖。同時，利用隨機過程模擬了某股票價格的變化，並繪製曲線。推特公司股票的曲線與隨機過程模擬的股票價格曲線的對比，如圖 2-3 所示。

B2_Ch2_1.py

```
from matplotlib import pyplot as plt
import numpy as np
import pandas_datareader
import matplotlib as mpl
mpl.style.use('ggplot')

##real stock price
#stock: Twitter Inc
ticker = 'TWTR'

#calibration period
start_date = '2018-10-1'
end_date = '2020-10-1'

#extract and plot historical stock data
stock = pandas_datareader.data.DataReader(ticker,
data_source='yahoo',  start=start_date, end=end_date)['Adj Close']

##simulated stock price
np.random.seed(66)
def gbm(S,v,r,T):
    return S * np.exp((r - 0.5 * v**2) * T + v * np.sqrt(T) *
np.random.normal(0,1.0))

#initial
S0 = 26.68
#volatility
vol = 0.8865
#mu
mu = 0.35
#time increment
dt = 1/252
#maturity in year
```

```
T = 2
#step numbers
N = int(T/dt)

path=[]
S=S0
for i in range(1,N+1):
    S_t = gbm(S,vol,mu,dt)
    S= S_t
    path.append(S_t)

##plot stock price
rows = 2
cols = 1
fig, (ax1, ax2) = plt.subplots(rows, cols, figsize=(14,8))
#real stock price
ax1.plot(stock)
ax1.set_title('(a) Stock price for TWTR', loc='left')
ax1.set_xlabel('Time')
ax1.set_ylabel('Real Stock price')
#simulated stochastic process
ax2.plot(path)
ax2.set_title('(b) Simulated stochastic process', loc='left')
ax2.set_xlabel('t')
ax2.set_ylabel('S')
plt.tight_layout()
```

程式執行後，生成了圖 2-3。其中，圖 2-3 (a) 展示的是推特公司 2018 年 10 月 1 日到 2020 年 10 月 1 日兩年間的股票價格。圖 2-3 (b) 展示了利用隨機過程模擬的演化曲線。這兩幅圖，一個是股票價格，另一個是隨機過程，它們的走勢是完全不同的，但是在直觀上，它們又存在非常明顯的相似性。

在短期上，它們都表現出隨機的波動性，而在長期上，又都表現出確定的走勢。這也正是隨機過程在金融領域運用的實例。這裡不對程式進行過多介紹，僅希望大家對隨機過程與金融應用的結合有個感性的印象。本章後面的內容，對利用隨機過程模擬股票價格會有更加詳細的解講。

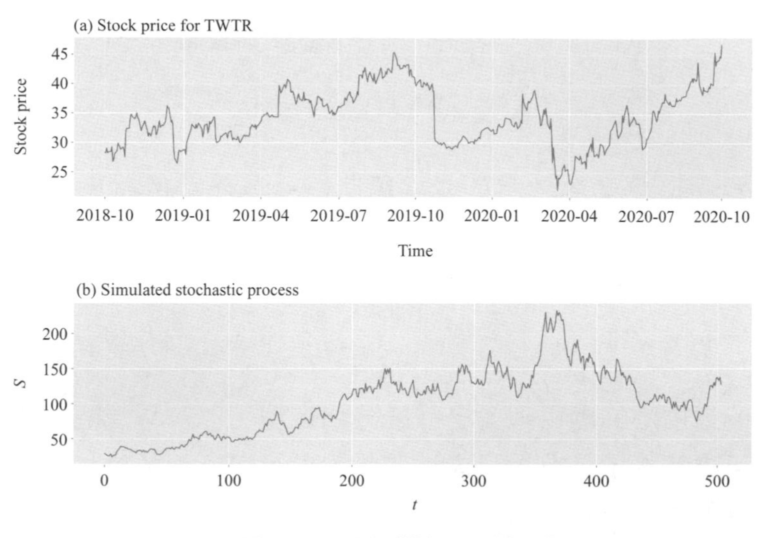

▲ 圖 2-3 股價變化與隨機過程

2.2 馬可夫過程

馬可夫過程 (Markov process) 是指具備了馬可夫性質 (Markov property) 的隨機過程，因俄國數學家安德列 · 馬可夫 (Andrey A. Markov) 第一次研究而得名。

Biography: Andrey A. Markov (1856–1922) was a Russian mathematician who is best known for his work in probability and for stochastic processes especially Markov chains. He is also known for his work in number theory and analysis. (Sources: https://mathshistory.st-andrews.ac.uk/Biographies/Markov/)

所謂馬可夫性質亦稱無後效性或無記憶性，即「未來」只與「現在」有關，而與「過去」無關。為了方便理解和記憶，如圖 2-4 直觀地展示了「只問當下，無問過去」的馬可夫性質。

P(future | present, past) = P(future | present)

▲ 圖 2-4 馬可夫性質

馬可夫過程可以具備離散狀態或連續狀態。具備離散狀態的馬可夫過程，通常被稱為馬可夫鏈 (Markov chain)。若 X(t) 代表一個離散隨機變數，那麼馬可夫鏈的數學表示式為：

$$\mathrm{P}\left(X_{n+1}=x \mid X_1=x_1, X_2=x_2, \ldots, X_n=x_n\right)=\mathrm{P}\left(X_{n+1}=x \mid X_n=x_n\right) \tag{2-1}$$

馬可夫鏈的最廣泛的應用理論是靜態分佈定理，亦被稱為馬可夫鏈基本定理。馬可夫鏈除了具有馬可夫性質外，還具有不可約性、正常返性、週期性和遍歷性。其中，如果一個馬可夫鏈上具有不可約非週期和正常返的性質，那麼它被稱為嚴格平穩的馬可夫鏈，會擁有唯一的平穩分佈。從另外一個角度說，並不是所有馬可夫鏈都適用於靜態分佈定理。

下面以一個最簡單形式的馬可夫鏈為例，幫助大家理解馬可夫鏈的狀態空間最終收斂為一個穩定態的性質。

假設某股票有上漲和下跌兩個狀態，那麼可以把該股票看作一個擁有兩個狀態的馬可夫鏈，這兩個狀態分別標記為 U 和 D。也就是說，狀態空間包含「上漲」和「下跌」，即狀態空間集合為 $\{U, D\}$，指標集合則為天數 t。假設股票現在狀態為上漲，繼續上漲的機率為 0.75，轉而下跌的機率為 0.25；如果現在狀態為下跌，繼續下跌的機率為 0.35，轉而上漲的機率為 0.65。其過渡矩陣 (transition matrix) 可以直觀展示，如表 2-1 所示。

表 2-1 過渡矩陣

	U	D
U	0.75	0.25
D	0.65	0.35

亦即各自的機率可以表示為：

$$\mathrm{P}(U\,|\,U)=0.75,\ \mathrm{P}(D\,|\,U)=0.25,\ \mathrm{P}(D\,|\,D)=0.35,\ \mathrm{P}(U\,|\,D)=0.65 \tag{2-2}$$

馬可夫鏈本質上是隨機變數隨時間從一種狀態變為另一種狀態的表示，而在圖形上，可以視為變數如何圍繞圖形「走動」。如圖 2-5 展示了馬可夫鏈的「走動」過程。

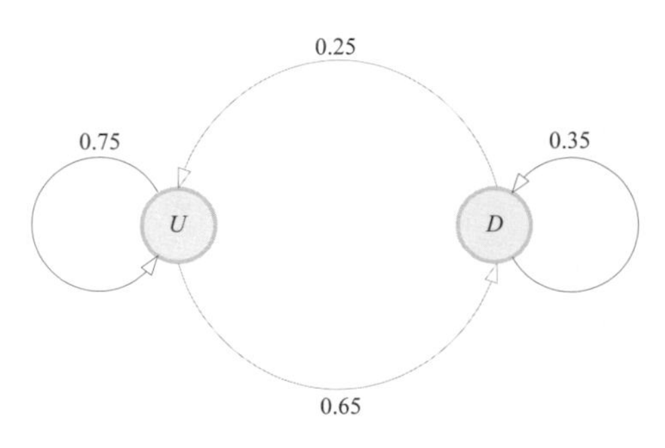

▲ 圖 2-5　過渡矩陣示意圖

對於狀態空間有限的馬可夫鏈的分析，矩陣是一種常用的表示方法。如圖 2-6 所示，等號左側為時間為 $n+1$ 時的機率分佈所組成的行向量，等號右側為時間為 n 時的機率分佈所組成的行向量乘以轉移矩陣。這種方法，將隨時間的機率分佈演變簡化成了行向量乘以矩陣的形式。

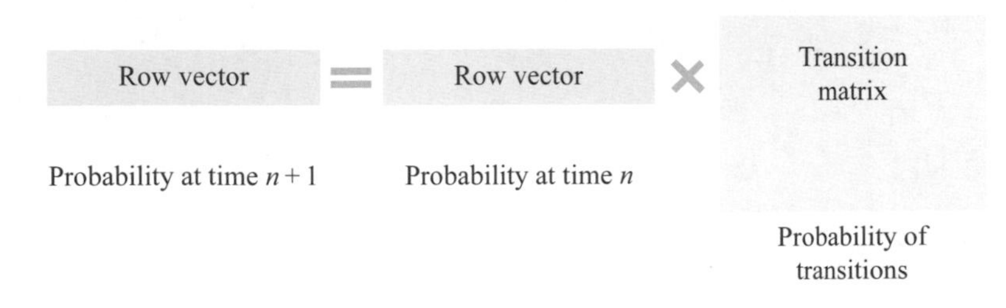

▲ 圖 2-6　馬可夫鏈矩陣表示圖

假設今天的股價上漲，用行向量表示為 I = [1, 0]，即股價上漲的機率為 1，下跌的機率為 0。下面的式子計算了隨後三天股價上漲或下跌的機率，其中，乘號代表了矩陣乘法。

- 第一天後股價上漲或下跌機率分佈：$S_1 = I \times T$
- 第二天後股價上漲或下跌機率分佈：$S_2 = S_1 \times T$
- 第三天後股價上漲或下跌機率分佈：$S_3 = S_2 \times T$

其中，過渡矩陣 T 為：

$$\boldsymbol{T} = \begin{bmatrix} 0.75 & 0.25 \\ 0.65 & 0.35 \end{bmatrix} \tag{2-3}$$

結合上面的運算公式，並利用下面的程式，可以計算第一、第二、第三天之後，股價上漲或下跌的機率，並顯示出來。

B2_Ch2_2.py

```
import numpy as np

#today: stock price up
I = np.matrix([[1, 0]])
#transition matrix
T = np.matrix([[0.75, 0.25],
               [0.65, 0.35]])
n = 3
for i in range(0, n):
    T_tmp = I * T
    I = T_tmp
    #print ('The probability of stock price up/down after  day: ' , T)
    print ('The probability of stock price up/down after %d day: ' %
(i+1), I)
```

結果顯示如下。

```
The probability of stock price up/down after 1 day:  [[0.75 0.25]]
The probability of stock price up/down after 2 day:  [[0.725 0.275]]
The probability of stock price up/down after 3 day:  [[0.7225 0.2775]]
```

從結果可知，三天之後，股價上漲的機率為 0.7225，下跌的機率為 0.2775。

那麼如果在不知道今天股價上漲或下跌的情況下，如何知道三天之後，股價上漲或下跌的機率呢？這似乎並不是一個可以立即回答的問題，我們可以做以下嘗試。首先設定起始矩陣 I = [0.5, 0.5]，然後根據計算公式編制下面程式，並把起始矩陣代入執行。

B2_Ch2_3.py

```
import numpy as np

#Current state
I = np.matrix([[0.5, 0.5]])

#Transition Matrix
T = np.matrix([[0.75, 0.25],
               [0.65, 0.35]])
n = 3
for i in range(0, n):
    T_tmp = I * T
    I = T_tmp
    print ('The probability of stock price up/down after %d day: ' %
(i+1), I)
```

結果展示如下。

```
The probability of stock price up/down after 1 day:  [[0.7 0.3]]
The probability of stock price up/down after 2 day:  [[0.72 0.28]]
The probability of stock price up/down after 3 day:  [[0.722 0.278]]
```

對比已知今天股價的情況，在未知今天股價的情況，一天、兩天和三天後，股價上漲的機率有略微的下跌，但是其差別正逐漸減小。大家可以嘗試把程式中的 n 設定為更大的值，比如 30，可以一目了然地看到無論是否知道股價上漲或下跌的初始機率，最終機率都會收斂為同一個值。

相信透過上述例子，大家對於具有平穩分佈 (stationary distribution) 的馬可夫鏈可以有更加深入的理解。需要再次強調的是，並不是所有的馬可夫鏈都具有平穩分佈，只有滿足轉移機率不變、狀態間可互相轉換以及非簡單等條件的馬可夫鏈才具有這種性質。馬可夫鏈的平穩分佈，提供了估計隨機過程的一種辦法，從而可以對隨機過程進行預測。

馬可夫鏈在許多重要的領域都有應用，比如奠定網際網路基礎的 PageRank 演算法、語音辨識、氣象預測、體育博奕等。在金融領域，馬可夫鏈被應用於股指建模、時間序列分析、組合預測模型等方面，並且對量化金融的發展造成了重要的推動作用。

2.3 馬丁格爾

如果對於一個隨機過程，當前值是對未來期望的最佳預測，那麼這個過程被稱為馬丁格爾 (Martingale)，又被稱為鞅。

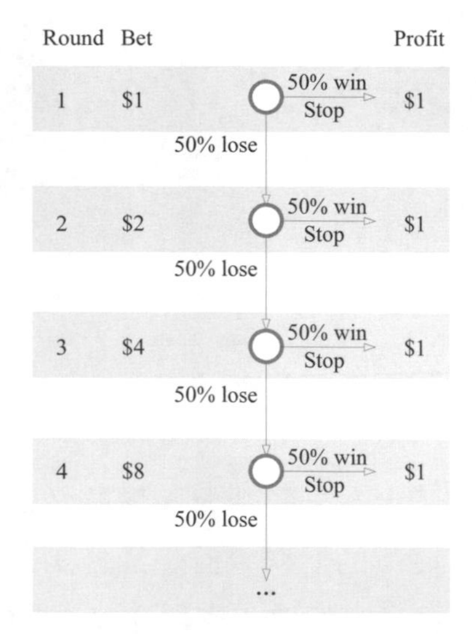

▲ 圖 2-7　馬丁格爾策略示意圖

馬丁格爾最初是一種在賭輸後加倍下賭注的賭博策略，起源於 18 世紀的法國，並迅速風靡歐洲，號稱「穩賺不賠」。比如一個拋硬幣的賭盤，自始到終只壓某一面，如果輸錢，就將輸錢的金額加倍作為新賭注，繼續壓，一直到贏，而這每一次贏就可以將前面所有的虧損全部贏回並多贏第一次所壓的金額。如圖 2-7 所示，如果初始賭注為 1 美金，在一輪贏，則獲得 1 美金，如果第一輪輸，則第二輪加倍賭注為 2 美金，第二輪贏，則贏 2 美金，但需要減去第一輪輸掉的 1 美金，所以淨獲利仍為 1 美金；如果第二輪仍然輸，則輸 2 美金，在第三輪賭注加倍為 4 美金；如果第三輪贏，則贏 4 美金，減去第一輪輸的 1 美金和第二輪輸的 2 美金，淨獲得依舊為 1 美金；依此類推，可以知道，只要堅持這個策略投注，在第一次贏，就可挽回之前所有損失，並淨賺最初的賭注 1 美金。

透過下面的程式，可以更加直觀地了解馬丁格爾策略。在初始賭注為 1 美金，直到第八輪才迎來第一次贏。下面的程式產生了每輪的收益，並繪製了對應圖形。

B2_Ch2_4.py

```
import pandas as pd
import matplotlib.pyplot as plt

first_win = 8
win_prob = 0.5
profit = 0

toss_list = []
bet_list = []
profit_list = []
winlose_list = []

#toss = 1
bet = 1
bet_list.append(bet)
for toss in range(1, first_win):
    toss_list.append(toss)
    winlose_list.append('Lose')

    profit -= bet
    bet *= 2

    bet_list.append(bet)
```

```
        profit_list.append(profit)

        toss += 1

    if toss == first_win:
        toss_list.append(toss)
        winlose_list.append('Win')
        profit += bet
        profit_list.append(profit)

    results = pd.DataFrame(
        {
         'Toss': toss_list,
         'Bet': bet_list,
         'Win/Lose': winlose_list,
         'Profit': profit_list
        }
      )

    print(results)

    results.plot.bar(x='Toss')
    plt.xlabel('Toss')
    plt.ylabel('Bet/Profit')
    plt.title('Bet and profit')
```

執行結果如下。

```
   Toss  Bet Win/Lose  Profit
0     1    1     Lose      -1
1     2    2     Lose      -3
2     3    4     Lose      -7
3     4    8     Lose     -15
4     5   16     Lose     -31
5     6   32     Lose     -63
6     7   64     Lose    -127
7     8  128      Win       1
```

從結果可知，前七輪共輸 127 美金，但堅持馬丁格爾策略進行投注，在第八輪第一次贏時，不但賺回前七輪的所有虧損，並且獲利 1 美金，其圖形展示如圖 2-8 所示。

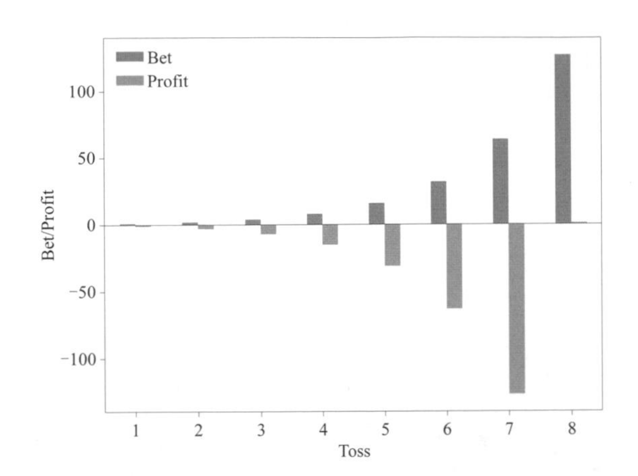

▲ 圖 2-8　馬丁格爾策略第八輪賭贏每輪賭注與收益

馬丁格爾在數學領域被認知的時間並不久遠，直到 20 世紀中期才第一次從數學上被描述。馬丁格爾實質是一個過程，在這個過程中，如果要基於之前所有的值預測下一個值，當前值為最佳的預測。

在數學上，馬丁格爾過程需要滿足的條件如下所示。

(1) 絕對可積，也就是式 (2-4) 所示。

$$\mathrm{E}\left(\left|X\left(t;\omega\right)\right|\right)<\infty \tag{2-4}$$

(2) 對於給定的所有資訊 L_t，期望值等於當前值，即：

$$\mathrm{E}\left(X\left(t+s;\omega\right)\mid L_t\right)=X\left(t+s;\omega\right),\quad s\geq 0 \tag{2-5}$$

馬丁格爾過程在金融中的連續時間序列、期貨選擇權模型、對沖模型等多方面量化建模等領域都有著廣泛的應用。馬丁格爾策略號稱永遠不會虧損，但是這只存在於理想狀態，因為在現實情況下，要受到資金限制、投資者心理能力等多方面因素影響，反而有著巨大的風險，會造成巨大的損失。

因此，一種與馬丁格爾策略類似的投資策略 —— 反馬丁格爾 (anti-Martingale) 策略也受到了大量關注。反馬丁格爾策略是在某個賭盤裡，當每次贏錢時，以 2 的倍數再增加賭注，若一直贏，就再加倍賭注。感興趣的讀者可以根據本節的介紹，透過修改上述程式，更深入地了解反馬丁格爾策略。

2.4 隨機漫步

隨機漫步 (random walk) 是指從起始點開始移動的隨機過程。隨機漫步的每一步均無「記憶性」，即每一步對其他步無任何影響，因此隨機漫步具有馬可夫鏈的性質。隨機漫步可以處於不同的維度，本節會依次介紹一維、二維和三維隨機漫步。

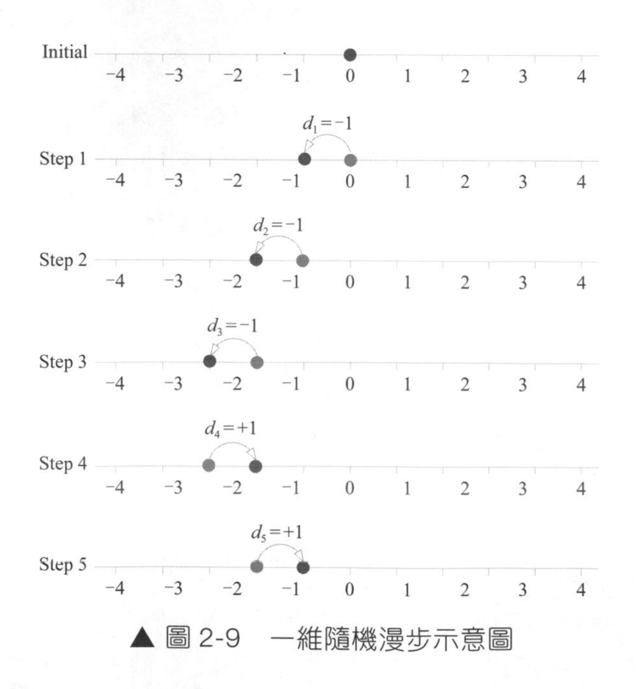

▲ 圖 2-9　一維隨機漫步示意圖

首先從最簡單的一維隨機漫步 (one-dimensional random walk) 開始介紹。如圖 2-9 所示，假設圖中的紅點，從原點處開始在數軸上移動。它可以隨機地向前或向後移動一格，向前移動一格為 +1，向後移動一格為 -1，向前或向後移動的機率是相同的，均為 50%。圖 2-9 詳細展示了隨機移動五步的示意圖。

假設這五步移動的距離分別為 d_1、d_2、d_3、d_4 和 d_5，則移動五步後，紅點的位置 L 可以用數學式表示為：

$$L = d_1 + d_2 + d_3 + d_4 + d_5 \tag{2-6}$$

那麼，如果多次重複這個試驗，位置的座標值的平均是多少呢？因為對於任何一次移動，不是向前，就是向後，機率又是相等的，所以每一次移動距離的平均為 0，如式 (2-7) 所示。

$$\bar{d}_1 = \bar{d}_2 = \bar{d}_3 = \bar{d}_4 = \bar{d}_5 = 0 \tag{2-7}$$

因此，多次試驗後，其位置座標值的平均為：

$$\bar{L} = \bar{d}_1 + \bar{d}_2 + \bar{d}_3 + \bar{d}_4 + \bar{d}_5 = 0+0+0+0+0 = 0 \tag{2-8}$$

但是，多次移動後位置座標值的平均，對於這個紅點最終在數軸上的真正位置，無法舉出有價值的資訊。換一個角度考慮，因為位置座標值的平方，即 L^2 一定不為負值，透過求 L^2 移動的平均值，則可以進一步得到 L 的位置的座標。以 N 次移動為例，透過式 (2-9) 可以計算 L^2。

$$\begin{aligned}\overline{L^2} &= \overline{\left(d_1 + d_2 + d_3 + \cdots + d_N\right)^2} \\ &= \overline{\left(d_1 + d_2 + d_3 + \cdots + d_N\right)\left(d_1 + d_2 + d_3 + \cdots + d_N\right)} \\ &= \left(\overline{d_1^2} + \overline{d_2^2} + \overline{d_3^2} + \cdots + \overline{d_N^2}\right) + 2\left(\overline{d_1 d_2} + \overline{d_1 d_3} + \cdots + \overline{d_1 d_N} + \overline{d_2 d_3} + \cdots \overline{d_2 d_N} + \cdots\right)\end{aligned} \tag{2-9}$$

很明顯，d_i 值為 +1 或 -1，因此 $\overline{d_i^2}$ 為 1。$\overline{d_i d_j}$ 包含兩個不同的移動步，所以為 0。由此可知：

$$\overline{L^2} = (1+1+1+\cdots+1) + 2\times(0+0+0+\cdots+0) = N \tag{2-10}$$

即距離平方的平均值為 N，那麼在 N 次移動後，紅點到原點的距離為：

$$|L| = \sqrt{\overline{L^2}} = \sqrt{N} \tag{2-11}$$

比如，如果移動了 9 步，那麼這時紅點距離原點的期望距離為 3，當然這只是期望值，這並不代表每次移動 9 步後，紅點距離原點的距離恰好為 3。

使用下面的程式，可以模擬 5 個一維隨機漫步的路徑。程式中，使用了 Numpy 運算套件中的 random.choice() 函數，來隨機產生每一步。設定的步數為 10000 步。

B2_Ch2_5.py

```
import numpy as np
import matplotlib.pyplot as plt

#define parameters
dims = 1
step_num = 500
path_num = 10
move_mode = [-1, 1]
origin = np.zeros((1, dims))

for path in range(path_num):
    #random walk
    step_shape = (step_num, dims)
    steps = np.random.choice(a=move_mode, size=step_shape)
    path = np.concatenate([origin, steps]).cumsum(0)
    start = path[:1]
    stop = path[-1:]
    #plot path
    plt.plot(np.arange(step_num+1), path, marker='+', markersize=0.02);
    plt.plot(0, start, c='green', marker='s')
    plt.plot(step_num, stop, c='red', marker='o')

plt.title('Random Walk in 1D')
plt.xlabel('Step')
plt.ylabel('Position')
plt.gca().spines['right'].set_visible(False)
plt.gca().spines['top'].set_visible(False)
plt.gca().yaxis.set_ticks_position('left')
plt.gca().xaxis.set_ticks_position('bottom')
```

執行程式後，生成了圖 2-10。在圖中，因為其隨機性，五條路徑雖然都是從綠方格起始，但是紅小數點代表的終止點均不相同。

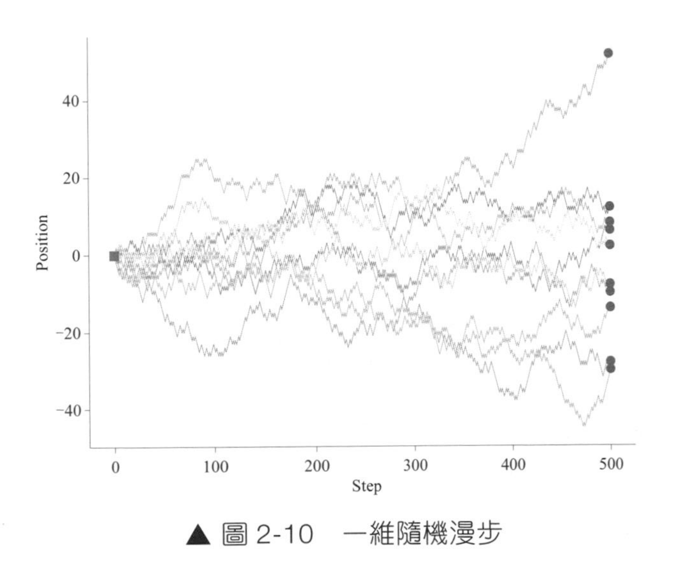

▲ 圖 2-10　一維隨機漫步

二維隨機漫步 (two-dimensional random walk) 是指在一個二維平面上四個可能方向上隨機遊走。如圖 2-11 所示，從綠方格起始，在紅小數點處終止。

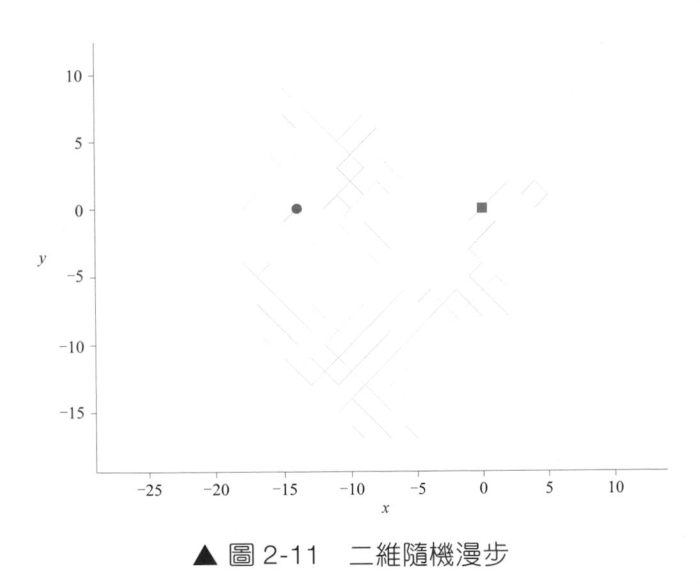

▲ 圖 2-11　二維隨機漫步

請讀者執行以下程式繪製圖 2-11。

B2_Ch2_6.py

```
import numpy as np
import matplotlib.pyplot as plt

dims = 2
step_num = 500
path_num = 1
move_mode = [-1, 1]
origin = np.zeros((1, dims))

for path in range(path_num):
    #random walk
    step_shape = (step_num, dims)
    steps = np.random.choice(a=move_mode, size=step_shape)
    path = np.concatenate([origin, steps]).cumsum(0)
    start = path[:1]
    stop = path[-1:]
    #plot path
    plt.plot(path[:,0], path[:,1], marker='+', markersize=0.02,
c='lightblue');
    plt.plot(start[:,0], start[:,1], marker='s', c='green')
    plt.plot(stop[:,0], stop[:,1], marker='o', c='red')

plt.title('Random Walk in '+str(dims)+'D')
plt.xlabel('x')
plt.ylabel('y')
plt.gca().spines['right'].set_visible(False)
plt.gca().spines['top'].set_visible(False)
plt.gca().yaxis.set_ticks_position('left')
plt.gca().xaxis.set_ticks_position('bottom')
```

三維隨機漫步 (three-dimensional random walk) 則是在三維空間隨機遊走。下面的程式模擬了一個三維隨機漫步的過程。

B2_Ch2_7.py

```
import numpy as np
```

```
import matplotlib.pyplot as plt
from mpl_toolkits.mplot3d import Axes3D

dims = 3
step_num = 500
move_mode = [-1, 0, 1]
origin = np.zeros((1, dims))

#random walk
step_shape = (step_num, dims)
steps = np.random.choice(a=move_mode, size=step_shape)
path = np.concatenate([origin, steps]).cumsum(0)
start = path[:1]
stop = path[-1:]

#plot path
fig = plt.figure()
ax = plt.axes(projection='3d')
ax.plot3D(path[:,0], path[:,1], path[:,2],c='lightblue', marker='+');
ax.plot3D(start[:,0], start[:,1], start[:,2],c='green', marker='s')
ax.plot3D(stop[:,0], stop[:,1], stop[:,2],c='red', marker='o')
ax.set_title('Random Walk in '+str(dims)+'D')
```

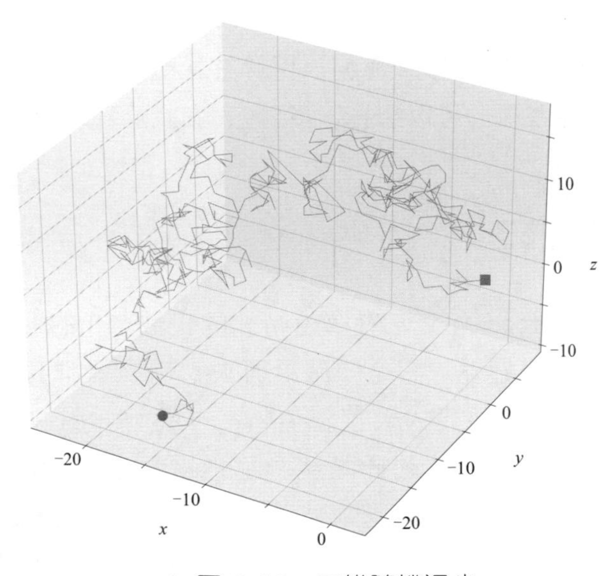

▲ 圖 2-12　三維隨機漫步

執行程式生成了圖 2-12。這裡的三維隨機漫步也是從綠方格處起始，在紅小數點處終止。起始點與終止點之間的路徑完全遵從隨機過程，每次執行程式都會產生完全不同的另外一幅路徑圖形。

隨機漫步是非常奇妙且有意思的一種現象。在現實世界中，粒子的布朗運動、覓食動物的搜索路徑、基質中的活細胞、股票價格的變化等都是隨機漫步。

在金融領域，隨機漫步理論認為證券價格的波動是無規律的隨機漫步，這是因為證券市場的透明性，證券的價格會基本反映其本身價值。造成市場波動的主要原因是突發的新的經濟、政治事件。而這些事件是隨機的，無法進行預測的。在 1967 年 6 月，《富比世》雜誌的編輯做了一個非常有趣的試驗，用將飛鏢投向《紐約時報》的股票市場專欄的辦法選出了一組普通股股票的投資組合。在漫長的 17 年後，歷經越南戰爭、水門事件、古巴導彈危機、能源危機等重大事件，在 1984 年 6 月對這組用飛鏢選出的投資組合進行評估時，它不可思議地以每年 9.5% 的複利增值，擊敗了絕大多數的基金經理。這個有趣的試驗被認為印證了金融市場是符合隨機漫步理論的。

當然，對於隨機漫步理論的質疑也一直存在，他們認為股價並不能完全反映出所有的影響因素，可以預見，對於它的討論將繼續進行下去。

2.5 維納過程

維納過程 (Wiener process) 是指在單位時間內變數變化的期望值服從標準止態分佈的一種隨機過程，它是一個馬可夫過程。對維納過程的探尋，可以追溯到 1827 年英國植物學家羅伯特 · 布朗 (Robert Brown) 觀察到的花粉微粒的無規則運動，因此維納過程也被稱作布朗運動 (Brownian motion)。但是嚴格來說，布朗運動是一種物理現象，它是泛指懸浮在液體中的微小顆粒表現出的無規則運動，而維納過程則是模擬布朗運動現象的模型。在實際的應用當中，大家往往對二者不加區分。

Robert Brown, (1773——1858), Scottish botanist
Best known for his descriptions of cell nuclei and of the continuous motion of minute particles in solution, which came to be called Brownian motion.
(Source: https://www.britannica.com/)

數學上對布朗運動現象的嚴謹定義描述，直到 1918 年才由美國數學家諾伯特．維納 (Norbert Wiener) 正式提出，也由此得名維納過程。維納過程通常表示為

$$W(t), t \in [0,T] \tag{2-12}$$

維納過程透過下列三個假設定義。

(1) 初值為 0，其機率為 0，即：

$$P(W(0)=0)=0 \tag{2-13}$$

(2) 增量在任意兩個不同的時間段獨立，即：

$$W(t_1)-W(t_0), W(t_2)-W(t_1), \cdots, W(t_n)-W(t_{n-1}), \quad 0 \le t_0 \le t_1 \le t_2 \le \cdots \le t_n \tag{2-14}$$

任意兩兩獨立。

(3) 增量服從如式 (2-15) 所示的高斯分佈。

$$W(t)-W(s) \sim N(0, t-s), \quad 0 \le s \le t \tag{2-15}$$

維納過程是基於增量定義的，但是結合前述假設 1 和假設 3，可以得到：

$$W(t) \sim N(0,t) \tag{2-16}$$

從上式可知，維納過程是一個在每個時間點都以線性增長的 t 為方差的正態分佈的隨機過程。

廣義維納過程是維納過程與另一個漂移率恒定過程的疊加，其數學運算式為：

$$X(t) = \mu t + \sigma W(t) \tag{2-17}$$

其中，t 代表時間，μ 表示平均值，σ 為標準差。

圖 2-13 為廣義維納過程示意圖。

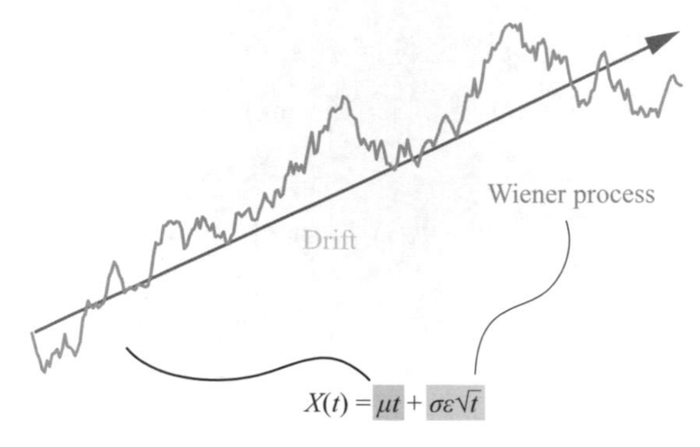

▲ 圖 2-13 廣義維納過程

下面的程式模擬了以下三種維納過程：(1) 平均值為 0，標準差為 1；(2) 平均值為 0，標準差為 0.5；(3) 平均值為 0.8，標準差為 0.5。

B2_Ch2_8.py

```
import numpy as np
import matplotlib.pyplot as plt

N = 1000
T = 10
sigma = 0.5
mu = 0.8
dt = T / float(N)
t = np.linspace(0.0, N*dt, N+1)
W0 = [0]

#simulate the increments by normal random variable generator
np.random.seed(666)
```

```
increments = np.random.normal(0, 1*np.sqrt(dt), N)
Wt1 = W0 + list(np.cumsum(increments))
Wt2 = sigma*np.array(Wt1)
Wt3 = mu*t + sigma*np.array(Wt1)
#plt.figure(figsize=(15,10))
plt.plot(t, Wt1, label='W(t)')
plt.plot(t, Wt2, label='$\sigma$W(t)')
plt.plot(t, Wt3, label='$\mu$t+$\sigma$W(t)')
plt.plot(t, mu*t, '--', label='$\mu$t')
plt.legend()
plt.xlabel('Time')
plt.ylabel('X(t)')

plt.gca().spines['right'].set_visible(False)
plt.gca().spines['top'].set_visible(False)
plt.gca().yaxis.set_ticks_position('left')
plt.gca().xaxis.set_ticks_position('bottom')
```

從圖 2-14 可以看到，所有三條曲線都呈現出了隨機的波動性。其中，藍色曲線要比橘黃色曲線的波動幅度更大，這是因為其標準差大。而同時具有非零恒定項和漂移項的廣義維納過程 (綠色曲線)，漂移項會圍繞恒定項直線 (紅色) 不斷波動。建議大家調整平均值和標準差的大小，重新執行程式，觀察生成的圖形，以便更進一步地理解這兩個參數對維納過程的影響。

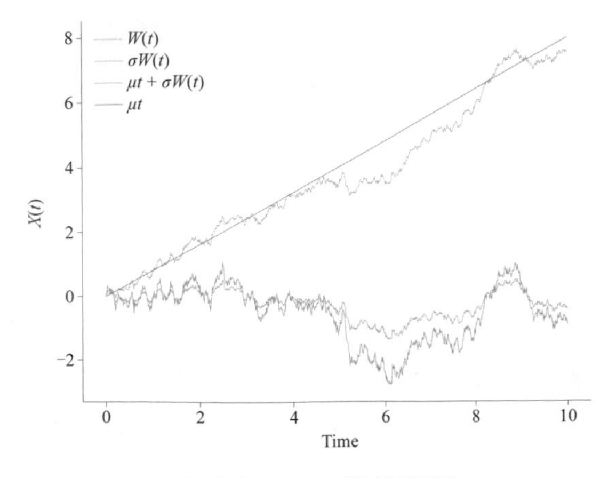

▲ 圖 2-14　維納過程

2.6 伊藤引理

如前所述，隨機過程是一系列隨機變數的集合，而從函數角度看，它也是一個不可微分的函數。

比如 2.5 節中介紹的維納過程，雖然它是連續的函數，然而卻處處不可微分。如圖 2-14 所示，每一條軌跡都呈現出隨機的上下波動，與一般的連續函數平滑的軌跡完全不同。因此，經典微積分 (classical calculus) 對於這個問題束手無策，遇到了嚴重的瓶頸。直到日本數學家伊藤清 (Itô Kiyoshi) 提出了後來以其名字命名的伊藤微積分 (Itô calculus)，這個難題才最終得以解決，伊藤微積分大大促進了隨機分析的進一步發展，奠定了現代金融數學的基礎。

Kiyosi Itô (1915——2008) is one of the pioneers of probability theory, and the originator of Ito Calculus. First published in 1942 in Japanese, this epoch-making theory of stochastic differential equations describes nondeterministic and random evolutions. The so-called Ito formula has found applications in other branches of mathematics as well as in various other fields including, e.g., conformal field theory in physics, stochastic control theory in engineering, population genetics in biology, and most recently, mathematical finance in economics.. (Sources: http://www.kurims.kyoto-u.ac.jp/~kenkyubu/past-director/ito/ito-kiyosi.html)

伊藤引理 (Itô's Lemma) 是伊藤微積分對於一個隨機過程的函數作微分的規則。下式是著名的伊藤規則 (Itô rules)。

$$\begin{cases} \left(\mathrm{d}W_t\right)^2 = \mathrm{d}t \\ \mathrm{d}W_t\,\mathrm{d}t = 0 \\ \left(\mathrm{d}t\right)^2 = 0 \end{cases} \tag{2-18}$$

在幾乎所有涉及隨機微積分的計算當中，幾乎都要用到伊藤規則。鑑於其重要性，下面在數學上對其進行推導。

對於$(\mathrm{d}t)^2=0$的推導，其過程為：

$$\begin{aligned}(\mathrm{d}t)^2&=\int_0^t(\mathrm{d}s)^2\\&=\lim_{\Delta t\to 0}\sum^n(\Delta t)^2\\&=\lim_{\Delta t\to 0}\left[n\cdot(\Delta t)^2\right]\\&=n\cdot\lim_{\Delta t\to 0}(\Delta t)\cdot\lim_{\Delta t\to 0}(\Delta t)\\&=0\times 0\\&=0\end{aligned}\tag{2-19}$$

接下來，推導$(\mathrm{d}W_t)^2=\mathrm{d}t$。在推導過程中，把時間$t$分成長度為$\Delta t$的$n$份，因此有$t=n\Delta t$，其中$t$為固定值。

$$\begin{aligned}(\mathrm{d}W_t)^2&=\int_0^t(\mathrm{d}W_s)^2\\&=\lim_{\Delta t\to 0}\sum_{i=1}^n\left(\Delta W_{\Delta t_{i-1}}\right)^2\\&=\lim_{\Delta t\to 0}\sum_{i=1}^n\left(W_{\Delta t_i}-W_{\Delta t_{i-1}}\right)^2\end{aligned}\tag{2-20}$$

如果作以下定義。

$$X_i=W_{\Delta t_i}-W_{\Delta t_{i-1}}\tag{2-21}$$

則式 (2-20) 可以寫為以下形式。

$$(\mathrm{d}W_t)^2=\int_0^t(\mathrm{d}W_s)^2=\lim_{n\to\infty}\left(X_1^2+X_2^2+\cdots+X_n^2\right)\tag{2-22}$$

對式 (2-22) 括號中的部分做以下變換。

$$X_1^2+X_2^2+\cdots+X_n^2=t\left\{\frac{1}{n}\left[\left(\frac{X_1^2}{\Delta t}\right)+\left(\frac{X_2^2}{\Delta t}\right)+\cdots+\left(\frac{X_n^2}{\Delta t}\right)\right]\right\}\tag{2-23}$$

因為$t=n\Delta t$是固定的，所以當$\Delta t\to 0$時，$n\to\infty$。所以式 (2-23) 大括號中的部分：

$$X_1^2+X_2^2+\cdots+X_n^2=t\left\{\frac{1}{n}\left[\left(\frac{X_1^2}{\Delta t}\right)+\left(\frac{X_2^2}{\Delta t}\right)+\cdots+\left(\frac{X_n^2}{\Delta t}\right)\right]\right\}\tag{2-24}$$

可看作 n 個獨立的伽瑪分佈 $\chi^2(1)$ 變數的平均。根據大數定理，可知隨著 n 的增大，最終這個平均值會收斂於數值 1，如式 (2-25) 所示。

$$\lim_{n\to\infty}\left(\frac{1}{n}\left[\left(\frac{X_1^2}{\Delta t}\right)+\left(\frac{X_2^2}{\Delta t}\right)+\cdots+\left(\frac{X_n^2}{\Delta t}\right)\right]\right)=1 \tag{2-25}$$

進一步，整理得到下面的表示式。

$$\begin{aligned}&\lim_{n\to\infty}\left(X_1^2+X_2^2+\cdots+X_n^2\right)\\&=\lim_{n\to\infty}\left(t\left\{\frac{1}{n}\left[\left(\frac{X_1^2}{\Delta t}\right)+\left(\frac{X_2^2}{\Delta t}\right)+\cdots+\left(\frac{X_n^2}{\Delta t}\right)\right]\right\}\right)\\&=t\end{aligned} \tag{2-26}$$

可以得到下面兩式。

$$\begin{aligned}&\int_0^t\left(\mathrm{d}W_s\right)^2=t\\&\int_0^t\mathrm{d}t=t\end{aligned} \tag{2-27}$$

透過對照這兩個式子，最終得到：

$$\left(\mathrm{d}W_t\right)^2=\mathrm{d}t \tag{2-28}$$

而對於 $\mathrm{d}W_t\,\mathrm{d}t=0$，同樣可以借助與前面類似的極限方法，很容易地推導得到。

	$\mathrm{d}t$	$\mathrm{d}W_t$
$\mathrm{d}t$	$(\mathrm{d}t)^2=0$ $\int_0^t(\mathrm{d}s)^2$	$\mathrm{d}W_t\,\mathrm{d}t=0$ $\int_0^t\mathrm{d}W_s\,\mathrm{d}s$
$\mathrm{d}W_t$	$\mathrm{d}W_t\,\mathrm{d}t=0$ $\int_0^t\mathrm{d}W_s\,\mathrm{d}s$	$(\mathrm{d}W_t)^2=\mathrm{d}t$ $\int_0^t(\mathrm{d}W_s)^2$

▲ 圖 2-15　伊藤乘法表

對於伊藤引理，也可以換一個角度來理解，它實際上是把泰勒展開 (Taylor expansion) 應用於隨機過程。這其中的核心就是伊藤乘法表，如圖 2-15 所示。歸納伊藤乘法表，可以簡單記憶為：dt、dt 的平方和 dtd$W(t)$ 均為零，可忽略不計，只有 d$W(t)$ 的平方為 dt。

接下來，以維納函數 W_t 為例說明泰勒展開應用於隨機過程。假設 f 為 W_t 的連續平滑函數。式 (2-29) 為對其微分的運算式。

$$\mathrm{d}f=\left(\frac{\mathrm{d}W_t}{\mathrm{d}t}f'(W_t)\right)\mathrm{d}t \tag{2-29}$$

但是，由於 W_t 不可微分，即無法直接求解 $\frac{\mathrm{d}W_t}{\mathrm{d}t}$，所以無法對式 (2-29) 進一步求解。但是，經過變換，抵消掉 dt，可以把式 (2-29) 轉為下面的形式。

$$\mathrm{d}f=f'(W_t)\mathrm{d}W_t \tag{2-30}$$

對於一般的函數，泰勒展開如式 (2-31) 所示。

$$\begin{aligned}\Delta f(x)&=f(x+\Delta x)-f(x)\\&=f'(x)(\Delta x)+\frac{1}{2}f''(x)(\Delta x)^2+\frac{1}{6}f'''(x)(\Delta x)^3+\cdots\end{aligned} \tag{2-31}$$

式 (2-31) 第二行等號右側的運算式中，除了第一項 $f'(x)(\Delta x)$ 以外，其他的所有各項相對於第一項都是高階小量，可以被忽略，所以式 (2-32) 成立。

$$\mathrm{d}f(x)=f'(x)\mathrm{d}x \tag{2-32}$$

對於維納過程，同樣套用泰勒展開，得到式 (2-33)。

$$\begin{aligned}\Delta f(W_t)&=f(W_t+\Delta W)-f(W_t)\\&=f'(W_t)(\Delta W)+\frac{1}{2}f''(W_t)(\Delta W)^2+\frac{1}{6}f'''(W_t)(\Delta W)^3+\cdots\end{aligned} \tag{2-33}$$

在式 (2-33) 中，除了一階項 $f'(W_t)(\Delta W)$ 以外，二階項 $\frac{1}{2}f''(W_t)(\Delta W)^2$ 卻不能被忽略，這與一般函數的泰勒展開是不同的，其原因為維納過程的二次微分不為零，相對於一階項不是更高階的小量，實質上是同階的，因此不能被忽略，而從第三項之後，相對於前兩項，則是可以被忽略的高階小量。利用式 (2-34)，對上述泰勒展示式進行變換。

$$(\mathrm{d}W_t)^2 = \mathrm{d}t \tag{2-34}$$

得到伊藤引理的最基本形式。

$$df(W_t) = f'(W_t)\mathrm{d}W_t + \frac{1}{2}f''(W_t)\mathrm{d}t \tag{2-35}$$

如圖 2-16 (a) 和 (b) 對比了經典微積分對於一個普通的關於時間 t 和純量 x 的函數 $f(t, x)$ 的微分，以及另外一個伊藤微積分對於關於時間 t 和維納過程 W_t 的函數的微分。可見，由於伊藤引理中，對於二次微分不可忽略，因此，伊藤微積分對比經典微積分，要多一個額外的二次項。伊藤微積分也正是基於此變化，從而將微積分成功地運用到了隨機過程的運算當中。

(a) classical calculus

$$\mathrm{d}f(t,x) = \frac{\partial f}{\partial t}\mathrm{d}t + \frac{\partial f}{\partial x}\mathrm{d}x$$

(b) Itō calculus

$$\mathrm{d}f(t,W_t) = \frac{\partial f}{\partial t}\mathrm{d}t + \frac{\partial f}{\partial W_t}\mathrm{d}W_t + \frac{1}{2}\frac{\partial^2 f}{\partial (W_t)^2}(\mathrm{d}W_t)^2$$

▲ 圖 2-16　經典微積分與伊藤微積分對照圖

2.7 幾何布朗運動

幾何布朗運動 (Geometric Brownian Motion, GBM) 是一種連續時間情況下的隨機過程，因為其中隨機變數的對數遵循維納過程 (布朗運動)，所以也被稱為指數布朗運動 (exponential Brownian motion)。

前面在介紹維納過程時，討論過用維納過程對股票價格進行建模。而幾何布朗運動被認為可以更精確地預測股價，因此是最為常用的描述股票價格的模型。著名的布萊克 - 舒爾斯 (Black-Scholes) 選擇權定價模型就是基於幾何布朗運動進行推導的。

之所以幾何布朗運動是描述股票價格變化的一種理想模型，主要基於其下面幾個特點。

- 幾何布朗運動與股票價格一樣，其設定值只能為正值。
- 幾何布朗運動與股票的價格軌跡呈現出類似的無序性。
- 幾何布朗運動的期望與股票價格是獨立的。
- 幾何布朗運動的計算相對簡單。

但是，也需要注意幾何布朗運動存在以下缺陷。

- 幾何布朗運動中，波動是不隨時間變化的，而實際股票價格的波動卻隨時間變化。
- 幾何布朗運動模擬的股票收益率的對數服從正態分佈，其方差與時間呈正比，而實際股票的短期收益率為白色雜訊，並不服從正態分佈。

幾何布朗運動的數學運算式非常簡潔。如果一個隨機過程 S_t 滿足如式 (2-36) 所示的隨機偏微分方程 (Stochastic Differential Equation, SDE)，那麼 S_t 遵循幾何布朗運動。

$$\mathrm{d}S_t = \mu S_t \,\mathrm{d}t + \sigma S_t \,\mathrm{d}W_t \tag{2-36}$$

其中，W_t 為維納過程 (布朗運動)，等號右邊第一項包含為常數的漂移率 μ，反映了模型的確定性的走勢；後面一項包含亦為常數的波動性 σ，反映了模型中隨機不確定性的部分。

下面將詳細介紹幾何布朗運動 S 的求解。根據前面介紹過的伊藤引理，對於一個關於時間 t 和維納過程 S 的函數 $f(t, S)$ 進行微分，數學運算式為：

$$\begin{aligned}\mathrm{d}f(t,S) &= \frac{\partial f}{\partial t}\mathrm{d}t + \frac{\partial f}{\partial S}\mathrm{d}S + \frac{1}{2}\frac{\partial^2 f}{\partial S^2}(\mathrm{d}S)^2 \\ &= \frac{\partial f}{\partial t}\mathrm{d}t + \frac{\partial f}{\partial S}\mathrm{d}S + \frac{1}{2}\frac{\partial^2 f}{\partial S^2}(\mu S\,\mathrm{d}t + \sigma S\,\mathrm{d}W_t)^2 \\ &= \frac{\partial f}{\partial t}\mathrm{d}t + \frac{\partial f}{\partial S}\mathrm{d}S + \frac{1}{2}\frac{\partial^2 f}{\partial S^2}\left[\mu^2 S^2 (\mathrm{d}t)^2 + \sigma^2 S^2 (\mathrm{d}W_t)^2 + 2\mu\sigma S^2\,\mathrm{d}t\cdot\mathrm{d}W\right]\end{aligned} \tag{2-37}$$

結合伊藤乘法表，可以獲得下式。

$$\mathrm{d}f(t,S)=\frac{\partial f}{\partial t}\mathrm{d}t+\frac{\partial f}{\partial S}\mathrm{d}S+\frac{1}{2}\frac{\partial^2 f}{\partial S^2}\sigma^2 S^2\,\mathrm{d}t \tag{2-38}$$

如果把 $f(t, S)$ 用下式替換：

$$f(S)=\ln(S) \tag{2-39}$$

則有以下結論：

$$\begin{cases}\dfrac{\partial f}{\partial t}=0\\ \dfrac{\partial f}{\partial S}=\dfrac{1}{S}\\ \dfrac{\partial^2 f}{\partial S^2}=-\dfrac{1}{S^2}\end{cases} \tag{2-40}$$

結合以上各項，可以推導如下：

$$\begin{aligned}df(t,S)&=\frac{\partial f}{\partial t}\mathrm{d}t+\frac{\partial f}{\partial S}\mathrm{d}S+\frac{1}{2}\frac{\partial^2 f}{\partial S^2}\sigma^2 S^2\,\mathrm{d}t\\&=0\cdot\mathrm{d}t+\frac{1}{S}\mathrm{d}S-\frac{1}{2}\sigma^2\,\mathrm{d}t\\&=\frac{1}{S}\left(\mu S\,\mathrm{d}t+\sigma S\,\mathrm{d}W_t\right)-\frac{1}{2}\sigma^2\,\mathrm{d}t\\&=\left(\mu-\frac{\sigma^2}{2}\right)\mathrm{d}t+\sigma\,\mathrm{d}W_t\end{aligned} \tag{2-41}$$

對式 (2-41) 左右兩邊從 0 到 t 積分可以得到：

$$\begin{aligned}\int_0^t \mathrm{d}f(t,S)&=\int_0^t\left(\mu-\frac{\sigma^2}{2}\right)\mathrm{d}s+\int_0^t\sigma\,\mathrm{d}W_s\\ \ln(S(t))-\ln(S(0))&=\left(\mu-\frac{\sigma^2}{2}\right)t+\sigma W(t)\end{aligned} \tag{2-42}$$

其中，$S(0)$ 和 $S(t)$ 為在時刻 0 和 t 時函數的值。因此，求解 $S(t)$ 的值可以用下式表示。

$$S(t)=S(0)\exp\left(\left(\mu-\frac{\sigma^2}{2}\right)t+\sigma W(t)\right) \tag{2-43}$$

可以進一步求解 $S(t)$ 的期望和方差，其結果分別為：

$$\begin{cases} \mathrm{E}\left(S\left(t\right)\right)=S\left(0\right)\exp\left(\mu t\right) \\ \mathrm{Var}\left(S\left(t\right)\right)=S\left(0\right)^2\exp\left(2\mu t\right)\left(\exp\left(\sigma^2 t\right)-1\right) \end{cases} \tag{2-44}$$

在實際的模擬中，往往需要用到 S(t) 的離散運算式，其形式以下式所示。

$$\begin{aligned} &\ln(S\left(t+\Delta t\right))-\ln(S\left(t\right))=\left(\mu-\frac{\sigma^2}{2}\right)\Delta t+\sigma\varepsilon\sqrt{\Delta t} \\ &S\left(t+\Delta t\right)=S\left(t\right)\exp\left[\left(\mu-\frac{\sigma^2}{2}\right)\Delta t+\sigma\varepsilon\sqrt{\Delta t}\right] \end{aligned} \tag{2-45}$$

前面的推導用到了一些數學上的公式，在接下來的介紹中，會結合具體的例子，對幾何布朗運動預測股票價格進行詳細的講解。

下面的程式首先從雅虎資料庫中提取了從 2010 年 9 月 1 日到 2020 年 9 月 30 日十年之間蘋果公司股票的收盤價格，然後對其進行了視覺化，如圖 2-17 所示。

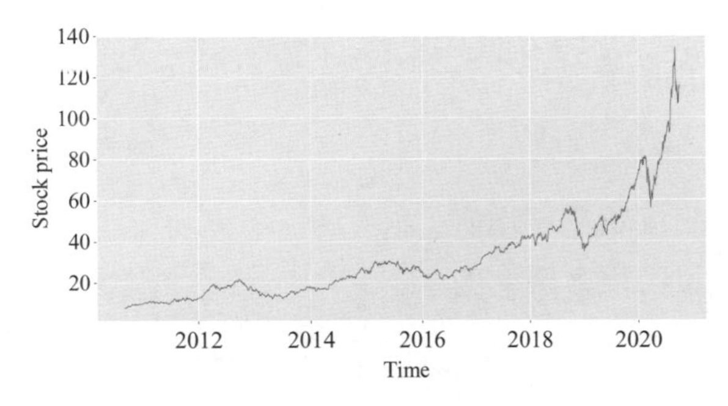

▲ 圖 2-17　蘋果公司股票歷史資料 (2010-09-01~2020-09-30)

B2_Ch2_9_A.py

```
import pandas as pd
import numpy as np
import pandas_datareader
import matplotlib.pyplot as plt
import matplotlib as mpl
mpl.style.use('ggplot')
```

```
#stock: Apple Inc.
ticker = 'AAPL'

#calibration period
start_date = '2010-9-1'
end_date = '2020-9-30'

#extract and plot historical stock data
stock = pandas_datareader.data.DataReader(ticker,
data_source='yahoo',  start=start_date, end=end_date)['Adj Close']
stock.plot(figsize=(15,8), legend=None, c='r')
plt.title('Stock price for AAPL')
plt.xlabel('Time')
plt.ylabel('Stock price')
```

從圖 2-17 可以看到，蘋果公司股票價格遵循一個「蜿蜒曲折」的路徑，但是其整體趨勢是在不斷升高的，這反映了股票價格的長期走勢，但是在短期上價格頻繁地上下變化，反映了股票價格隨機的波動性。

利用前面推導出的幾何布朗運動的公式，建立模型，可以對股票價格進行預測。模型需要的參數如下所示。

- S0：股票初始價格；
- μ：歷史對數日回報率平均值；
- σ：歷史對數日回報率標準差；
- ε：維納過程。

在使用模型進行預測之前，首先要進行模型校準 (model calibration)，即從歷史資料中分析得到模型的參數。這個模型中需要漂移常數和波動性兩個參數。透過下面的程式，分析 2010 年 9 月 1 日到 2020 年 9 月 30 日蘋果公司股票的歷史資料，可以校準得到這兩個參數的數值。

B2_Ch2_9_B.py

```
#stock log returns
log_returns = np.log(1 + stock.pct_change())
```

```
#inital stock price
S0 = stock.iloc[-1]
#time increment
dt = 1
#end date of prediction
pred_end_date = '2020-10-31'
#days of prediction time horizon
T = pd.date_range(start = pd.to_datetime(end_date, format = "%Y-%m-
%d") + pd.Timedelta('1 days'),
        end = pd.to_datetime(pred_end_date,format = "%Y-%m-
%d")).to_series().map(lambda x: 1 if x.isoweekday() in range(1,6) else
0).sum()

#simulation steps
N = int(T / dt)
#mean
mu = np.mean(log_returns)
print('Model mean: %.3f' % mu)
#volitality
vol = np.std(log_returns)
print('Model volatility: %.3f' % vol)
```

模型漂移常數和波動性。

```
Model mean: 0.001
Model volatility: 0.018
```

在校準得到模型參數之後，利用剛才推導的公式，以漂移常數 0.001，波動性 0.018 模擬了股票在一個月內的價格走勢，並繪製了股價走勢圖 2-18。

B2_Ch2_9_C.py

```
S =  [None] * (N+1)
S[0] = S0
for t in range(1, N+1):
    #calculate drift and diffusion
    drift = (mu - 0.5 * vol**2) * dt
    diffusion = vol * np.random.normal(0, 1.0)
```

```
    #predict stock price
    daily_returns = np.exp(drift + diffusion)
    S[t] = S[t-1]*daily_returns
#plot simulations
plt.figure(figsize = (15,8))
plt.title("Stock price prediction ")
plt.plot(pd.date_range(start = stock.index.max(),
                       end = pred_end_date, freq = 'D').map(lambda x: x if
x.isoweekday() in range(1, 6) else np.nan).dropna(),
        S)
plt.xlabel('Time')
plt.xticks(rotation = 45, ha='center')
plt.ylabel('Stock price')
```

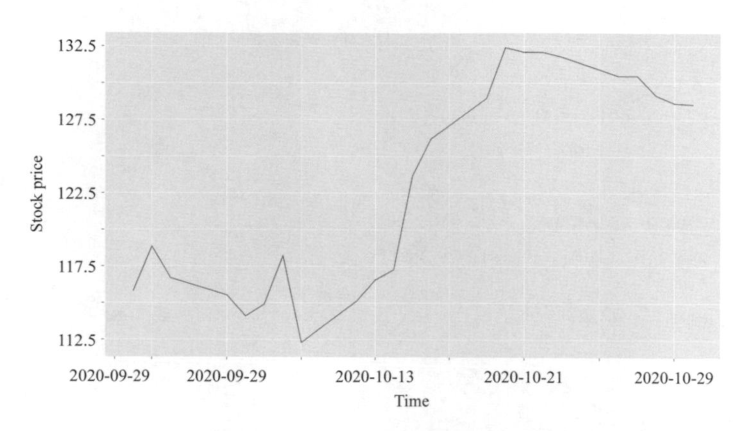

▲ 圖 2-18　幾何布朗運動預測 2020 年 10 月蘋果股票價格變化

如圖 2-18 所示僅為一次模擬的結果，感興趣的讀者可以多次執行程式，可以發現，每次模擬結果都互不相同，這是由於模型中隨機項的影響。因此在實際應用中，一般會利用蒙地卡羅方法進行模擬，本書第 3 章蒙地卡羅模擬會對此有詳細介紹。

本章從隨機變數談起，首先引入隨機過程的概念。接著，依次介紹了幾個重要的隨機過程——馬可夫過程、馬丁格爾、維納過程、隨機漫步以及幾何布朗運動。這幾個隨機過程的重要性，表現在了它們在金融分析建模中的廣泛應用。並且，這幾個過程並不是孤立的，它們互相之間有著緊密的內在聯繫，比如維納過程是具有連續時間和連續空間狀態的馬可夫過程，以及一維隨機漫步也可以看作一個狀態空間是整數的馬可夫鏈等。另外，本章還介紹了著名的伊藤引理。伊藤引理以及伊藤微積分解決了隨機過程進行微分和積分的難題，大大促進了現代金融數學的發展。本章最後，透過程式詳細解釋了一個用幾何布朗運動模型預測股票價格的例子，這個範例秉承簡潔明了的原則，主要目的是力求讓讀者對隨機過程應用於實際有更加感性的認識。

蒙地卡羅模擬

任何考慮用算術手段來產生隨機數的人當然都是有原罪的。
Anyone who considers arithmetical methods of producing random digits is, of course, in a state of sin.

——約翰．馮．紐曼 (John Von Neumann)

早在 17 世紀時，人們就發現可以用事件發生的頻率來估計事件發生的機率。18 世紀時，法國博物學家和數學家布豐 (Georges-Louis Leclerc, Comte de Buffon) 創造性地解決了幾何機率方面後來以他的名字命名的布豐投針問題 (Buffon's needle problem)，而其利用的方法已經表現了蒙地卡羅方法估算圓周率 π 的萌芽。

隨著電腦技術的迅速發展，蒙地卡羅方法受到了更多的關注。在 1930 年，物理學家恩里克．費米 (Enrico Fermi) 第一次嘗試使用蒙地卡羅模擬進行中子擴散的研究，但是他的成果沒有公開發表。在 20 世紀 40 年代，美國洛斯阿拉莫斯國家實驗室的斯塔尼斯拉夫．烏拉姆 (Stanislaw Ulam) 和馮．紐曼 (John von Neumann) 等在為「曼哈頓計畫」(Manhattan Project) 工作時，創造並應用了現代意義上的蒙地卡羅模擬 (Monte Carlo

Simulation) 方法。蒙地卡羅模擬方法是以機率為基礎的方法，它以烏拉姆的叔叔經常光顧的摩納哥的蒙地卡羅賭場而得名。

在 20 世紀六七十年代，大衛 · 赫茲 (David B. Hertz) 和菲利姆 · 鮑伊爾 (Phelim Boyle) 先後把蒙地卡羅模擬引入金融領域的不同方面。作為能充分表現金融模型思想的工具，蒙地卡羅模擬毫無疑問已經成為金融領域中最重要的數值方法之一。

Stanislaw Ulam (1909——1984) was a Polish-American mathematician. He solved the problem of how to initiate fusion in the hydrogen bomb. He also devised the 'Monte-Carlo method' widely used in solving mathematical problems using statistical sampling.

John von Neumann (1903——1957) was a Hungarian-born mathematician and polymath who made contributions to quantum physics, functional analysis, set theory, topology, economics, computer science, numerical analysis, hydrodynamics, statistics and many other mathematical fields as one of history's outstanding mathematicians. Most notably, von Neumann was a pioneer of the modern digital computer and the application of operator theory to quantum mechanics, a member of the Manhattan Project and the Institute for Advanced Study at Princeton, and the creator of game theory and the concept of cellular automata. (Sources: https://cs.mcgill.ca/~rwest/wikispeedia/wpcd/wp/j/John_von_Neumann.htm)

本章核心命令程式

- matplotlib.pyplot.annotate()　在影像中繪製箭頭
- matplotlib.patches.Rectangle()　繪製透過定位點以及設定寬度和高度的矩形
- mcint.integrate()　計算蒙地卡羅積分
- numpy.linalg.cholesky()　Cholesky 分解

3.1 蒙地卡羅模擬的基本思想

蒙地卡羅模擬 (Monte Carlo simulation) 是一種數值計算方法，它是透過產生大量的符合一定規則的隨機樣本，用統計的方法對模擬得到的隨機樣本的數位特徵進行分析，進而得到實際問題的數值解。因此，蒙地卡羅方法對於沒有或很難得到解析解的問題，是一種有效甚至唯一可行的辦法。如圖 3-1 所示為蒙地卡羅模擬解決問題基本想法的示意圖。

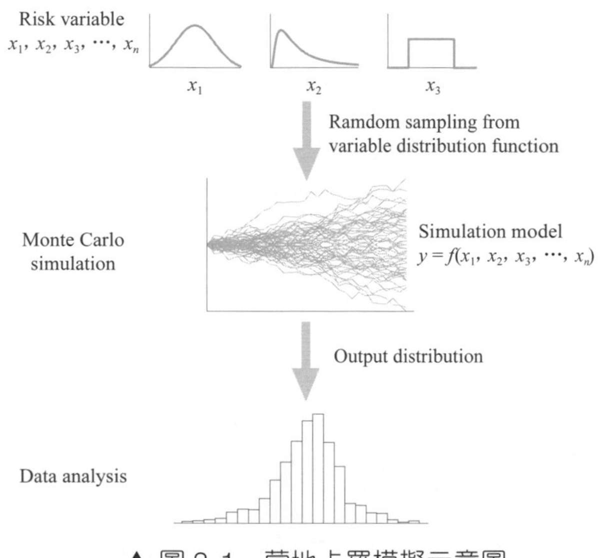

▲ 圖 3-1　蒙地卡羅模擬示意圖

蒙地卡羅方法從原理上非常容易理解，而且對於問題的處理具有極大的靈活性。在金融數學領域，比如金融衍生產品 (選擇權、期貨、交換等) 的定價及交易風險的估算中所謂「維數的災難」(curse of dimensionality)，即由於變數的個數 (維數) 可能高達數千，而隨維數的增加呈指數增長，一般的數值方法遇到了瓶頸，而蒙地卡羅方法不依賴維數，繞開了維數的災難。

當然，蒙地卡羅方法需要大量的模擬才能得到穩定結論，因此對於電腦的執行速度有較高的要求。

3.2 定積分

在前面的章節中，介紹過函數的積分，在這裡稍做回顧。如果求解式 (3-1) 所示函數在區間 [l, h] 的積分。

$$f(x) = x^4 + x^3 + x^2 \tag{3-1}$$

可以把如圖 3-2 所示函數曲線下面的區域看作 N 個矩形依次排列在一起，對這個函數的積分就可以用這 N 個矩形面積之和來估計，以下式所示。

$$\int_l^h f(x)\mathrm{d}x \approx \sum_{i=1}^{N} A_i \tag{3-2}$$

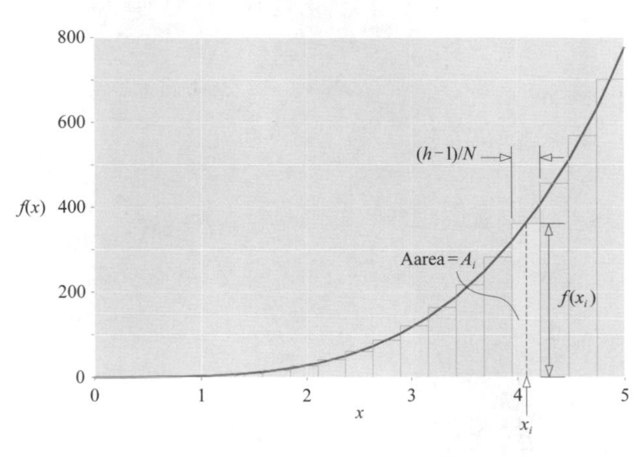

▲ 圖 3-2　矩形積分

對於第 i 個矩形，假如寬度的中點的 x 軸座標為 x_i，那麼矩形高度為 $f(x_i)$，寬度則為 (h -l)/N。面積計算公式為：

$$A_i = f(x_i) \times \frac{b-a}{N} \tag{3-3}$$

上面介紹的利用大量的矩形來估計積分的過程，可以用下面的程式詮釋，圖 3-2 即為執行該程式後繪製產生的圖形。在程式中，為了更簡潔直觀，選擇用了 20 個矩形，即 N=20，很顯然，估計的精度會隨著矩形數量的增加而提高。大家可以嘗試修改程式，用更多的矩形進行估算，由此體會估算精度和矩形個數的關係。

B2_Ch3_1.py

```
import numpy as np
import matplotlib.pyplot as plt
import matplotlib as mpl

#number of rectangle
N = 20

#integration domain
l = 0.
h = 5.

#function to be integrated
def func(x):
    return x**4 + x**3 + x**2
x = np.linspace(l, h, N)

#height for each rectangle
fvalue = func(x)

#area for each rectangle
area = fvalue * (h - l)/N
intgr = sum(area)

print("Integration result: ", round(intgr))

mpl.style.use('ggplot')
plt.plot(x, func(x), color='r')
for i in range(1,len(x)):
    a = x[i-1]
    b = x[i]
    plt.plot([a,a], [0, func((a+b)/2)], color='#3C9DFF', alpha=0.5)
    plt.plot([b,b], [0, func(b)], color='#3C9DFF', alpha=0.5)
    plt.plot([a,b], [func((a+b)/2), func((a+b)/2)], color='#3C9DFF',
alpha=0.5)
```

```
width = x[N-4]-x[N-5]
height =  0.5*(func(x[N-4])+func(x[N-5]))
Xi = 0.5*(x[N-5]+x[N-4])

rect = mpl.patches.Rectangle((x[N-5],0), width, height, color='#DBEEF4')
plt.gca().add_patch(rect)

#mark Xi
plt.annotate('Xi', xy=(Xi, 0), xytext=(Xi, 40),
horizontalalignment='center', verticalalignment='center',
              arrowprops=dict(arrowstyle="-|>",
                              connectionstyle="arc3",
                              mutation_scale=10,
                              color='r',
                              fc="w"))
plt.text(Xi, 0.5*height, 'Ai', horizontalalignment='center',
verticalalignment='center')

#mark width
plt.annotate(r'',
             xy=(x[N-5], height+10),
             xytext=(x[N-4], height+10),
             arrowprops=dict(arrowstyle="<|-|>",
                             connectionstyle="arc3",
                             mutation_scale=20,
                             color='coral',
                             fc="w")
             )
plt.text(Xi, height+20, '(h-l)/N', horizontalalignment='center',
verticalalignment='center')

#mark height
plt.annotate(r'',
             xy=(x[N-4]+0.05, 0), #xycoords='data',
             xytext=(x[N-4]+0.05, height), #textcoords='data',
             arrowprops=dict(arrowstyle="<|-|>",
                             connectionstyle="arc3",
                             mutation_scale=20,
                             color='coral',
                             fc="w")
```

```
            )
plt.text(x[N-4]+0.1, height/2, 'f(Xi)', horizontalalignment='center',
verticalalignment='center')

plt.xlim([0,5])
plt.ylim([0,800])
plt.xlabel('x')
plt.ylabel('f(x)')
```

執行結果如下。

```
Integration result:  882.0
```

接下來，換另外一種想法，不再像上面例子中用連續的矩形，而是用蒙地卡羅模擬隨機產生矩形的方法來估計函數的積分值，也就是矩形的位置是隨機的。程式碼如下。

B2_Ch3_2.py

```
import numpy as np
import matplotlib.pyplot as plt
import matplotlib as mpl

##monte carlo
#number of rectangle
MC_num = 20

#integration domain
l = 0.
h = 5.

#function to be integrated
def func(x):
    return x**4 + x**3 + x**2

mpl.style.use('ggplot')
xx = np.linspace(l, h, 100)
plt.plot(xx, func(xx), color='r')
area_list = []
for _ in range(0, MC_num):
```

```
    #randomly generate mid point for rectangle
    x = l + (h-l)/MC_num *np.random.randint(1, MC_num-1)

    #height for each rectangle
    fvalue = func(x)

    #area for each rectangle
    area = fvalue * (h - l)/MC_num
    area_list.append(area)

    a = x-(h-l)/(2*MC_num)
    b = x+(h-l)/(2*MC_num)
    plt.plot([a,a], [0, func((a+b)/2)], color='#3C9DFF', alpha=0.5)
    plt.plot([b,b], [0, func((a+b)/2)], color='#3C9DFF', alpha=0.5)
    plt.plot([a,b], [func((a+b)/2), func((a+b)/2)], color='#3C9DFF',
alpha=0.5)

intgr = sum(area_list)
print("Integration result: ", round(intgr))

plt.xlim([0,5])
plt.ylim([0,800])
plt.xlabel('x')
plt.ylabel('f(x)')
```

執行結果如下。

```
Integration result:  988
```

執行程式後，可以生成圖 3-3。因為程式隨機選擇矩形位置，所以同樣的矩形可能會多次出現在同一個位置，在圖 3-3 中，人為地分開了這些重合的矩形，來方便大家理解。

這個例子中，蒙地卡羅模擬隨機選擇的矩形甚至無法大致覆蓋整個積分區域，即使不做任何數學上的分析，也可以非常明顯地看出在這種情況下，如果模擬的次數過少，利用蒙地卡羅模擬沒有任何優勢，反而有更低的精度。

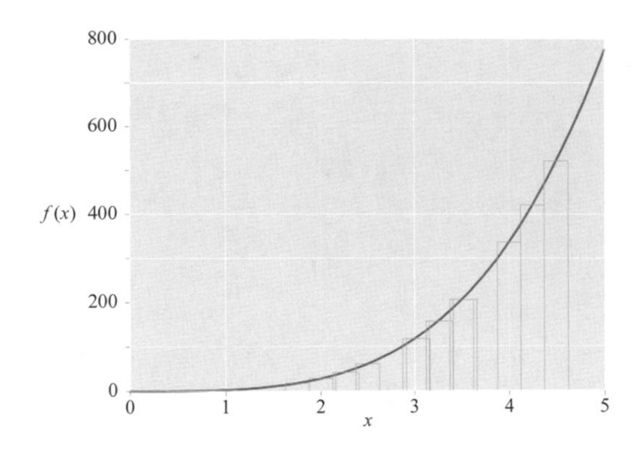

▲ 圖 3-3　利用蒙地卡羅模擬估計矩形積分值

另外，同樣是利用蒙地卡羅模擬，也可以用產生隨機點的辦法估計積分的值。首先，在以積分限和函數值圍成的矩形區域，隨機產生資料點，函數曲線把這個區域分成上下兩部分。矩形區域的面積很容易求出，而透過統計在函數曲線以下的點的數量佔總產生的點的數量的比值，可以得到函數曲線以下部分佔矩形面積的比例，從而得到函數曲線下面的部分，即獲得了函數的積分。下面的程式模擬了上述過程。

B2_Ch3_3.py

```
import numpy as np
import matplotlib.pyplot as plt
import pandas as pd

MC_num = 2000

#integration domain
l = 0.
h = 5.

#function to be integrated
def func(x):
    return x**4 + x**3 + x**2

#plot function
X = np.linspace(l, h, 100)
```

```
plt.plot(X, func(X))

#rectangle region
y1 = 0
y2 = func(h)
area = (h-l)*(y2-y1)

underneath_list = []
x_list = []
y_list = []
for _ in range(MC_num):
    x = np.random.uniform(l,h,1)
    x_list.append(x)
    y = np.random.uniform(y1,y2,1)
    y_list.append(y)
    if abs(y)>abs(func(x)) or y<0:
        underneath_list.append(0)
    else:
        underneath_list.append(1)

#integration result
intgr = np.mean(underneath_list)*area
print("Integration result: ", round(intgr,2))

#visualize the process
df = pd.DataFrame()
df['x'] = x_list
df['y'] = y_list
df['underneath'] = underneath_list

plt.scatter(df[df['underneath']==0]['x'],
df[df['underneath']==0]['y'], color='red')
plt.scatter(df[df['underneath']==1]['x'],
df[df['underneath']==1]['y'], color='blue')
plt.xlim([0,5])
plt.ylim([0,800])
plt.xlabel('x')
plt.ylabel('f(x)')
```

利用上述產生隨機點的方法得到的積分值如下。

```
Integration result:  802.12
```

如圖 3-4 所示為執行以上程式生成的圖形，可以方便理解上述方法。

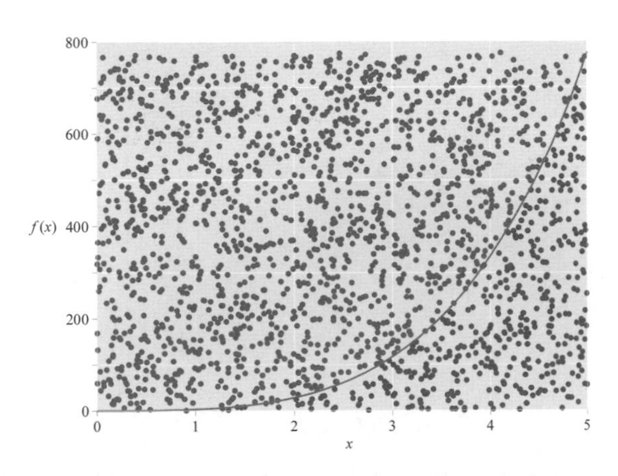

▲ 圖 3-4　利用蒙地卡羅模擬求矩形積分值

但是，對於類似的低維積分，無論其變換形式如何，蒙地卡羅方法均無法表現出其優勢。而對於涉及多個變數的高維積分，蒙地卡羅方法可以透過在被積函數的各個維度的設定值區間進行隨機抽樣，然後計算這些抽樣點的函數值，最後對這些函數值取平均值，即為可能要到的函數積分的近似值。這種方法植根於中心極限定理，其估計值的誤差不隨積分維數的改變而改變，而只與蒙地卡羅模擬次數有關。因此，對於高維積分，蒙地卡羅方法展現了比其他數值解法更大的優勢。

下面是一個常用來解釋蒙地卡羅多維積分的例子，其積分形式為：

$$\int_0^{2\pi}\int_0^{\pi}\int_0^{2\pi}\int_0^{2\pi}\int_0^{\pi}\int_0^{\pi}\int_0^{+\infty}\left(\exp\left(-W/kT\right)-1\right)\left(r^2\sin\beta\sin\theta\right)\mathrm{d}r\,\mathrm{d}\theta\,\mathrm{d}\varphi\,\mathrm{d}\alpha\,\mathrm{d}\beta\,\mathrm{d}\gamma \tag{3-4}$$

在這裡，定義函數 W 的數學式為：

$$W=-\ln\left(\theta\cdot\beta\right) \tag{3-5}$$

很顯然，這是一個十分複雜的多重積分，糅合了對數、指數、三角函數等運算形式，但是透過使用蒙地卡羅模擬，產生隨機數來繞開對於這些積分的直接運算，具體的程式如下所示，例子中使用了 Mcint 運算套件執行蒙地卡羅積分。

B2_Ch3_4_A.py

```
import mcint
import random
import math
import matplotlib.pyplot as plt

def w(r, theta, phi, alpha, beta, gamma):
    return(-math.log(theta * beta))

def integrand(x):
    r  = x[0]
    theta = x[1]
    alpha = x[2]
    beta = x[3]
    gamma = x[4]
    phi = x[5]
    k = 1.
    T = 1.
    ww = w(r, theta, phi, alpha, beta, gamma)
    return (math.exp(-ww/(k*T)) - 1.)*r*r*math.sin(beta)*math.sin(theta)

def sampler():
    while True:
     r  = random.uniform(0.,1.)
     theta = random.uniform(0.,2.*math.pi)
     alpha = random.uniform(0.,2.*math.pi)
     beta = random.uniform(0.,2.*math.pi)
     gamma = random.uniform(0.,2.*math.pi)
     phi = random.uniform(0.,math.pi)
     yield (r, theta, alpha, beta, gamma, phi)

domainsize = math.pow(2*math.pi,4)*math.pi*1
expected = 16*math.pow(math.pi,5)/3.
```

```
MC_num_list = [50000, 100000, 500000, 1000000, 5000000, 10000000,
50000000, 100000000]
relative_error_list = []
for MC_num in MC_num_list:
    random.seed(1)
    #monte carlo integration via mcint library
    result, error = mcint.integrate(integrand, sampler(),
measure=domainsize, n=MC_num)
    diff = abs(result - expected)
    relative_error = diff/expected
    relative_error_list.append(relative_error)
    print("Monte Carlo simulation number: ", MC_num)
    print("Monte Carlo simulation result: ", round(result,2), " estimated
error: ", round(error,2))
    print ("True result = ", round(expected,2))
    print ("Relative error: {:.2%}".format(relative_error))
```

程式執行結果如下。

```
Monte Carlo simulation number:  50000
Monte Carlo simulation result:  1654.95  estimated error:  58.22
True result =  1632.1049855215008
Relative error: 1.40%
Monte Carlo simulation number:  100000
Monte Carlo simulation result:  1646.73  estimated error:  41.34
True result =  1632.10
Relative error: 0.90%
Monte Carlo simulation number:  500000
Monte Carlo simulation result:  1643.39  estimated error:  18.46
True result =  1632.10
Relative error: 0.69%
Monte Carlo simulation number:  1000000
Monte Carlo simulation result:  1640.67  estimated error:  13.03
True result =  1632.10
Relative error: 0.52%
Monte Carlo simulation number:  5000000
Monte Carlo simulation result:  1647.84  estimated error:  5.83
True result =  1632.10
Relative error: 0.96%
Monte Carlo simulation number:  10000000
```

```
Monte Carlo simulation result:  1635.52  estimated error:  4.12
True result =  1632.10
Relative error: 0.21%
Monte Carlo simulation number:  50000000
Monte Carlo simulation result:  1631.90  estimated error:  1.84
True result =  1632.10
Relative error: 0.01%
Monte Carlo simulation number:  100000000
Monte Carlo simulation result:  1631.60  estimated error:  1.30
True result =  1632.10
Relative error: 0.03%
```

可以用下面程式，對相對誤差與模擬次數作圖，展示二者之間的關係。

B2_Ch3_4_B.py

```
plt.plot(MC_num_list, relative_error_list, 'ro')
plt.xscale('log')
plt.xlabel('Monte Carlo simulation number')
plt.ylabel('Relative error')
plt.gca().spines['right'].set_visible(False)
plt.gca().spines['top'].set_visible(False)
plt.gca().yaxis.set_ticks_position('left')
plt.gca().xaxis.set_ticks_position('bottom')
```

如圖 3-5 所示為不同的模擬次數產生多重積分結果的相對誤差。隨著模擬次數的增加，相對誤差從整體趨勢上呈現逐漸減小的趨勢。

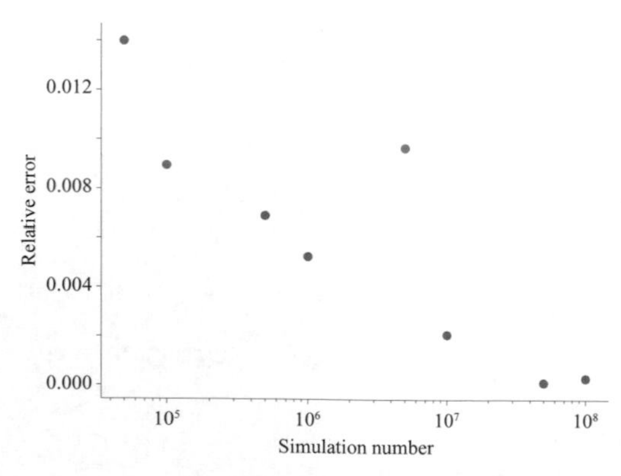

▲ 圖 3-5　蒙地卡羅積分相對誤差與模擬次數的關係

3.3 估算圓周率

估算圓周率 π 是介紹蒙地卡羅方法的常用例子。在這裡，借用 3.2 節介紹的投點計算積分的辦法。首先，在圓的周圍，建立一個以圓心為中心、以直徑為邊長的正方形。其次，在這個正方形區域內產生足夠多的資料點。最後，統計圓內的資料點個數與總資料點個數的比值，這個比值即為圓面積和正方形面積之比——π：4，進一步可以得到圓周率 π 的值，以下式所示。

$$\frac{A_{circle}}{A_{square}} = \frac{\pi}{4} \quad \Rightarrow \quad \pi = 4 \times \frac{A_{circle}}{A_{square}} \tag{3-6}$$

下面的程式，就是透過上述方法估算圓周率。

B2_Ch3_5.py

```
import matplotlib.pyplot as plt
import seaborn as sns
import random

l = 2
ax, ay = -l/2, l/2
bx, by = -l/2, -l/2
cx, cy = l/2, l/2
dx, dy = l/2, -l/2

ox, oy = int((ax+cx)/2), int((ay+by)/2)

point_num_list = [10, 50, 200, 500, 1000, 10000]

rows = 3
cols = 2
fig, ax = plt.subplots(rows, cols, figsize=(14,8))
fign = 0
fig_label = ['(a)', '(b)', '(c)', '(d)', '(e)', '(f)']

for i in range(rows):
```

```
    for j in range(cols):
        print('Figure #: ', [i, j])
        inside = 0
        for _ in range(point_num_list[fign]):
            x_inside = []
            y_inside = []
            x_outside = []
            y_outside = []

            x = random.uniform(-1/2, 1/2)
            y = random.uniform(-1/2, 1/2)
            if (x-ox)**2+(y-oy)**2 <= (1/2)**2:
                inside += 1
                x_inside.append(x)
                y_inside.append(y)
            else:
                x_outside.append(x)
                y_outside.append(y)

            sns.scatterplot(x=x_inside, y=y_inside, color='g', ax=ax[i,
j])
            sns.scatterplot(x=x_outside, y=y_outside, color='r', ax=ax[i,
j])
            ax[i, j].set_title(fig_label[fign], loc='left')
            ax[i, j].set_aspect('equal')
            ax[i, j].set_xticks([-1, 0, 1])
            ax[i, j].set_yticks([-1, 0, 1])
        pi = 4*inside/point_num_list[fign]
        print('Estimated /pi is %.4f based on %s points simulation.' %(pi,
point_
num_list[fign]))
        fign+=1
```

圓周率估算結果如下。

```
Figure #:  [0, 0]
Estimated /pi is 3.6000 based on 10 points simulation.
Figure #:  [0, 1]
Estimated /pi is 3.4400 based on 50 points simulation.
```

```
Figure #:  [0, 2]
Estimated /pi is 3.2000 based on 200 points simulation.
Figure #:  [1, 0]
Estimated /pi is 3.1200 based on 500 points simulation.
Figure #:  [1, 1]
Estimated /pi is 3.1880 based on 1000 points simulation.
Figure #:  [1, 2]
Estimated /pi is 3.1336 based on 10000 points simulation.
```

圖 3-6 為不同的模擬次數估計的圓周率，隨著次數的增加，可能要到的圓周率也更加精確。

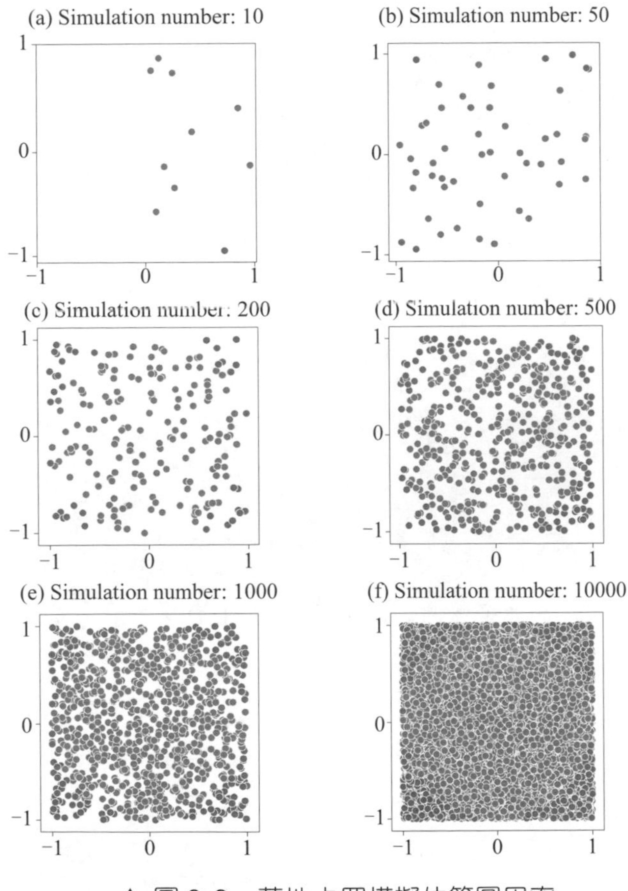

▲ 圖 3-6　蒙地卡羅模擬估算圓周率

3.4 股價模擬

在第 2 章隨機過程，講解過利用公式直接計算得到股票的價格。眾所皆知，股票價格的變動經常被認為是一個隨機的過程，下面，將用蒙地卡羅模擬來預測股票價格。如圖 3-7 所示為利用蒙地卡羅模擬進行股價預測的流程圖。首先基於歷史資料估計模型的參數，然後利用蒙地卡羅模擬預測未來股價走勢。

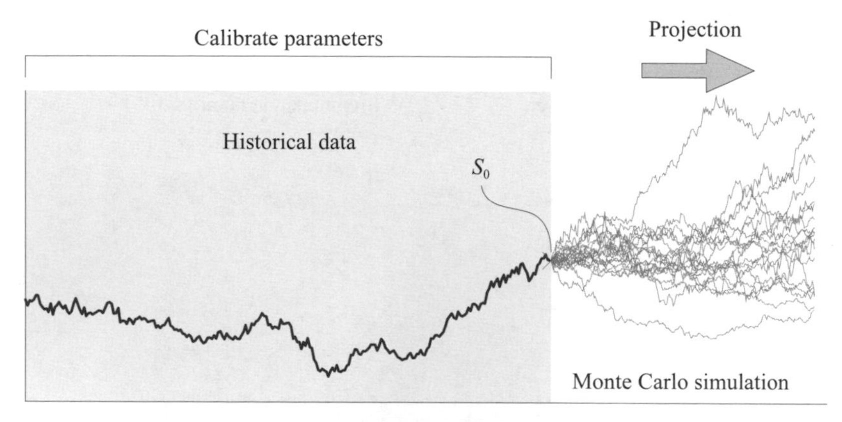

▲ 圖 3-7　蒙地卡羅模擬預測未來股價走勢

在這裡，假設已知某股票昨天股價為 S_{t-1}，日收益為 r，那麼今天的股價 S_t 為：

$$S_t = S_{t-1} \times \exp(r) \tag{3-7}$$

透過式 (3-7) 可知，只要能夠預測股票的日收益率，就可以得到股票的價格。股票的日收益率被認為是隨機的，可以用一個隨機過程來產生，在這裡用維納過程來模擬。日收益率為漂移項與波動項之和。漂移項為歷史日收益率的平均值與方差的一半的差。波動項則為歷史波動性與一個服從標準正態分佈的隨機數的積。

$$r = \left(\mu - \frac{1}{2}\sigma^2\right) + \sigma \cdot \varepsilon(t) \tag{3-8}$$

其中，$\varepsilon(t)$ 是服從標準正態分佈的隨機數。

綜合以上兩式，可以得到預測今日股價的公式：

$$S_t = S_{t-1} \times \exp\left(\left(\mu - \frac{1}{2}\sigma^2\right) + \sigma \cdot \varepsilon(t)\right) \tag{3-9}$$

以蘋果公司股票為例，首先需要確定式 (3-9) 的參數，也就是建模中的模型校準，一般可以透過分析歷史資料得到。下面的程式，可以提取從 2010 年 1 月 1 日至 2019 年 12 月 31 日蘋果公司股票的調整收盤價，並作圖展示，如圖 3-8 所示。

B2_Ch3_6_A.py

```
import numpy as np
import pandas as pd
import pandas_datareader
import matplotlib.pyplot as plt
import matplotlib as mpl
import seaborn as sns
from scipy.stats import norm
import random

mpl.style.use('ggplot')
#extract stock data
ticker = 'AAPL'
stock = pd.DataFrame()
stock[ticker] = pandas_datareader.data.DataReader(ticker,
data_source='yahoo', start='2010-1-1', end='2019-12-31')['Adj Close']

stock.plot(figsize=(15,8), legend=None, c='r')
plt.title('Stock price for AAPL')
plt.xlabel('Time')
plt.ylabel('Stock price')
```

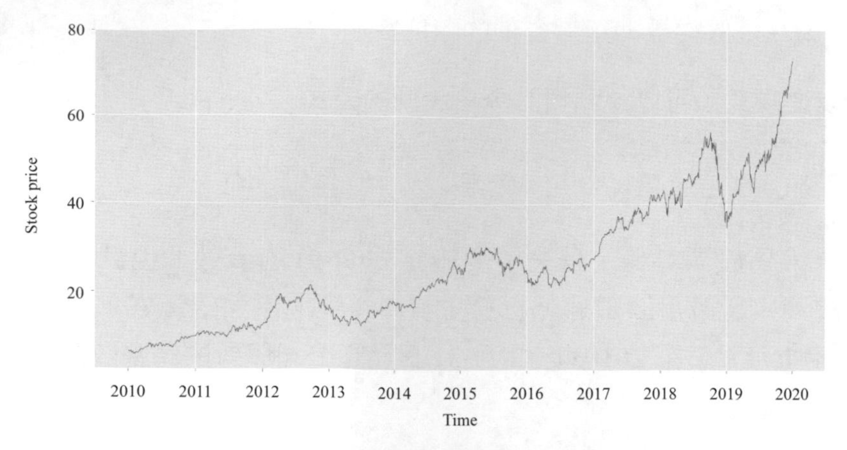

▲ 圖 3-8　蘋果公司 (AAPL) 股票調整收盤價歷史資料 (2010.01.01—2019.12.31)

以下面程式，利用歷史資料，可以計算股票的日對數收益率，如圖 3-9 所示為日對數收益率的分佈。

B2_Ch3_6_B.py

```
#logarithmic returns
log_returns = np.log(1 + stock.pct_change())
ax = sns.distplot(log_returns.iloc[1:])
ax.set_xlabel("Daily Log Return")
ax.set_ylabel("Frequency")
ax.set_yticks([10, 20, 30, 40])
```

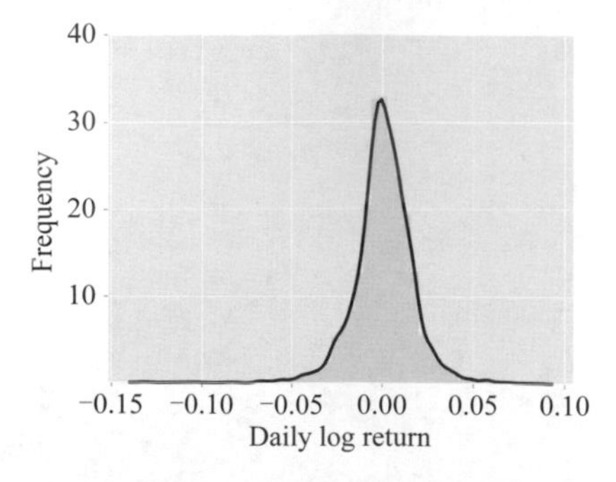

▲ 圖 3-9　蘋果公司 (AAPL) 股票日對數收益率的分佈

透過前面得到的日對數收益率，利用下面程式，可得到模型的參數。

B2_Ch3_6_C.py

```
#drift and volatility
u = log_returns.mean()
var = log_returns.var()
drift = u - (0.5*var)
stdev = log_returns.std()
print('Model mean: %.3f' % u)
print('Model variance: %.4f' % var)
print('Model drift: %.3f' % drift)
print('Model volatility: %.3f' % stdev)
```

模型的參數如下。

```
Model mean: 0.001
Model variance: 0.0003
Model drift: 0.001
Model volatility: 0.016
```

最後，利用校準得到的參數，可以進行蒙地卡羅模擬。下面為程式預測之後 60 天的股價變化情況，模擬次數設定為 2000 次。如圖 3-10 (a) 所示為 2000 次模擬的 60 天內每天的股價變化。如圖 3-10 (b) 所示為最後一天，即第 60 天時股價的分佈情況。

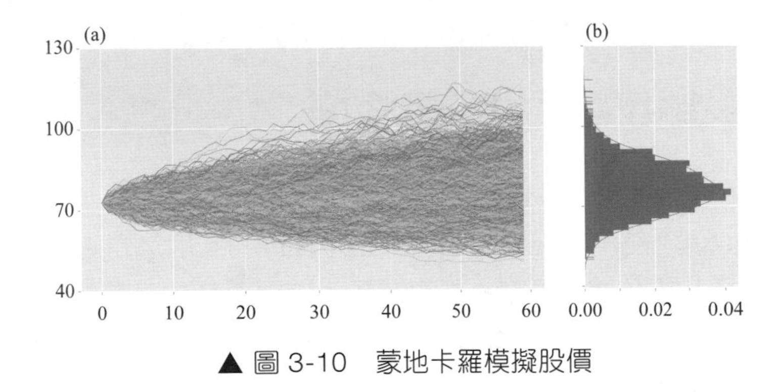

▲ 圖 3-10　蒙地卡羅模擬股價

配合之前程式，以下程式繪製圖 3-10。

B2_Ch3_6_D.py

```
#daily returns and simulations
days = 60
MC_trials = 2000
random.seed(66)
Z = norm.ppf(np.random.rand(days, MC_trials))
daily_returns = np.exp(drift.values + stdev.values * Z)

price_paths = np.zeros_like(daily_returns)
price_paths[0] = stock.iloc[-1]
for t in range(1, days):
    price_paths[t] = price_paths[t-1]*daily_returns[t]

#plot paths and distribution for last day
rows = 1
cols = 2
fig, (ax1, ax2) = plt.subplots(rows, cols, figsize=(14,5), gridspec_
kw={'width_ratios': [3, 1]})
ax1.plot(price_paths, lw=0.5)
ax1.set_yticks([40, 70, 100, 130])
ax1.set_title('(a)', loc='left')
ax2 = sns.distplot(price_paths[-1], rug=True, rug_kws={"color":
"green", "alpha": 0.5, "height": 0.06, "lw": 0.5}, vertical=True,
label='(b)')
ax2.set_yticks([40, 70, 100, 130])
ax2.set_title('(b)', loc='left')
```

3.5 具有相關性的股價模擬

3.4 節介紹了單一股票的股價模擬，而對於一個投資組合，一般會包含多支股票。雖然這些股票各自的回報均為隨機的，但是它們之間很可能存在相關性，所以不能用 3.4 節的辦法簡單地分別對每支股票進行模擬。在本節將介紹模擬具有一定相關性的股價走勢。下式為幾何布朗過程計算對數回報率矩陣 X。

$$X = \left(\mu - \frac{\left(\text{diag}(\Sigma)\right)^{\mathrm{T}}}{2} \right) \Delta t + ZR\sqrt{\Delta t} \tag{3-10}$$

其中，Z 為服從標準正態分佈的二元隨機陣列，隨機數獨立分佈；R 為上三角矩陣，透過 Cholesky 分解協方差矩陣 Σ 得到；μ 為年化期望收益率向量。

如圖 3-11 所示為一個多路徑的幾何布朗運動離散式的矩陣運算過程的概念圖。圖 3-11 中矩陣 X 每一列代表一支股票的模擬回報率，根據該資料可以很容易得到股價模擬軌跡。

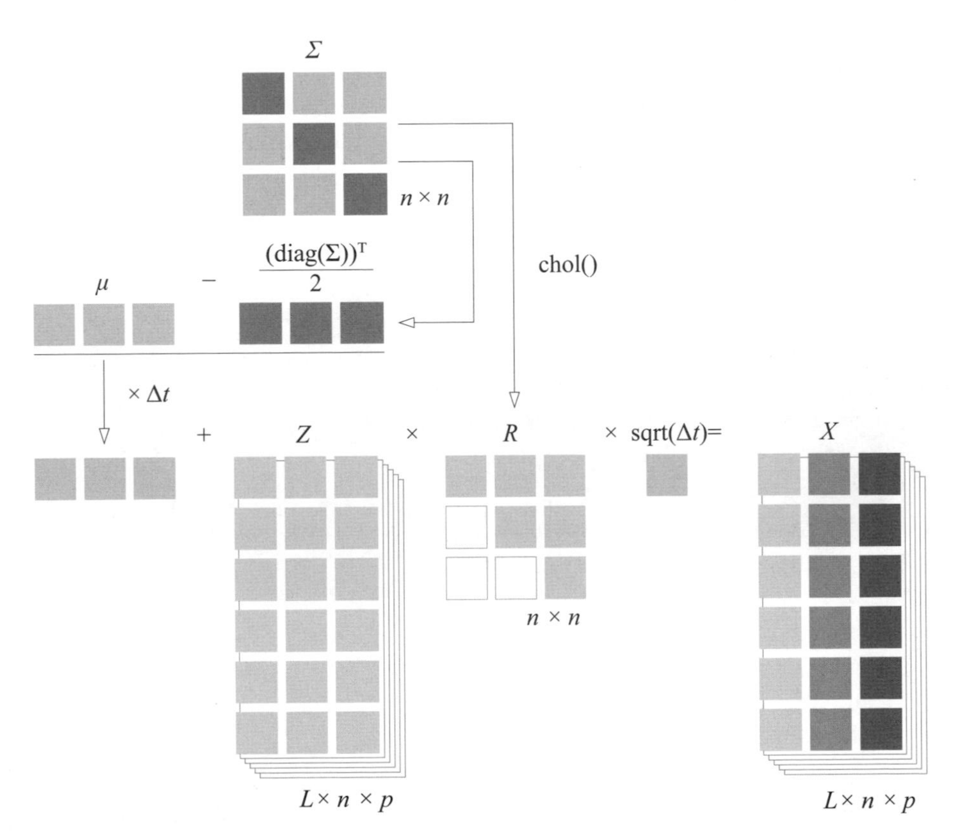

▲ 圖 3-11　幾何布朗運動離散式的矩陣運算過程

接下來，以蘋果公司和亞馬遜公司的股票為例模擬兩支具有相關性的股價走勢。首先，獲取這兩個公司從 2016 年 1 月 15 日到 2021 年 1 月 15 日共 5 年的股價資料，並進行展示。

B2_Ch3_7_A.py

```
import matplotlib.pyplot as plt
import numpy as np
import pandas as pd
import pandas_datareader
import matplotlib as mpl

tickers = ['AAPL','AMZN']
ticker_num = len(tickers)
price_data = []
for ticker in range(ticker_num):
    prices = pandas_datareader.DataReader(tickers[ticker],
start='2016-01-15', end = '2021-01-15', data_source='yahoo')
    price_data.append(prices[['Adj Close']])
    df_stocks = pd.concat(price_data, axis=1)
df_stocks.columns = tickers

mpl.style.use('ggplot')
fig, axs = plt.subplots(2, 1, figsize=(14,8))
axs[0].plot(df_stocks['AAPL'], label='AAPL')
axs[0].set_title('(a) AAPL', loc='left')
axs[0].set_xlabel('Time')
axs[0].set_ylabel('Stock price')
axs[1].plot(df_stocks['AMZN'], label='AMZN')
axs[1].set_title('(b) AMZN', loc='left')
axs[1].set_xlabel('Time')
axs[1].set_ylabel('Stock price')
plt.tight_layout()
```

執行程式後，生成圖 3-12，圖中展示了這兩個公司股票的歷史走勢。

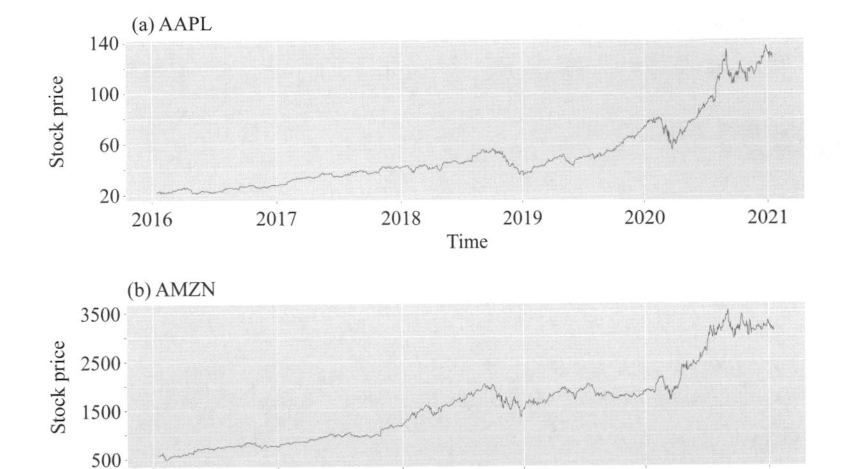

▲ 圖 3-12　蘋果公司和亞馬遜公司股票歷史走勢

然後，根據前面的介紹，可以計算對數回報率、參數以及進行 Cholesky 分解。

B2_Ch3_7_B.py

```
#calculate log returns
stock_return = []
for i in range(ticker_num):
    return_tmp = np.log(df_stocks[[tickers[i]]]/df_stocks[[tickers[i]]].
shift(1))[1:]
    return_tmp = (return_tmp+1).cumprod()
    stock_return.append(return_tmp[[tickers[i]]])
    returns = pd.concat(stock_return,axis=1)
returns.head()

#calculate mu and sigma
mu = returns.mean()
sigma = returns.cov()

#cholesky decomp
R = np.linalg.cholesky(returns.corr())
```

最後，假設預測時間為 1 年，並分成 252 個節點 (對應 252 個工作日)，進行 100 個軌跡的蒙地卡羅模擬，程式如下所示。

B2_Ch3_7_C.py

```
#parameters
T = 1
N = 252
Stock_0 = df_stocks.iloc[0]
dim = np.size(Stock_0)
t = np.linspace(0., T, int(N))
stockPrice = np.zeros([dim, int(N)])
stockPrice[:, 0] = Stock_0

#monte carlo simulations
MC_num = 100
mpl.style.use('ggplot')
fig, axs = plt.subplots(2, 1, figsize=(14,8))
for num in range(MC_num):
    for i in range(1, int(N)):
        drift = (mu - 0.5 * np.diag(sigma)) * (t[i] - t[i-1])
        Z = np.random.normal(0., 1., dim)
        diffusion = np.matmul(Z, R) * (np.sqrt(t[i] - t[i-1]))
        stockPrice[:, i] = stockPrice[:, i-1]*np.exp(drift + diffusion)
    axs[0].plot(t, stockPrice.T[:,0], label='AAPL')
    axs[0].set_title('(a) AAPL', loc='left')
    axs[0].set_xlabel('Time')
    axs[0].set_ylabel('Stock price')
    axs[1].plot(t, stockPrice.T[:,1], label='AMZN')
    axs[1].set_title('(b) AMZN', loc='left')
    axs[1].set_xlabel('Time')
    axs[1].set_ylabel('Stock price')
    plt.tight_layout()
    num+=1
```

執行程式，生成的圖 3-13 展示了蒙地卡羅模擬產生的 100 條兩支股票價格各自的路徑。

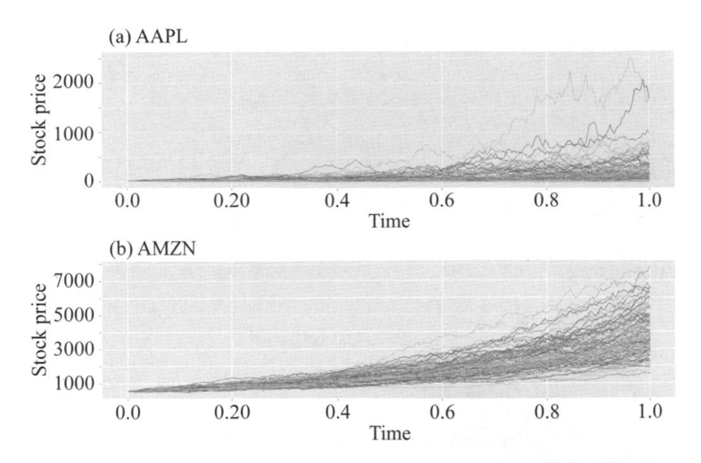

▲ 圖 3-13　蘋果公司和亞馬遜公司股票模擬價格

3.6 歐式選擇權的定價

在前面的章節中，已經對選擇權的概念及定價進行了介紹。選擇權是一種金融合約，選擇權購買者有權利以合約商定的在未來某時間和某價格買入或賣出標的資產。選擇權身為最基礎的金融衍生產品，其定價方法一直是金融領域的研究熱點之一。蒙地卡羅方法就是其中一種極其重要的數值方法，其實質是透過大量地模擬產生標的資產在一個時間序列上的價格，計算這些價格的平均回報，從而估計出選擇權的價格，如圖 3-14 所示。

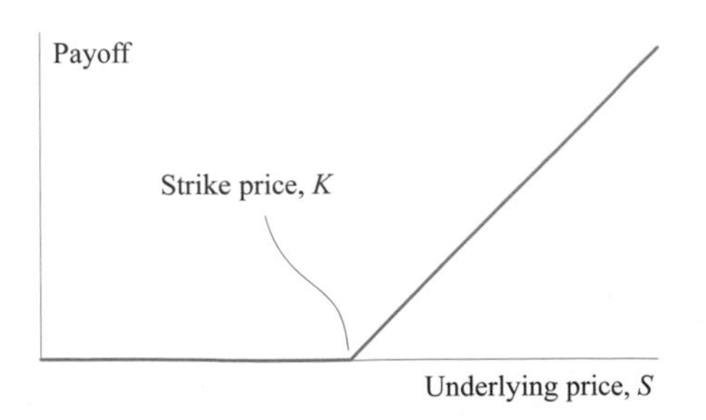

▲ 圖 3-14　買入歐式看漲選擇權收益折線

歐式選擇權只有在到期日才能被執行，其定價公式為：

$$C_T = \max\left(0, S_T - K\right) \tag{3-11}$$

其中，T 為到期日，S_T 為到期日時標的資產的價格，K 為行權價格。歐式看漲選擇權的購買者有權利在到期日以確定的行權價格購買標的資產。如果標的資產價格大於行權價格，則獲利為 S_T -K；否則獲利為 0。也就是說，該歐式看漲選擇權的價格為 C_T。

對於選擇權的定價，首先產生大量到期日標的物的價格，從而計算選擇權的對應收益，然後對其平均，折算得到最終價格。

以以下歐式選擇權為例：選擇權類型為看漲選擇權，標的物當前價格為 857.29；選擇權執行價格為 900，距離到期時間為 30 天；年化無風險利率為 0.0014，年化波動為 0.2076。下面的程式，首先模擬了標的資產在到期日時的價格。

B2_Ch3_8_A.py

```
import numpy as np
import matplotlib.pyplot as plt
import matplotlib as mpl
import datetime

#underlying price
S0 = 857.29
#volatility
v = 0.2076
#risk free interest rate
r = 0.0014 #rate of 0.14%
#maturity
T = (datetime.date(2020,9,30) - datetime.date(2020,9,1)).days / 252.0
#strike price
K = 900.
#monte carlo simulation numbers
MC_num = 1000
```

```
ST_list = []
payoff_list = []
discount_factor = np.exp(-r * T)
#monte carlo simulation
for i in range(MC_num):
    ST = S0 * np.exp((r - 0.5 * v**2) * T + v * np.sqrt(T) * np.random.
normal(0,1.0))
    ST_list.append(ST)
    payoff = max(0.0, ST-K)
    payoff_list.append(payoff)

#plot simulated asset price
mpl.style.use('ggplot')
plt.plot(ST_list, 'o', color='#3C9DFF', markersize=5)
plt.hlines(S0, 0, MC_num, colors='g', linestyles='--',label='Initial asset
price')
plt.text(MC_num+1, S0, 'Initial asset price')
plt.hlines(K, 0, MC_num, colors='r', linestyles='--',label='Strike price')
plt.text(MC_num+1, K, 'Strike price')
plt.title("Monte Carlo simulation for asset price")
plt.xlabel("Number of simulations")
plt.ylabel("Simulated asset price")
```

如圖 3-15 所示即為 1000 次蒙地卡羅模擬得到的標的資產在到期日時的價格。圖中，紅線代表行權價格，綠線代表初始的標的資產價格。

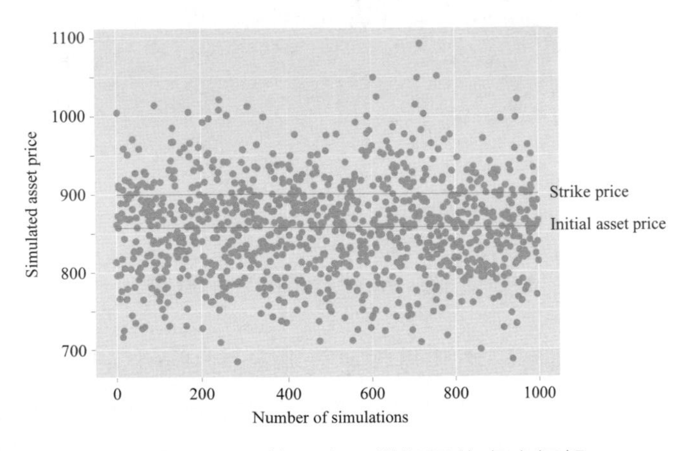

▲ 圖 3-15　蒙地卡羅模擬標的資產價格

執行下面程式，即可計算並輸出上述歐式選擇權的價格。

B2_Ch3_8_B.py

```
option_price = discount_factor * (sum(payoff_list) / float(MC_num))
print ('European call option price: %.2f' % option_price)
```

蒙地卡羅模擬得到的價格展示如下。

```
European call option price: 9.39
```

3.7 亞洲式選擇權的定價

亞洲式選擇權 (Asian option) 又稱為平均價格選擇權 (average value option)，是一種依賴路徑的奇異選擇權 (exotic option)，它不採用標的物的市場價格，而是選擇權合約期內某段時間 (平均期) 標的物價格的平均值作為市場價格，如圖 3-16 所示。

▲ 圖 3-16　亞洲式選擇權示意圖

對於價格平均，有算術平均和幾何平均兩種方式，因此亞洲式選擇權對應的分為兩種：算術平均亞洲式選擇權 (arithmetic Asian option) 和幾何

平均亞洲式選擇權 (geometric Asian option)，其中算術平均亞洲式選擇權更為常見，下面以算術平均亞洲式選擇權為例。當然，對於亞洲式選擇權的執行價格，也有固定執行價格 (fixed strike) 的浮動執行價格 (floating strike) 兩種，在這裡不做詳細介紹。

對於算數平均亞洲式選擇權固定執行價格，看漲選擇權到期時刻的價值為：

$$C_T = \max\left(0, \frac{1}{N}\sum_{i=0}^{N-1} S_{t_i} - K\right) \tag{3-12}$$

其中，參數 i 為蒙地卡羅模擬的步數，S_{t_i} 為在時間點 t_i 的價格，K 為執行價格，N 為做平均的節點個數。

亞洲式選擇權是最重要的奇異選擇權之一，因為蒙地卡羅模擬會遍歷整個路徑，所以非常適合對路徑依賴的亞洲式選擇權的定價。亞洲式選擇權與歐式選擇權相同，都只能在確定的到期日執行選擇權合約。歐式選擇權的價格僅依據到期日時的股價，但是亞洲式選擇權則依賴整個合約期中某時間段的價格平均。

亞洲式選擇權的定價步驟如下。

- 從評估日開始，用隨機過程模擬標的資產價格在時間範圍內的變化，從而得到標的資產價格的一條路徑。反覆這個過程，得到預設數量的路徑。
- 計算亞洲式選擇權平均期內每個節點的平均股票價格。
- 計算在每個節點選擇權的價值，並根據折扣因數得到現值。
- 對平均期內所有選擇權價值取平均，得到亞洲式選擇權的價格。

選擇權的定價是與標的資產的價格緊密相關的。下面的程式把標的資產的定價封裝為一個函數。

B2_Ch3_9_A.py

```
import numpy as np
import matplotlib.pyplot as plt
import matplotlib as mpl
import pandas as pd

def MC_sim_asset_price(S0, r, v, steps_per_year, T_year, MC_sim_num):
    np.random.seed(666)
    sim_steps = steps_per_year*T_year
    dt = 1/steps_per_year
    drift = (r-0.5*v*v)*dt
    voli = v*np.sqrt(dt)
    St = np.zeros(shape=(sim_steps,MC_sim_num))
    St[0,] = S0
    for i in range(1,sim_steps):
            for j in range(0,MC_sim_num):
                e = np.random.randn(1)
                St[i,j] = St[i-1,j]*np.exp(drift+voli*e)
    return St
```

執行下面程式，呼叫該函數產生了模擬前九步的示意圖，如圖 3-17 所示。

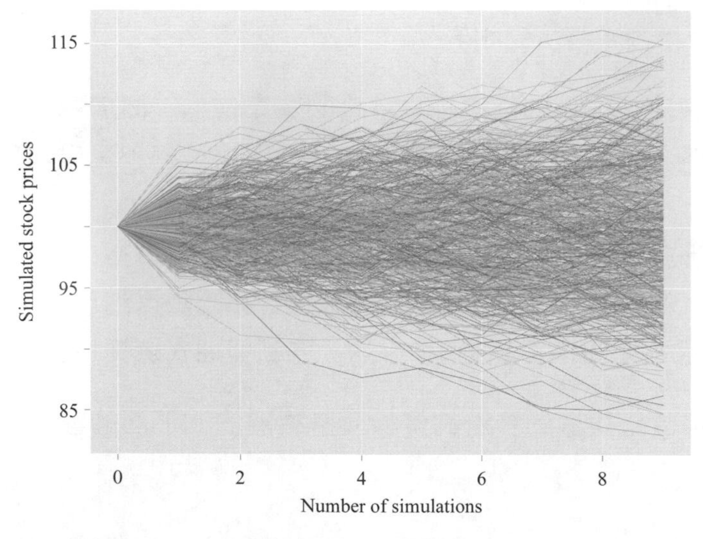

▲ 圖 3-17　股票價格蒙地卡羅模擬前九步示意圖

B2_Ch3_9_B.py

```
#stock price simulation
stock_price_sim = MC_sim_asset_price(S0=100, r=0.03, v=0.3, steps_per_
year=252, T_year=2, MC_sim_num=10000)
mpl.style.use('ggplot')

#show first 9 steps of simulation
plt.plot(pd.DataFrame(stock_price_sim).head(10))
plt.title("Monte Carlo simulations for stock price")
plt.xlabel("Number of simulations")
plt.ylabel("Simulated stock prices")
```

下面的程式計算了一個亞洲式看漲選擇權的價格，並與歐式看漲選擇權進行了對比。

B2_Ch3_9_C.py

```
#European call options
#discount interest rate
r = 0.03
#strike price
K = 90
#simulation steps per year
steps_per_year = 252
#maturity
T_year = 2
#monte carlo simulation number
MC_sim_num = 10000

sim_stocks = pd.DataFrame(stock_price_sim)
payoffs_eur = []

sim_steps = steps_per_year*T_year
for j in range(0, MC_sim_num):
    payoffs_eur.append(max(sim_stocks.iloc[sim_steps-1, j]-K,0)*np.exp(-
r*T_year))

european_opt_price  = np.mean(payoffs_eur)

print('The price for the European call option: %.2f' % european_opt_price)
```

歐式看漲選擇權價格如下。

```
The price for the European call option: 24.23
```

下面的程式計算了一個亞洲式看漲選擇權的價格，並與歐式看漲選擇權進行了對比。

B2_Ch3_9_D.py

```
#Asian call options
#discount interest rate
r = 0.03
#strike price
K = 90
#simulation steps per year
steps_per_year = 252
#maturity
T_year = 2
#monte carlo simulation number
MC_sim_num = 10000
#average time in days
ave_period = 10

sim_stocks = pd.DataFrame(stock_price_sim)
ave_prices = []
payoffs_asian = []

sim_steps = steps_per_year*T_year
for i in range(sim_steps-ave_period, sim_steps):
    #arithmetic mean for each step
    ave_prices.append(np.mean(sim_stocks [i]))
    payoffs_asian.append(max(np.mean(sim_stocks [i])-K,0)*np.exp(-r*(i/
steps_per_year)))

asian_opt_price  = np.mean(payoffs_asian)

print('The price for the Asian call option: %.2f' % asian_opt_price)
```

亞洲式看漲選擇權價格如下。

```
The price for the Asian call option: 7.70
```

通常來說，相比於歐式選擇權或美式選擇權亞洲式選擇權的價格較低，這是因為亞洲式選擇權的平均效應降低了市場波動對選擇權價格的影響。

3.8 馬可夫鏈蒙地卡羅

馬可夫鏈蒙地卡羅 (Markov Chain Monte Carlo, MCMC) 是一種常用的從分佈中抽樣的演算法。從它的名字就可以看出，這種演算法結合了「馬可夫鏈」的「蒙地卡羅」兩個概念，簡單地說，它是使用馬可夫鏈的蒙地卡羅積分，在隨機過程一章和本章的前面幾節中，對這兩個概念都進行過介紹。如圖 3-18 所示，這種演算法透過構造具有所需分佈作為其平穩分佈的馬可夫鏈，然後透過蒙地卡羅方法在穩態分佈中進行大量抽樣。

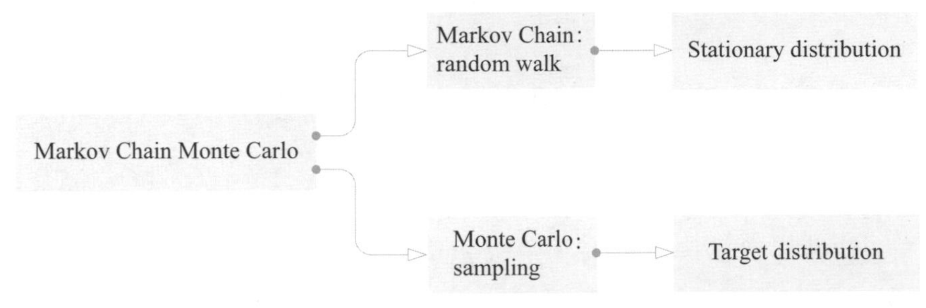

▲ 圖 3-18　馬可夫鏈蒙地卡羅概念圖

從前面的介紹，可以知道馬可夫鏈可能不存在穩態分佈，也可能存在多個穩態分佈。只有具有不可約 (irreducibility)、非週期 (non-recurrence) 和正常返 (recurrence) 性質的馬可夫鏈才具有唯一的穩態分佈，此時，轉移機率的極限分佈是馬可夫鏈的平穩分佈。在這種情況下，馬可夫鏈是「殊途同歸」，也就是雖然初始狀態不同，但是最終會收斂為唯一的穩態分佈。馬可夫鏈蒙地卡羅正是針對待採樣的目標分佈，構造一個符合這種條件的馬可夫鏈，然後從任何一個初始狀態出發，沿著馬可夫鏈進行狀態轉移，最終得到的狀態轉移矩陣會收斂到穩態分佈，亦即目標分佈，馬可夫鏈採樣得到我們需要的樣本集。

在解決馬可夫鏈蒙地卡羅問題時，常常會討論馬可夫鏈的細緻平穩條件 (detailed balance condition)，它是指對於一個狀態轉移矩陣為 P 的馬可夫鏈 X_n，如果存在機率分佈 $\pi(x)$ 對於任意的兩個狀態 i 和 j，滿足下列等式。

$$\pi(i)P(i,j)=\pi(j)P(j,i) \tag{3-13}$$

如果機率分佈 $\pi(x)$ 為狀態轉移矩陣 P，該馬可夫鏈對於 $\pi(x)$ 是可逆的，式 (3-13) 被稱為細緻平穩條件。細緻平穩條件本質上是，如果在穩態時，開始一個馬可夫鏈，則 $X_0 \sim \pi$。$\pi(i)P(i, j)$ 代表從狀態 i 到狀態 j 的隨機漫步機率值的變化，恰好等於 $\pi(j)P(j, i)$，即從狀態 j 到狀態 i 的機率值變化，也就是說在狀態 i 到狀態 j 之間的變化沒有機率的淨變化，從而 $\pi(x)$ 是馬可夫鏈的平穩分佈。數學上的證明也很簡單，由細緻平穩條件可求得。

$$\sum_{i=1}^{+\infty}\pi(i)P(i,j)=\sum_{i=1}^{+\infty}\pi(j)P(j,i)=\pi(j)\sum_{i=1}^{+\infty}P(j,i)=\pi(j) \tag{3-14}$$

$$\Rightarrow \pi=\pi P$$

可見，π 是方程式 $\pi P=\pi$ 的解，所以 π 是平穩分佈。

由上可見，馬可夫鏈的可逆性是更加嚴格的不可約性，即不僅可以在任意狀態間轉移，而且向各狀態轉移的機率是相等的，因此可逆馬可夫鏈是平穩馬可夫鏈的充分但非必要條件。在馬可夫鏈蒙地卡羅的應用中，常常透過建構滿足細緻平衡條件的可逆馬可夫鏈，來確保可以得到唯一的平穩分佈。

一般的蒙地卡羅方法可以對目標機率分佈模型進行隨機抽樣，從而得到該分佈的近似數值解。但是，對於高維的情況，以及複雜的機率密度函數，則需要借助馬可夫鏈蒙地卡羅方法。

在本叢書機率與統計的章節中，介紹過貝氏原理 (Bayesian inference)，其具體形式如圖 3-19 所示。

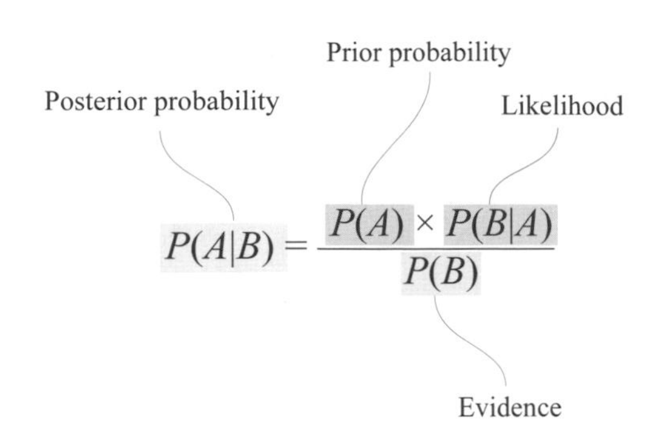

▲ 圖 3-19　貝氏原理

貝氏推斷 (Bayesian inference) 是基於貝氏原理，在有更多證據及資訊時，更新假設機率的一種推論統計方法，其數學運算式為：

$$P(\theta \mid X) = \frac{P(\theta) \times P(X \mid \theta)}{P(X)} = \frac{P(\theta) \times P(X \mid \theta)}{\int_{\theta^*} P(\theta^*) \times P(X \mid \theta^*) \mathrm{d}\theta^*} \tag{3-15}$$

其中，X 為觀測的資料點，θ 為資料點分佈的參數。

如圖 3-20 所示為貝氏推斷概念圖，簡單地說，即後驗分佈正比於先驗分佈與似然率的乘積。

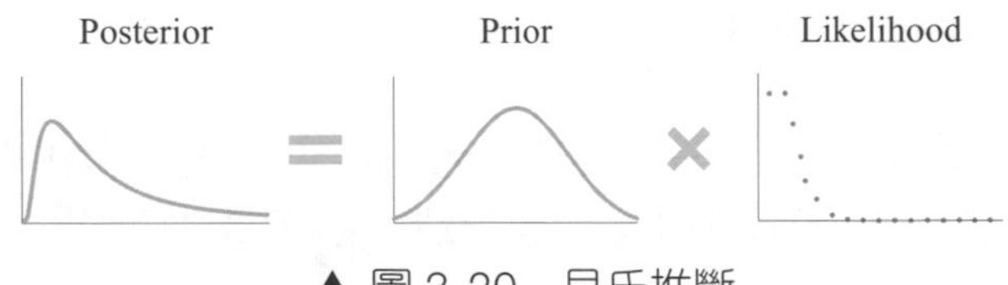

▲ 圖 3-20　貝氏推斷

貝氏推斷的核心就是透過先驗知識不斷更新後驗機率密度來分析參數的可能性分佈，觀察到更多資料後，對先驗機率進行調整，如果繼續進行實驗，之前的後驗機率密度就變成了先驗知識，這樣最終會越來越接近參數的真實分佈，似然函數則是對這個分佈更確定一些的估計。但是作為分母的歸一化因數，即證據，如果牽涉複雜的機率密度函數或需要高維積分，往往難以得到。

在前面已經介紹過馬可夫鏈蒙地卡羅在高維積分中的應用。接下來，我們結合下面的例子討論其在貝氏推斷中的應用。

在貝氏推斷中，不斷會有新的證據，即新的資料會被吸納進似然函數，而成為新的似然函數的一部分。這個不斷迭代的過程就是馬可夫鏈蒙地卡羅採樣方法的基本思想。

從給定的機率分佈函數中獲得有代表性的採樣點。在剛開始採樣時，形成的機率分佈一般來說並不符合機率分佈函數，但隨著採樣次數的增加，會越來越接近機率分佈函數，並且其分佈最終會達到穩態，這對應馬可夫鏈的穩態 (馬可夫鏈的節點是當前的機率分佈)。對平穩分佈的採樣，就可以用來進行蒙地卡羅模擬。

在對新的觀察結果進行抽樣時，需要確定它是否沿著正確的方向，也就是需要決定新觀察結果的存留，這個過程叫作驗收拒絕抽樣。然後檢查收斂，確保資料收斂到合理的分佈。收斂點後隨機生成的值成為後驗分佈，估計後驗分佈，需要高維積分求得邊緣機率。用馬可夫鏈蒙地卡羅，可以從建議分佈中取出樣本，而每次抽樣只取決於上一次抽樣，即抽樣形成馬可夫鏈。對於確定的馬可夫鏈，有確定的穩態分佈。另外，需要根據接受條件對比目標分佈，來確保穩態分佈即為後驗分佈。

梅特羅波利斯 - 黑斯廷斯演算法 (Metropolis-Hastings algorithm, MH) 是馬可夫鏈蒙地卡羅中一種基本的抽樣方法，如圖 3-21 所示。它透過在設定值空間取任意值作為起始點，按照先驗分佈計算，計算起始點的機率密度。然後隨機移動到下一點，計算當前點的機率密度。接著，計算當前點和起始點機率密度的比值，並產生 (0,1) 之間的隨機數。最後，對比這個比值與產生的隨機數的大小來判斷是否保留當前點，當前者大於後者，接受當前點，反之則拒絕當前點。這個過程繼續，直到找到能被接受的模型參數。

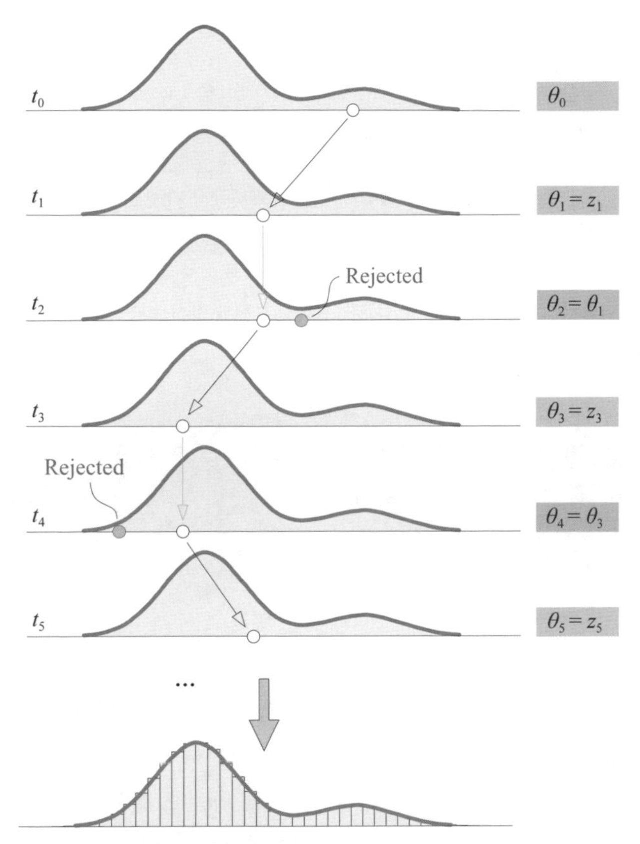

▲ 圖 3-21　梅特羅波利斯 - 黑斯廷斯演算法 (Metropolis-Hastings algorithm)

前面介紹過，馬可夫鏈會在一定數量的模擬之後收斂於穩態分佈，在此之後的抽樣可以認為是從後驗分佈進行的抽樣。

接下來，結合下面的例子，對 MH 演算法進行詳細介紹。如果 $p(x)$ 為建議分佈 (proposal distribution)，在這裡設定平均值為 0，方差為 σ 的正態分佈 $N(0, \sigma)$。$g(x)$ 為目標分佈 (target distribution)。那麼應用 MH 演算法，其步驟如下。

(1) 假設初值為 θ，它對應於一個正的機率。透過 $\Delta\theta \sim N(0, \sigma)$ 產生一個隨機值，從而得到一個新的值 θ_p，$\theta_p = \theta + \Delta\theta$，其中 $\Delta\theta \sim N(0, \sigma)$。

(2) 計算接受機率。

$$\rho = \min\left(1, \frac{p(X \mid \theta_p)p(\theta_p)}{p(X \mid \theta)p(\theta)}\right) \tag{3-16}$$

(3) 判斷接受或拒絕。從 [0,1] 均勻分佈產生隨機數 u；如果，接受該狀態，設定 $\theta = \theta_p$；如果 $\rho < u$，拒絕該狀態，設定 $\theta = \theta$。

從圖 3-22 可以看出，在經歷大量的馬可夫鏈蒙地卡羅抽樣後，目標分佈非常接近真實的後驗分佈。

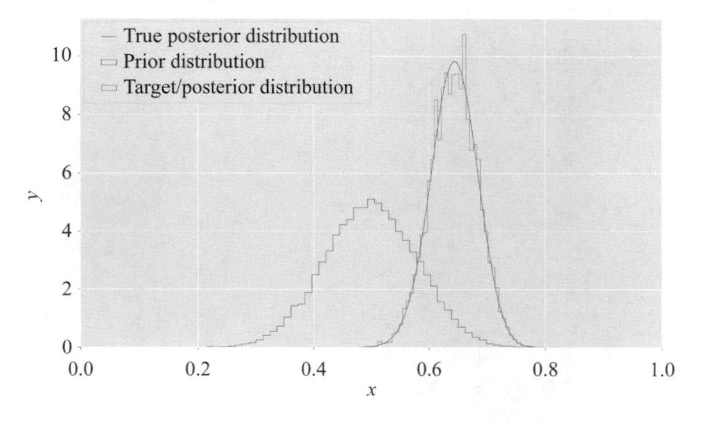

▲ 圖 3-22　馬可夫鏈蒙地卡羅

下面的程式實現了上述的 MH 演算法的迭代過程，並且繪製了先驗分佈和得到的後驗分佈 (目標分佈) 圖，並與真實後驗分佈進行了對照。

B2_Ch3_10_A.py

```
import matplotlib.pyplot as plt
import numpy as np
import scipy.stats as stats
import matplotlib as mpl

np.random.seed(66)

def target_dist(likelihood, prior_dist, n, k, theta):
```

```
    if theta < 0 or theta > 1:
        return 0
    else:
        return likelihood(n, theta).pmf(k)*prior_dist.pdf(theta)

likelihood = stats.binom
alpha = 20
beta = 20
prior = stats.beta(alpha, beta)
n = 100
k = 70

sigma = 0.2
theta = 0.3
accept_num = 0
MC_num = 50000

samples = np.zeros(MC_num+1)
samples[0] = theta
for i in range(MC_num):
    theta_p = theta + stats.norm(0, sigma).rvs()
    rho = min(1, target_dist(likelihood, prior, n, k,
theta_p)/target_dist(likelihood, prior, n, k, theta))
    #acceptation or rejection
    u = np.random.uniform()
    if rho > u:
        accept_num += 1
        theta = theta_p
    samples[i+1] = theta

#true posterior distribution
post = stats.beta(k+alpha, n-k+beta)
thetas = np.linspace(0, 1, 200)

#assume markov chain stationary after half MC simulation number
n_stationary = len(samples)//2

#visualization
mpl.style.use('ggplot')
```

```
plt.figure(figsize=(14, 8))
plt.hist(prior.rvs(n_stationary), 50, histtype='step',
density=True, linewidth=1, label='Prior distribution')
plt.hist(samples[n_stationary:], 50, histtype='step',
density=True, linewidth=1, label='Target/Posterior distribution')
plt.plot(thetas, post.pdf(thetas), c='red', linestyle='--',
alpha=0.5, label='True posterior distribution')
plt.xlim([0,1])
plt.legend(loc='best')
```

下面的程式，把 MH 演算法封裝為一個函數，然後呼叫這個函數，繪製了 5 條馬可夫鏈，它們都最終收斂於唯一的穩態分佈，這個穩態分佈即對應於後驗分佈。

B2_Ch3_10_B.py

```
#MCMC: Metropolis-Hastings algorithm
def MCMC_MH(MC_num, n, k, theta, likelihood, prior_dist, sigma):
    samples = [theta]
    while len(samples) < MC_num:
        theta_p = theta + stats.norm(0, sigma).rvs()
        rho = min(1, target_dist(likelihood, prior_dist, n, k,
theta_p)/target_dist(likelihood, prior_dist, n, k, theta ))
        u = np.random.uniform()
        if rho > u:
            theta = theta_p
        samples.append(theta)
    return samples

#parameters
alpha = 20
beta = 20
prior = stats.beta(alpha, beta)
n = 100
k = 70
likelihood = stats.binom
sigma = 0.2
MC_num = 40
```

```
sample_list = [MCMC_MH(MC_num, n, k, theta, likelihood, prior,
sigma) for theta in np.arange(0.1, 1, 0.2)]

#Convergence of multiple chains
for sample in sample_list:
    plt.plot(sample, '-o', markersize=8)
plt.xlim([0, MC_num])
plt.ylim([0, 1]);
plt.xlabel('Monte Carlo simulation number')
plt.ylabel('Probability')
```

上述程式執行後，生成圖 3-23，直觀顯示了馬可夫鏈蒙地卡羅的收斂性。

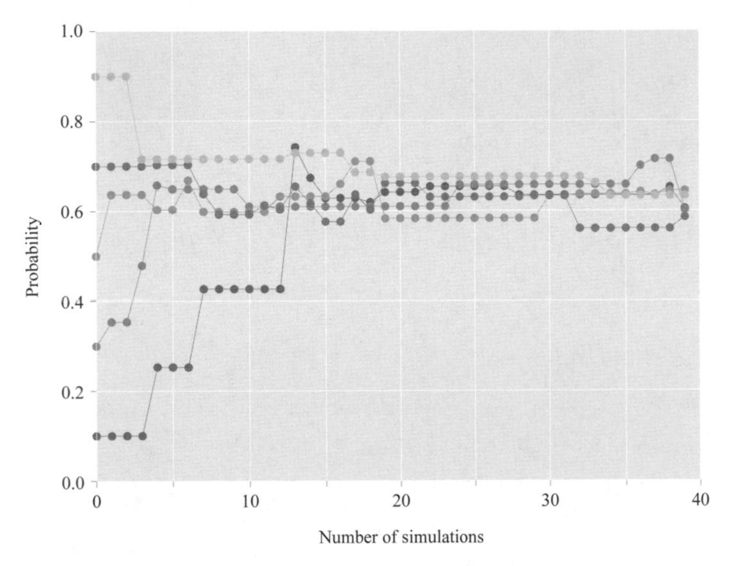

▲ 圖 3-23　馬可夫鏈蒙地卡羅的收斂

本章詳細討論了蒙地卡羅模擬在定積分、估算圓周率、預測股價、選擇權定價以及馬可夫鏈中的應用。在說明過程中，透過具體的例子，結合 Python 程式，力求給予讀者一個直觀的理解，讓讀者真正消化吸收蒙地卡羅模擬這個重要的數值模擬方法的精髓，從而能夠在實際工作中靈活地對其拓展運用。

回歸分析

在對於測量的探求中，我們總是測量可以進行的，而非我們真正希望的，並且往往忘記它們之間的差別。

In our lust for measurement, we frequently measure that which we can rather than that which we wish to measure... and forget that there is a difference.

——喬治·烏德尼·尤爾 (George Udny Yule)

「夫物芸芸，各複歸其根」，世間萬物紛繁蕪雜，但是均有其本質，且最終回歸於本質。老子的悟道似乎與人們對於回歸分析的探索有異曲同工之妙。

回歸分析無論是在金融、資料處理，還是機器學習領域，都是重要且基本的分析工具，對於人們深入理解不同變數和不同事物間的關係，探尋事物的本質，都有著重要的意義。在本叢書機率與統計章節，介紹了變數相關性分析，透過變數相關性分析，可以對變數之間非確定性的相關關係，即它們共同變化的方向和強度進行分析研究，而回歸分析是相關分析的進一步拓展，利用確定的函數關係式來更加準確地表達變數之間的關係，從而對未來進行預測。

Sir Francis Galton (1822——1911) was an eminent 19th century scientist, a polymath. He was a cousin of Charles Darwin and made significant contributions himself to subjects from meteorology to psychology, genetics, forensics and statistical methods. He is chiefly remembered for introducing the term 'eugenics' and for his enthusiastic advocacy of selective breeding in human populations, although this work has long been discredited. (Sources: http://www.galtoninstitute.org.uk/sir-francis-galton/)

George Udny Yule (1871——1951). was an English mathematician who is best known for his book: Introduction to the Theory of Statistics. He produced a series of important articles on the statistics of regression and correlation. Yule's work entitled On the Theory of Correlation was first published in 1897. He developed his approach to correlation via regression with a conceptually new use of least squares and by the 1920's his approach predominated in applications in the social sciences. He introduced the correlogram and he did fundamental work on the theory of autoregressive series. (Sources: https://mathshistory.st-andrews.ac.uk/Biographies/Yule/)

本章核心命令程式

- ax.grid(True)　在影像中顯示網格
- ax.plot_surface()　繪製立體曲面圖
- matplotlib.pyplot.annotate()　在影像中繪製箭頭
- matplotlib.pyplot.tight_layout()　自動調整子圖參數，以適應影像區域
- numpy.meshgrid(x,y)　產生以向量 x 為行，向量 y 為列的矩陣
- pandas.get_dummies()　轉為指示變數
- seaborn.countplot()　繪製橫條圖
- seaborn.heatmap()　繪製熱力圖
- seaborn.set()　視覺化個性化設定
- sklearn.linear_model.Lasso()　套索回歸擬合
- sklearn.linear_model.LinearRegression()　線性回歸擬合
- sklearn.linear_model.Ridge()　嶺回歸擬合

- sklearn.metrics.confusion_matrix()　評估模型結果
- sklearn.metrics.mean_squared_error()　計算均方誤差值
- sklearn.metrics.r2_score()　計算決定系數值
- sklearn.pipeline.Pipeline()　按順序打包並處理各個節點的資料
- sklearn.preprocessing.PolynomialFeatures()　生成多項式特徵
- sklearn.model_selection.train_test_split()　將資料劃分為訓練資料和測試資料
- slope,intercept,r_value,p_value,std_err = scipy.stats.linregress()　計算最小平方線性回歸，並傳回參數值

4.1 回歸分析概述

回歸 (regression) 最早是由英國統計學家高爾頓 (Francis Galton) 在研究父代與子代身高關係時提出來的。高爾頓透過觀察分析，發現不論父代過高或過矮，他們的子代都會更趨近於同齡人的平均身高，從而使得身高的分佈不會向高矮兩個極端發展，而是呈現出回到中間值的趨勢，所以稱之為回歸。

但是，現在討論的回歸分析 (regression analysis) 是用來研究因變數和引數之間關係的一種建模方法，所以並不等於高爾頓提出的「回歸」的字面意思。透過執行回歸分析，可以研究引數對於因變數的影響程度，從而對因變數的發展趨勢進行預測。在金融領域，由於需要對大量的資料分析處理並且進行預測，因此回歸分析成為金融分析和預測建模的一種重要工具。

如圖 4-1 所示是四個回歸分析的例子，展示的是用直線或曲線函數來擬合資料點。這些擬合曲線是透過最小化資料點與曲線上對應點之間的差異得到的，因此對於所有資料點而言最具有代表性，繼而可以根據得到的函數曲線對未來趨勢進行預測。

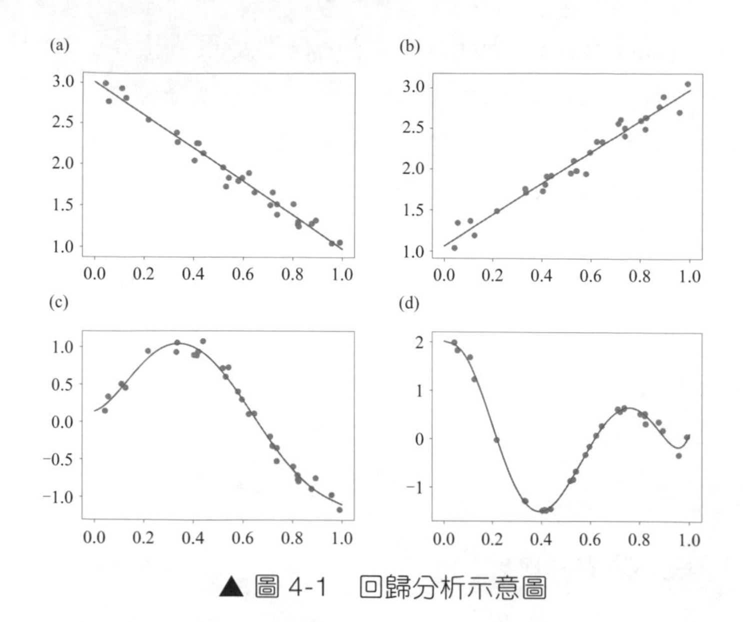

▲ 圖 4-1　回歸分析示意圖

圖 4-1 中的資料點，是透過對函數增加「雜訊」(即隨機數）　產生的，然後利用這些資料點進行多項式擬合。在本章後面的多項式回歸一節，會對多項式擬合有更詳細的介紹，因此對於下面程式暫且不做過多解釋。感興趣的讀者，可以嘗試閱讀並執行下列程式，初步了解回歸分析。在講完多項式回歸一節後，相信會對此有更加深入的理解。

B2_Ch4_1.py

```
import numpy as np
import matplotlib.pyplot as plt
from sklearn.pipeline import Pipeline
from sklearn.preprocessing import PolynomialFeatures
from sklearn.linear_model import LinearRegression

#define functions for data point generation
def fun1(x):
    return -2*x+3

def fun2(x):
    return 2*x+1
```

```
def fun3(x):
    return np.sin(1.5 * np.pi * x)

def fun4(x):
    return np.cos(2.1 * np.pi * (x-1.))+np.cos(3 * np.pi * x)

np.random.seed(6)

num_sample = 30

X = np.sort(np.random.rand(num_sample))

rows = 2
cols = 2
fig, axs = plt.subplots(rows, cols, figsize=(14,8))

#fig1
y1 = fun1(X) + np.random.randn(num_sample) * 0.1
polynomial_features = PolynomialFeatures(degree=1, include_bias=False)
linear_regression = LinearRegression()
pipeline = Pipeline([("polynomial_features", polynomial_features),
                     ("linear_regression", linear_regression)])
pipeline.fit(X[:, np.newaxis], y1)

X_test = np.linspace(0, 1, 1000)
axs[0, 0].plot(X_test, pipeline.predict(X_test[:, np.newaxis]),
color='red', label="Fitting model")
axs[0, 0].scatter(X, y1)
axs[0, 0].set_yticks([1.0, 1.5, 2.0, 2.5, 3.0])
axs[0, 0].set_title('(a)', loc='left')

#fig2
y2 = fun2(X) + np.random.randn(num_sample) * 0.1
polynomial_features = PolynomialFeatures(degree=1, include_bias=False)
linear_regression = LinearRegression()
pipeline = Pipeline([("polynomial_features", polynomial_features),
                     ("linear_regression", linear_regression)])
pipeline.fit(X[:, np.newaxis], y2)

X_test = np.linspace(0, 1, 1000)
```

```
axs[0, 1].plot(X_test, pipeline.predict(X_test[:, np.newaxis]),
color='red', label="Fitting model")
axs[0, 1].scatter(X, y2)
axs[0, 1].set_yticks([1.0, 1.5, 2.0, 2.5, 3.0])
axs[0, 1].set_title('(b)', loc='left')

#fig3
y3 = fun3(X) + np.random.randn(num_sample) * 0.1
polynomial_features = PolynomialFeatures(degree=5, include_bias=False)
linear_regression = LinearRegression()
pipeline = Pipeline([("polynomial_features", polynomial_features),
                     ("linear_regression", linear_regression)])
pipeline.fit(X[:, np.newaxis], y3)

X_test = np.linspace(0, 1, 1000)
axs[1, 0].plot(X_test, pipeline.predict(X_test[:, np.newaxis]),
color='red', label="Fitting model")
axs[1, 0].scatter(X, y3)
axs[1, 0].set_title('(c)', loc='left')

#fig4
y4 = fun4(X) + np.random.randn(num_sample) * 0.1
polynomial_features = PolynomialFeatures(degree=8, include_bias=False)
linear_regression = LinearRegression()
pipeline = Pipeline([("polynomial_features", polynomial_features),
                     ("linear_regression", linear_regression)])
pipeline.fit(X[:, np.newaxis], y4)

X_test = np.linspace(0, 1, 1000)
axs[1, 1].plot(X_test, pipeline.predict(X_test[:, np.newaxis]),
color='red', label="Fitting model")
axs[1, 1].scatter(X, y4)
axs[1, 1].set_yticks([-1.0, 0.0, 1.0, 2.0])
axs[1, 1].set_title('(d)', loc='left')
```

在前面章節介紹過相關性分析，它與回歸分析都是研究兩個或兩個以上變數之間關係的方法。相關性分析討論的物件是一對沒有次序的隨機變數，關注的是兩者間線性關係。而回歸分析則將研究的物件分為因變數和引數，引數是確定的普通變數，而因變數是隨機變數。另外，相關分析只是定性地描述兩個變數之間的相關關係；而回歸分析不僅可以揭示引數對因變數的影響程度，還可以根據回歸模型進行預測。所以，可以視為相關分析是回歸分析的基礎，而回歸分析是相關分析的發展。在實際應用中，往往先透過相關分析，得到相關係數，然後建立回歸模型，最後用回歸模型進行預測。

4.2 回歸模型的建模與評估

回歸模型 (regression model) 是對兩個或多個變數之間的關係進行定量描述的一種數學模型。假設有引數 X 和因變數 Y，用 b 表示未知參數 (回歸參數)，那麼回歸模型，就是將 Y 和一個關於 X 與 b 的函數 f 連結起來，以下式所示。

$$Y = f(X,b) + \varepsilon \tag{4-1}$$

在回歸建模中，首先需要指定函數 f 的形式，這種函數的形式一般是建立在對引數 X 和因變數 Y 關係的了解之上。而其中的 ε 稱為殘差 (residual)，是觀測值與函數預測值之差，也可以把殘差看作誤差的觀測值。

多種不同的回歸方法和技術被採用進行回歸建模，而究其根源，這些技術主要由以下三個度量驅動 — 引數的個數 (number of independent variables)、因變數的類型 (shape of the regression line) 和回歸線的形狀 (type of dependent variables)，如圖 4-2 所示。

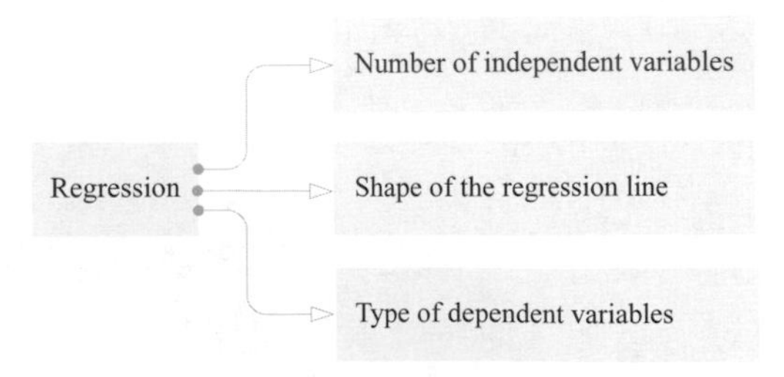

▲ 圖 4-2　驅動回歸技術的三個度量

常見的回歸模型包括：

- 線性回歸 (Linear regression)；
- 邏輯回歸 (Logistic regression)；
- 多項式回歸 (Polynomial regression)；
- 嶺回歸 (Ridge regression)；
- 套索回歸 (LASSO regression)；
- 逐步回歸 (Stepwise regression)；
- ElasticNet 回歸 (ElasticNet regression) 等等。

透過回歸模型的建立，可以考察因變數與引數的關係，並且考察多個引數對一個因變數影響強度的大小。回歸模型也可以幫助考察不同量綱的變數之間的相互影響。最終，利用回歸模型進行預測。

對於變數之間存在明顯的關係的，比如線性關係或邏輯關係，一般會首先選擇嘗試線性模型或邏輯模型，但是在複雜的情況下，需要結合引數和因變數的類型、資料的維數和其他資料特徵去選擇合適的回歸模型。在選擇回歸模型前，首先需要對資料進行分析探索，儘量了解變數之間的關係和相互之間的影響。嘗試多種可能的模型，並利用各種統計學度量 (例如顯著性分析、決定係數等) 對它們進行比較和選擇。交叉分析也常被用來評估模型。透過把資料分成訓練組和測試組，從而在建模後，透過分析觀察值和模型預測值之間的差別對模型進行評估。

對於模型的評估，通常需要考慮是否存在過擬合 (overfitting) 或欠擬合 (underfitting) 現象。過擬合一般是指因為過度擬合資料點，甚至把雜訊資料的特徵也擬合入模型，使得模型僅對訓練資料擬合得過於完美，但卻未能抽象出模型的通用規律，導致模型的預測能力下降。透過增大訓練組的資料量，以及採用正則化等方法，可以改善過擬合現象。欠擬合則是指模型未能充分歸納出資料的特徵，從而導致不能準確地擬合資料。對於欠擬合，可以透過增加其他特徵項、增加多項式特徵、減少正則化參數等來防止和改進。

下面透過編製程式直觀地解釋過擬合和欠擬合。這個例子是透過在一個正弦函數基礎上增加隨機雜訊，以下式所示。

$$y = \sin\left(1.5\pi \cdot x\right) + \varepsilon \tag{4-2}$$

其中，ε 為隨機的雜訊。

首先，產生 30 個資料點，然後利用不同維度的多項式來對這些資料點進行擬合。此處的介紹，是為便於讀者理解過擬合和欠擬合，對於例子中用到的多項式擬合，在後面會有詳細介紹。

B2_Ch4_2.py

```
import numpy as np
import matplotlib.pyplot as plt
from sklearn.pipeline import Pipeline
from sklearn.preprocessing import PolynomialFeatures
from sklearn.linear_model import LinearRegression

def original_fun(X):
    return np.sin(1.5 * np.pi * X)

np.random.seed(6)

num_sample = 30
degrees = [1, 5, 15]
titles = ['(a) Underfitting', '(b) Optimalfitting', '(c) Overfitting']
X = np.sort(np.random.rand(num_sample))
y = original_fun(X) + np.random.randn(num_sample) * 0.1

rows = 1
cols = 3
fig, axs = plt.subplots(rows, cols, figsize=(14,5))

for i in range(len(degrees)):
    polynomial_features = PolynomialFeatures(degree=degrees[i],
                                             include_bias=False)
    linear_regression = LinearRegression()
    pipeline = Pipeline([("polynomial_features", polynomial_features),
```

```
                            ("linear_regression", linear_regression)])
    pipeline.fit(X[:, np.newaxis], y)

    X_test = np.linspace(0, 1, 100)
    axs[i].plot(X_test, pipeline.predict(X_test[:, np.newaxis]),
color='red', label="Fitting model")
    axs[i].plot(X_test, original_fun(X_test), color='lightblue',
label="Original function")
    axs[i].scatter(X, y, s=20, label="Samples")
    axs[i].set_xlim(0, 1)
    axs[i].set_ylim(-2, 2)
    axs[i].set_xticks([0.0, 0.5, 1.0])
    axs[i].set_yticks([-2, -1, 0, 1, 2])
    axs[i].legend(loc="best")
    axs[i].set_title(titles[i], loc='left')
```

圖 4-3 所示即為上述程式產生的圖形。圖 4-3(a) 由於特徵項過少，模型未能歸納出資料點的規律，為欠擬合。圖 4-3(c) 中，模型試圖對每一個資料點進行歸納，導致模型趨於複雜，並且不能得到資料的一般規律，為過擬合。圖 4-3(b) 選擇了合適的特徵項，從而可以較好地擬合資料，對資料規律進行預測。

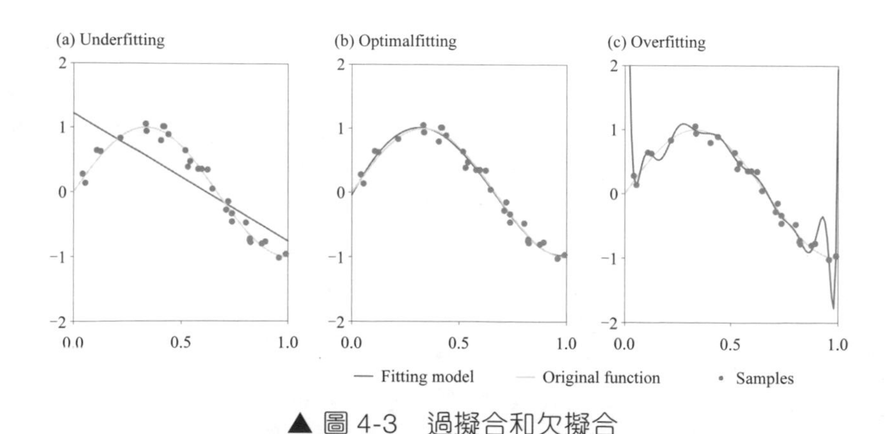

▲ 圖 4-3　過擬合和欠擬合

模型的誤差有多個產生因素，比如資料本身的誤差，但是資料本身的誤差，通常由不確定性因素導致，無法避免。因此，模型的誤差主要考慮以下兩個來源：偏差 (bias) 和方差 (variance)。偏差是指模型預測值和真實資料之間的差異，通常是由於模型無法表示基本資料的複雜度而造成的；方差指的是模型之間的差異，一般是由於模型過於複雜，尤其是模型過擬合時產生的。如圖 4-4 所示為解釋偏差和方差經常用到的靶心圖。假設紅色的靶心區域是完美的預測值，黑色點為模型對樣本的預測值。預測值越接近靶心，表示預測效果越好。先比較左邊兩圖和右邊兩圖，左邊兩圖的綠色點比較集中，而右邊兩圖比較分散，它們描述的是方差的兩種情況，比較集中對應的方差較小，比較分散對應的方差較大。再比較上面兩圖和下面兩圖，上面兩圖黑色點與紅色靶心區域比較接近，即偏差較小，下面兩圖離靶心較遠，即偏差較大。

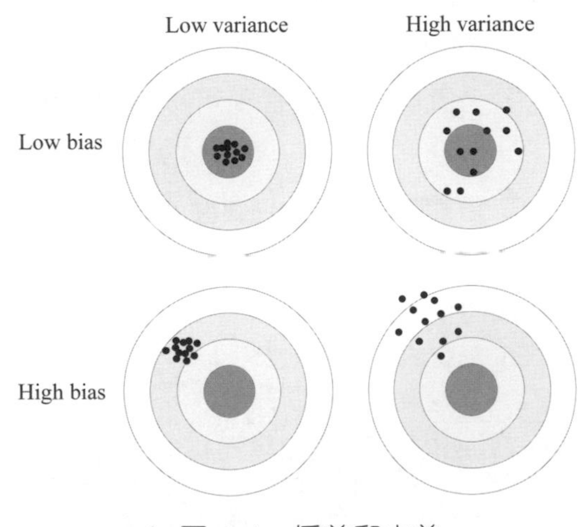

▲ 圖 4-4　偏差和方差

在實際建模中，降低模型誤差一般需透過權衡偏差和方差。但是，在一般情況下，小的偏差和方差不可兼得，降低偏差，方差會提高；降低方差，偏差會提高，如圖 4-5 所示。這就需要對模型的偏差和方差進行綜合考量，使得模型達到最佳。一般來說，簡單的模型會有較大的偏差和較小的方差，即不能極佳地擬合測試資料。複雜的模型則偏差較小方差較大，容易產生過擬合。所以，正確選擇模型的複雜度是建模中的重要課題。

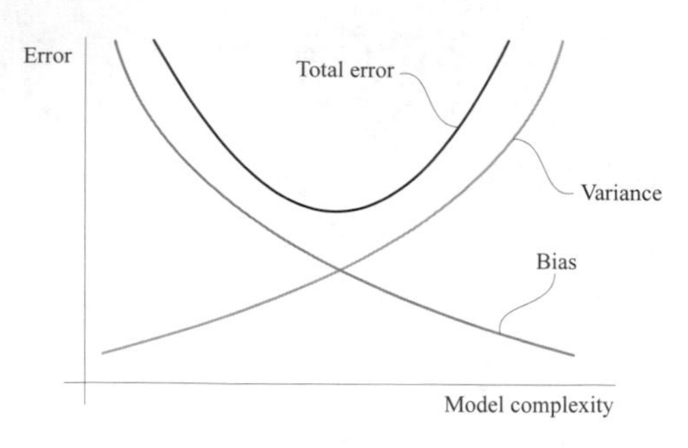

▲ 圖 4-5　模型誤差與偏差、方差的關係

Python 有「十八般武藝」可以處理回歸分析問題，比如 Sklearn、Scipy、Statsmodels 及 Numpy 等運算套件，並且每個運算套件往往又有多個針對回歸問題的函數。以線性回歸為例，表 4-1 列舉了 5 個運算套件使用的不同函數及各自特點。在下面對於不同回歸技術的介紹中，將以 Sklearn 和 Scipy 運算套件為主，感興趣的讀者，可以嘗試用其他運算套件進行替代。

表 4-1　線性回歸相關的運算套件、函數及特點

運算套件	函數	特點
Sklearn	linear_model. LinearRegression()	在機器學習與巨量資料領域廣泛應用，是一些交叉驗證或正則方法 (比如嶺回歸和套索回歸函數) 的實質核心
Scipy	stats.linregress()	高度專門化的線性回歸擬合函數，利用最小平方法，快速簡便
Statsmodels	OLS()	結果會與已有的統計套件對比，輸出資料結果的詳細列表
Scipy	optimize.curve_fit()	透過最小平方法對任何函數擬合
Scipy	polyfit()	適用於任何維度的多項式擬合，傳回值是一個回歸係數的陣列
Numpy	polyfit()	適用於任何維度的多項式擬合，傳回值是一個回歸係數的陣列
Numpy	Linalg.lstsq	利用矩陣因式分解計算線性方程組的最小平方解，適用所有線性回歸，傳回係數與殘差

4.3 線性回歸

線性回歸 (linear regression) 是最為常用的回歸建模技術，它是利用線性關係建立因變數與一個或多個引數之間的聯繫，其中引數既可以是連續的也可以是離散的，而因變數是連續的。其數學運算式為：

$$y = b_0 + b_1x_1 + b_2x_2 + \cdots + b_nx_n + \varepsilon \tag{4-3}$$

其中，$b_1, b_2, \cdots, b_n$ 代表模型的參數，ε 為殘差項。

因變數只與一個引數對應的線性回歸模型，稱為簡單線性回歸 (Simple Linear Regression, SLR) 或一元線性回歸，其數學表示式為：

$$y = b_0 + b_1x + \varepsilon \tag{4-4}$$

其中，常數項參數 b_0 稱為截距 (intercept)，b_1 稱為斜率 (slope)。

如圖 4-6 所示，對圖中的觀察值 (observed value) 進行回歸分析建模，首先根據對引數與因變數的觀察，可以嘗試利用簡單線性回歸模型，即用一條直線──回歸線 (regression line) 進行擬合建模。以下式所示。

$$y = b_0 + b_1x \tag{4-5}$$

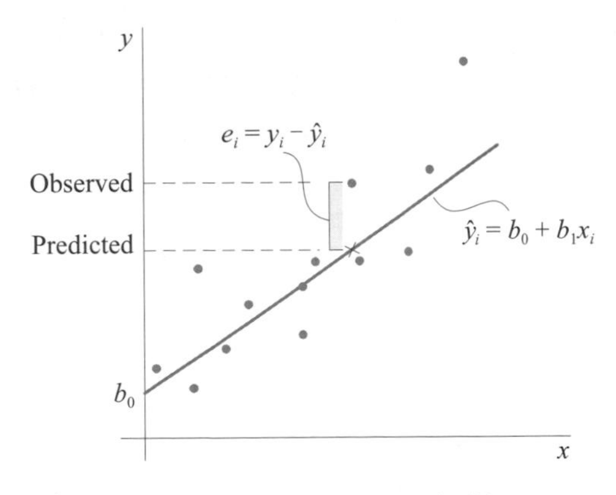

▲ 圖 4-6　簡單線性回歸模型

在確定了回歸線可以用來表示因變數隨引數的變化後，那麼如何確定這條回歸線的參數呢？也就是如何確定式 4-5 中的 b_0 與 b_1 呢？最小平方法 (least square method) 是解決這個問題最常用的一種辦法。它是透過使每個觀察值與預測值差的平方和最小化來計算得到最佳的擬合回歸線。在統計學中，「戴帽子」的變數 $\hat{y}_i$ 通常代表它是預測值，以區別於真實觀測到的數值 y_i。預測值為：

$$\hat{y}_i = b_0 + b_1 x_i \tag{4-6}$$

使下式的值最小。

$$\min \sum_{i=1}^{n} e_i^2 = \min \sum_{i=1}^{n} (y_i - \hat{y}_i)^2 = \min_{b_0, b_1} \sum_{i=1}^{n} (y_i - b_0 - b_1 x_i)^2 \tag{4-7}$$

為了方便理解，跳過求解這個極值問題的中間過程，最終可以得到參數 b_0 和 b_1 的最小平方法估值 $\hat{b}_0$ 和 $\hat{b}_1$。

$$\begin{cases} \hat{b}_1 = \dfrac{\sum (x_i - \bar{x})(y_i - \bar{y})}{\sum (x_i - \bar{x})^2} \\ \hat{b}_0 = \bar{y} - \hat{b}_1 \bar{x} \end{cases} \tag{4-8}$$

其中，$\bar{x}$ 和 $\bar{y}$ 分別為引數 x 和因變數 y 的平均值。

於是，獲得了模型的參數，基於簡單線性回歸的模型建立完成。這個模型觀察值與預測值之間的不同，用殘差來表示，數學式為：

$$\hat{\varepsilon}_i = y_i - \hat{y}_i = y_i - (\hat{b}_0 + \hat{b}_1 x_i) \tag{4-9}$$

它可以視為誤差 ε_i 的估計值，但不是真正統計意義上的估計值，這是因為 ε_i 是隨機量，是不可估的。

在回歸模型建立之後，很自然就要考慮這個模型是否能夠極佳地解釋資料，即考察這條回歸線對觀察值的擬合程度，也就是所謂的擬合優度 (goodness of fit)。簡單地說，擬合優度是回歸分析中考察樣本資料點對於回歸線的貼合程度。決定係數 (coefficient of determination，R2) 是定量化反映模型擬合優度的統計量。透過下面的例子，可以更進一步地對其深入理解。

假設一資料集包括 $y_1, y_2,..., y_n$ 共 n 個觀察值，相對應的模型預測值分別為 $\hat{y}_1, \hat{y}_2,..., \hat{y}_n$。其殘差為 $\varepsilon_i = y_i - \hat{y}_i$。

顯然，這組資料觀察值的期望值為：

$$\bar{y} = \frac{1}{n}\sum_{i=1}^{n} y_i \qquad (4\text{-}10)$$

回歸平方和 (Sum of Squares for Regression, SSR 或 Explained Sum of Squares, ESS) 是指建模得到的回歸方程式所引起的因變數的變化，所以其數值和預測值與期望值之間的差相聯繫，數學表示式為：

$$\text{SSR} = \sum_{i=1}^{n}\left(\hat{y}_i - \bar{y}\right)^2 \qquad (4\text{-}11)$$

殘差平方和 (Sum of Squares for Error, SSE 或 Residual Sum of Squares, RSS) 是指隨機因素造成的因變數的變化，與觀察值與預測值的差有關，數學表示式為：

$$\text{SSE} = \sum_{i=1}^{n}\left(y_i - \hat{y}_i\right)^2 \qquad (4\text{-}12)$$

總離差平方和 (Sum of Squares for Total, SST 或 Total Sum of Squares, TSS) 是指因變數與所有觀測值之間的差異，即觀察值與期望值的差異，數學表示式為：

$$\text{SST} = \sum_{i=1}^{n}\left(y_i - \bar{y}\right)^2 \qquad (4\text{-}13)$$

因變數與所有觀測值之間產生差異的原因，包括兩個方面：引數的設定值以及其他的隨機因素。也就是說，總離差平方和包含回歸平方和以及殘差平方和兩部分。圖 4-7 直觀展示了三者之間的關係。

$$\text{SST}=\sum_{i=1}^{n}(y_i-\bar{y})^2 \;=\; \text{SSR}=\sum_{i=1}^{n}(\hat{y}_i-\bar{y})^2 \;+\; \text{SSE}=\sum_{i=1}^{n}(y_i-\hat{y}_i)^2$$

▲ 圖 4-7　總離差平方和 (SST)、回歸平方和 (SSR) 與殘差平方和 (SSE)

決定係數是回歸平方和與總離差平方和的比值。回歸平方和是由於引數設定值變化引起的，也就是可以由回歸模型引數的變化來解釋。造成因變數與期望值之間差異的原因，除了回歸模型中引數的變化部分，還包含殘差不確定的部分。而評估建立的回歸模型，只評估回歸模型對於解釋因變數與期望值之間的差異佔到了多大的比例。決定係數的大小反映了回歸模型在解釋總的離差的貢獻程度，所以可以作為評估回歸模型的指標。決定係數的數學式為：

$$R^2=\frac{\text{SSR}}{\text{SST}}=1-\frac{\text{SSE}}{\text{SST}} \tag{4-14}$$

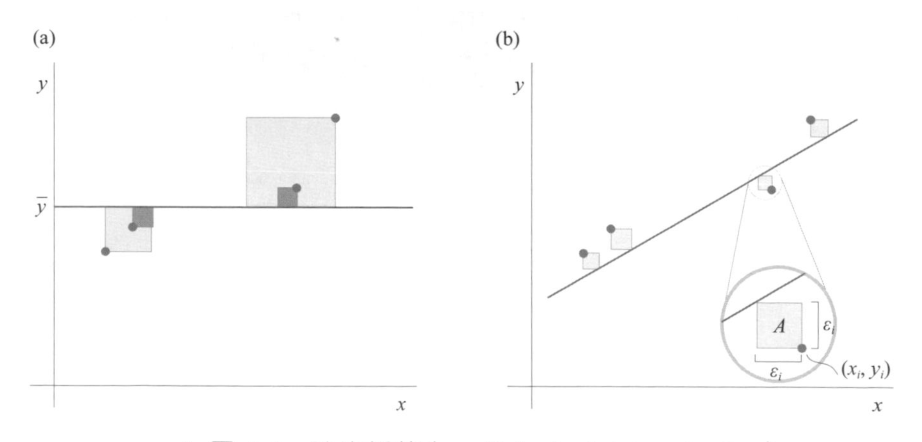

▲ 圖 4-8　決定係數 (coefficient of determination)

如圖 4-8 (a) 和圖 4-8 (b) 中的四個點位置是完全相同的，但是兩條直線分別為其平均值線和線性回歸線。圖 4-8(a) 中紅色正方形表示對於平均值線情況下殘差的平方，所有四個紅色正方形面積之和為這種情況下的決定係數大小；圖 4-8(b) 中淺藍色正方形表示回歸模型殘差的平方，同樣地，所有四個淺藍色正方形面積之和即為線性回歸情況下的決定係數大小。很明顯，線性回歸模型的決定係數要遠小於平均值線的情況。決定係數是沒有單位的，其設定值越接近於 1，説明回歸線對觀測值的擬合越好；反之，其設定值越小，説明回歸線對觀測值的擬合越差。

Scipy 運算套件的 Stats 子套件提供了一個簡便的函數 linregress()，可以對兩組資料進行基於最小平方法的簡單線性擬合。這個函數的傳回值，可以提供斜率、截距、r 值 (其平方為決定係數)、p 值和標準誤差。下面的例子，提供了兩組資料，一組是德州中級原油價格 (West Texas Intermediate, WTI)，另一組是某能源公司的風險比率 (hazard rate)。風險比率是反映違約機率的指標。能源公司的風險比率是與油氣價格緊密相連的，油氣價格高，其違約的機率就低，即能源公司的風險比率較低；反之，油氣價格低，其違約的機率就高，風險比率較高。下面的程式嘗試用簡單線性回歸模型對某油氣公司的風險比率和德州中級原油價格進行建模。程式中，首先從一個 csv 檔案中讀取德州中級原油價格和某油氣公司的風險比率的資料。

B2_Ch4_3.py

```
import matplotlib.pyplot as plt
from scipy import stats
import pandas as pd
import datetime as dt

#WTI price
df_WTIPrice = pd.read_csv(r'C:\FRM Book\Regression\WTI.csv',
sep=',', usecols=['Date', 'Price'])
#hazard rate of an energy company
df_HazardRate = pd.read_csv(r'C:\FRM Book\Regression\HazardRate.csv',
sep=',', usecols=['Date', 'HazardRate'])
#merge harzard rate file and wti price file
df_dwr = df_HazardRate.merge(df_WTIPrice, left_on='Date',
right_on='Date', how = 'inner')
df_dwr['Date'] = pd.to_datetime(df_dwr['Date'])
```

```
df_dwr = df_dwr[(df_dwr['Date']>=dt.datetime(2008, 8,
30))&(df_dwr['Date']<=dt.datetime(2008, 10, 30))]
xdata = df_dwr['Price']
ydata = df_dwr['HazardRate']
plt.plot(xdata, ydata, 'o', label='data')

#linear regression between hazard rate of an energy company and wti
slope, intercept, r_value, p_value, std_err = stats.
linregress(xdata,ydata)
print('slope: %f, intercept: %f, r_value: %f, p_value: %f,
std_err: %f' % (slope, intercept, r_value, p_value, std_err))

R_squared = r_value*r_value
print('R squared: %.2f' % R_squared)
rline = intercept + slope*xdata

plt.plot(xdata, rline,'r-')
plt.title('Simple Linear Regression')
plt.xlabel('WTI')
plt.ylabel('Hazard Rate')
plt.gca().set_yticks([0.005, 0.010, 0.015, 0.020])
plt.legend(['Observed Data', 'y=%5.4f+%5.5f×x, R²=%5.2f' %
(intercept, slope, r_value**2)])

plt.gca().spines['right'].set_visible(False)
plt.gca().spines['top'].set_visible(False)
plt.gca().yaxis.set_ticks_position('left')
plt.gca().xaxis.set_ticks_position('bottom')
```

模型的斜率、截距、r 值、p 值和標準誤差以及決定係數如下。

```
slope: -0.000332, intercept: 0.045095, r_value: -0.901436, p_value:
0.000000, std_err: 0.000025
R squared: 0.81
```

結果顯示，這個模型的回歸方程式為：

$$y = 0.0451 - 0.00033 \cdot x \tag{4-15}$$

決定係數為 0.81，即期望值與觀察值間差異的 81% 可以由該模型解釋。

可見，簡單線性模型較好地反映了原油價格與該原油企業風險比率的關係。如圖 4-9 所示為程式執行產生的圖形，該圖形也從直觀上印證了這個模型較好的表現能力。

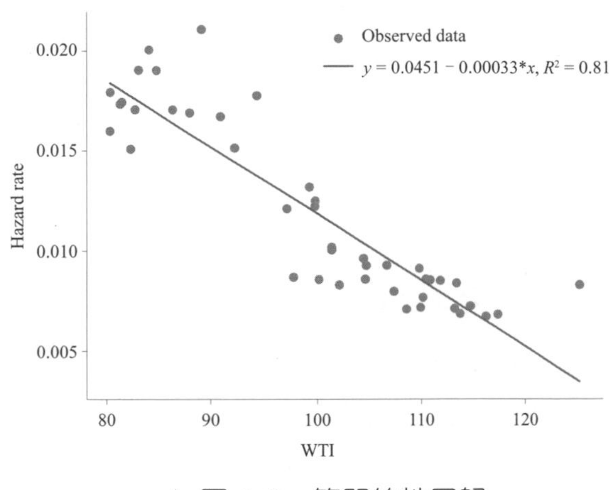

▲ 圖 4-9　簡單線性回歸

前面介紹的簡單線性回歸的因變數只與一個引數對應，即其對應的特徵 (feature) 只有一個。如果因變數對應的特徵多於一個，也就是引數多於一個，那麼就需要用多重線性回歸 (multiple linear regression) 對其進行描述。下面的例子是建立股票指數價格與利率和失業率關係的模型。同樣地，這個例子僅是為了幫助大家理解多重線性回歸模型，因為過於簡化，並不具有太多的實際應用意義。

首先匯入需要用到的所有運算套件。

B2_Ch4_4_A.py

```
import pandas as pd
import matplotlib.pyplot as plt
from sklearn.linear_model import LinearRegression
import numpy as np
import matplotlib as mpl
from mpl_toolkits.mplot3d import Axes3D
from sklearn.metrics import mean_squared_error, r2_score
```

然後從一個 csv 檔案中讀取股票指數價格、利率和失業率的資料，並顯示前五行，可見顯示的資料對應於年與月的利率、失業率和股票指數價格。如果要分析股票指數價格與利率和失業率的關係，也就是說將股票指數價格與這兩個特徵相聯繫，故而不能使用簡單線性模型。

B2_Ch4_4_B.py

```
#read data
df = pd.read_csv(r'C:\FRM Book\MultiLrRegrData.csv')
df.head()
```

前五行資料如下。

```
   Year  Month  InterestRate  UnemploymentRate  StockIndexPrice
0  2017     12          2.75               5.3             1464
1  2017     11          2.50               5.3             1394
2  2017     10          2.50               5.3             1357
3  2017      9          2.50               5.3             1293
4  2017      8          2.50               5.4             1256
```

用下面程式可以分別顯示股票指數價格與利率、失業率的關係，如圖 4-10 所示。透過分析，嘗試用兩重線性模型進行擬合。

B2_Ch4_4_C.py

```
#plot stock index price vs interest rate and unemployment rate
mpl.style.use('ggplot')
fig, (ax1, ax2) = plt.subplots(1, 2, figsize=(14, 6), sharey=True)
ax1.scatter(df['InterestRate'], df['StockIndexPrice'], color='red')
ax1.set_title('(a) Stock index price VS interest rate', loc='left',
fontsize=14)
ax1.set_xlabel('Interest rate', fontsize=14)
ax1.set_ylabel('Stock index price', fontsize=14)
ax1.set_yticks([700, 900, 1100, 1300, 1500])
ax1.grid(True)

ax2.scatter(df['UnemploymentRate'], df['StockIndexPrice'], color='green')
ax2.set_title('(b) Stock index price VS unemployment rate', loc='left',
fontsize=14)
```

```
ax2.set_xlabel('Unemployment rate', fontsize=14)
ax2.set_ylabel('Stock index price', fontsize=14)
ax2.grid(True)
```

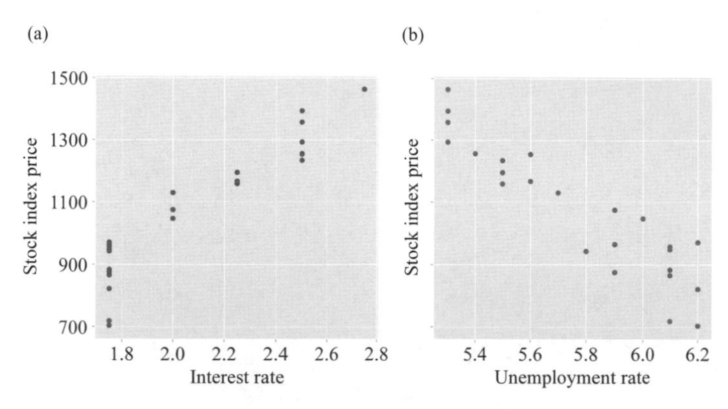

▲ 圖 4-10　原始資料視覺化分析

下面的程式首先利用線性模型進行擬合，然後繪製出了同時包括兩個特徵 (利率和失業率) 的三維示意圖，如圖 4-11 所示。

B2_Ch4_4_D.py

```
#implement linear regression model
x = df[['InterestRate','UnemploymentRate']]
y = df['StockIndexPrice']
MultiLrModel = LinearRegression()
MultiLrModel.fit(x, y)

#plot multiple regression model
fig = plt.figure()
ax = plt.axes(projection='3d')
zdata = df['StockIndexPrice']
xdata = df['InterestRate']
ydata = df['UnemploymentRate']
ax.scatter(xdata, ydata, zdata, c=zdata)
x3d, y3d = np.meshgrid(xdata, ydata)
z3d_pred = MultiLrModel.intercept_+MultiLrModel.coef_[0]*x3d+MultiLrModel.
coef_[1]*y3d
ax.plot_surface(x3d, y3d, z3d_pred, color = 'grey', rstride = 100,
cstride = 100, alpha=0.3)
```

```
ax.set_title('Multiple Linear Regression', fontsize=14)
ax.set_xlabel('Interest rate')
ax.set_ylabel('Unemployment rate')
ax.set_zlabel('Stock index price')
```

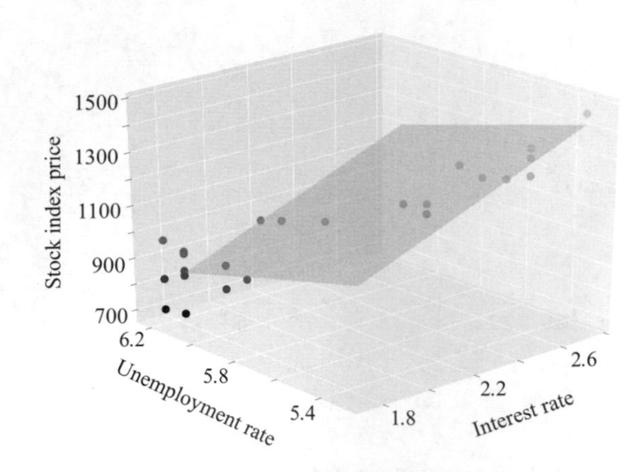

▲ 圖 4-11　多重線性回歸三維圖

從圖 4-11 可見，股票指數價格隨利率上升而下跌，同時隨失業率下降而上漲，兩重線性回歸模型較好地表示出股票指數價格與利率和失業率的關係。

在建立模型完畢後，除了透過上述圖形直觀地了解外，一般還需要透過計算其均方根誤差和決定係數對所建模型進行定量評估。下面程式的執行結果舉出了這個模型的均方根誤差和決定係數分別為 66 和 0.90，顯示這個模型較好地模擬了股票指數價格與利率、失業率的關係。

B2_Ch4_4_E.py

```
zdata_pred = MultiLrModel.intercept_+MultiLrModel.coef_
[0]*xdata+MultiLrModel.coef_[1]*ydata
rmse = (np.sqrt(mean_squared_error(zdata, zdata_pred)))
r2 = r2_score(zdata, zdata_pred)
print('RMSE of this polynomial regression model: %.2f' % rmse)
print('R square of this polynomial regression model: %.2f' % r2)
```

模型的均方根誤差和決定係數如下。

```
RMSE of this polynomial regression model:  66.00
R square of this polynomial regression model:  0.90
```

4.4 邏輯回歸

邏輯回歸 (logistic regression) 是線性回歸之外的另一種重要的回歸模型，既可以用來評估某件事情發生的可能性，也可以用來分析對於某個問題的影響因素。它是一種廣義線性模型 (generalized linear model)，主要解決分類問題，與一般線性回歸相比，邏輯回歸的因變數為離散變數，屬於分類資料，而一般線性回歸的因變數為連續的定量資料，另外邏輯回歸不要求引數與因變數呈線性關係。

之所以說邏輯回歸為廣義線性回歸，是因為邏輯回歸實質上是把邏輯函數 (sigmoid function)，又稱為 S 函數 (Sigmoid function)，應用於線性回歸來進行預測。邏輯函數的運算式為：

$$p = \frac{1}{1+\exp(-y)} \tag{4-16}$$

4.3 節介紹過線性回歸，其運算式為：

$$y = b_0 + b_1x_1 + b_2x_2 + \cdots + b_nx_n + \varepsilon \tag{4-17}$$

將線性函數的結果映射到了邏輯函數中，可以得到邏輯回歸的運算式為：

$$p = \frac{1}{1+\exp\left(-\left(b_0 + b_1x_1 + b_2x_2 + \cdots + b_nx_n + \varepsilon\right)\right)} \tag{4-18}$$

如圖 4-12 所示為線性回歸與邏輯回歸的對比圖。線性回歸的設定值沒有限制，而邏輯回歸的設定值在 0 到 1 之間。透過對它們數學表示式的變形，也可以互相轉化。

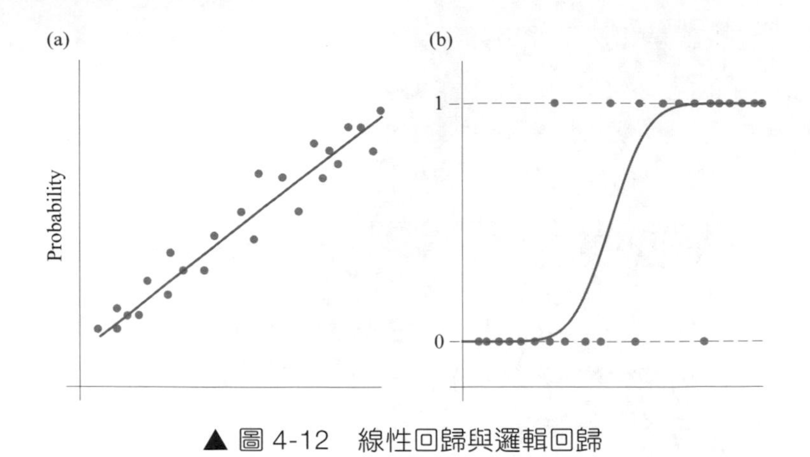

▲ 圖 4-12　線性回歸與邏輯回歸

利用下面的程式可以方便地繪出邏輯函數的曲線如圖 4-13 所示。

B2_Ch4_5.py

```
import matplotlib.pylab as plt
import numpy as np

x = np.arange(-8, 8, 0.1)
sig = 1 / (1 + np.exp(-x))
plt.plot(x, sig)
plt.title('Sigmoid function')
plt.xlabel('x')
plt.ylabel('p')
plt.show()
```

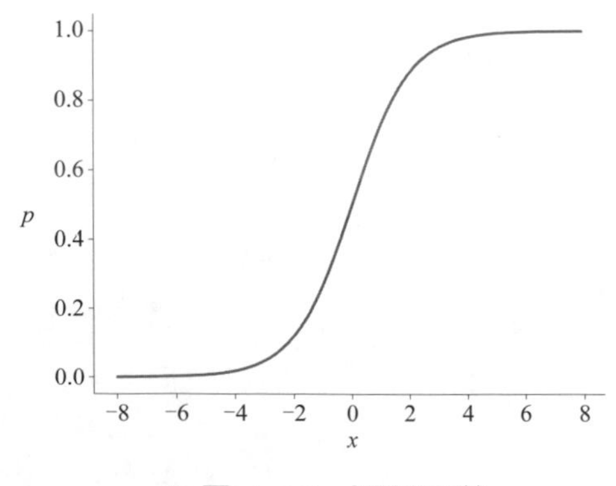

▲ 圖 4-13　邏輯函數

由圖 4-13 可見，邏輯函數是一個 S 形的曲線，透過邏輯函數，可以得到一個事件在區間 [0, 1] 之間的機率，這個機率當設定值為負無限大和正無限大時分別為 0 和 1。或許有些讀者會問：這條邏輯曲線舉出的是 0 到 1 之間的機率值，但是邏輯回歸只有 0 和 1 兩種設定值啊？是的，邏輯回歸最終的分類是透過設定一個確定的機率值作為分類設定值來進行，比如預設 0.5 為分類設定值，當這個邏輯函數的值大於 0.5 時，將歸於 1 (正例：成功、是、真等等) 的類別，而當這個邏輯函數小於 0.5 時，則歸於 0 (反例：失敗、否、假等等) 的類別。

根據輸出因變數的個數，邏輯回歸可以分為二元邏輯回歸 (binary logistic regression)、多重邏輯回歸 (multiple logistic regression) 和有序邏輯回歸 (ordinal logistic regression)。二元邏輯回歸是指因變數只有兩個可能的選擇，如成功和失敗、對和錯等。多重邏輯回歸是指因變數可以被歸為三個或更多個類別。有序邏輯回歸則是指因變數是有序排列的。如圖 4-14 所示為邏輯回歸的分類。

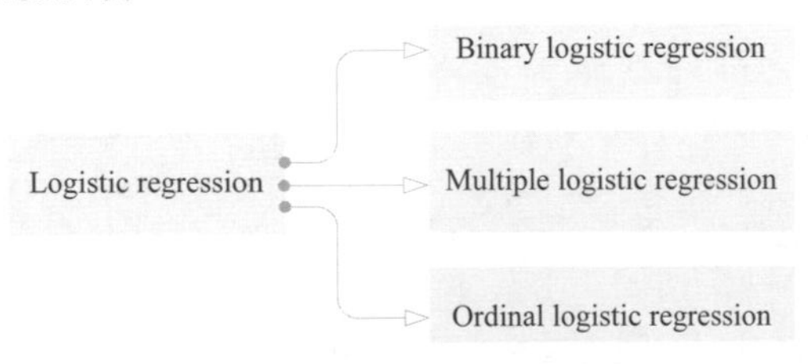

▲ 圖 4-14　邏輯回歸分類

下面以某銀行的某次電話市場調查研究資料為例，用邏輯模型預測客戶是否會加入定期儲存服務。首先宣告，例子的目的是介紹邏輯回歸模型，因此會選擇對問題極大簡化，所以模型的結果不代表實際的應用意義。例子中，選擇這份調查中的 6 個項目進行分析：工作類型 (type of job)、婚姻狀況 (marital status)、信用違約情況 (credit in default)、房產貸款 (housing loan)、個人貸款 (personal loan) 以及上次調查後的結果 (outcome of the previous marketing campaign)。

方便起見，首先匯入所有使用的運算套件。

B2_Ch4_6_A.py

```
import pandas as pd
import matplotlib.pyplot as plt
from sklearn.linear_model import LogisticRegression
from sklearn.model_selection import train_test_split
import seaborn as sns
from sklearn.metrics import confusion_matrix
```

然後，讀取一個 csv 檔案中電話市場調查研究資料，並展示前五行，以便對資料有大致了解。

B2_Ch4_6_B.py

```
bankdata = pd.read_csv(r'C:\FRM Book\BankTeleCompaign.csv')
bankdata = bankdata.dropna()
bankdata.head()
```

結果顯示了前五個客戶的資訊。除了前面已經介紹過的五列，另外 y 列標明了客戶是否已經加入了定期儲存服務。

```
           job  marital  default housing loan     poutcome  y
0  blue-collar  married  unknown     yes   no  nonexistent  0
1   technician  married       no      no   no  nonexistent  0
2   management   single       no     yes   no      success  1
3     services  married       no      no   no  nonexistent  0
4      retired  married       no     yes   no      success  1
```

為了更直觀地觀察要分析的資料，用下面的程式對相關的資訊進行視覺化操作。

B2_Ch4_6_C.py

```
#plot related item/column
sns.set(palette="pastel")
fig, ax = plt.subplots(3, 2, figsize=(6, 8))
sns.countplot(y="job",  data=bankdata, ax=ax[0, 0])
sns.countplot(x="marital", data=bankdata, ax=ax[0, 1])
sns.countplot(x="default", data=bankdata, ax=ax[1, 0])
sns.countplot(x="housing", data=bankdata, ax=ax[1, 1])
```

```
sns.countplot(x="loan", data=bankdata, ax=ax[2, 0])
sns.countplot(x="poutcome", data=bankdata, ax=ax[2, 1])
plt.tight_layout()
```

執行程式後，產生包含 3 × 2 個子圖圖形。如圖 4-15 所示為工作類型的人數統計。如圖 4-16 所示為婚姻狀況、信用違約情況、房產貸款、個人貸款以及上次調查結果的人數統計。

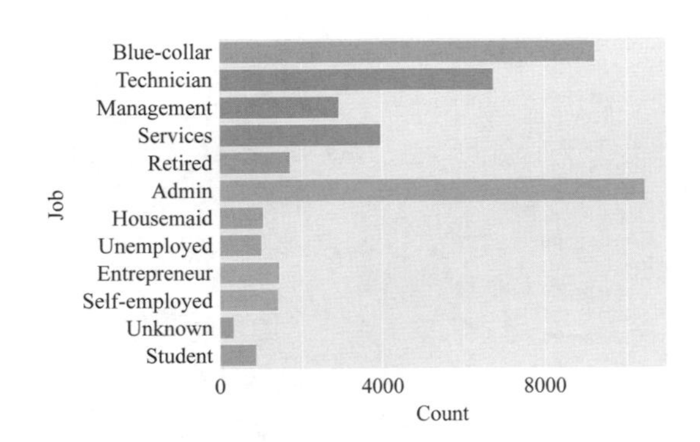

▲ 圖 4-15　客戶工作類型的條狀統計圖

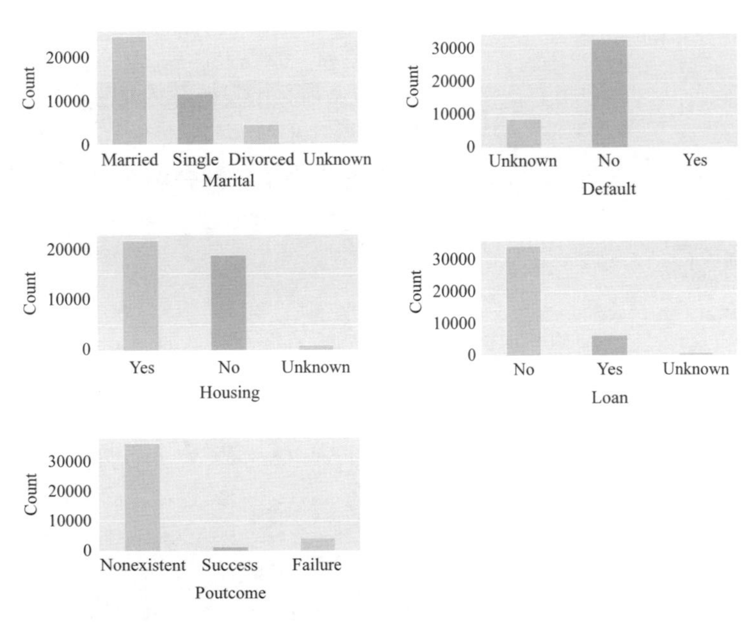

▲ 圖 4-16　客戶其他相關資訊的條狀統計圖

為便於用回歸模型進行分析，把所有資料轉為均由 0 或 1 顯示，並檢驗獨立變數間的相關性。如圖 4-17 所示為相關性分析的熱力圖顯示。

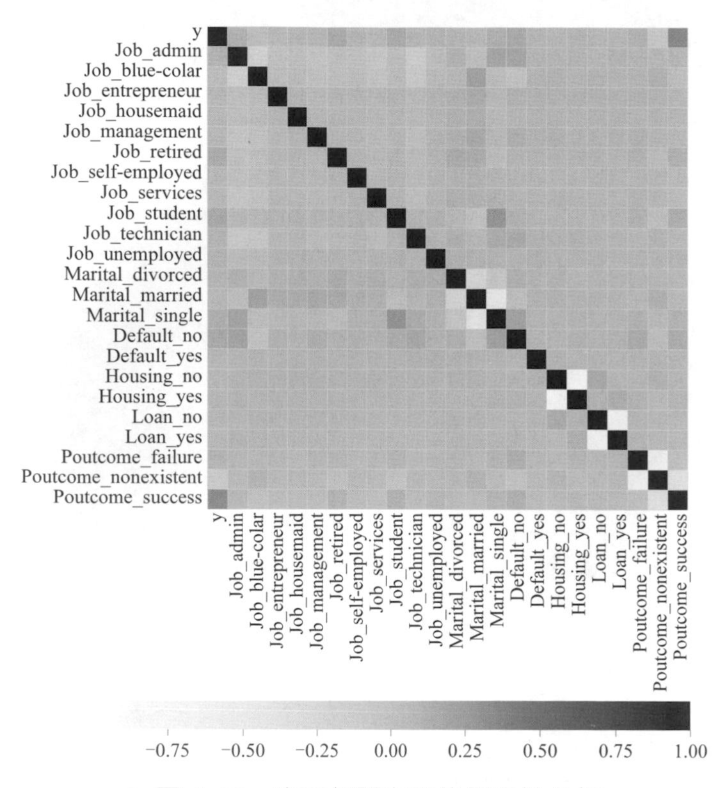

▲ 圖 4-17　客戶相關資訊的相關性分析

B2_Ch4_6_D.py

```
#create dunny variables with only two values: 0 or 1
data = pd.get_dummies(bankdata, columns =['job', 'marital',
'default', 'housing', 'loan', 'poutcome'])
#drop unknow columns
data.drop([col for col in data.columns if 'unknow' in col], axis=1,
inplace=True)
#plot correlation heatmap
sns.heatmap(data.corr(), square=True, cmap="YlGnBu",
linewidths=.01, linecolor='lightgrey', cbar_kws={"orientation":
"horizontal", "shrink": 0.3, "pad": 0.25})
```

下面的程式，把資料分為訓練資料和測試資料，並對訓練資料應用邏輯回歸模型。

B2_Ch4_6_E.py

```
#split data into training and test sets
X = data.iloc[:,1:]
y = data.iloc[:,0]
X_train, X_test, y_train, y_test = train_test_split(X, y, random_state=0)
#implement logistic regression model
modelclassifier = LogisticRegression(random_state=0)
modelclassifier.fit(X_train, y_train)
```

在模型建立完畢後，可以用 confusion_matrix() 函數對模型的結果進行評估。

B2_Ch4_6_F.py

```
#evaluate model via confusion matrix
#evaluate performance of classification model on a set of test dataset
with known true
values
y_pred = modelclassifier.predict(X_test)
confusion_matrix = confusion_matrix(y_test, y_pred)
print(confusion_matrix)
```

評估結果矩陣如下。

```
[[9046  110]
 [ 912  229]]
```

結果矩陣的解釋參見表 4-2。由此可見，有 9046 個原本為 0 的資料正確預測為 0，有 229 個原本為 1 的資料正確預測為 1。預測錯誤的則分別為 110 個和 912 個。

表 4-2 邏輯模型評估結果

	預測值：0	預測值：1
實際值：0	9046	110
實際值：1	912	229

另外，還可以使用 score() 函數來計算模型精度，從而評價模型。

B2_Ch4_6_G.py

```
#evaluate model by accuracy
model_score = modelclassifier.score(X_test, y_test)
print('Model accuracy on test set: {:.2f}'.format(model_score))
```

模型精度如下。

```
Model accuracy on test set: 0.90
```

結果顯示，模型精度為 90%，表明建立的模型能夠以較高的精度預測客戶是否會加入定期儲存服務。

4.5 多項式回歸

需要進行分析處理的資料不總是線性的，對於非線性資料，多項式回歸 (polynomial regression) 模型堪稱這方面的「多面手」。多項式回歸是指回歸函數的引數的指數大於 1，即回歸等式為多項式。在這種回歸技術中，最佳擬合線不是直線，而是一筆擬合了資料點的曲線。

多項式回歸的最大優點就是可以透過增加引數的高次項對資料進行逼近。在實際應用中，任一函數都可以用多項式來逼近，所以多項式回歸在非線性問題的處理上有著廣泛的應用，在回歸分析中佔有重要的地位。不論因變數與其他引數的關係如何，一般都可以嘗試用多項式回歸來進行分析。

多項式回歸模型的回歸函數的運算式為：

$$y = b_0 + b_1 x_1 + b_2 x_2^2 + \cdots + b_n x_n^n + \varepsilon \tag{4-19}$$

式 4-19 實際上就是一個 n 次冪的多項式。

同樣的，觀察值與預測值之差為其殘差。

$$\hat{\varepsilon}_i = y_i - \hat{y}_i \tag{4-20}$$

透過最小化殘差的平方和即可得到模型的係數，這與簡單線性回歸完全一樣。

多項式回歸在實際運用中是以線性回歸為基礎，透過把原有特徵進行多項式組合，並增加作為新的特徵，從而解決非線性問題。比如 Sklearn 運算套件就是按照這種想法，Sklearn 運算套件沒有對多項式回歸進行封裝，可以透過下面的例子更加直觀地理解。

首先，透過下面的程式匯入需要的所有運算套件。

B2_Ch4_7_A.py

```
#importing libraries
import numpy as np
import matplotlib.pyplot as plt
import pandas as pd
from sklearn.linear_model import LinearRegression
import matplotlib as mpl
from sklearn.preprocessing import PolynomialFeatures
from sklearn.metrics import mean_squared_error, r2_score
```

接著，透過一個 csv 檔案讀取資料，並且對資料視覺化，如圖 4-18 所示。透過對資料的觀察和分析，可以嘗試用一元三次方程式模型進行擬合。

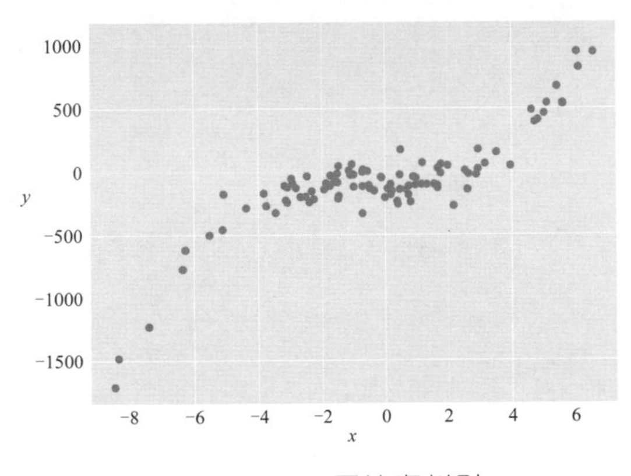

▲ 圖 4-18　原始資料點

B2_Ch4_7_B.py

```
data = pd.read_csv(r'C:\FRM Book\Regression\PolyRegrData.csv')

#plot data
mpl.style.use('ggplot')
plt.figure(figsize=(14,8))
plt.scatter(data.iloc[:,0].values,data.iloc[:,1].values, c='#1f77b4')
plt.xlabel('x')
plt.ylabel('y')
plt.title('Raw Data')
```

下面程式中，透過 PolynomialFeatures() 函數對資料進行前置處理，從而使之整合為適合進行線性回歸處理的資料。在這裡，設定參數 degree 為 3，即表示進行擬合的模型為最高冪次為 3 的多項式。緊接著，把前置處理完畢的資料用線性模型進行擬合，可以得到擬合方程式為：

$$y = -99.30 + 2.66 \cdot x + 5.16 \cdot x^2 + 3.17 \cdot x^3 \tag{4-21}$$

並對擬合後的函數進行視覺化，如圖 4-19 所示。

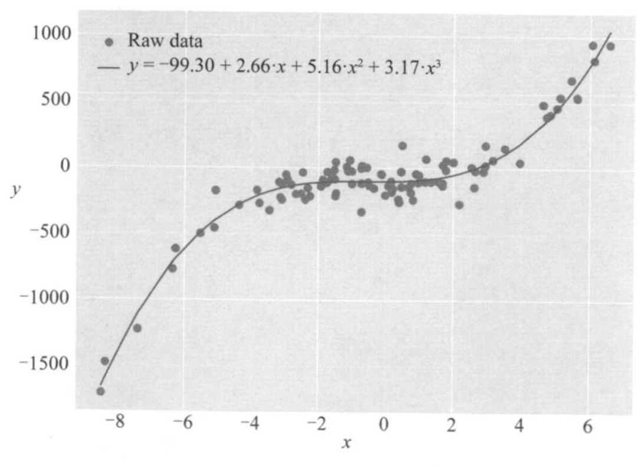

▲ 圖 4-19　多項式回歸模型

B2_Ch4_7_C.py

```
#preprocess input data
x = data.iloc[:,0].values.reshape(-1, 1)
```

```
y = data.iloc[:,1].values.reshape(-1, 1)
polynomial_features= PolynomialFeatures(degree=3)
x_poly = polynomial_features.fit_transform(x)
#create and then fit model
LRmodel = LinearRegression()
LRmodel.fit(x_poly,y)
print('intercept:', LRmodel.intercept_)
print('slope:', LRmodel.coef_)

#plot
plt.plot(x,y,'o',c='#1f77b4')
y_poly_pred = LRmodel.predict(x_poly)
plt.plot(x,y_poly_pred,'red')
plt.legend(['Raw Data',
            'y=%5.2f+%5.2f*x+%5.2f*x²+%5.2f*x³' % (LRmodel.intercept_,
LRmodel.coef_[0][1],LRmodel.coef_[0][2],LRmodel.coef_[0][3])
            ], prop={'size': 8})
plt.title('Polynomial Regression Model')
```

從圖 4-19 可以看出，所有資料點分佈於一元三次函數模型週邊，顯示了該模型對於資料點具有較好的解釋能力。

同樣的，透過上述圖形直觀地對模型有了初步評估，一般還需要透過計算其均方根誤差和決定係數對所建模型進行進一步的定量評估，執行下面程式。

B2_Ch4_7_D.py

```
#valuate model
rmse = np.sqrt(mean_squared_error(y,y_poly_pred))
r2 = r2_score(y,y_poly_pred)
print('RMSE of this polynomial regression model: %.2f' % rmse)
print('R square of this polynomial regression model: %.2f' % r2)
```

從結果可見，這個模型的均方根誤差和決定係數分別為 91.71 和 0.94，說明模型對原始資料的擬合比較精確，該模型對於原始資料具有較好的解釋能力。

```
RMSE of this polynomial regression model: 91.71
R square of this polynomial regression model: 0.94
```

4.6 嶺回歸

利用最小平方法的線性回歸，透過最小化所有的觀察值和模型預測值之間差別的平方和來確定模型參數。因擬合過程會考慮每一個資料點，這就造成了這種方法會對異常值 (outliers) 非常敏感，所以異常值的存在通常會造成較大的模型誤差。

參見下面的例子。用下面的程式首先從一個 csv 檔案中讀取一組資料，然後對所有資料點進行線性擬合，很明顯，資料點中包括兩個明顯的異常值，線性擬合用的最小平方法會考慮每一個資料點，擬合結果如圖 4-20 中紅色直線所示。

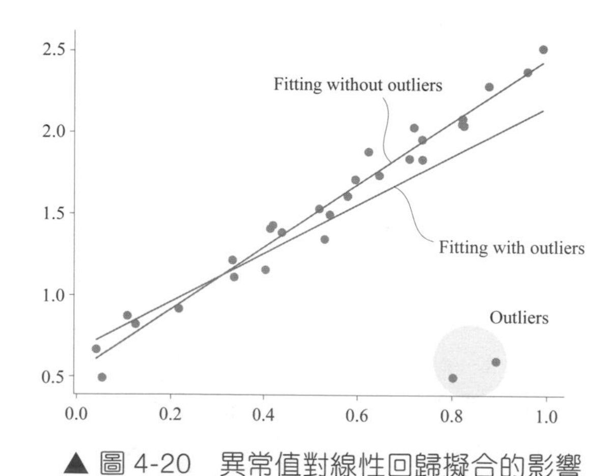

▲ 圖 4-20　異常值對線性回歸擬合的影響

去除圖 4-20 中的兩個異常值，對其餘的資料點進行線性擬合，結果如圖 4-20 中虛線所示。可見，擬合函數有著明顯的不同，即異常值帶來了較大的誤差，去除異常值的擬合是更為合理的模型。

B2_Ch4_8.py

```
import pandas as pd
from scipy import stats
import matplotlib.pyplot as plt

df = pd.read_csv(r'C:\FRM Book\Regression\outliersimpact.csv')

X = df.x
y = df.y

plt.plot(X, y, 'bo')

slope1, intercept1, r_value1, p_value1, std_err1 = stats.linregress(X, y)
rline1 = intercept1 + slope1*X

plt.plot(X, rline1,'r-', label='Fitting with outliers')

plt.annotate('Fitting with outliers', xy=(0.6, intercept1 +
slope1*0.6), xytext=(0.6, 1.2),
              arrowprops=dict(arrowstyle="-|>",
                              connectionstyle="arc3",
                              mutation_scale=20,
                              fc="w"))

plt.annotate('outliers', xy=(0.802171, 0.5), xytext=(0.75, 0.6))#,
             #arrowprops=dict(arrowstyle="-|>",
             #                connectionstyle="arc3",
             #                mutation_scale=20,
             #                fc="w"))
plt.annotate('', xy=(0.89286, 0.6), xytext=(0.75, 0.6))#,
                          #arrowprops=dict(arrowstyle="-|>",
                          #                connectionstyle="arc3",
                          #                mutation_scale=20,
                          #                fc="w"))

#eliminate two outliers
df_nooutliers = df[(df['y']!=0.5) & (df['y']!=0.6)]

X = df_nooutliers.x
```

```
y = df_nooutliers.y

slope2, intercept2, r_value2, p_valu2e, std_err2 = stats.linregress(X, y)
rline2 = intercept2 + slope2*X
plt.plot(X, rline2,'r--', label='Fitting without outliers')
plt.annotate('Fitting without outliers', xy=(0.7, intercept2 +
slope2*0.7), xytext=(0.4, 2.2),
             arrowprops=dict(arrowstyle="-|>",
                             connectionstyle="arc3",
                             mutation_scale=20,
                             fc="w"))

plt.title('Impact on linear regression by outliers')
plt.gca().set_yticks([0.5, 1.0, 1.5, 2.0, 2.5])

plt.gca().spines['right'].set_visible(False)
plt.gca().spines['top'].set_visible(False)
plt.gca().yaxis.set_ticks_position('left')
plt.gca().xaxis.set_ticks_position('bottom')
```

最小平方法是一種無偏估計，但是在引數個數較多，且有些引數之間具有多重共線性 (multicollinearity)，即高度相關時，它們的方差會顯著變大，使得觀察值與真實值嚴重偏離。舉個簡單的例子，比如一個回歸模型有兩個引數，一個是福特汽車公司的股票價格，另一個是通用汽車公司的股票價格，很明顯，作為汽車製造商，它們的股票價格是高度相關的。這種引數間的高度相關會使回歸模型缺乏穩定性，樣本的微小變化都會引來模型參數的顯著變化，另外，也會造成參數的方差顯著增加，導致模型的可解釋性大大降低。

正則化 (regularization) 是解決多重共線性的一種重要方法。「正則化」這個名詞看似「高冷」，其實是指對模型的損失函數的某些參數加入一些限制，即所謂的「懲罰項」。對線性回歸模型來說，就是在平方誤差的基礎上增加正則項。正則化是最小平方回歸的一種補充，它損失了無偏性，來換取高的數值穩定性，從而得到較高的精度。最小平方法盡可能擬合所有的資料點，包括雜訊點，即容易導致過擬合的點，此時擬合函數的導數較大，因此參數較大。為了避免過擬合需要減小參數，正則化透過對參數進行懲罰以減小參數，從而得到具有較好的泛化性能的光滑擬合曲線。

嶺回歸即是正則化應用於線性回歸的實例。線性回歸擬合的核心為最小化平方誤差，即最小化損失函數。嶺回歸所用的正則化為 L2 正則化，即在線性回歸的損失函數上，增添模型參數平方的懲罰項。如圖 4-21 為嶺回歸的損失函數，它有兩個組成部分，第一部分為最小平方項，即誤差平方和，第二部分是 L2 正則化的懲罰項，即模型參數平方和的 λ 倍，λ 為調節參數，用來縮小參數值，從而降低方差值。大家需要注意，在下面的介紹中，Python 的運算套件對於調節參數，經常會使用 α 來代表。

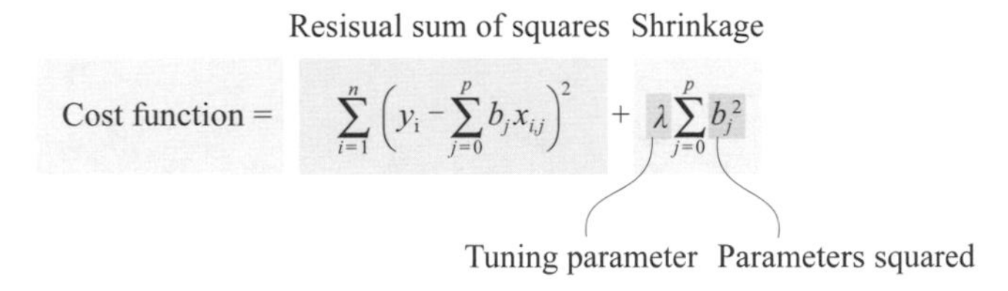

▲ 圖 4-21　嶺回歸損失函數

下面的例子將解釋如何進行嶺回歸建模，便於讀者更加深入理解不同的調節參數對於嶺回歸模型的影響。

首先，用下面程式匯入需要的運算套件。

B2_Ch4_9_A.py

```
import pandas as pd
import matplotlib.pyplot as plt
from sklearn.linear_model import Ridge
```

然後從一個 csv 檔案中讀取原始資料，這些資料是透過對餘弦函數增加隨機雜訊產生的。圖 4-22 是對這些資料的視覺化。

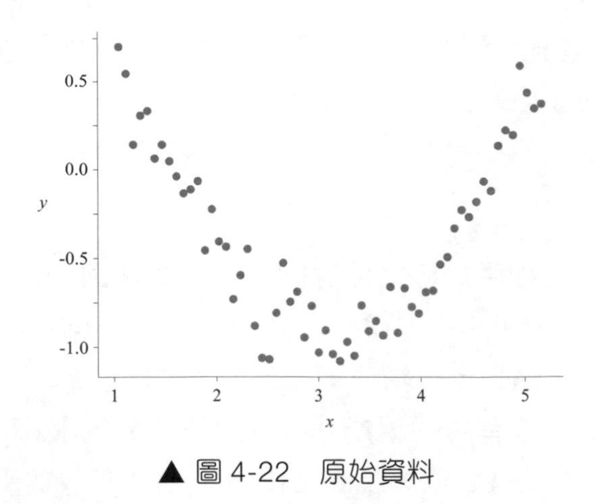

▲ 圖 4-22　原始資料

B2_Ch4_9_B.py

```
#extract and plot raw data
data = pd.read_csv(r'C:\FRM Book\Regression\RidgeRegrData.csv')
plt.plot(data['x'], data['y'], 'o')
plt.title('Raw Data')
plt.xlabel('x')
plt.ylabel('y')
plt.gca().spines['right'].set_visible(False)
plt.gca().spines['top'].set_visible(False)
plt.gca().yaxis.set_ticks_position('left')
plt.gca().xaxis.set_ticks_position('bottom')
```

利用下面的程式，把列 x 的 2 到 15 次方各建立一列，增加到原資料中。

B2_Ch4_9_C.py

```
#prepare data with powers up to 15
for i in range(2,16):
    colname = 'x_%d'%i
    data[colname] = data['x']**i
print(data.head())
```

結果展示如下。

```
   x    y  x_2  x_3  x_4  x_5  x_6  ...  x_9  x_10  x_11  x_12  x_13  x_14  x_15
0  1  0.7  1.1  1.1  1.2  1.3  1.3  ...  1.5   1.6   1.7   1.7   1.8   1.9     2
```

```
1 1.1 0.55  1.2  1.4  1.6  1.7  1.9  ...  2.7    3   3.4   3.8   4.2   4.7   5.3
2 1.2 0.14  1.4  1.7    2  2.4  2.8  ...  4.7  5.5   6.6   7.8   9.3    11    13
3 1.3 0.31  1.6    2  2.5  3.1  3.9  ...  7.8  9.8    12    16    19    24    31
4 1.3 0.34  1.8  2.3  3.1  4.1  5.4  ...   13   17    22    30    39    52    69

[5 rows x 16 columns]
```

下面的程式建立了一個函數 ridge_regression_fit_plot()，這個函數對資料進行嶺回歸擬合，並繪製圖形。其中函數 Ridge() 是 Sklearn 運算套件提供的用於嶺回歸擬合的函數，這個函數可以設定不同的調節參數。在自建函數 ridge_regression_fit_plot(data, predictors, alpha, alpha_subplotpos) 中，透過對參數 alpha_subplotpos 進行設定，可以對選定的 α 值的回歸結果視覺化，並確定這些子圖的位置。

B2_Ch4_9_D.py

```
#create ridge regression fit and plot function
def ridge_regression_fit_plot(data, predictors, alpha, alpha_subplotpos):
    #fit ridge regression model
    ridgeregrmodel = Ridge(alpha=alpha, normalize=True)
    ridgeregrmodel.fit(data[predictors], data['y'])
    y_pred = ridgeregrmodel.predict(data[predictors])

    #plot for model with predefined alpha
    if alpha in alpha_subplotpos:
        plt.subplot(alpha_subplotpos[alpha])
        plt.tight_layout()
        plt.plot(data['x'], data['y'],'.')
        plt.plot(data['x'], y_pred, 'g-')
        plt.title('Ridge Regression:  $\\alpha$=%.3g'%alpha)

    #return results
    rss = sum((y_pred-data['y'])**2)
    ret = [rss]
    ret.extend([ridgeregrmodel.intercept_])
    ret.extend(ridgeregrmodel.coef_)
    return ret
```

下面的程式，建立了對應一系列 α 值的嶺回歸模型，並中的 8 個設定值繪製了圖形，如圖 4-23 所示。

B2_Ch4_9_E.py

```
#initialize predictors to be set of 15 powers of x
predictors=['x']
predictors.extend(['x_%d'%i for i in range(2,16)])
#set list of alpha values
alpha_list = [1e-20, 1e-10, 1e-5, 1e-3, 1e-2, 1e-1, 1, 2, 3, 5, 10, 20]
#store coefficients
col = ['rss','intercept'] + ['coef_x_%d'%i for i in range(1,16)]
ind = ['alpha_%.2g'%alpha_list[i] for i in range(0,len(alpha_list)]
coef_matrix_ridge = pd.DataFrame(index=ind, columns=col)
#alpha:subplot position
alpha_subplotpos = {1e-20:241, 1e-10:242, 1e-3:243, 1e-2:244,
1e-1:245, 1:246, 5:247, 20:248}
for i in range(len(alpha_list)):
    coef_matrix_ridge.iloc[i,] = ridge_regression_fit_plot(data,
predictors, alpha_list[i], alpha_subplotpos)
```

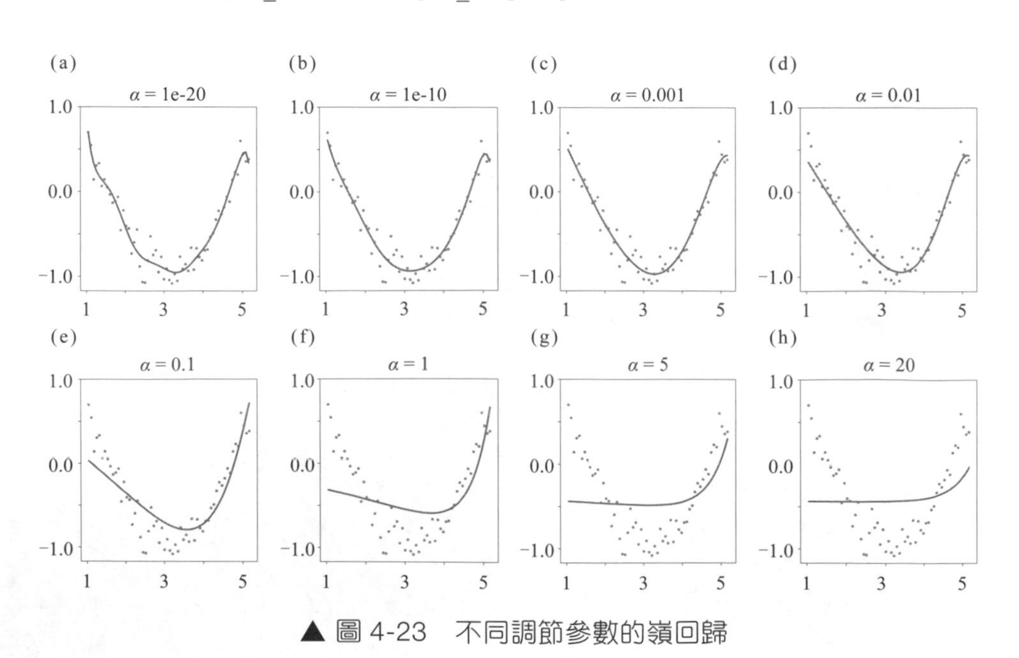

▲ 圖 4-23　不同調節參數的嶺回歸

從圖 4-23 可以看出，隨著 α 值的增加，模型包含的特徵減小，複雜性降低。較大的 α 值可以避免過擬合，但是卻造成了欠擬合。因此，需要慎重選擇嶺回歸模型的 α 值。一般會採用交叉驗證 (cross validation)，即嘗試一系列 α 值，最終選擇具有較高交叉驗證值的模型。

利用 coef_matrix_ridge 可以顯示模型的參數，執行下面程式即可。從結果可見，儘管有些參數的值會非常接近於 0，但是均不為 0。

B2_Ch4_9_F.py

```
#show parameter matrix
pd.options.display.float_format = '{:,.2g}'.format
coef_matrix_ridge
```

模型參數如下。

```
              rss intercept coef_x_1  ... coef_x_13 coef_x_14 coef_x_15
alpha_1e-20  0.86   6.1e+02 -3.3e+03  ...     0.022    -0.001   1.8e-05
alpha_1e-10  0.92        12      -30  ...   2.2e-07   2.3e-07  -2.3e-08
alpha_1e-05  0.96       1.9     -1.3  ...   2.1e-09  -4.9e-11  -1.7e-10
alpha_0.001     1       1.6     -1.1  ...    -1e-10  -3.1e-11  -9.8e-12
alpha_0.01    1.3       1.1    -0.73  ...  -2.5e-10  -6.6e-11  -1.6e-11
alpha_0.1     3.4      0.42    -0.35  ...  -5.5e-11  -2.5e-11  -7.5e-12
alpha_1       7.8     -0.21    -0.09  ...   8.2e-11   1.5e-11   2.7e-12
alpha_2       9.1     -0.33   -0.052  ...   7.1e-11   1.4e-11   2.6e-12
alpha_3       9.8     -0.37   -0.036  ...   6.2e-11   1.2e-11   2.3e-12
alpha_5        11     -0.41   -0.021  ...   4.9e-11   9.7e-12   1.9e-12
alpha_10       12     -0.44  -0.0092  ...   3.4e-11   6.8e-12   1.3e-12
alpha_20       13     -0.43  -0.0036  ...   2.2e-11   4.4e-12   8.6e-13

[12 rows x 17 columns]
```

下面程式利用 coef_matrix_ridge['rss'] 計算殘差平方和，並對殘差平方和繪圖。

B2_Ch4_9_G.py

```
#plot rss of models
```

```
plt.plot(coef_matrix_ridge['rss'], 'o')
plt.title('RSS Trend')
plt.xlabel(r'$\alpha$')
plt.xticks(rotation=30)
plt.ylabel('RSS')
plt.gca().spines['right'].set_visible(False)
plt.gca().spines['top'].set_visible(False)
plt.gca().yaxis.set_ticks_position('left')
plt.gca().xaxis.set_ticks_position('bottom')
```

執行程式後，產生了嶺回歸調節參數與方差關係圖，如圖 4-24 所示。隨著 α 值增加，殘差平方和增大，亦即模型複雜性降低，導致出現欠擬合，在 α 值大於 0.01 時，殘差平方和迅速增加。

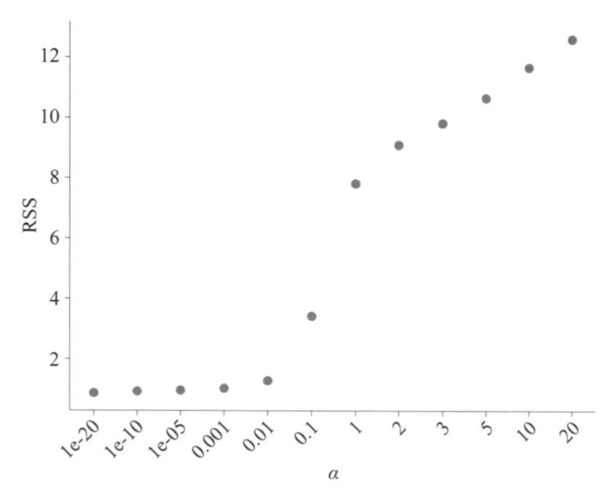

▲ 圖 4-24　嶺回歸調節參數與方差關係

透過顯示的模型參數，可以大致看到沒有為 0 的參數，透過下面的程式可以進一步驗證每一個模型對應的參數為 0 的個數。結果顯示，所有模型的參數均不為 0。請讀者記下結果，在 4.7 節將與套索回歸進行對比。

B2_Ch4_9_H.py

```
coef_matrix_ridge.apply(lambda x: sum(x.values==0),axis=1)
```

參數為 0 的個數統計如下。

```
alpha_1e-20    0
alpha_1e-10    0
alpha_1e-05    0
alpha_0.001    0
alpha_0.01     0
alpha_0.1      0
alpha_1        0
alpha_2        0
alpha_3        0
alpha_5        0
alpha_10       0
alpha_20       0
dtype: int64
```

4.7 套索回歸

類似於嶺回歸，套索回歸 (Least Absolute Shrinkage and Selection Operator regression, LASSO regression) 也是一種利用正則化方法來解決多重共線性的建模方法，但是它使用的是 L1 正則化，即損失函數的懲罰項使用的是模型參數的絕對值，而非嶺回歸的 L2 正則化中的平方值。因此，L1 正則化會導致一些參數估計結果等於零，也就是說，如果有一些引數高度相關，套索回歸會選出其中一個而將其他收縮為零。

如圖 4-25 所示為套索回歸的損失函數示意圖。如前所述，與嶺回歸非常相似，均為在最小平方項基礎上增添收縮項。只不過套索回歸的收縮項為模型參數的絕對值。

Residual sum of squares　Shrinkage

$$\text{Cost function} = \sum_{i=1}^{n}\left(y_i - \sum_{j=0}^{p} b_j x_{i,j}\right)^2 + \lambda \sum_{j=0}^{p} |b_j|^2$$

Tuning parameter　Parameters squared

▲ 圖 4-25　套索回歸損失函數

為了與嶺回歸進行對照，對於套索回歸的介紹，也將延續嶺回歸的介紹方式。首先建立下面程式中的函數 lasso_regression_fit_plot()，實現對資料進行套索回歸擬合，並繪製圖形函數。其中的函數 Lasso() 是 Sklearn 運算套件提供的用於套索回歸擬合的函數。lasso_regression_fit_plot() 的設定與使用，與 ridge_regression_fit_plot() 大致相同，不再做贅述。

B2_Ch4_10_A.py

```
import pandas as pd
import matplotlib.pyplot as plt
from sklearn.linear_model import Lasso

#create lasso regression fit and plot function
def lasso_regression_fit_plot(data, predictors, alpha, alpha_subplotpos):
    #fit lasso regression model
    lassoregrmodel = Lasso(alpha=alpha, normalize=True, tol=0.1)
    lassoregrmodel.fit(data[predictors], data['y'])
    y_pred = lassoregrmodel.predict(data[predictors])

    #plot for model with predefined alpha
    if alpha in alpha_subplotpos:
        plt.subplot(alpha_subplotpos[alpha])
        plt.plot(data['x'], data['y'],'.')
        plt.plot(data['x'], y_pred, 'r')
        plt.title('$\\alpha$=%.3g'%alpha)
    plt.yticks([-1.0, -0.5, 0, 0.5, 1.0])

    #return results
    rss = sum((y_pred-data['y'])**2)
    ret = [rss]
    ret.extend([lassoregrmodel.intercept_])
    ret.extend(lassoregrmodel.coef_)
    return ret
```

本例子中使用的資料與嶺回歸完全相同。利用下面程式可以繪製 6 個不同調節參數設定值的圖形，如圖 4-26 所示。可見，隨著調節參數的增加，套索回歸的模型複雜度降低。這與嶺回歸的規律是完全相同的。大家或許注意到，圖 4-26(e) 完全是一條直線，在後面會舉出具體解釋。

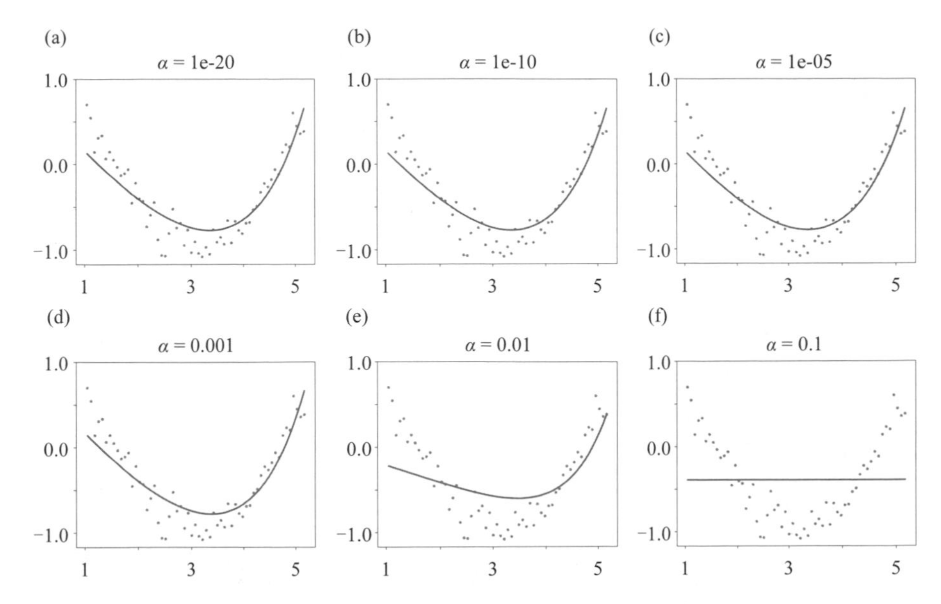

▲ 圖 4-26　不同調節參數的套索回歸

B2_Ch4_10_B.py

```
#extract raw data
data = pd.read_csv(r'C:\FRM Book\Regression\RidgeRegrData.csv')

#prepare data with powers up to 15
for i in range(2,16):
    colname = 'x_%d'%i
    data[colname] = data['x']**i
#initialize predictors to be set of 15 powers of x
predictors=['x']
predictors.extend(['x_%d'%i for i in range(2,16)])

#set list of alpha values
alpha_list = [1e-20, 1e-10, 1e-5, 1e-3, 1e-2, 1e-1, 1, 2, 3, 5, 10, 20]
#store coefficients
col = ['rss','intercept'] + ['coef_x_%d'%i for i in range(1,16)]
ind = ['alpha_%.2g'%alpha_list[i] for i in range(0,len(alpha_list))]
coef_matrix_lasso = pd.DataFrame(index=ind, columns=col)
```

```
#alpha:subplot position
alpha_subplotpos = {1e-20:231, 1e-10:232, 1e-5:233, 1e-3:234, 1e-2:235,
1e-1:236}
for i in range(len(alpha_list)):
    coef_matrix_lasso.iloc[i,] = lasso_regression_fit_plot(data,
predictors, alpha_list[i], alpha_subplotpos)
```

同樣利用下面的命令可以顯示模型的參數。從結果可見，許多參數設定值為 0。

B2_Ch4_10_C.py

```
#show parameter matrix
pd.options.display.float_format = '{:,.2g}'.format
coef_matrix_ridge
```

模型參數如下。

```
             rss intercept coef_x_1  ... coef_x_13 coef_x_14 coef_x_15
alpha_1e-20 2.7       0.86    -0.75  ...  -2.3e-12  -1.5e-12  -4.4e-13
alpha_1e-10 2.7       0.86    -0.75  ...  -2.3e-12  -1.5e-12  -4.4e-13
alpha_1e-05 2.7       0.86    -0.75  ...  -1.9e-12  -1.4e-12  -4.2e-13
alpha_0.001 2.7       0.85    -0.72  ...         0         0         0
alpha_0.01  6.7    0.00099    -0.21  ...         0         0         0
alpha_0.1    15      -0.39       -0  ...         0         0         0
alpha_1      15      -0.39       -0  ...         0         0         0
alpha_2      15      -0.39       -0  ...         0         0         0
alpha_3      15      -0.39       -0  ...         0         0         0
alpha_5      15      -0.39       -0  ...         0         0         0
alpha_10     15      -0.39       -0  ...         0         0         0
alpha_20     15      -0.39       -0  ...         0         0         0

[12 rows x 17 columns]
```

對比套索回歸與嶺回歸，對於同樣大小的調節參數，套索回歸的參數要明顯小於嶺回歸，並且套索回歸有更大的殘差平方和。可以利用下面程式透過函數 coef_matrix_lasso['rss'] 計算殘差平方和，並對殘差平方和繪圖。

B2_Ch4_10_D.py

```
#plot rss of models
plt.plot(coef_matrix_lasso['rss'], 'o')
plt.title('RSS Trend')
plt.xlabel(r'$\alpha$')
plt.xticks(rotation=30)
plt.ylabel('RSS')
plt.gca().spines['right'].set_visible(False)
plt.gca().spines['top'].set_visible(False)
plt.gca().yaxis.set_ticks_position('left')
plt.gca().xaxis.set_ticks_position('bottom')
```

執行程式後，會生成圖 4-27。

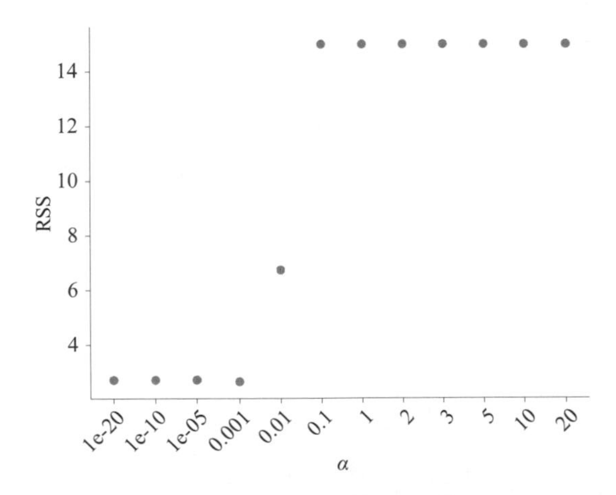

▲ 圖 4-27　套索回歸調節參數與方差關係

執行下面程式，會得到每一個模型對應的參數為 0 的個數。

B2_Ch4_10_E.py

```
coef_matrix_lasso.apply(lambda x: sum(x.values==0),axis=1)
```

參數為 0 的個數統計如下。

```
alpha_1e-20      0
alpha_1e-10      0
```

```
alpha_1e-05      0
alpha_0.001      4
alpha_0.01       6
alpha_0.1       15
alpha_1         15
alpha_2         15
alpha_3         15
alpha_5         15
alpha_10        15
alpha_20        15
dtype: int64
```

結果顯示，套索回歸的參數會出現大量的 0。也就是説，模型的係數出現了大量的 0，這也解釋了當調節參數為 1 時，擬合線為一條水平直線。因此，區別於嶺回歸，套索回歸可以進行特徵選擇。

本章從回歸分析的原理談起，然後介紹了利用回歸分析進行建模以及模型的評估，接著透過具體的例子詳細討論了幾種最常見的回歸模型——線性回歸、邏輯回歸、多項式回歸、嶺回歸和套索回歸。回歸分析不僅在統計領域有著廣泛的應用，更是目前巨量資料處理、機器學習領域的關鍵組成部分之一。

選擇權二元樹

金融衍生工具使企業和機構有效和經濟地處理困擾其多年的風險成為了可能，世界也因之變得更加安全，而非變得更加危險。

Derivatives have made the world a safer place, not a more dangerous one. ... They have made it possible for firms and institutions to deal efficiently and cost effectively with risks and hazards that have plagued them for decades, if not centuries.

——默頓．米勒 (Merton Miller)，1990 年諾貝爾經濟學獎獲得者

本章核心命令程式

- append()　在列表尾端增加新的物件
- import numpy　匯入運算套件 numpy
- matplotlib.pyplot.stem(x,y)　繪製離散資料棉棒圖，x 是位置，y 是長度
- numpy.arange()　根據指定的範圍以及設定的步進值，生成一個等差陣列
- numpy.exp()　計算括號中元素的自然指數
- numpy.floor()　計算括號中元素的向下取整數值
- numpy.max()　計算括號中元素的最大值

- numpy.min()　計算括號中元素的最小值
- numpy.sqrt()　計算括號中元素的平方根
- numpy.zeros()　傳回給定形狀和類型的新陣列，用零填充
- scipy.special.comb(n,k)　從 n 個元素中取出 k 個元素的所有組合的個數

5.1 選擇權市場

選擇權是在特定時間裡有效的合約，它反映了未來的一種選擇權。選擇權的英文翻譯是 "option"，這個詞源自拉丁語的 "optio"，意思為自由意志或自由選擇。選擇權作為金融衍生品有著漫長的歷史，《聖經》中就記載了最早的選擇權萌芽的故事。大約在西元前 1700 年，雅克布為了和拉班的小女兒瑞切爾結婚而簽訂了一個類似選擇權的契約，即雅克布同意為拉班工作七年，得到同瑞切爾結婚的許可。從選擇權的定義來看，雅克布以七年工作為「權利金」，獲得了同瑞切爾結婚的「權利而非義務」。

選擇權的組成元素包括權利金、執行價和到期日。選擇權的買家支付權利金 (premium)，被稱為期權買方 (holder)；賣家收取權利金，被稱為期權賣方 (writer)。

按選擇權買方的權利劃分，選擇權可分為看漲選擇權和看跌選擇權。在看漲選擇權中，期權買方有權利按照合約約定的時間，從期權賣方手中以執行價格 (exercise price, strike, strike price) 買入標的資產。在看跌選擇權中，期權買方有權利向期權賣方以執行價格賣出標的資產。到期日是選擇權合約終止的日期。

對期權買方而言，選擇權是一種權利而非義務 (obligation)，這是選擇權跟期貨的區別之一。比如，假設小王擔心手中持有的 A 股票價格下跌，但又不想售出股票、放棄股票繼續上漲的收益，於是小王可以購買以 A 股票為標的物，執行價格為現價的看跌選擇權。如果未來價格下跌到執行價以下，小王仍然可以按執行價賣出股票；如果未來價格上漲，小王

選擇不行權，仍舊可以獲得股價上漲的收益。另外，選擇權合約是有期限的，這是選擇權跟股票之間的區別。在到期日之後，選擇權不再具有任何價值——只有在到期日之前，期權買方才有權利按照執行價買入或賣出標的物，贏得收益。

選擇權還可以按標的物劃分為股票選擇權、股指選擇權、ETF 選擇權，商品選擇權、利率選擇權、外匯選擇權等。

股指選擇權和股票選擇權成交的活躍得益於其悠久的歷史，相對而言，ETF 選擇權推出的時間較晚。從成交額來看，短期利率選擇權是成交額最高的選擇權品種，其次是股指選擇權和長期利率選擇權，股票選擇權和 ETF 選擇權的佔比相對較低。

農產品之外，能源和金屬選擇權也是很重要的商品選擇權品種。倫敦國際金融期貨交易所 (LIFFE) 於 1988 年開始進行歐洲小麥選擇權交易。紐約商品交易所 (NYMEX) 是全球能源選擇權最大的交易市場，倫敦金屬交易所 (LME) 則是全球最大的有色金屬期貨選擇權交易中心。

選擇權合約被標準化後就可以在金融衍生品交易所交易，稱為場內選擇權 (exchange-traded)。單獨制定合約規則的選擇權被稱為場外選擇權 (over the counter) 。對於場外選擇權，合約雙方就規則直接協商，交易所不擔任仲介的角色。

另外，按行權的時間期限劃分，選擇權可分為歐式選擇權、美式選擇權和百慕達選擇權。歐式選擇權是指僅在行權日能行權。美式選擇權則在行權時間截止前都能行權。百慕達選擇權是歐式選擇權和美式選擇權的混合體，可以在到期日前規定的時間內行權。

選擇權市場由不同的參與主體組成，包括交易所、造市商、投資者、清算公司等。在以個人投資者為主的市場環境下，選擇權市場的主要參與者將是個人客戶；反之，以機構投資者為主的市場環境下，其主要參與者將是機構客戶。個人投資者主要為國內、國外的個人，機構投資者包括保險公司、信託基金、私募基金、銀行、養老金及政府等。

市場上比較流行的選擇權合約包括以下幾種。美國的 S&P500 股指 (SPX) 選擇權，S&P100 股指選擇權 (OEX)，納斯達克 100 股指 (The Nasdaq 100 Inedx, NDX) 選擇權及道鐘斯工業指數 (Dow Jones Industrial Index, DJX) 選擇權。歐洲的 Euro Stoxx 50 股指選擇權、DAX 股指選擇權和 AEX 股指選擇權。韓國證券交易所的 KOSPI200 股指選擇權。香港交易所的恒生指數選擇權和標智滬深 300 中國指數基金選擇權等。

中國的股票選擇權最早在 20 世紀 90 年代以權證的形式出現。第一支股票指數選擇權，上證 50ETF 選擇權，在 2015 年 2 月正式上市；2017 年，增加了大連商品交易所的豆粕選擇權和鄭州商品交易所的白糖選擇權；2018 年 9 月份推出了上海期貨交易所的銅選擇權。中國境內市場首個股指選擇權產品，滬深 300 股指選擇權 2019 年在中國金融期貨交易所上市交易。此外上市的選擇權還包括黃金選擇權、橡膠選擇權、玉米選擇權、鐵礦石選擇權等。

選擇權市場有四類參與者：買入看漲選擇權、多頭認購選擇權 (long call option)；賣出看漲選擇權 (short call option)；買入看跌選擇權 (long put option)；賣出看跌選擇權 (short put option)。為方便記憶，假設參與者理性，這四類參與者對市場的行情判斷可簡稱為看漲 (牛市)、不看漲 (不牛)、看跌 (熊市) 和不看跌 (不熊)。

首先討論最簡單的歐式選擇權的收益 (payoff) 和損益 (profit and loss, PnL, P&L) 情況。買入歐式看漲選擇權、多頭歐式認購選擇權 (long European call option) 的到期收益 (payoff at maturity) 可以用以下數學式表達。

$$V_{\text{call}} = \max\left[(S-K),0\right] \tag{5-1}$$

另外一種簡潔的寫法為：

$$V_{\text{call}} = (S-K)^{+} \tag{5-2}$$

其中，S 代表到期時標的物的價格，K 代表執行價格。

按照標的物價格和執行價格的關係，選擇權可分為：實值選擇權、價內 (in-the-money, ITM)；虛值選擇權、價外 (out-of-the-money, OTM) 和兩平選擇權、價平 (at-the-money, ATM)。通俗地講，對於實值選擇權，買方立即行權可以獲利；平值選擇權，買方立即行權不賠不賺；虛值選擇權，買方立即行權會虧損，因此買方會選擇不行權。為了方便記憶，可以聯想英文中 in 代表晉級 (賺錢)，out 代表出局 (不賺錢)，一般情況下，只從買入選擇權 (long position) 的角度討論價內、價外和價平這幾個概念。

如圖 5-1 展示了以標的物價格為橫軸，以到期收益為縱軸的折線圖。對於看漲選擇權，執行價格左側部分，即標的價格小於執行價格時為價外；執行價格右側，及標的價格大於執行價格時為價內，如圖 5-1 所示。對於虛值看漲選擇權，期權買方雖然擁有以執行價格買入股票的權利，但此時標的價格已經小於執行價格，這個權利顯得「虛」無縹緲；對於實值看漲選擇權，此時標的價格大於執行價格，期權買方仍然可以用較低的執行價格買入股票，這個權利是「實」打實的。

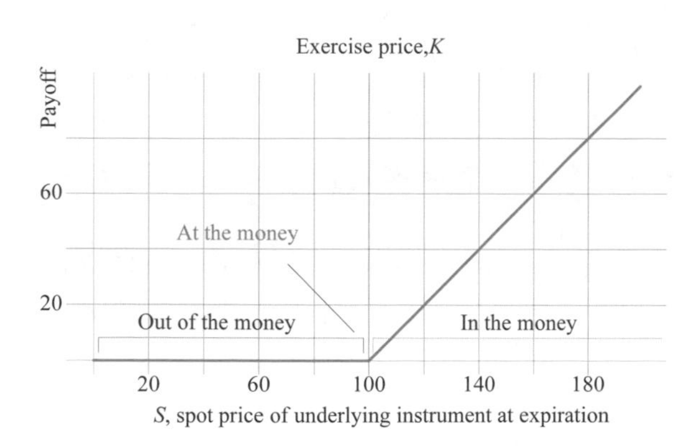

▲ 圖 5-1　買入歐式看漲選擇權到期收益折線

如圖 5-2 展示了考慮選擇權費之後買入歐式看漲選擇權的到期損益折線。在本章節，先假設各個例子中選擇權費是常數值，不考慮選擇權費交易日期和選擇權到期日期的不同，也不考慮折算因數。在接下來的章節會介紹選擇權費的求解方法。圖 5-2 中可以清楚看到，買入看漲選擇權虧損最大金額為選擇權費，但是潛在獲利上不封頂。參與者對市場的行情判斷是牛市 (看漲)。

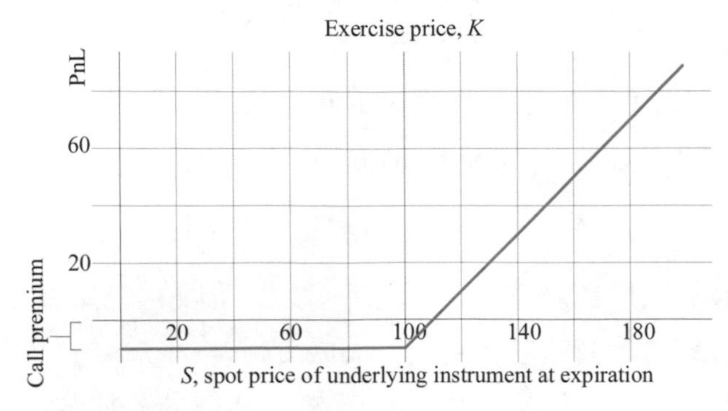

▲ 圖 5-2　買入歐式看漲選擇權到期損益 PnL 折線

如圖 5-3 所示為賣出歐式看漲選擇權 (short European call option) 的收益折線。這條折線是圖 5-2 中折線關於橫軸的鏡面對稱影像，即期權買方 (買入選擇權) 和期權賣方 (賣出選擇權) 作為選擇權合約的甲方乙方，它們的損益之和為零，即這是一場零和遊戲 (zero-sum game)，合約中的一方賺錢，另一方就會虧錢。如圖 5-4，對於賣出歐式看漲選擇權，它的收益是有限的，也就是最高收益是選擇權費。但是，它的損失可以是無限的，因此風險也是無限的。參與者對市場的行情判斷是不看漲。

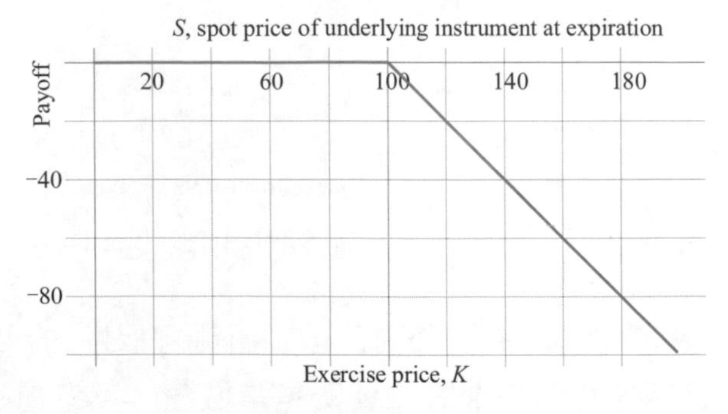

▲ 圖 5-3　賣出歐式看漲選擇權到期收益折線

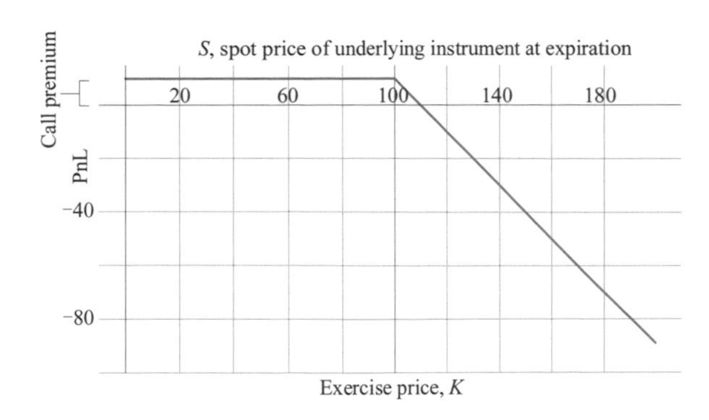

▲ 圖 5-4　賣出歐式看漲選擇權到期損益 PnL 折線

歐式看跌選擇權到期時的收益計算式為：

$$V_{\text{put}} = \max\left[(K - S), 0\right] \tag{5-3}$$

另外一種簡潔的寫法為：

$$V_{\text{put}} = (K - S)^{+} \tag{5-4}$$

其中，S 代表到期時標的物的價格，K 代表執行價格。

類似的，歐式看跌選擇權的到期收益折線和損益折線，如圖 5-5 所示。歐式看跌選擇權到期最大收益為 K，也就是執行價格。當到期時標的物的價格為 0 時，歐式看跌選擇權可以收益 K。和看漲選擇權相反，看跌選擇權在 K 的左邊為價內，K 的右邊為價外。

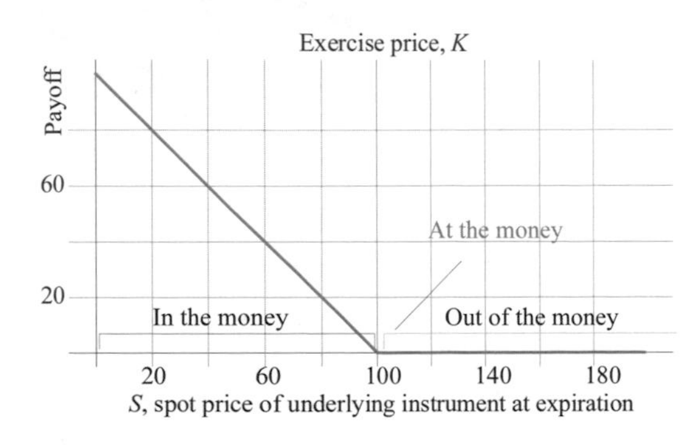

▲ 圖 5-5　買入歐式看跌選擇權到期收益折線

買入歐式看跌選擇權的最大收益為 K – Premium，是一個有限值；它的最大虧損為 –Premium，也是一個有限值，如圖 5-6 所示。

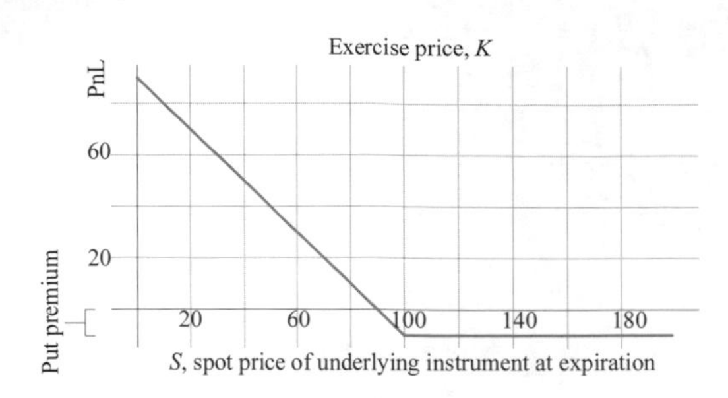

▲ 圖 5-6　買入歐式看跌選擇權到期損益折線

如圖 5-7 所示為賣出歐式看跌選擇權的到期收益折線。如圖 5-8 所示為賣出歐式看跌選擇權的損益折線。賣出歐式看跌選擇權的最大虧損是有限的，因此風險也有限。

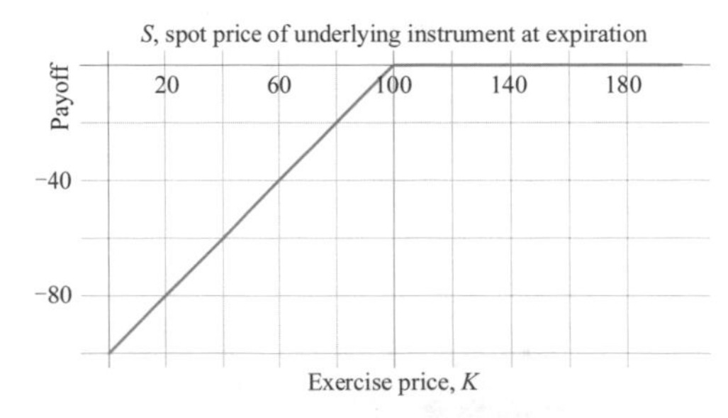

▲ 圖 5-7　賣出歐式看跌選擇權到期收益折線

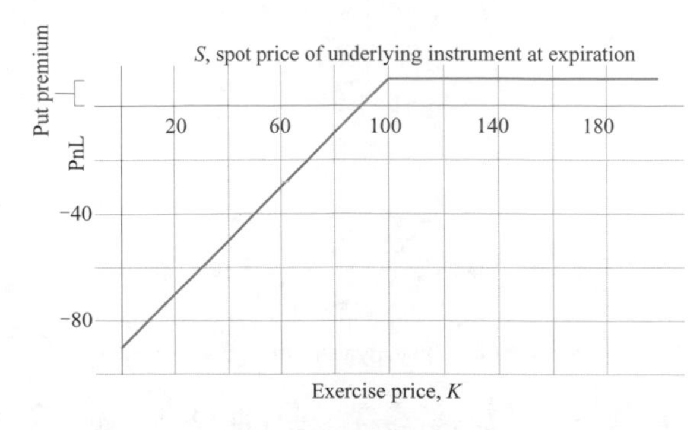

▲ 圖 5-8　賣出歐式看跌選擇權到期損益折線

以下程式可以獲得圖 5-1 ～圖 5-8。

B2_Ch5_1.py

```
import numpy as np
import matplotlib.pyplot as plt

def generic_payoff(buy_or_sell, put_call_indicator, strike, spot):
    payoff = buy_or_sell*np.maximum(put_call_indicator*(spot - strike),0)
    return payoff

def generic_pnl(buy_or_sell, put_call_indicator, strike, spot, premium):
    pnl = buy_or_sell*np.maximum(put_call_indicator*(spot - strike),0) -
buy_or_sell*premium
    return pnl

def plot_decor(x, y, y_label):
    plt.figure()
    plt.plot(x, y)
    plt.xlabel('S, spot price of underlying at expiration', fontsize=8)
    plt.ylabel(y_label,fontsize=8)
    plt.gca().set_aspect(1)
    plt.gca().spines['right'].set_visible(False)
    plt.gca().spines['top'].set_visible(False)
    plt.gca().spines['left'].set_position(('data',0))
    plt.gca().spines['bottom'].set_position(('data',0))

    plt.axvline(x=strike, linestyle='--', color='r', linewidth = .5)

    plt.xticks(np.arange(0, 200, step=20))
    plt.yticks(np.arange(np.floor(np.min(pay_off)/10.0)*10.0,
np.ceil(np.max(pay_off)/10.0)*10.0, step=20))
    plt.grid(linestyle='--', axis='both', linewidth=0.25,
color=[0.5,0.5,0.5])

put_call_indicator = 1;
#1 for call; -1 for put
buy_or_sell = 1;
#1 for buy ;-1 for sell
```

```
strike = 100
spot = np.arange(0,200,1)
premium = 10

#long a call

pay_off = generic_payoff(buy_or_sell,put_call_indicator,strike,spot)
y_label = 'Payoff';
plot_decor(spot, pay_off, y_label)

pnl = generic_pnl(buy_or_sell,put_call_indicator,strike,spot,premium)
y_label = 'PnL';
plot_decor(spot, pnl, y_label)

#short a call

put_call_indicator = 1;
buy_or_sell = -1;
pay_off = generic_payoff(buy_or_sell,put_call_indicator,strike,spot)
y_label = 'Pay off';
plot_decor(spot, pay_off, y_label)

pnl = generic_pnl(buy_or_sell,put_call_indicator,strike,spot,premium)
y_label = 'PnL';
plot_decor(spot, pnl, y_label)

#long a put

put_call_indicator = -1;
buy_or_sell = 1;
pay_off = generic_payoff(buy_or_sell,put_call_indicator,strike,spot)
y_label = 'Pay off';
plot_decor(spot, pay_off, y_label)

pnl = generic_pnl(buy_or_sell,put_call_indicator,strike,spot,premium)
y_label = 'PnL';
plot_decor(spot, pnl, y_label)

#short a put
```

```
put_call_indicator = -1;
buy_or_sell = -1;
pay_off = generic_payoff(buy_or_sell,put_call_indicator,strike,spot)
y_label = 'Pay off';
plot_decor(spot, pay_off, y_label)

pnl = generic_pnl(buy_or_sell,put_call_indicator,strike,spot,premium)
y_label = 'PnL';
plot_decor(spot, pnl, y_label)
```

5.2 標的物二元樹

二元樹是量化金融中的常見模型，經常用來計算歐式選擇權和美式選擇權的價格。最常見的二元樹便是 Cox-Ross-Rubinstein (CRR) 模型，該模型的主要特點是建模過程比較直觀，將時間離散化，分成幾個階段；並假設每個階段只有兩種結果。二元樹模型中有兩棵樹，標的物的價格二元樹，是第一棵樹；選擇權的價格二元樹，是第二棵樹。

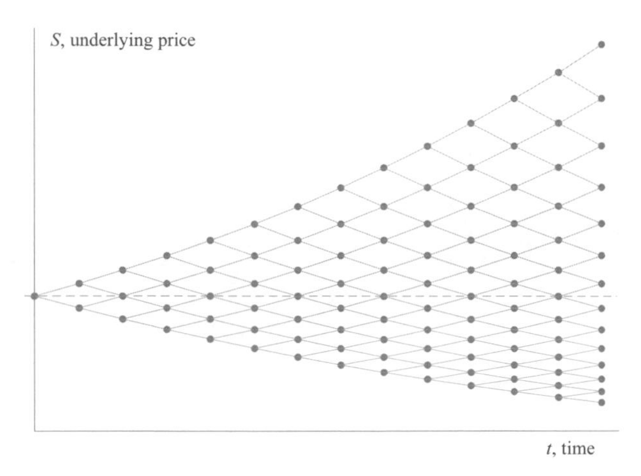

▲ 圖 5-9　標的物價格二元樹

首先介紹標的物二元樹。如圖 5-9 所示為步數 n=13 的標的物價格二元樹的最終圖形。二元樹的起點是標的物 (例如股票) 的當前價格。在起始點

t 時刻，股票的價格為 S_0，如圖 5-10 所示。從起始點延伸出兩個路徑，向上的分叉代表股票價格上漲，向下的分叉代表股票價格下降。二元樹的時間步進值 Δt 是 $(T-t)/n$。在下一時刻 t_1，股票的價格有兩種可能：上升到 S_u；下降到 S_d。S_u 和 S_d 可以透過下式求得。

$$\begin{cases} S_u = S_0 u \\ S_d = S_0 d \end{cases} \tag{5-5}$$

其中，u 為股票價格上升的幅度 (factor by which the price rises) ，d 為股票價格下降的幅度 (factor by which the price falls)。

假設股票價格上升的機率 (the probability of a price rise) 為 p，那麼 $1-p$ 就是股票價格下降的機率，因為二元樹中只有上升或下降兩個可能。值得一提的是，如果是三叉樹模型，就可以增加一個路徑，即股票價格不變的情況。本章最後會介紹其他二元樹模型，如 JD 樹模型和 LR 樹模型。

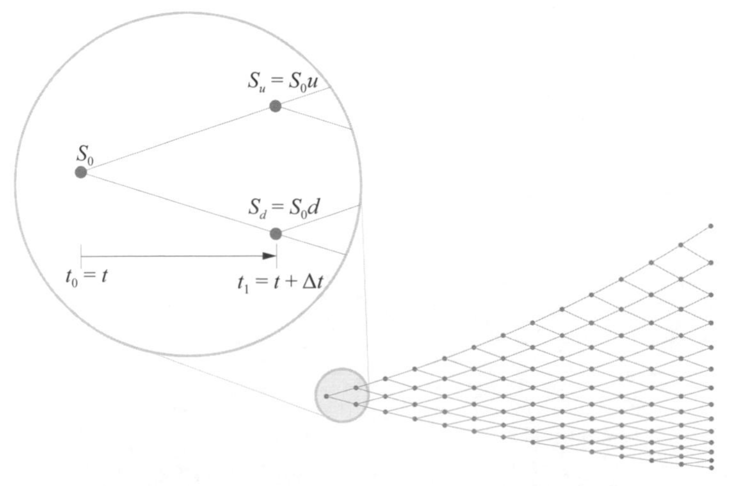

▲ 圖 5-10　標的物價格二元樹細節

二元樹每個節點都對應一個機率，對於二元樹第 n 步上的節點，股價上升 k 次，下降 $n-k$ 次，到達每個節點對應的機率為：

$$\text{pmf}(k) = C_n^k p^k (1-p)^{n-k} \tag{5-6}$$

在式 (5-6) 中的係數是到達節點的路徑數量。例如對於第一步的兩個節點 $n = 1$，上側節點上升一次，對應 $k = 1$，代入公式，其對應的機率是 p；下側節點，上升零次，下降一次，對應 $k = 0$，代入公式，其對應的機率是 1-p，依此類推，可以得到任意步數上到達任意節點的機率。

在 CRR 模型中，p 的具體計算式為：

$$p = \frac{\exp(r\Delta t) - d}{u - d} \tag{5-7}$$

用彩色點 ● 來表達 20 步 CRR 二元樹，標的物價格到達每個節點對應的機率，結果如圖 5-11 所示。如圖 5-12 所示為 stem() 函數繪製標的物在 T = 1 year 時刻二元樹節點機率。

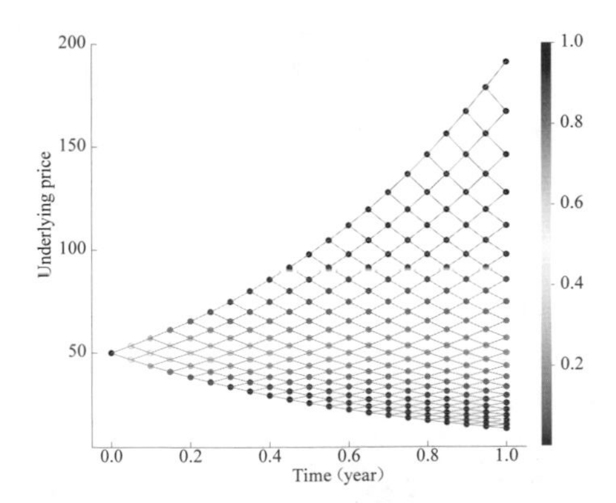

▲ 圖 5-11　20 步 CRR 二元樹節點機率，標的物價格

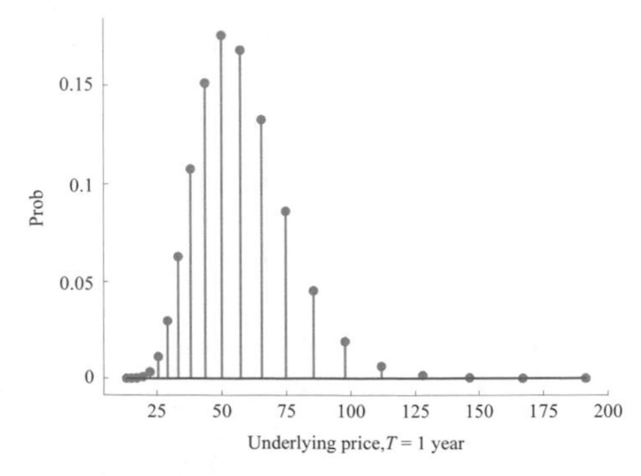

▲ 圖 5-12　stem() 函數繪製標的物在 T = 1 year 時刻二元樹節點機率

以下程式可以獲得圖 5-11 和圖 5-12。

B2_Ch5_2.py

```
import matplotlib.pyplot as plt
import numpy as np
import scipy.special

def Binomialtree(n, S0, K, r, vol, t, PutCall, EuropeanAmerican):
    deltaT = t/n
    u = np.exp(vol*np.sqrt(deltaT))
    d = 1./u
    p = (np.exp(r*deltaT)-d) / (u-d)

    #Binomial tree
    stockvalue = np.zeros((n+1,n+1))
    stockvalue[0,0] = S0
    for i in range(1,n+1):
        stockvalue[i,0] = stockvalue[i-1,0]*u
        for j in range(1,i+1):
            stockvalue[i,j] = stockvalue[i-1,j-1]*d

    #option value at final node
    optionvalue = np.zeros((n+1,n+1))
    for j in range(n+1):
        if PutCall=="Call": #Call
            optionvalue[n,j] = max(0, stockvalue[n,j]-K)
        elif PutCall=="Put": #Put
            optionvalue[n,j] = max(0, K-stockvalue[n,j])
    if deltaT != 0:

    #backward calculation for option price
        for i in range(n-1,-1,-1):
            for j in range(i+1):
                if EuropeanAmerican=="American":
                    if PutCall=="Put":
                        optionvalue[i,j] = max(0, K-stockvalue[i,j],
np.exp(-r*deltaT)*(p*optionvalue[i+1,j]+(1-p)*optionvalue[i+1,j+1]))
                    elif PutCall=="Call":
                        optionvalue[i,j] = max(0, stockvalue[i,j]-K,
```

```
np.exp(-r*deltaT)*(p*optionvalue[i+1,j]+(1-p)*optionvalue[i+1,j+1]))
                    else:
                        print("PutCall type not supported")
                elif EuropeanAmerican=="European":
                    if PutCall=="Put":
                        optionvalue[i,j] = max(0, np.exp(-r*deltaT)*(p*opt
ionvalue[i+1,j]+(1-p)*optionvalue[i+1,j+1]))
                    elif PutCall=="Call":
                        optionvalue[i,j] = max(0, np.exp(-r*deltaT)*
(p*optionvalue[i+1,j]+(1-p)*optionvalue[i+1,j+1]))
                    else:
                        print("PutCall type not supported")
                else:
                    print("Exercise type not supported")
    else:
        optionvalue[0,0] = optionvalue[n,j]

    scatter_x_stock = [0.0]
    scatter_y_stock = [stockvalue[0,0]]
    scatter_prob_stock = [1.0]

    plt.figure(1)

    for i in range(1,n+1):
        for j in range(1,i+1):

            x_stock_tree_u = [(i-1)*deltaT]
            x_stock_tree_d = [(i-1)*deltaT]
            y_stock_tree_upper = [stockvalue[i-1,j-1]]
            y_stock_tree_lower = [stockvalue[i-1,j-1]]

            x_temp = i*deltaT
            y_temp1 = stockvalue[i,j-1]
            y_temp3 = stockvalue[i,j]

            x_stock_tree_u.append(x_temp)
            x_stock_tree_d.append(x_temp)
            scatter_x_stock.append(i*deltaT)

            y_stock_tree_lower.append(y_temp1)
```

```
            y_stock_tree_upper.append(y_temp3)
            scatter_y_stock.append(stockvalue[i,j-1])

            temp_prob = scipy.special.comb(i, j - 1, exact=True)*p**(j -
1)*(1 - p)**(i-j+1)
            scatter_prob_stock.append(temp_prob)

            plt.plot(np.array(x_stock_tree_u), np.array(y_stock_tree_
upper),'b-',linewidth=0.4)
            plt.plot(np.array(x_stock_tree_d), np.array(y_stock_tree_
lower),'b-',linewidth=0.4)


        temp_prob = scipy.special.comb(i, j, exact=True)*p**(j)*(1 -
p)**(i-j)
        scatter_prob_stock.append(temp_prob)
        scatter_x_stock.append(i*deltaT)
        scatter_y_stock.append(stockvalue[i,j])

    colors = scatter_prob_stock
    plt.scatter(np.array(scatter_x_stock),np.array(scatter_y_stock),
c=colors,alpha=0.5,cmap ='RdBu_r')
    plt.xlabel('Time (year)',fontsize=8)
    plt.ylabel('Underlying price',fontsize=8)
    plt.gca().spines['right'].set_visible(False)
    plt.gca().spines['top'].set_visible(False)
    plt.colorbar()

    plt.figure(2)
    plt.stem(scatter_y_stock[len(scatter_y_stock)-n-
1::],scatter_prob_stock[len(scatter_y_stock)-n-1::])
    plt.xlabel('Underlying price, T = 1 year',fontsize=8)
    plt.ylabel('Prob',fontsize=8)
    plt.gca().spines['right'].set_visible(False)
    plt.gca().spines['top'].set_visible(False)

    return optionvalue[0,0]

    #Inputs
```

```
n = 20      #number of steps
S0 = 50     #initial underlying asset price
r = 0.01    #risk-free interest rate
K = 55      #strike price
vol = 0.3   #volatility

t = 1.0
y = Binomialtree(n, S0, K, r, vol, t, PutCall="Call",
EuropeanAmerican="European")
```

5.3 歐式選擇權二元樹

至此已經建立了描述資產價格走勢的二元樹模型，如圖 5-13 所示，在此基礎上可以構造衍生品價格的二元樹。

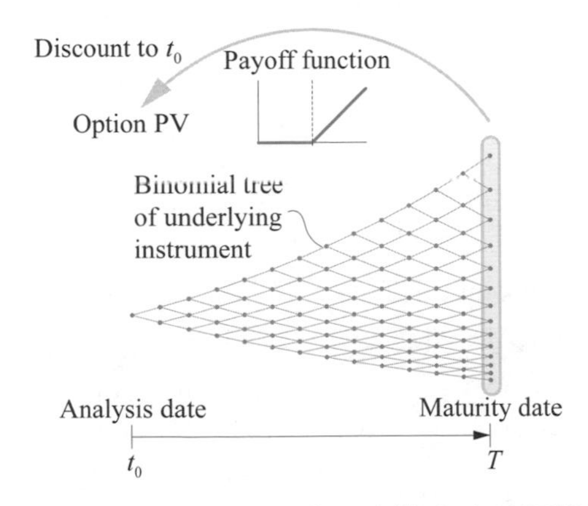

▲ 圖 5-13　在標的物二元樹基礎上建構歐式看漲選擇權二元樹

以歐式看漲選擇權為例，在一步二元樹中，在到期時刻 T，選擇權的價格有兩種可能 V_u 和 V_d，分別對應標的物價格二元樹中的 S_u 和 S_d。

$$
\begin{aligned}
V_u &= \max\left[\left(S_0 u - K\right), 0\right] \\
V_d &= \max\left[\left(S_0 d - K\right), 0\right]
\end{aligned}
\tag{5-8}
$$

那麼，如何得到當前時刻 t 的選擇權價格 V_0 ？

如圖 5-14 所示為到期收益方程式連接了標的物二元樹和看漲選擇權二元樹。

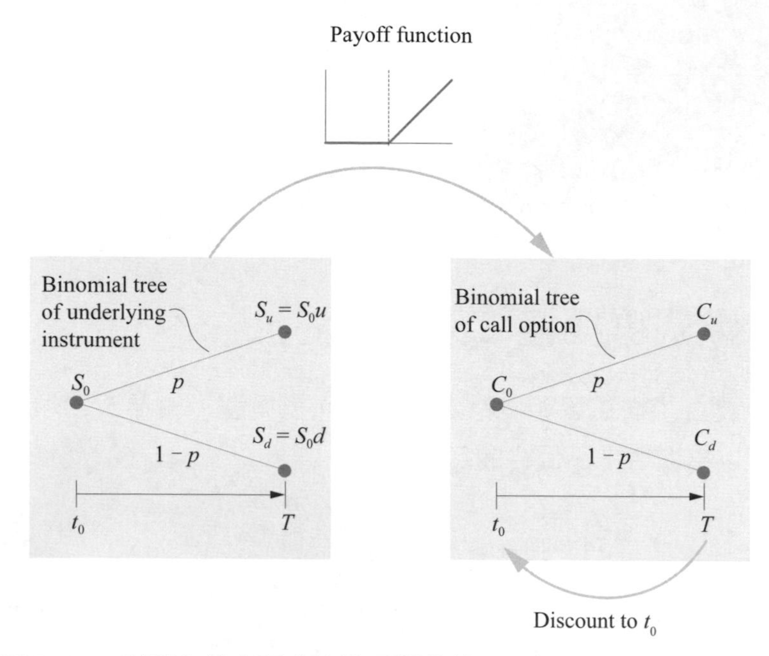

▲ 圖 5-14　到期收益方程式連接了標的物二元樹和看漲選擇權二元樹

根據風險中性市場 (risk-neutral world) 理論，資產在當前時刻的價格等於根據其未來風險中性機率計算的期望值的貼現值。其數學運算式為：

$$\begin{aligned} V_0 &= e^{-r\Delta t}\left[pV_u + (1-p)V_d\right] \\ &= e^{-r(T-t)}\left[pV_u + (1-p)V_d\right] \end{aligned} \tag{5-9}$$

其中，P 代表風險中性測度 (risk-neutral measure) 落在上升路徑的機率。

因此 $(p\ V_u + (1-p)\ V_d)$ 代表選擇權價格在風險中性機率下的數學期望。

再將期望值折算到當前時刻，得到的就是當前 t 時刻歐式看漲選擇權的價值 / 價格 V_0。此處折算採用連續複利利率 r，$T-t$ 是一步二元樹的時間步進值。

同理，用同樣的方法分析歐式看跌選擇權，如圖 5-15 所示。

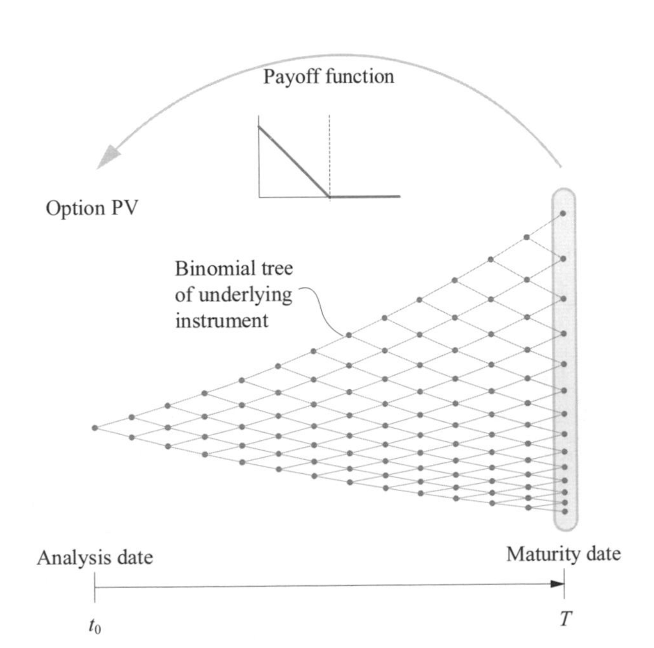

▲ 圖 5-15　在標的物二元樹基礎上建構歐式看跌選擇權二元樹

如圖 5-16 所示，這個選擇權的第二棵樹也是基於股票價格的第一棵樹。和圖 5-14 不同的是，圖 5-16 中用的到期收益函數是看跌選擇權的到期折線方程式 (影像如圖 5-5 所示)。第一棵樹 S_u 節點對應的 V_u 透過下式計算。

$$\boldsymbol{P}_u=\max\left[\left(K-S_0u\right),0\right] \tag{5-10}$$

第一棵樹 S_d 節點對應的 V_d 可以透過下式計算得到。

$$V_d=\max\left[\left(K-S_0d\right),0\right] \tag{5-11}$$

用無風險利率折算，t 時刻的歐式看跌選擇權的價值為：

$$\begin{aligned}V_0&=\mathrm{e}^{-r\Delta t}\left[pV_u+\left(1-p\right)V_d\right]\\&=\mathrm{e}^{-r(T-t)}\left[pV_u+\left(1-p\right)V_d\right]\end{aligned} \tag{5-12}$$

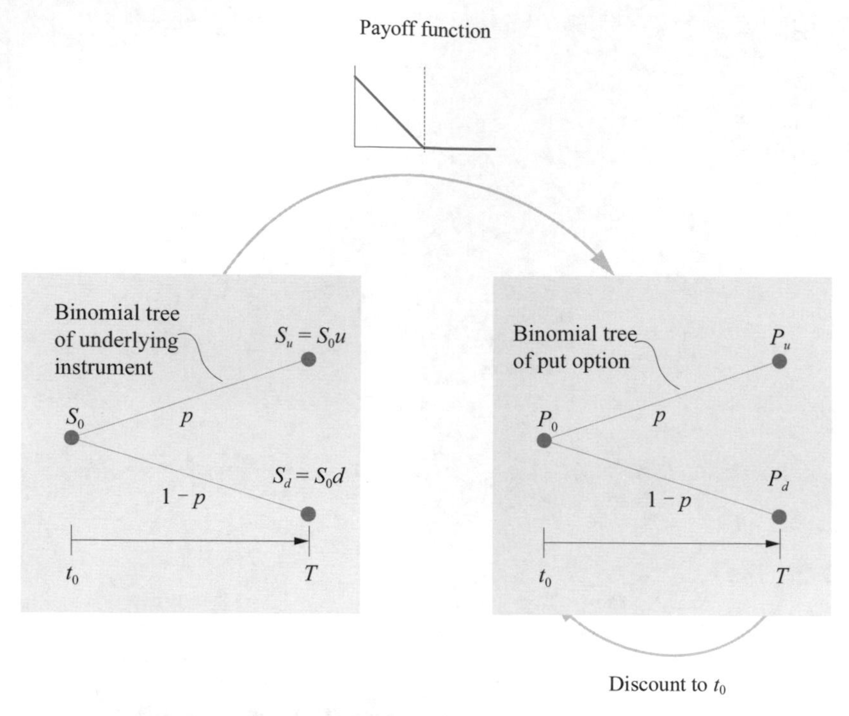

▲ 圖 5-16　到期收益方程式連接了標的物二元樹和看跌選擇權二元樹

至此已舉出了看漲選擇權和看跌選擇權的公式，複習如下。

u 和 d 的求解需要透過數學模型，最基本的模型是 Cox, Ross, & Rubinstein (CRR)，u 和 d 可以透過以下公式近似求得。

$$u = e^{\sigma\sqrt{\Delta t}}$$
$$d = e^{-\sigma\sqrt{\Delta t}} = \frac{1}{u} \tag{5-13}$$

其中，σ 是年化波動性 (annual volatility)。

得到 u 和 d 後，風險中性機率 p 由下式求得。

$$p = \frac{e^{r\Delta t} - d}{u - d} \tag{5-14}$$

剛才討論的是一步二元樹來求解歐式看漲和歐式看跌選擇權的價格。下面來聊一聊兩步二元樹 (two-step binomial tree)，應用物件也是歐式選擇權。如圖 5-17(a) 舉出的是當前 t 時刻到選擇權到期時刻 T，選擇權的標的物，比如股票價格的兩步二元樹。和一步二元樹相比，可以發現 T 時刻的節點從兩個變成了三個。如圖 5-17(b) 可以看出兩步二元樹的 4 個不同路徑。其中有兩個路徑在 T 時刻的終值一樣。

如圖 5-17(a) 舉出的是標的物的價格二元樹，是第一棵樹；第二棵二元樹是選擇權的價格樹。第一棵樹和第二棵樹之間的聯繫是到期收益函數 (payoff function at maturity)。值得一提的是，本文中，以歐式看漲和歐式看跌選擇權為例展示利用二元樹定價的想法，如果將到期收益函數替換為其他衍生品的到期收益函數，便可用來計算其他衍生品的價格。

來看看二元樹的第二棵樹，如圖 5-17(b) 所示。

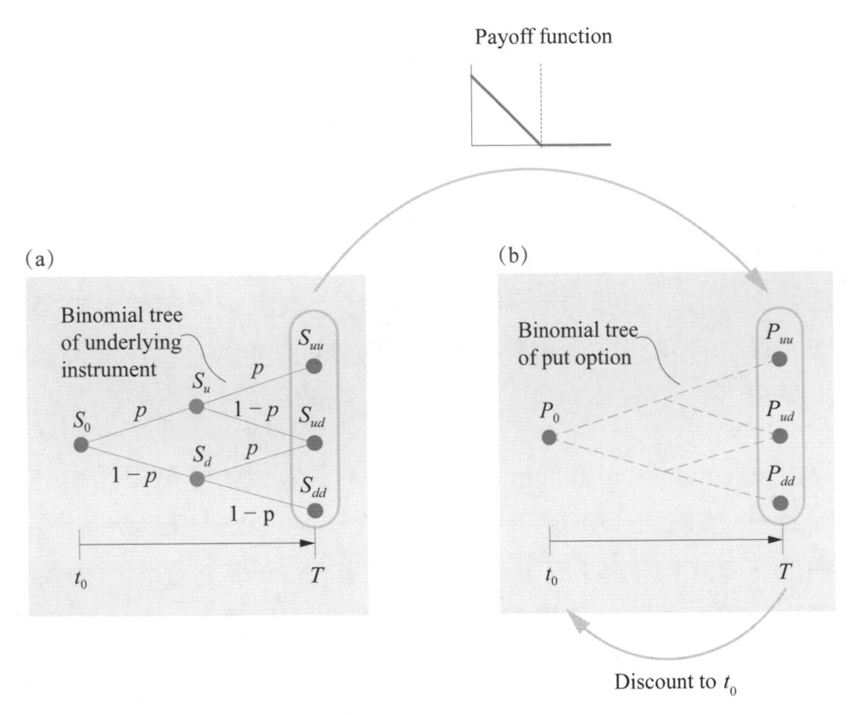

▲ 圖 5-17 到期收益方程式連接標的物二元樹和看跌選擇權二元樹，兩步二元樹

對於標的物價格 "up → up" 這種情況，歐式看漲選擇權的到期價格為：

$$V_{uu}=\max\left[\left(S_0uu-K\right),0\right] \tag{5-15}$$

對於標的物價格 "up → down" 和 "down → up" 這兩種情況，選擇權到期價格完全相同，運算式為：

$$V_{ud}=V_{du}=\max\left[\left(S_0ud-K\right),0\right] \tag{5-16}$$

對於標的物價格 "down → down" 這種情況，選擇權到期的價格為：

$$V_{dd}=\max\left[\left(S_0dd-K\right),0\right] \tag{5-17}$$

將 V_{uu}、V_{ud}、V_{du} 和 V_{dd} 這四個值 (有兩個相同)，折算到當前 t 時刻。

$$\begin{aligned} V_0 &= \mathrm{e}^{-2r\Delta t}\left[p^2V_{uu}+2p(1-p)V_{ud}+(1-p)^2V_{dd}\right] \\ &= \mathrm{e}^{-r(T-t)}\left[p^2V_{uu}+2p(1-p)V_{ud}+(1-p)^2V_{dd}\right] \end{aligned} \tag{5-18}$$

類似的，歐式看跌選擇權兩步二元樹的解為：

$$V_0=\mathrm{e}^{-r(T-t)}\left[p^2V_{uu}+2p(1-p)V_{ud}+(1-p)^2V_{dd}\right] \tag{5-19}$$

這裡需要強調一點，p、u 和 d 這三個參數是透過 Δt (步進值時間長度) 求出來的，而到期時刻 T 節點的金額是用 $n\Delta t$，也就是 $T-t$ 來折算的。對於歐式選擇權，只需得到到期時間節點上選擇權的價格，無須計算中間步驟。美式選擇權，則需要判斷中間節點的選擇權執行情況並計算價格。

多步二元樹 (multi-step binomial tree) ，顧名思義，就是二元樹的步數在兩步以上，可以是十幾或幾十步。如上述一步二元樹和二步二元樹，n 步二元樹的末端 (T 時刻) 有 $n+1$ 個節點，有 $2n$ 種路徑。衍生品二元樹上的節點是和標的物二元樹節點一一對應的，股價上升 k 次，下降 $n-k$ 次，衍生品二元樹節點上機率同樣遵循。

$$\mathrm{pmf}(k)=C_n^k p^k(1-p)^{n-k} \tag{5-20}$$

其中，p 是 CRR 二元樹中標的物上升的機率，係數是到達節點的路徑數量。

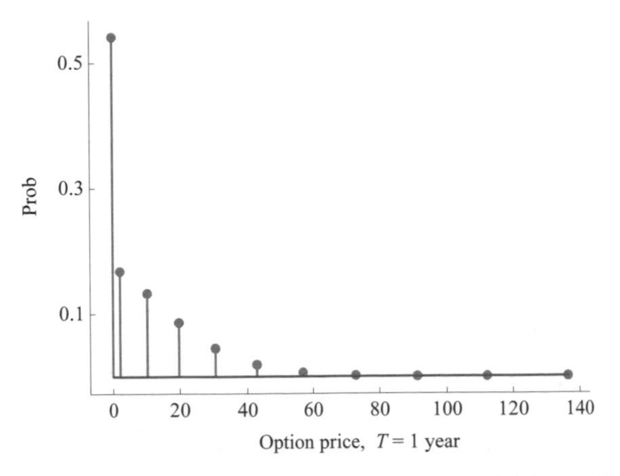

▲ 圖 5-18　為 stem() 函數繪製在 T = 1 year 時刻二元樹到期節點選擇權價格機率分佈

以下程式可繪製圖 5-18。

B2_Ch5_3.py

```
import matplotlib.pyplot as plt
import numpy as np
import scipy.special

def Binomialtree(n, S0, K, r, vol, t, PutCall, EuropeanAmerican):
    deltaT = t/n
    u = np.exp(vol*np.sqrt(deltaT))
    d = 1./u
    p = (np.exp(r*deltaT)-d) / (u-d)
    #Binomial price tree
    stockvalue = np.zeros((n+1,n+1))
    stockvalue[0,0] = S0
    for i in range(1,n+1):
        stockvalue[i,0] = stockvalue[i-1,0]*u
        for j in range(1,i+1):
            stockvalue[i,j] = stockvalue[i-1,j-1]*d
```

```
    #option value at final node
    optionvalue = np.zeros((n+1,n+1))
    for j in range(n+1):
        if PutCall=="Call": #Call
            optionvalue[n,j] = max(0, stockvalue[n,j]-K)
        elif PutCall=="Put": #Put
            optionvalue[n,j] = max(0, K-stockvalue[n,j])
    if deltaT != 0:
    #backward calculation for option price
        for i in range(n-1,-1,-1):
            for j in range(i+1):
                if EuropeanAmerican=="American":
                    if PutCall=="Put":
                        optionvalue[i,j] = max(0, K-stockvalue[i,j],
np.exp(-r*deltaT)*(p*optionvalue[i+1,j]+(1-p)*optionvalue[i+1,j+1]))
                    elif PutCall=="Call":
                        optionvalue[i,j] = max(0, stockvalue[i,j]-K,
np.exp(-r*deltaT)*(p*optionvalue[i+1,j]+(1-p)*optionvalue[i+1,j+1]))
                    else:
                        print("PutCall type not supported")
                elif EuropeanAmerican=="European":
                    if PutCall=="Put":
                        optionvalue[i,j] = max(0, np.exp(-r*deltaT)*(
p*optionvalue[i+1,j]+(1-p)*optionvalue[i+1,j+1]))
                    elif PutCall=="Call":
                        optionvalue[i,j] = max(0, np.exp(-r*deltaT)*
(p*optionvalue[i+1,j]+(1-p)*optionvalue[i+1,j+1]))
                    else:
                        print("PutCall type not supported")
                else:
                    print("Exercise type not supported")
    else:
        optionvalue[0,0] = optionvalue[n,j]

    scatter_x_option = [0.0]
    scatter_y_option = [optionvalue[0,0]]
    scatter_prob_option = [1.0]

    for i in range(1,n+1):
```

```
        for j in range(1,i+1):
            x_option_tree_u = [(i-1)*deltaT]
            x_option_tree_d = [(i-1)*deltaT]
            y_option_tree_upper = [optionvalue[i-1,j-1]]
            y_option_tree_lower = [optionvalue[i-1,j-1]]

            x_temp = i*deltaT

            y_temp1 = optionvalue[i,j-1]
            y_temp3 = optionvalue[i,j]

            x_option_tree_u.append(x_temp)
            x_option_tree_d.append(x_temp)
            scatter_x_option.append(i*deltaT)

            y_option_tree_upper.append(y_temp1)
            y_option_tree_lower.append(y_temp3)
            scatter_y_option.append(optionvalue[i,j-1])
            temp_prob = scipy.special.comb(i, j - 1, exact=True)*p**(j -
1)*(1 - p)**(i-j+1)
            scatter_prob_option.append(temp_prob)

        temp_prob = scipy.special.comb(i, j, exact=True)*p**(j)*(1 -
p)**(i-j)
        scatter_prob_option.append(temp_prob)
        scatter_x_option.append(i*deltaT)
        scatter_y_option.append(optionvalue[i,j])

    option_T_level = np.array(scatter_y_option[len(scatter_y_
option)-n-1::])
    option_T_prob = scatter_prob_option[len(scatter_y_option)-n-1::]
    a1, c1 = np.unique(option_T_level, return_inverse=True)
    A1 = np.bincount(c1,option_T_prob)

    plt.figure()
    plt.stem(a1, A1)
    plt.xlabel('Option price, T = 1 year',fontsize=8)
    plt.ylabel('Prob',fontsize=8)
    plt.gca().spines['right'].set_visible(False)
```

```
    plt.gca().spines['top'].set_visible(False)

    return optionvalue[0,0]
    #Inputs
n = 20      #number of steps
S0 = 50     #initial underlying asset price
r = 0.01    #risk-free interest rate
K = 55      #strike price
vol = 0.3   #volatility

t = 1.0
y = Binomialtree(n, S0, K, r, vol, t, PutCall="Call",
EuropeanAmerican="European")
```

5.4 美式選擇權二元樹

美式選擇權和歐式選擇權的不同之處在於美式選擇權的持有者可以在到期前提前履約或提前執行 (early exercise)。美式選擇權二元樹構造中，第一棵樹即標的資產價格的二元樹和歐式選擇權是一樣的；第二棵樹，即選擇權的二元樹，由於美式選擇權可以提前履約，需要在二元樹的每一個節點判斷選擇權是否可以執行。判斷的依據就是比大小，比較立即執行選擇權和繼續持有選擇權到下一時間節點哪一個獲利更大。對於選擇權持有者，選擇獲利更大的那一個。

首先，以一步二元樹為例計算美式看漲選擇權。除了在到期時刻節點處判斷是否執行美式選擇權以外，在初始 t 時刻也需要做一次判斷。根據之前講過的內容，如果持有到時刻 T，折算到 t 時刻選擇權的價格為：

$$V_{0\_no\_exercise} = \mathrm{e}^{-r(T-t)}\left[pV_u + (1-p)V_d\right] \tag{5-21}$$

其中：

$$\begin{cases} V_u = \max\left[\left(S_0 u - K\right), 0\right] \\ V_d = \max\left[\left(S_0 d - K\right), 0\right] \end{cases} \tag{5-22}$$

如果在 t 時刻選擇立即執行看漲選擇權，獲利為：

$$V_{0\_exercise} = \max\left(0, S_0 - K\right) \tag{5-23}$$

取「t 時刻不執行」和「t 時刻執行」這兩種情況中的較大值，可以獲得美式選擇權的價值為：

$$V_0 = \max\left\{e^{-r(T-t)}\left[pV_u + (1-p)V_d\right], \max\left(0, S_0 - K\right)\right\} \tag{5-24}$$

再看一個美式選擇權的兩步二元樹的例子。對於美式選擇權二元樹，每個節點 (node)，都要考慮是否執行，從樹的右邊向左邊推演。

首先看圖 5-19(a) 中的右上角第一個分叉。類似於一步二元樹的做法，可以透過下式計算出 V_u。

$$V_u = \max\left[e^{-r\Delta t}\left[pV_{uu} + (1-p)V_{ud}\right], \max\left(0, S_0u - K\right)\right] \tag{5-25}$$

其中，V_{uu} 和 V_{ud} 的定價方法和歐式看漲選擇權完全相同。

$$\begin{cases} V_{uu} = \max\left[\left(S_0uu - K\right), 0\right] \\ V_{ud} = \max\left[\left(S_0ud - K\right), 0\right] \end{cases} \tag{5-26}$$

同理，可以透過下式計算出圖 5-19(b) 右下角分叉處的 V_d 值。

$$V_d = \max\left[e^{-r\Delta t}\left[pV_{ud} + (1-p)V_{dd}\right], \max\left(0, S_0d - K\right)\right] \tag{5-27}$$

其中：

$$\begin{cases} V_{dd} = \max\left[\left(S_0dd - K\right), 0\right] \\ V_{ud} = \max\left[\left(S_0ud - K\right), 0\right] \end{cases} \tag{5-28}$$

如圖 5-19(b) 所示，再透過下式做最後一次是否提前履約的判斷。

$$V_0 = \max\left[e^{-r\Delta t}\left[pV_u + (1-p)V_d\right], \max\left(0, S_0 - K\right)\right] \tag{5-29}$$

由於每個節點處都進行一次是否執行的判斷，美式看漲選擇權兩步二元樹，一共進行了 6 次判斷。

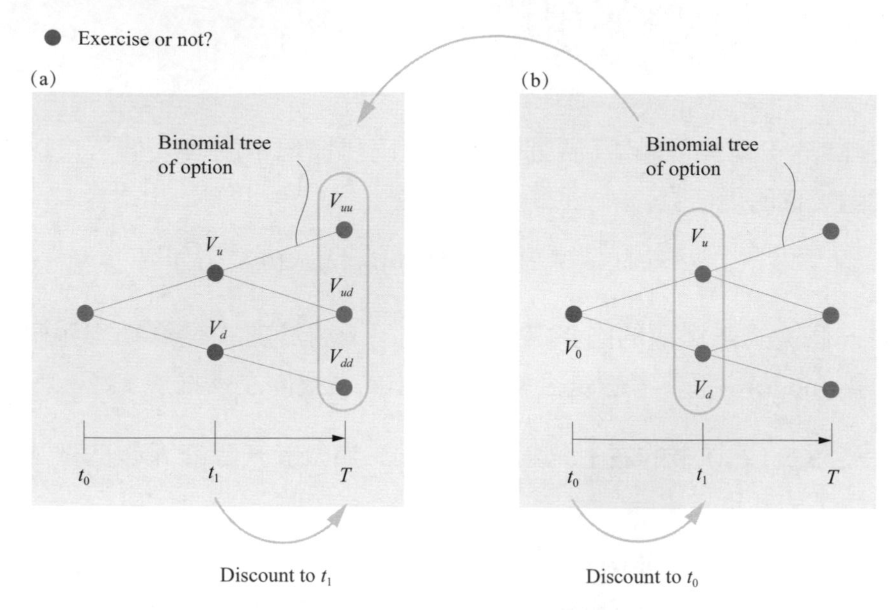

▲ 圖 5-19 兩步二元樹計算美式看漲選擇權，期初判斷提前履約

如圖 5-20 和圖 5-21 舉出了美式看漲選擇權和美式看跌選擇權價格的二元樹結構。

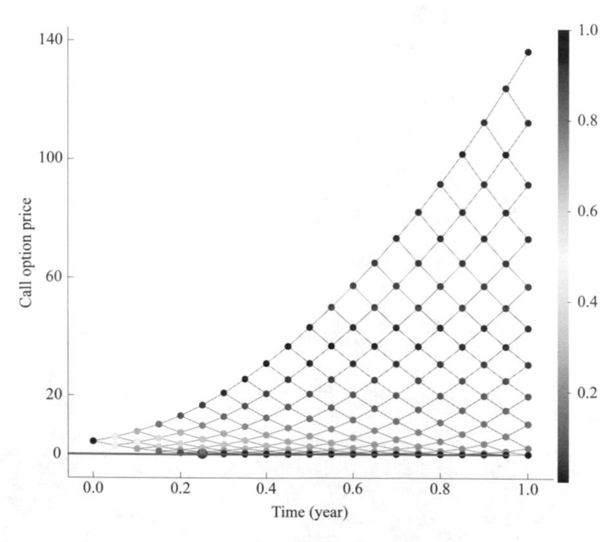

▲ 圖 5-20 美式看漲選擇權價格二元樹

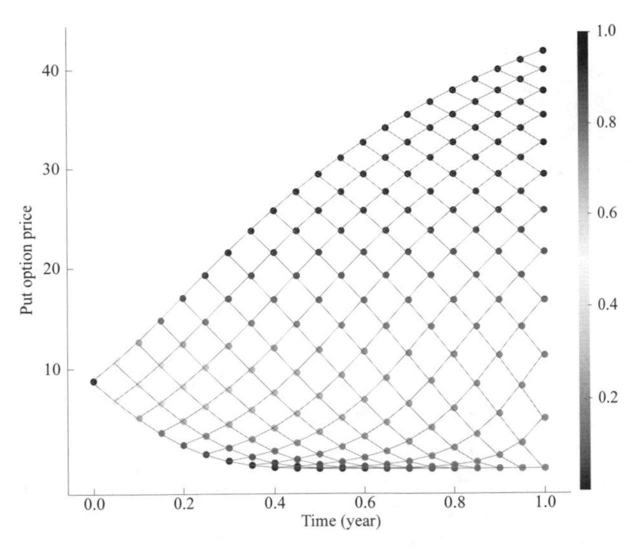

▲ 圖 5-21　美式看跌選擇權價格二元樹

以下程式可以獲得圖 5-20 和圖 5-21。

B2_Ch5_4.py

```
import matplotlib.pyplot as plt
import numpy as np
import scipy.special

def Binomialtree(n, S0, K, r, vol, t, PutCall, EuropeanAmerican):
    deltaT = t/n
    u = np.exp(vol*np.sqrt(deltaT))
    d = 1./u
    p = (np.exp(r*deltaT)-d) / (u-d)

    #Binomial price tree
    stockvalue = np.zeros((n+1,n+1))
    stockvalue[0,0] = S0
    for i in range(1,n+1):
        stockvalue[i,0] = stockvalue[i-1,0]*u
        for j in range(1,i+1):
            stockvalue[i,j] = stockvalue[i-1,j-1]*d
    #option value at final node
```

```
    optionvalue = np.zeros((n+1,n+1))
    for j in range(n+1):
        if PutCall=="Call": #Call
            optionvalue[n,j] = max(0, stockvalue[n,j]-K)
        elif PutCall=="Put": #Put
            optionvalue[n,j] = max(0, K-stockvalue[n,j])
    if deltaT != 0:
    #backward calculation for option price
        for i in range(n-1,-1,-1):
            for j in range(i+1):
                if EuropeanAmerican=="American":
                    if PutCall=="Put":
                        optionvalue[i,j] = max(0, K-stockvalue[i,j],
np.exp(-r*deltaT)*(p*optionvalue[i+1,j]+(1-p)*optionvalue[i+1,j+1]))
                    elif PutCall=="Call":
                        optionvalue[i,j] = max(0, stockvalue[i,j]-K,
np.exp(-r*deltaT)*(p*optionvalue[i+1,j]+(1-p)*optionvalue[i+1,j+1]))
                    else:
                        print("PutCall type not supported")
                elif EuropeanAmerican=="European":
                    if PutCall=="Put":
                        optionvalue[i,j] = max(0, np.exp(-r*deltaT)*
(p*optionvalue[i+1,j]+(1-p)*optionvalue[i+1,j+1]))
                    elif PutCall=="Call":
                        optionvalue[i,j] = max(0, np.exp(-r*deltaT)*
(p*optionvalue[i+1,j]+(1-p)*optionvalue[i+1,j+1]))
                    else:
                        print("PutCall type not supported")
                else:
                    print("Exercise type not supported")
    else:
        optionvalue[0,0] = optionvalue[n,j]

    scatter_x_option = [0.0]
    scatter_y_option = [optionvalue[0,0]]
    scatter_prob_option = [1.0]
    plt.figure()

    for i in range(1,n+1):
```

```
        for j in range(1,i+1):
            x_option_tree_u = [(i-1)*deltaT]
            x_option_tree_d = [(i-1)*deltaT]
            y_option_tree_upper = [optionvalue[i-1,j-1]]
            y_option_tree_lower = [optionvalue[i-1,j-1]]

            x_temp = i*deltaT

            y_temp1 = optionvalue[i,j-1]
            y_temp3 = optionvalue[i,j]

            x_option_tree_u.append(x_temp)
            x_option_tree_d.append(x_temp)
            scatter_x_option.append(i*deltaT)

            y_option_tree_upper.append(y_temp1)
            y_option_tree_lower.append(y_temp3)
            scatter_y_option.append(optionvalue[i,j-1])
            temp_prob = scipy.special.comb(i, j - 1, exact=True)*p**(j -
1)*(1 - p)**(i-j+1)
            scatter_prob_option.append(temp_prob)

            plt.plot(np.array(x_option_tree_u), np.array(y_option_tree_
upper),'b-',linewidth=0.5)
            plt.plot(np.array(x_option_tree_d), np.array(y_option_tree_
lower),'b-',linewidth=0.5)

        temp_prob = scipy.special.comb(i, j, exact=True)*p**(j)*(1 -
p)**(i-j)
        scatter_prob_option.append(temp_prob)
        scatter_x_option.append(i*deltaT)
        scatter_y_option.append(optionvalue[i,j])

    colors = scatter_prob_option
    plt.scatter(np.array(scatter_x_option),np.array(scatter_y_
option),c=colors,alpha=0.5,cmap ='RdBu_r')
    plt.xlabel('Time (year)',fontsize=8)
    if  PutCall=="Put":
        plt.ylabel('Put option price',fontsize=8)
```

```
    else:
        plt.ylabel('Call option price',fontsize=8)

    #plt.gca().set_aspect(1)
    plt.gca().spines['right'].set_visible(False)
    plt.gca().spines['top'].set_visible(False)
    plt.colorbar()

    return optionvalue[0,0]
    #Inputs
n = 20      #number of steps
S0 = 50     #initial underlying asset price
r = 0.01    #risk-free interest rate
K = 55      #strike price
vol = 0.3   #volatility
t = 1.0
y = Binomialtree(n, S0, K, r, vol, t, PutCall="Call",
EuropeanAmerican="American")
y = Binomialtree(n, S0, K, r, vol, t, PutCall="Put",
EuropeanAmerican="American")
```

5.5 二元樹步數影響

由二元樹模型計算出的選擇權價格和利用 Black-Scholes-Merton (BSM) 選擇權定價公式 (以下簡稱 "BSM" 選擇權定價公式) 計算出的選擇權價格存在一定的差異。但是，伴隨著二元樹模型的步數逐漸增加，兩種方法所計算出價格的差異將趨向於逐步縮小。原因是，當步數增多，樹的層數越來越大時，模擬到期時的股票價格的分佈就越精確，計算結果也就越準確。下面的例子中，二元樹的步數從 2 步增加到 1012 步，分別計算歐式看漲和歐式看跌選擇權價格，並且和 BSM 選擇權定價公式得到的結果進行了比較。如圖 5-22 和圖 5-23 形象地展示了隨著二元樹步數的增加，結果收斂於 BSM 選擇權定價公式的解析解。

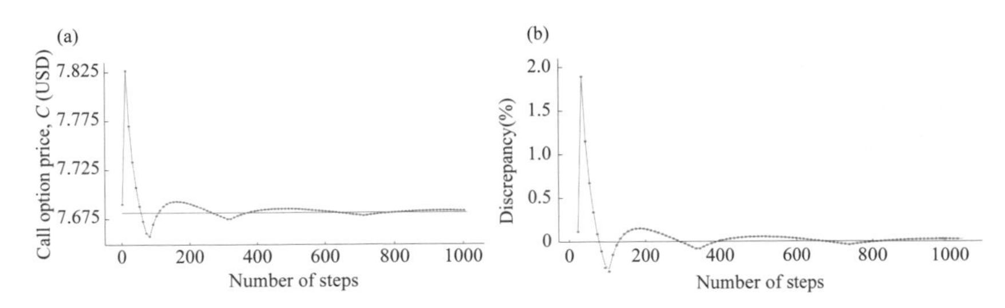

▲ 圖 5-22　比較不同步數二元樹和 BSM 定價歐式看漲選擇權結果

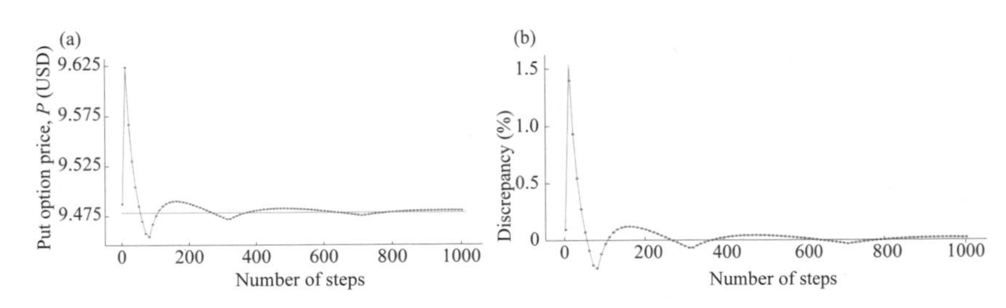

▲ 圖 5-23　比較不同步數二元樹和 BSM 定價歐式看跌選擇權結果

以下程式可以獲得圖 5-22 和圖 5-23。

B2_Ch5_5.py

```
import matplotlib.pyplot as plt
import numpy as np
from scipy.stats import norm

def Binomialtree(n, S0, K, r, q, vol, t, PutCall, EuropeanAmerican):
    deltaT = t/n
    u = np.exp(vol*np.sqrt(deltaT))
    d = 1./u
    p = (np.exp((r-q)*deltaT)-d) / (u-d)
    #Binomial price tree
    stockvalue = np.zeros((n+1,n+1))
    stockvalue[0,0] = S0
    for i in range(1,n+1):
        stockvalue[i,0] = stockvalue[i-1,0]*u
        for j in range(1,i+1):
            stockvalue[i,j] = stockvalue[i-1,j-1]*d
```

```
    #option value at final node
    optionvalue = np.zeros((n+1,n+1))
    for j in range(n+1):
        if PutCall=="Call": #Call
            optionvalue[n,j] = max(0, stockvalue[n,j]-K)
        elif PutCall=="Put": #Put
            optionvalue[n,j] = max(0, K-stockvalue[n,j])
    if deltaT != 0:
    #backward calculation for option price
        for i in range(n-1,-1,-1):
            for j in range(i+1):
                if EuropeanAmerican=="American":
                    if PutCall=="Put":
                        optionvalue[i,j] = max(0, K-stockvalue[i,j],
np.exp(-r*deltaT)*(p*optionvalue[i+1,j]+(1-p)*optionvalue[i+1,j+1]))
                    elif PutCall=="Call":
                        optionvalue[i,j] = max(0, stockvalue[i,j]-K,
np.exp(-r*deltaT)*(p*optionvalue[i+1,j]+(1-p)*optionvalue[i+1,j+1]))
                    else:
                        print("PutCall type not supported")
                elif EuropeanAmerican=="European":
                    if PutCall=="Put":
                        optionvalue[i,j] = max(0, np.exp(-r*deltaT)*
(p*optionvalue[i+1,j]+(1-p)*optionvalue[i+1,j+1]))
                    elif PutCall=="Call":
                        optionvalue[i,j] = max(0, np.exp(-r*deltaT)*
(p*optionvalue[i+1,j]+(1-p)*optionvalue[i+1,j+1]))
                    else:
                        print("PutCall type not supported")
                else:
                    print("Exercise type not supported")
    else:
        optionvalue[0,0] = optionvalue[n,j]

    return optionvalue[0,0]
def option_analytical(S0, vol, r, q, t, K, PutCall):
    d1 = (np.log(S0 / K) + (r - q + 0.5 * vol ** 2) * t) / (vol *
np.sqrt(t))
    d2 = (np.log(S0 / K) + (r - q - 0.5 * vol ** 2) * t) / (vol *
np.sqrt(t))
```

```
    price =  PutCall*S0 * np.exp(-q * t) * norm.cdf(PutCall*d1, 0.0, 1.0)
- PutCall* K * np.exp(-r * t)* norm.cdf(PutCall*d2, 0.0, 1.0)

    return price
    #Inputs
n= 2       #number of steps
S0 = 50    #initial underlying asset price
r = 0.03   #risk-free interest rate
q = 0.0    #dividend yield
K = 55     #strike price
vol = 0.3  #volatility
t = 2.0
PutCall = 1 #1 for call;-1 for put

bs_price = option_analytical(S0, vol, r, q, t, K, PutCall=1)
print('analytical Price: %.4f' % bs_price)

n= range(2, 1012, 10)
prices = np.array([Binomialtree(x, S0, K, r, q, vol, t, PutCall="Call",
EuropeanAmerican="European") for x in n])
discrepancy = (prices/bs_price -1)/0.01

plt.figure()
plt.plot(n, prices,"-o",markersize = 2)
plt.plot([0,1012],[bs_price, bs_price], "r-", lw=2, alpha=0.6)
plt.xlabel("Number of steps")
plt.ylabel("Call option price, C (USD)")
plt.gca().spines['right'].set_visible(False)
plt.gca().spines['top'].set_visible(False)

plt.figure()
plt.plot(n, discrepancy,"-o",markersize = 2)
plt.xlabel("Number of steps")
plt.ylabel("Discrepancy (%)")
plt.gca().spines['right'].set_visible(False)
plt.gca().spines['top'].set_visible(False)

bs_price = option_analytical(S0, vol, r, q, t, K, PutCall=-1)
print('analytical Price: %.4f' % bs_price)
```

```
n= range(2, 1012, 10)
prices = np.array([Binomialtree(x, S0, K, r, q, vol, t, PutCall="Put",
EuropeanAmerican="European") for x in n])
discrepancy = (prices/bs_price -1)/0.01

plt.figure()
plt.plot(n, prices,"-o",markersize = 2)
plt.plot([0,1012],[bs_price, bs_price], "r-", lw=2, alpha=0.6)
plt.xlabel("Number of steps")
plt.ylabel("Put option price, C (USD)")
plt.gca().spines['right'].set_visible(False)
plt.gca().spines['top'].set_visible(False)

plt.figure()
plt.plot(n, discrepancy,"-o",markersize = 2)
plt.xlabel("Number of steps")
plt.ylabel("Discrepancy (%)")
plt.gca().spines['right'].set_visible(False)
plt.gca().spines['top'].set_visible(False)
```

5.6 其他二元樹

到目前為止，本章二元樹模型採用的是 CRR (Cox-Ross-Rubinstein)，實際上類似 CRR 的二元樹模型有很多，另外一種常見二元樹模型——JD (Jarrow-Rudd)。JD 模型的重要特點是，在模擬標的物價格走勢時，上升或下降的機率相等，即：

$$p = \frac{1}{2} \tag{5-30}$$

標的物價格上升幅度 u 為：

$$u = \exp\left[\left(r - \frac{\sigma^2}{2}\right)\Delta t + \sigma\sqrt{\Delta t}\right] \tag{5-31}$$

其中，Δt 一般以年作為單位，σ 為標的物價格年化波動性，r 為年化無風險利率。

標的物價格下降幅度 d 為：

$$d = \exp\left[\left(r - \frac{\sigma^2}{2}\right)\Delta t - \sigma\sqrt{\Delta t}\right] \tag{5-32}$$

如圖 5-24 和圖 5-25 分別比較的是在 CRR 和 JD 兩個模型下，標的物價格、美式看漲選擇權價格的二元樹結構。藍色為 CRR 模型結果，紅色為 JD 模型結果。

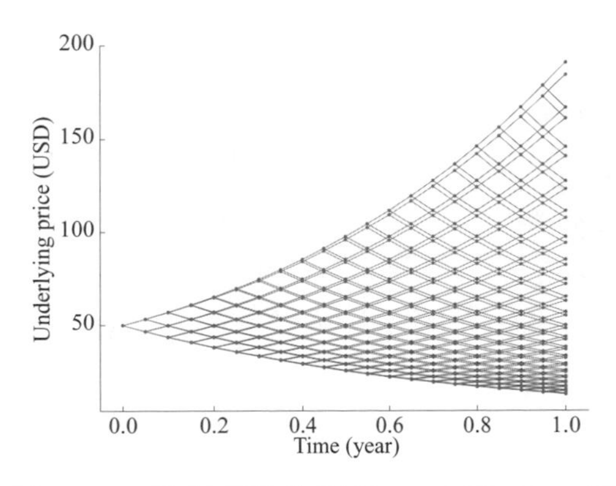

▲ 圖 5-24　比較標的物價格 CRR 和 JD 二元樹

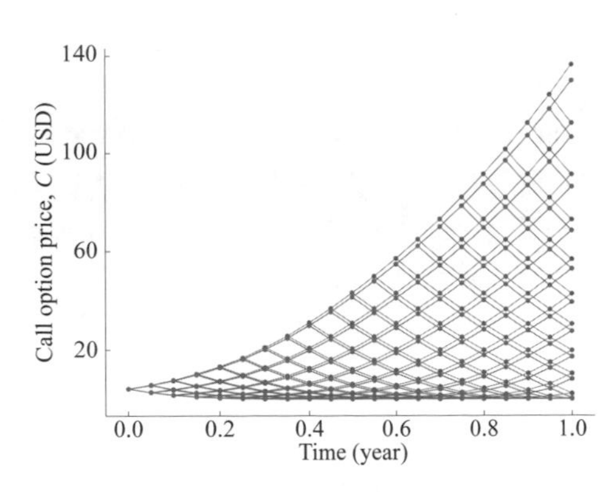

▲ 圖 5-25　比較美式看漲選擇權價格 CRR 和 JD 二元樹

以下程式可以獲得圖 5-24 和圖 5-25。注意函數 Binomialtree() 考慮了不同的二元樹模型，將被重複使用。

B2_Ch5_6.py

```
import matplotlib.pyplot as plt
import numpy as np

def Binomialtree(n, S0, K, r, vol, t, PutCall, EuropeanAmerican,Tree):
    deltaT = t/n
    if Tree == 'CRR':
        u = np.exp(vol*np.sqrt(deltaT))
        d = 1./u
        p = (np.exp(r*deltaT)-d) / (u-d)
    elif Tree == 'JD':
        u = np.exp((r - vol**2*0.5)*deltaT + vol*np.sqrt(deltaT))
        d = np.exp((r - vol**2*0.5)*deltaT - vol*np.sqrt(deltaT))
        p = 0.5
    elif Tree =='LR':
        def  h_function(z,n):
            h = 0.5+np.sign(z)*np.sqrt(0.25-0.25*np.exp(-((z/(n+1/3+0.1/
(n+1)))**2)*(n+1/6)))
            return h

        if np.mod(n,2)>0:
            n_bar = n
        else:
            n_bar = n + 1

        d1 = (np.log(S0/K)+(r+vol**2/2)*t)/vol/np.sqrt(t);
        d2 = (np.log(S0/K)+(r-vol**2/2)*t)/vol/np.sqrt(t);
        pbar = h_function(d1,n_bar)
        p = h_function(d2,n_bar)
        u = np.exp(r*deltaT)*pbar/p
        d = (np.exp(r*deltaT)-p*u)/(1-p)

    else:
        print("Tree type not supported")
    #Binomial price tree
    stockvalue = np.zeros((n+1,n+1))
    stockvalue[0,0] = S0
    for i in range(1,n+1):
        stockvalue[i,0] = stockvalue[i-1,0]*u
```

```
        for j in range(1,i+1):
            stockvalue[i,j] = stockvalue[i-1,j-1]*d

    #option value at final node
    optionvalue = np.zeros((n+1,n+1))
    for j in range(n+1):
        if PutCall=="Call": #Call
            optionvalue[n,j] = max(0, stockvalue[n,j]-K)
        elif PutCall=="Put": #Put
            optionvalue[n,j] = max(0, K-stockvalue[n,j])
    if deltaT != 0:
    #backward calculation for option price
        for i in range(n-1,-1,-1):
            for j in range(i+1):
                if EuropeanAmerican=="American":
                    if PutCall=="Put":
                        optionvalue[i,j] = max(0, K-stockvalue[i,j], np.exp
(-r*deltaT)*(p*optionvalue[i+1,j]+(1-p)*optionvalue[i+1,j+1]))
                    elif PutCall=="Call":
                        optionvalue[i,j] = max(0, stockvalue[i,j]-K, np.exp
(-r*deltaT)*(p*optionvalue[i+1,j]+(1-p)*optionvalue[i+1,j+1]))
                    else:
                        print("PutCall type not supported")
                elif EuropeanAmerican=="European":
                    if PutCall=="Put":
                        optionvalue[i,j] = max(0, np.exp(-r*deltaT)*
(p*optionvalue[i+1,j]+(1-p)*optionvalue[i+1,j+1]))
                    elif PutCall=="Call":
                        optionvalue[i,j] = max(0, np.exp(-r*deltaT)*
(p*optionvalue[i+1,j]+(1-p)*optionvalue[i+1,j+1]))
                    else:
                        print("PutCall type not supported")
                else:
                    print("Exercise type not supported")
    else:
        optionvalue[0,0] = optionvalue[n,j]

    scatter_x_stock = [0.0]
    scatter_y_stock = [stockvalue[0,0]]
```

```
    plt.figure(1)
    for i in range(1,n+1):
        for j in range(1,i+1):

            x_stock_tree_u = [(i-1)*deltaT]
            x_stock_tree_d = [(i-1)*deltaT]
            y_stock_tree_upper = [stockvalue[i-1,j-1]]
            y_stock_tree_lower = [stockvalue[i-1,j-1]]

            x_temp = i*deltaT
            y_temp1 = stockvalue[i,j-1]
            y_temp3 = stockvalue[i,j]

            x_stock_tree_u.append(x_temp)
            x_stock_tree_d.append(x_temp)
            scatter_x_stock.append(i*deltaT)

            y_stock_tree_lower.append(y_temp1)
            y_stock_tree_upper.append(y_temp3)
            scatter_y_stock.append(stockvalue[i,j-1])

            if Tree == 'CRR':
                plt.plot(np.array(x_stock_tree_u), np.array(y_stock_tree_
upper),'b-o',linewidth=0.4,markersize = 2)
                plt.plot(np.array(x_stock_tree_d), np.array(y_stock_tree_
lower),'b-o',linewidth=0.4,markersize = 2)
            elif Tree == 'JD':
                plt.plot(np.array(x_stock_tree_u), np.array(y_stock_tree_
upper),'r-o',linewidth=0.4,markersize = 2)
                plt.plot(np.array(x_stock_tree_d), np.array(y_stock_tree_
lower),'r-o',linewidth=0.4,markersize = 2)
            elif Tree == 'LR':
                plt.plot(np.array(x_stock_tree_u), np.array(y_stock_tree_
upper),'r-o',linewidth=0.4,markersize = 2)
                plt.plot(np.arrayx_stock_tree_d), np.array(y_stock_tree_
lower),'r-o',linewidth=0.4,markersize = 2)
            else:
                print("Tree type not supported")

    plt.xlabel('Time (year)',fontsize=8)
```

```
    plt.ylabel('Underlying price',fontsize=8)
    plt.gca().spines['right'].set_visible(False)
    plt.gca().spines['top'].set_visible(False)

    plt.figure(2)
    for i in range(1,n+1):
        for j in range(1,i+1):
            x_option_tree_u = [(i-1)*deltaT]
            x_option_tree_d = [(i-1)*deltaT]
            y_option_tree_upper = [optionvalue[i-1,j-1]]
            y_option_tree_lower = [optionvalue[i-1,j-1]]

            x_temp = i*deltaT

            y_temp1 = optionvalue[i,j-1]
            y_temp3 = optionvalue[i,j]

            x_option_tree_u.append(x_temp)
            x_option_tree_d.append(x_temp)

            y_option_tree_upper.append(y_temp1)
            y_option_tree_lower.append(y_temp3)

            if Tree == 'CRR':
                plt.plot(np.array(x_option_tree_u), np.array(y_option_
tree_upper),'b-o',linewidth=0.5,markersize = 2)
                plt.plot(np.array(x_option_tree_d), np.array(y_option_
tree_lower),'b-o',linewidth=0.5,markersize = 2)
            elif Tree == 'JD':
                plt.plot(np.array(x_option_tree_u), np.array(y_option_
tree_upper),'r-o',linewidth=0.5,markersize = 2)
                plt.plot(np.array(x_option_tree_d), np.array(y_option_
tree_lower),'r-o',linewidth=0.5,markersize = 2)
            elif Tree == 'LR':
                plt.plot(np.array(x_option_tree_u), np.array(y_option_
tree_upper),'r-o',linewidth=0.5,markersize = 2)
                plt.plot(np.array(x_option_tree_d), np.array(y_option_
tree_lower),'r-o',linewidth=0.5,markersize = 2)
            else:
                print("Tree type not supported")
```

```
    plt.xlabel('Time (year)',fontsize=8)
    if PutCall=="Put":
        plt.ylabel('Put option price',fontsize=8)
    else:
        plt.ylabel('Call option price',fontsize=8)
    plt.gca().spines['right'].set_visible(False)
    plt.gca().spines['top'].set_visible(False)

    return optionvalue[0,0]

    #Inputs
n = 20      #number of steps
S0 = 50     #initial underlying asset price
r = 0.01    #risk-free interest rate
K = 55      #strike price
vol = 0.3   #volatility
t = 1.0

y1 = Binomialtree(n, S0, K, r, vol, t, PutCall="Call", EuropeanAmerican="A
merican",Tree = 'CRR')
y2 = Binomialtree(n, S0, K, r, vol, t, PutCall="Call", EuropeanAmerican="A
merican",Tree = 'JD')
```

另外一種常見的二元樹模型是 Leisen-Reimer 二元樹，簡稱 LR 二元樹。LR 二元樹模型條件下，標的物價格上升幅度 u 為：

$$u = \exp(r\Delta t)\frac{\bar{p}}{p} \tag{5-33}$$

其中，Δt 一般以年作為單位，σ 為標的物價格年化波動性，r 為年化無風險利率。

標的物上升機率 p 為：

$$p = h^{-1}(d_2) \tag{5-34}$$

為：

$$\bar{p} = h^{-1}(d_1) \tag{5-35}$$

d_1 和 d_2 可以透過下式計算得到。

$$\begin{cases} d_1 = \dfrac{1}{\sigma\sqrt{\tau}}\left[\ln\left(\dfrac{S}{K}\right)+\left(r+\dfrac{\sigma^2}{2}\right)\tau\right] \\ d_2 = d_1 - \sigma\sqrt{\tau} \end{cases} \tag{5-36}$$

可以發現，選擇權的執行價格 K 影響到 LR 二元樹結構。

$h^{-1}(z)$ 函數是對標準正態分佈逆累計密度函數 CDF 的近似，函數定義為：

$$h^{-1}(z) = \frac{1}{2} + \frac{\operatorname{sgn}(z)}{2}\sqrt{1-\exp\left\{-\left(\frac{z}{n+\frac{1}{3}+\frac{0.1}{n+1}}\right)^2\left(n+\frac{1}{6}\right)\right\}} \tag{5-37}$$

標的物價格下降幅度 d 為：

$$d = \frac{\exp(r\Delta t) - pu}{1-p} \tag{5-38}$$

如圖 5-26 和圖 5-27 分別比較的是在 CRR 和 LR 二元樹兩個模型下，標的物價格、美式看漲選擇權價格的二元樹結構。藍色為 CRR 模型結果，紅色為 LR 二元樹模型結果。

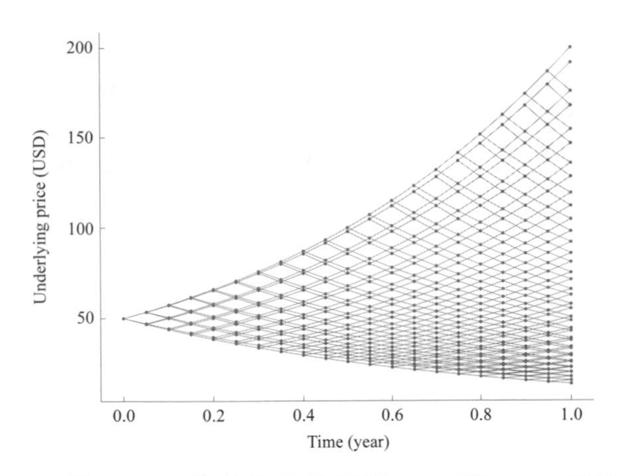

▲ 圖 5-26　比較標的物價格 CRR 和 LR 二元樹

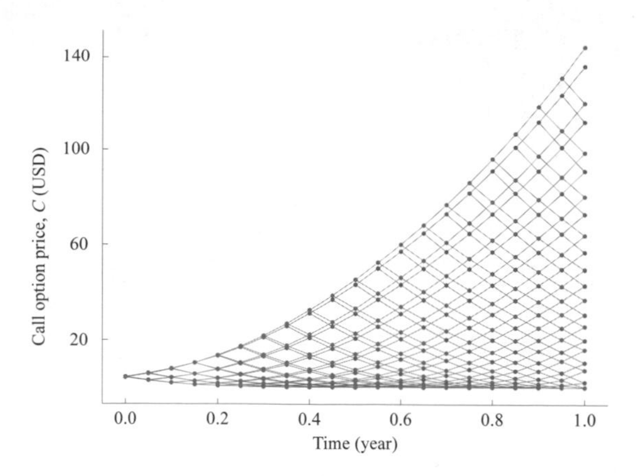

▲ 圖 5-27　比較美式看漲選擇權價格 CRR 和 LR 二元樹

以下程式可以獲得圖 5-26 和圖 5-27，注意此程式需要呼叫上述函數 Binomialtree()，為了簡潔起見，不再重複這段程式。

B2_Ch5_7.py

```
import matplotlib.pyplot as plt
import numpy as np

def Binomialtree(n, S0, K, r, vol, t, PutCall, EuropeanAmerican,Tree):
    #Inputs
n = 20     #number of steps
S0 = 50    #initial underlying asset price
r = 0.01   #risk-free interest rate
K = 55    #strike price
vol = 0.3 #volatility
t = 1.0

y1 = Binomialtree(n, S0, K, r, vol, t, PutCall="Call", EuropeanAmerican=
"American",Tree = 'CRR')
y2 = Binomialtree(n, S0, K, r, vol, t, PutCall="Call", EuropeanAmerican=
"American",Tree = 'LR')
```

下面比較 BSM、CRR 和 LR 二元樹三種模型得到的歐式看漲選擇權價格。CRR 明顯的缺點是收斂性很差，而 LR 二元樹的收斂性遠好於 CRR。

如圖 5-28 所示比較了 BSM 模型定價和不同步進值條件下 CRR 和 LR 二元樹結果。注意，CRR 模型步數設定值，5：1：300；因為 LR 二元樹步數只能為奇數值，因此 LR 二元樹模型步數設定值，5：2：300。

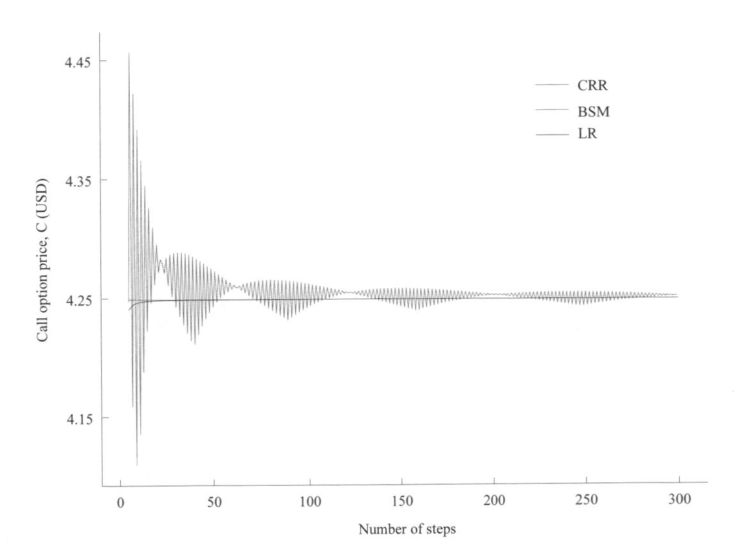

▲ 圖 5-28　比較 CRR、LR 二元樹和 BSM 三種模型計算得到的歐式選擇權價格，步進值變化

以下程式可以獲得圖 5-28。注意此程式中的函數 Binomialtree() 和 option_analytical() 考慮了股票分紅。

B2_Ch5_8.py

```
import matplotlib.pyplot as plt
import numpy as np
from scipy.stats import norm

def option_analytical(S0, vol, r, q, t, K, PutCall):
    d1 = (np.log(S0 / K) + (r - q + 0.5 * vol ** 2) * t) / (vol *
np.sqrt(t))
    d2 = (np.log(S0 / K) + (r - q - 0.5 * vol ** 2) * t) / (vol *
np.sqrt(t))
    price =  PutCall*S0 * np.exp(-q * t) * norm.cdf(PutCall*d1, 0.0, 1.0)
- PutCall* K * np.exp(-r * t) * norm.cdf(PutCall*d2, 0.0, 1.0)
```

```
    return price

def Binomialtree(n, S0, K, r, q, vol, t, PutCall, EuropeanAmerican,Tree):
    deltaT = t/n
    if Tree == 'CRR':
        u = np.exp(vol*np.sqrt(deltaT))
        d = 1./u
        p = (np.exp((r - q)*deltaT)-d) / (u-d)
    elif Tree == 'JD':
        u = np.exp((r - q - vol**2*0.5)*deltaT + vol*np.sqrt(deltaT))
        d = np.exp((r - q - vol**2*0.5)*deltaT - vol*np.sqrt(deltaT))
        p = 0.5
    elif Tree =='LR':
        def  h_function(z,n):
            h = 0.5+np.sign(z)*np.sqrt(0.25-0.25*np.exp(-((z/(n+1/3+0.1/
(n+1)))**2)*(n+1/6)))
            return h

        if np.mod(n,2)>0:
            n_bar = n
        else:
            n_bar = n + 1

        d1 = (np.log(S0/K)+(r-q+vol**2/2)*t)/vol/np.sqrt(t);
        d2 = (np.log(S0/K)+(r-q-vol**2/2)*t)/vol/np.sqrt(t);
        pbar = h_function(d1,n_bar)
        p = h_function(d2,n_bar)
        u = np.exp((r-q)*deltaT)*pbar/p
        d = (np.exp((r-q)*deltaT)-p*u)/(1-p)

    else:
        print("Tree type not supported")
    #Binomial price tree
    stockvalue = np.zeros((n+1,n+1))
    stockvalue[0,0] = S0
    for i in range(1,n+1):
        stockvalue[i,0] = stockvalue[i-1,0]*u
        for j in range(1,i+1):
            stockvalue[i,j] = stockvalue[i-1,j-1]*d
    #option value at final node
```

```
    optionvalue = np.zeros((n+1,n+1))
    for j in range(n+1):
        if PutCall=="Call": #Call
            optionvalue[n,j] = max(0, stockvalue[n,j]-K)
        elif PutCall=="Put": #Put
            optionvalue[n,j] = max(0, K-stockvalue[n,j])
    if deltaT != 0:
    #backward calculation for option price
        for i in range(n-1,-1,-1):
            for j in range(i+1):
                if EuropeanAmerican=="American":
                    if PutCall=="Put":
                        optionvalue[i,j] = max(0, K-stockvalue[i,j],
np.exp(-r*deltaT)*(p*optionvalue[i+1,j]+(1-p)*optionvalue[i+1,j+1]))
                    elif PutCall=="Call":
                        optionvalue[i,j] = max(0, stockvalue[i,j]-K,
np.exp(-r*deltaT)*(p*optionvalue[i+1,j]+(1-p)*optionvalue[i+1,j+1]))
                    else:
                        print("PutCall type not supported")
                elif EuropeanAmerican=="European":
                    if PutCall=="Put":
                        optionvalue[i,j] = max(0, np.exp( r*deltaT)*
(p*optionvalue[i+1,j]+(1-p)*optionvalue[i+1,j+1]))
                    elif PutCall=="Call":
                        optionvalue[i,j] = max(0, np.exp(-r*deltaT)*
(p*optionvalue[i+1,j]+(1-p)*optionvalue[i+1,j+1]))
                    else:
                        print("PutCall type not supported")
                else:
                    print("Exercise type not supported")
    else:
        optionvalue[0,0] = optionvalue[n,j]

    return optionvalue[0,0]

    #Inputs
n = 20      #number of steps
S0 = 50     #initial underlying asset price
r = 0.01    #risk-free interest rate
q = 0.0     #dividend yield
```

```
K = 55      #strike price
vol = 0.3  #volatility
t = 1.0

bs_price = option_analytical(S0, vol, r, q, t, K, PutCall=1)
print('analytical Price: %.4f' % bs_price)

n= range(5, 300, 1)
prices_crr = np.array([Binomialtree(x, S0, K, r, q, vol, t,
PutCall="Call",
EuropeanAmerican="European",Tree = 'CRR') for x in n])
discrepancy_crr = (prices_crr/bs_price -1)/0.01

plt.figure()
plt.plot(n, prices_crr,"b-",label='CRR',lw = 1)

plt.plot([5,300],[bs_price, bs_price], "r-", label='BSM',lw=1, alpha=0.6)
plt.xlabel("Number of steps")
plt.ylabel("Call option price, C (USD)")
plt.gca().spines['right'].set_visible(False)
plt.gca().spines['top'].set_visible(False)

n= range(5, 300, 2)
prices_lr = np.array([Binomialtree(x, S0, K, r, q, vol, t, PutCall="Call",
EuropeanAmerican="European",Tree = 'LR') for x in n])
discrepancy_lr = (prices_lr/bs_price -1)/0.01

plt.plot(n, prices_lr,"k-", label='LR',lw = 1)
plt.legend(loc='upper center')
```

本章介紹了選擇權定價中的重要工具——二元樹模型。分別展示了二元樹法對歐式選擇權和美式選擇權的定價。接下來將繼續選擇權價格的時間價值和內在價值，這些都是分析選擇權價格的基本要素。還會探討運用 Black Scholes 方法對歐式選擇權進行定價，屆時請讀者對比兩種定價方法。

BSM 選擇權定價

06
Chapter

BS 理論促使交易所繁榮……它舉出了對沖和有效定價全部概念的符合規範性，這些概念在 20 世紀 60 年代末和 70 年代早期曾被認為是賭博性質的。但現在這些看法被改變了，這主要歸功於 BS 理論。選擇權不是投機或賭博，它是有效科學的定價。美國證券交易委員會非常迅速地轉變了觀點，認為選擇權是證券市場上非常有用的機制。據我判斷，這正是受 BS 理論的影響。自此以後，我再也沒有聽說過將賭博與選擇權聯繫起來。

Black-Scholes was really what enabled the exchange to thrive.... [I]t gave a lot of legitimacy to the whole notion of hedging and efficient pricing, whereas we were faced, in the late 60searly 70s with the issue of gambling. That issue fell away, and I think Black-Scholes made it fall away. It wasn't speculation or gambling, it was efficient pricing. I think the SEC [Securities and Exchange Commission] very quickly thought of options as a useful mechanism in the securities markets and it's probably - that's my judgement - the effects of Black-Scholes. I never heard the word "gambling" again in relation to options.

——Burton R. Rissman, former counsel, Chicago Board Options Exchange

本章核心命令程式

- from scipy.stats import norm　從統計函數程式庫匯入 norm
- import numpy　匯入運算套件 numpy
- len()　傳回括號中元素的長度
- matplotlib.pyplot.get_cmap()　指定圖表元素配色方案
- max()　傳回括號中元素的最大值
- norm.cdf()　計算標準正態分佈累積機率分佈值 CDF
- numpy.arange()　根據指定的範圍以及設定的步進值，生成一個等差陣列
- numpy.exp()　計算括號中元素的自然指數
- numpy.log()　計算括號中元素的自然對數
- numpy.sqrt()　計算括號中元素的平方根
- numpy.zeros()　傳回給定形狀和類型的新陣列，用零填充

6.1 BSM 模型

全世界第一個選擇權交易所——芝加哥選擇權交易所 (Chicago Board Options Exchange，CBOE) 於 1973 年 4 月成立，這標誌著標準化、規範化的選擇權交易時代的開始。在最初的階段，CBOE 只交易 16 支美國股票作為標的的看漲選擇權，直到 1977 年引入看跌選擇權。

CBOE 成立的同年，Fischer Black 和 Myron Scholes 在《政治經濟學雜誌》(Journal of Political Economy) 發表了論文《選擇權定價與公司債務》(The Pricing of Options and Corporate Liabilities) ，提出了選擇權定價理論，後經 Robert Merton 進一步修正完善，使其運用於支付紅利的股票選擇權，這就是後來被廣泛應用的 Black-Scholes-Merton 模型。

BSM 模型 (Black Scholes model, or Black Scholes Merton model) 在金融界的地位毋庸置疑。BSM 模型在量化金融領域具有巨大的推動作用，它大大完善了衍生品定價理論。該理論的發佈對消除大家對選擇權的誤解

是功不可沒的，它重新塑造了選擇權在人們心目中的形象和地位，促進了市場的蓬勃發展。在 BSM 模型發表之後，芝加哥衍生品交易所當年的選擇權合約交易量就突破了紀錄。1997 年，Robert Merton 和 Myron Scholes 二人獲得諾貝爾經濟學獎，很遺憾當時 Fischer Black 已經去世，無法獲此殊榮。

具體來說，Black 和 Scholes 是透過構造無風險對沖組合選擇權的途徑，得出的選擇權定價的公式。首先構造一個投資組合，其價值為 Π，裡面包含價值為 S 的股票 (或底層資產)，以及以該底層資產作為標的物的金融衍生品，其價值為 f，以下式所示。

$$\Pi = f + \delta S \tag{6-1}$$

其中，δ 代表標的物的份數，δ 取正數時代表買入，取負數時代表賣出；f 是 S 和 t 的函數，即 $f = f(S,t)$。

假設標的物符合幾何布朗運動的動態過程。

$$\mathrm{d}S = \mu S\,\mathrm{d}t + \sigma S\,\mathrm{d}W_t \tag{6-2}$$

其中，μ 和 σ 代表漂移量和波動性項，具體參見本書第 2 章隨機過程。

當標的物產生微小的變化 dS 時，對應地，選擇權價格和投資組合也會發生變化。

$$\mathrm{d}\Pi = \mathrm{d}f(S,t) + \delta\,\mathrm{d}S \tag{6-3}$$

其中，dS 的運算式已經在前文舉出，下面著重介紹 df(S,t) 的運算式。根據伊藤定理，下式成立。

$$\mathrm{d}f(S,t) = \frac{\partial f}{\partial S}\mathrm{d}S + \frac{\partial f}{\partial t}\mathrm{d}t + \frac{1}{2}\frac{\partial^2 f}{\partial S^2}\mathrm{d}S\mathrm{d}S \tag{6-4}$$

值得注意的是：

$$\mathrm{d}S\,\mathrm{d}S = \sigma^2 S^2\,\mathrm{d}t \tag{6-5}$$

將 df、dS 和 dSdS 帶入 dΠ，得到：

$$\mathrm{d}\Pi=\frac{\partial f}{\partial S}\mathrm{d}S+\frac{\partial f}{\partial t}\mathrm{d}t+\frac{1}{2}\frac{\partial^2 f}{\partial S^2}\sigma^2S^2\mathrm{d}t+\delta\mathrm{d}S \tag{6-6}$$

整理後得到：

$$\mathrm{d}\Pi=\left(\frac{\partial f}{\partial S}+\delta\right)\mathrm{d}S+\left(\frac{\partial f}{\partial t}+\frac{1}{2}\frac{\partial^2 f}{\partial S^2}\sigma^2S^2\right)\mathrm{d}t \tag{6-7}$$

觀察式 (6-7) 可以發現，透過選擇合適的 δ，令標的物份數 δ 滿足：

$$\delta=-\frac{\partial V}{\partial S} \tag{6-8}$$

那麼就能消除組合價值變化的隨機性，將 δ 代入 dΠ，得到：

$$\mathrm{d}\Pi=\left(\frac{\partial f}{\partial t}+\frac{1}{2}\frac{\partial^2 f}{\partial S^2}\sigma^2S^2\right)\mathrm{d}t \tag{6-9}$$

此處引入另外一個假設，即投資組合的收益等於無風險利率 (risk-free rate)，用 r 表示。則投資組合的價格變化 dΠ 為：

$$\mathrm{d}\Pi=r\Pi\mathrm{d}t \tag{6-10}$$

將 dΠ 和 Π 代入上文得到的 dΠ 運算式，建立了以下等式。

$$r\left(f+\delta S\right)\mathrm{d}t=\left(\frac{\partial f}{\partial t}+\frac{1}{2}\frac{\partial^2 f}{\partial S^2}\sigma^2S^2\right)\mathrm{d}t \tag{6-11}$$

進一步整理後得到：

$$\frac{\partial f}{\partial t}+\frac{1}{2}\sigma^2S^2\frac{\partial^2 f}{\partial S^2}+rS\frac{\partial f}{\partial S}-rf=0 \tag{6-12}$$

這個就是 BSM 偏微分方程。在考慮連續紅利 q 的情況下，BSM 方程式的修正形式為：

$$\frac{\partial f}{\partial t}+\frac{1}{2}\sigma^2S^2\frac{\partial^2 f}{\partial S^2}+\left(r-q\right)S\frac{\partial f}{\partial S}-rV=0 \tag{6-13}$$

除了上文提到的幾個假設外，還包括以下常見假設：a) 市場無摩擦

(frictionless)，不存在稅務與交易成本；b) 標的物無限可分，交易可連續進行。

BSM 偏微分方程的解不固定，取決於以底層資產作為標的物的衍生品的形式。和其他偏微分的解法類似，解的形式取決於初邊界條件 (initial condition and boundary condition) 。在歐式看漲選擇權的情況下，邊界條件為：

$$\begin{aligned} &C(S,T)=\max(S-K,0) \\ &C(0,t)=0 \end{aligned} \tag{6-14}$$

也可以運用風險中性方法求解選擇權價格。歐式看漲選擇權到期時的期望收益為：

$$\tilde{E}\left[\max(S_T-K,0)\right] \tag{6-15}$$

其中，$\tilde{E}$ 代表風險中性世界中的期望。

將該期望收益以無風險利率折現，得到歐式看漲選擇權價格。

$$C(S,\tau)=\exp(-r\tau)\tilde{E}\left[\max(S_T-K,0)\right] \tag{6-16}$$

在兩種方法下，歐式看漲選擇權的定價公式都可以求解為：

$$C(S,\tau)=N(d_1)S-N(d_2)X\exp(-r\tau) \tag{6-17}$$

其中，S 為當前時刻標的物的價格；τ 為當前時刻距離到期時間長度 (單位通常為年)；N 為標準正態分佈的 CDF；X 為執行價格；r 為無風險利率。

d_1 和 d_2 可以透過下式求得。

$$\begin{cases} d_1=\dfrac{1}{\sigma\sqrt{\tau}}\left[\ln\left(\dfrac{S}{X}\right)+\left(r+\dfrac{\sigma^2}{2}\right)\tau\right] \\ d_2=\dfrac{1}{\sigma\sqrt{\tau}}\left[\ln\left(\dfrac{S}{X}\right)+\left(r-\dfrac{\sigma^2}{2}\right)\tau\right]=d_1-\sigma\sqrt{\tau} \end{cases} \tag{6-18}$$

其中，$N(d_2)$ 是風險中性條件下，選擇權被行使 (即 $S > K$) 的機率。根據歐式買賣權平價關係：

$$P + S = X\exp(-r\tau) + C \tag{6-19}$$

可以求得歐式看跌選擇權的公式為：

$$P(S,\tau) = -N(-d_1)S + N(-d_2)X\exp(-r\tau) \tag{6-20}$$

觀察選擇權定價公式，在 BSM 模型中，影響選擇權定價的因素有標的物價格、執行價格、距離到期時間、波動性、無風險利率和選擇權紅利。歐式選擇權的選擇權費主要由執行價格，市場波動性的大小和到期時間來決定，執行價格越高、波動性越小、期限越短則選擇權費越低；反之，選擇權費越高。從收益的角度來講，執行價格越高，到期時標的物的價格就越難上漲到執行價格，選擇權就越難被執行，越難獲利。市場波動性越小，標的的價格就越平穩，就越難上漲到執行價格以上而獲利。期限越短，表明標的物透過波動上漲到執行價格之上的時間就越短，獲利的可能性越小。

對看跌選擇權來說，收益隨著執行價格和標的物價格的價差增加而增加，執行價格越高，選擇權費越貴。市場波動性和到期期限對看跌選擇權價格的影響基本和看漲選擇權一致。有了 BSM 模型，這些因素對選擇權理論價值的影響就很容易量化。

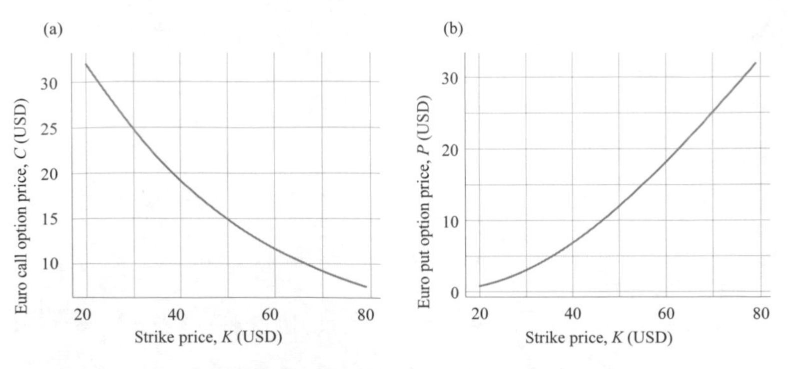

▲ 圖 6-1　歐式看漲 / 看跌選擇權價值隨執行價格的變化

如圖 6-1 舉出了選擇權價格隨執行價格的變化，讀者可以嘗試修改程式，了解選擇權價格隨各個因素的變化。具體內容在本叢書第 1 本書金融計算 II 一章和下一章 (希臘字母) 中有詳細的介紹。

以下程式可得到圖 6-1。

B2_Ch6_1.py

```
import matplotlib.pyplot as plt
import numpy as np
from scipy.stats import norm

def option_analytical(S0, vol, r, q, t, K, PutCall):
    d1 = (np.log(S0 / K) + (r - q + 0.5 * vol ** 2) * t) / (vol * 
np.sqrt(t))
    d2 = (np.log(S0 / K) + (r - q - 0.5 * vol ** 2) * t) / (vol * 
np.sqrt(t))
    price =  PutCall*S0 * np.exp(-q * t) * norm.cdf(PutCall*d1, 0.0, 1.0) 
- PutCall* K * np.exp(-r * t) * norm.cdf(PutCall*d2, 0.0, 1.0)

    return price

    #Inputs
r = 0.03     #risk-free interest rate
q = 0.0      #dividend yield
vol = 0.5    #volatility
t_base = 2.0
PutCall = 1  #1 for call;-1 for put
spot = 50
K = np.arange(20,80,1)  #strike price

plt.figure(1)
bs_price_call = option_analytical(spot, vol, r, q, t_base, K, PutCall = 1)
plt.plot(K, bs_price_call, label='price')
plt.xlabel("Strike price, K (USD)")
plt.ylabel("Euro call option price, C (USD)")
plt.gca().spines['right'].set_visible(False)
plt.gca().spines['top'].set_visible(False)
plt.grid(linestyle='--', axis='both', linewidth=0.25, color=[0.5,0.5,0.5])
```

```
plt.gca().spines['right'].set_visible(False)
plt.gca().spines['top'].set_visible(False)

plt.figure(2)
bs_price_put = option_analytical(spot, vol, r, q, t_base, K, PutCall = -1)
plt.plot(K, bs_price_put, label='price')
plt.xlabel("Strike price, K (USD)")
plt.ylabel("Euro put option price, P (USD)")
plt.gca().spines['right'].set_visible(False)
plt.gca().spines['top'].set_visible(False)
plt.grid(linestyle='--', axis='both', linewidth=0.25, color=[0.5,0.5,0.5])
```

6.2 時間價值和內在價值

前面介紹了影響選擇權價格的因素，下面深入了解選擇權價格的組成。

首先觀察一下未到期和到期的歐式選擇權的價格。如圖 6-2 所示，距離到期還有一段時間時，歐式看漲選擇權的價格曲線 (黃色線) 明顯高於其到期時間的收益折線 (藍色線) 。對於歐式看跌選擇權，距離到期時間還有一段時間的選擇權價格曲線，在標的物價格偏低時，低於到期收益折線；在標的物價格偏高時則高於到期收益折線，如圖 6-3 所示。

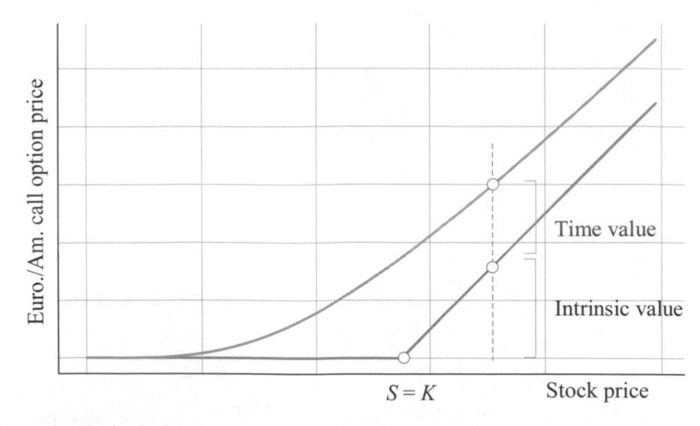

▲ 圖 6-2　時間價值和內在價值，未到期歐式看漲 / 美式看漲選擇權

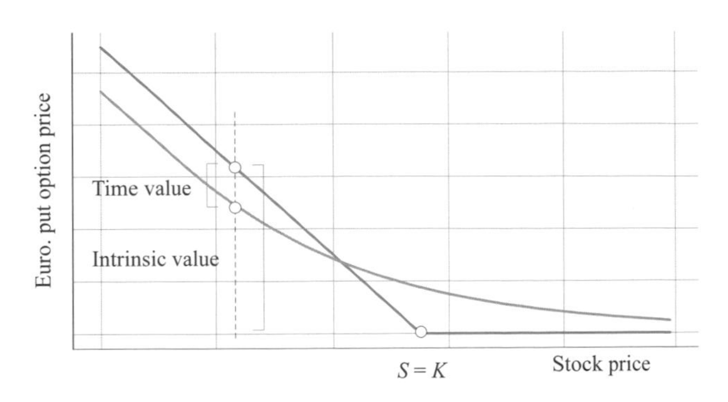

▲ 圖 6-3　時間價值 (負值) 和內在價值，未到期歐式看跌選擇權

選擇權的價值由兩部分組成，一部分是內在價值，另一部分是時間價值。內在價值 (intrinsic value)，也被稱作實質價值或內生價值，是指標的資產的即期價格 (spot price) 和執行價格 (strike price) 之間的差。時間價值 (time value) ，指的是在持有的時間內因為各種風險因素變化 (比如波動性) 而使得選擇權價值變動的那部分價值。

圖 6-2 和圖 6-3 展示了歐式看漲 / 看跌選擇權的時間價值和內在價值。平值選擇權的時間價值最高，實值程度越高或虛值程度越高的選擇權的時間價值越小。時間價值可正可負，選擇權的時間價值通常都是大於零的。波動性越高，到期時間越長，時間價值越高。因此會出現標的價格沒有變化，但隨著到期時間或波動性的變化，而選擇權價格發生變化的情況。

對於歐式看跌選擇權，在標的物價格較低時，即深度實值 (deep in the money) 區域，時間價值為負值，如圖 6-3 所示。

下面，看一下選擇權價格和標的物價格之間的關係，隨到期時間而變化的趨勢。如圖 6-4 所示，隨著到期時間不斷減小，接近到期時間，歐式看漲選擇權價格曲線從上到下不斷接近選擇權到期收益折線。當標的物價格固定時，選擇權的內在價值不發生改變。時間價值會隨時間的流逝迅速衰減 (波動性越大衰減的速度越快)。如圖 6-5 所示，歐式看跌選擇權在標的物價格較低和較高時，隨著到期時間減小，價格曲線變化表現出不同的趨勢。仔細觀察可以發現，歐式看跌選擇權的時間價值的絕對值在隨時間不斷地減小。

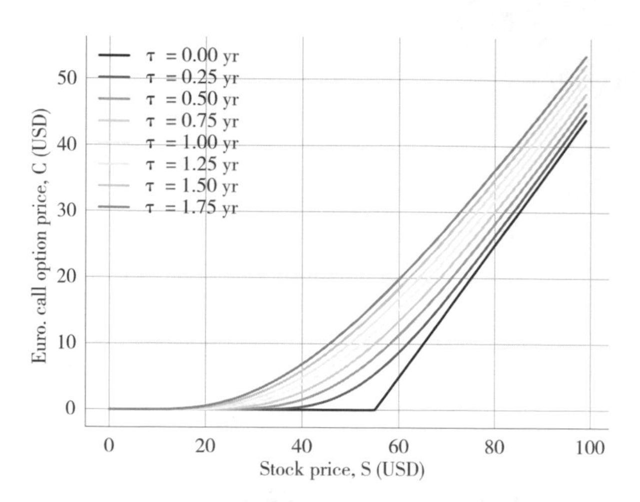

▲ 圖 6-4　歐式看漲選擇權價格曲線隨到期時間變化

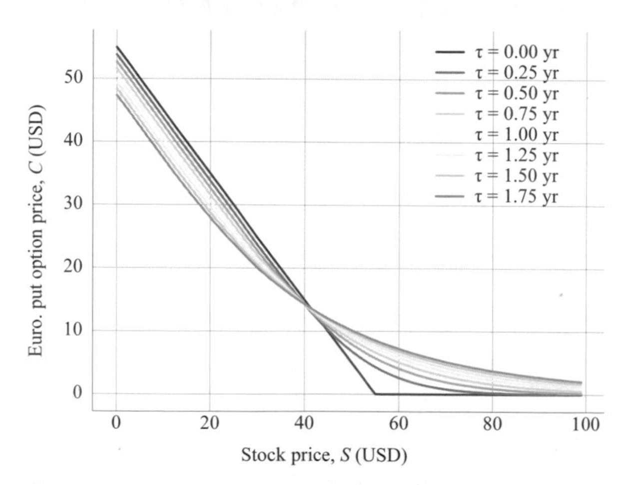

▲ 圖 6-5　歐式看跌選擇權價格曲線隨到期時間變化

美式看漲選擇權和歐式看漲選擇權本質上基本一樣，兩者的價格曲線，都會隨著到期時間不斷變小，而不斷靠近到期收益折線。

如圖 6-6 所示，跟歐式看跌選擇權不同，美式看跌選擇權的時間價值不會為負值，因為對於深度實值的情況，持有者可以選擇提前執行。

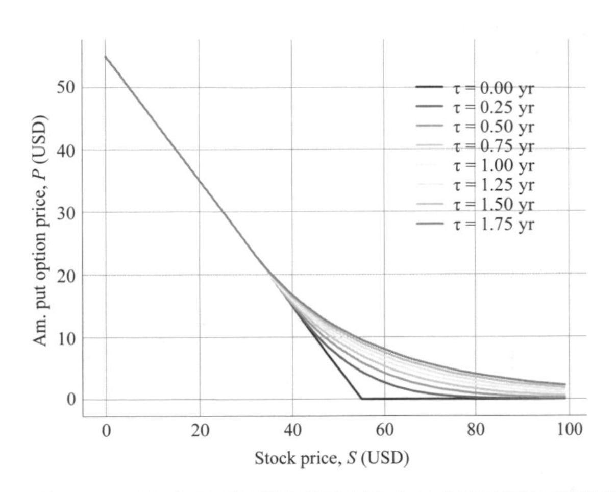

▲ 圖 6-6 美式看跌選擇權價格曲線隨到期時間變化

從時間價值的角度解釋，為什麼理論上不提前執行美式看漲選擇權。分兩種情況：分紅和不分紅。在不分紅的情況下，美式選擇權提前執行不明智。選擇權價值 = 內在價值 + 時間價值。第一，提前執行相當於放棄了選擇權後半段的時間價值。第二，提前執行相當於用有收益的標的資產換無收益的標的資產。通俗地說，在到期前的任意時刻，提前執行無收益美式看漲選擇權，選擇權多頭得到 $(S - X)$。若不提前執行，選擇權多頭手中的選擇權價值等於內在價值 $(S - X)$ 乘 $\exp(-r(T-t))$ 加上時間價值。與其行權拿到股票，不如賣掉選擇權換得選擇權價格。對於分紅的股票，如果分紅 (股息) 大於損失的時間價值，可以提前執行。

以下程式可得到圖 6-4 和圖 6-5。

B2_Ch6_2.py

```
import matplotlib.pyplot as plt
import numpy as np
from scipy.stats import norm
```

```
def option_analytical(S0, vol, r, q, t, K, PutCall):
    d1 = (np.log(S0 / K) + (r - q + 0.5 * vol ** 2) * t) / (vol *
np.sqrt(t))
    d2 = (np.log(S0 / K) + (r - q - 0.5 * vol ** 2) * t) / (vol *
np.sqrt(t))
    price =  PutCall*S0 * np.exp(-q * t) * norm.cdf(PutCall*d1, 0.0, 1.0)
- PutCall* K * np.exp(-r * t) * norm.cdf(PutCall*d2, 0.0, 1.0)

    return price

    #Inputs
r = 0.085     #risk-free interest rate
q = 0.0       #dividend yield
K = 55        #strike price
vol = 0.45    #volatility
t_base = 2.0
PutCall = 1  #1 for call;-1 for put
spot = np.arange(0,100,1)  #initial underlying asset price
t= np.arange(0.00001, 2, 0.25)
NUM_COLORS = len(t)
cm = plt.get_cmap('bwr')
cm = plt.get_cmap('RdYlBu')
fig1 = plt.figure(1)
ax = fig1.add_subplot(111)

for i in range(len(t)):
    t_tmp = t[i]
    bs_price_call = option_analytical(spot, vol, r, q, t_tmp, K, PutCall = 1)
    lines = ax.plot(spot, bs_price_call, label='price')
    lines[0].set_color(cm(i/NUM_COLORS))

plt.xlabel("Stock price, S (USD)")
plt.ylabel("Euro call option price, C (USD)")
plt.gca().spines['right'].set_visible(False)
plt.gca().spines['top'].set_visible(False)
plt.grid(linestyle='--', axis='both', linewidth=0.25, color=[0.5,0.5,0.5])
plt.gca().legend(['T = 0.00 Yr','T = 0.25 Yr','T = 0.50 Yr','T = 0.75
Yr','T = 1.00 Yr','T = 1.25 Yr','T = 1.50 Yr','T = 1.75 Yr'],loc='upper
left')
```

```
fig2 = plt.figure(2)
ax = fig2.add_subplot(111)
for i in range(len(t)):
    t_tmp = t[i]
    bs_price_put = option_analytical(spot, vol, r, q, t_tmp, K, PutCall =
-1)
    lines = ax.plot(spot, bs_price_put, label='price')
    lines[0].set_color(cm(i/NUM_COLORS))

plt.xlabel("Stock price, S (USD)")
plt.ylabel("Euro put option price, P (USD)")
plt.gca().spines['right'].set_visible(False)
plt.gca().spines['top'].set_visible(False)
plt.grid(linestyle='--', axis='both', linewidth=0.25, color=[0.5,0.5,0.5])
plt.gca().legend(['T = 0.00 Yr','T = 0.25 Yr','T = 0.50 Yr','T = 0.75
Yr','T = 1.00 Yr','T = 1.25 Yr','T = 1.50 Yr','T = 1.75 Yr'],loc='upper
right')
```

以下程式可以得到圖 6-6，值得注意的是，BSM 模型不能用來計算可以提前執行的美式選擇權的價格，這裡用到了二元樹方法來為美式選擇權定價。有關二元樹的相關知識，讀者可以參考本書的第 5 章。

B2_Ch6_3.py

```
import matplotlib.pyplot as plt
import numpy as np

def Binomialtree(n, S0, K, r, q, vol, t, PutCall, EuropeanAmerican):
    deltaT = t/n
    u = np.exp(vol*np.sqrt(deltaT))
    d = 1./u
    p = (np.exp((r-q)*deltaT)-d) / (u-d)

    #Binomial price tree
    stockvalue = np.zeros((n+1,n+1))
    stockvalue[0,0] = S0
    for i in range(1,n+1):
        stockvalue[i,0] = stockvalue[i-1,0]*u
        for j in range(1,i+1):
```

```
            stockvalue[i,j] = stockvalue[i-1,j-1]*d

    #option value at final node
    optionvalue = np.zeros((n+1,n+1))
    for j in range(n+1):
        if PutCall=="Call": #Call
            optionvalue[n,j] = max(0, stockvalue[n,j]-K)
        elif PutCall=="Put": #Put
            optionvalue[n,j] = max(0, K-stockvalue[n,j])
    if deltaT != 0:
    #backward calculation for option price
        for i in range(n-1,-1,-1):
            for j in range(i+1):
                if EuropeanAmerican=="American":
                    if PutCall=="Put":
                        optionvalue[i,j] = max(0, K-stockvalue[i,j],
np.exp(-r*deltaT)*(p*optionvalue[i+1,j]+(1-p)*optionvalue[i+1,j+1]))
                    elif PutCall=="Call":
                        optionvalue[i,j] = max(0, stockvalue[i,j]-K,
np.exp(-r*deltaT)*(p*optionvalue[i+1,j]+(1-p)*optionvalue[i+1,j+1]))
                    else:
                        print("PutCall type not supported")
                elif EuropeanAmerican=="European":
                    if PutCall=="Put":
                        optionvalue[i,j] = max(0, np.exp(-r*deltaT)*
(p*optionvalue[i+1,j]+(1-p)*optionvalue[i+1,j+1]))
                    elif PutCall=="Call":
                        optionvalue[i,j] = max(0, np.exp(-r*deltaT)*
(p*optionvalue[i+1,j]+(1-p)*optionvalue[i+1,j+1]))
                    else:
                        print("PutCall type not supported")
                else:
                    print("Excercise type not supported")
    else:
        optionvalue[0,0] = optionvalue[n,j]

    return optionvalue[0,0]

    #Inputs
```

```
n = 50
r = 0.085   #risk-free interest rate
q = 0.0     #dividend yield
K = 55      #strike price
vol = 0.45  #volatility
t_base = 2.0
PutCall = 1 #1 for call;-1 for put
spot = np.arange(0,100,1)  #initial underlying asset price

t= np.arange(0.00001, 2, 0.25)
price_call = np.zeros(len(spot))
price_put = np.zeros(len(spot))

NUM_COLORS = len(t)
cm = plt.get_cmap('RdYlBu')
fig1 = plt.figure(1)
ax = fig1.add_subplot(111)

for i in range(len(t)):
    t_tmp = t[i]
    price_put = np.array([Binomialtree(n, S0, K, r, q, vol, t_tmp,
PutCall="Put", EuropeanAmerican="American") for S0 in spot])
    lines = ax.plot(spot, price_put, label='price')
    lines[0].set_color(cm(i/NUM_COLORS))

plt.xlabel("Stock price, S (USD)")
plt.ylabel("Am. put option price, P (USD)")
plt.gca().spines['right'].set_visible(False)
plt.gca().spines['top'].set_visible(False)
plt.grid(linestyle='--', axis='both', linewidth=0.25, color=[0.5,0.5,0.5])
plt.gca().legend(['T = 0.00 Yr','T = 0.25 Yr','T = 0.50 Yr','T = 0.75 Yr',
'T = 1.00 Yr','T = 1.25 Yr','T = 1.50 Yr','T = 1.75 Yr'],loc='upper right')
```

6.3 外匯選擇權

外匯選擇權 (foreign exchange option) 是以外匯為標的物的選擇權合約。交易外匯選擇權可以用來對沖短期現匯交易或海外股票倉位。

舉例來說，一家中國公司預計三個月後有一筆美金收入，公司希望鎖定以人民幣計價的利潤，但若美金升值，又可以按照市場價格賣美金。公司買入一份人民幣 / 美金的看漲選擇權，有權利 (但沒有義務) 在合約簽訂後的三個月內，以 6.5 的匯率水準賣出 50 萬美金；但如果到期時市場的美金價格更好，高於 6.5，公司可以放棄這個權利。由於這個權利使得公司在美金兌人民幣價格下跌時獲得了保障，同時保留了上升時的獲利，所以，公司需要付出選擇權費來購買這個權利。

選擇權費的計算可以利用外匯選擇權的定價模型。下面所用的選擇權費計算模型是由 Garman 和 Kohlhagen 基於 Black-Scholes 的選擇權定價模型發展而來的。外匯選擇權選擇權費的計算和以股票為標的物的選擇權類似，但由於涉及外匯交易中的專有名詞，使用時容易混淆輸入的變數。因此在介紹模型之前，先了解一下外匯交易中貨幣對的概念。

外匯交易中，貨幣總是以「成對」的形式出現，稱為貨幣對 (currency pair)。在本節開始的例子中，可以說是「用美金買入人民幣」，而專業人士則會採用術語：買入人民幣美金對 (CNY/USD) 或賣出美金人民幣對 (USD/CNY)。兩種說法是等價的。表 6-1 舉出常見的一些貨幣和對應的縮寫。

表 6-1　幾種常見貨幣及對應的縮寫

貨幣	貨幣程式	貨幣符號	國家 / 地區
人民幣	CNY	¥	中國
美金	USD	$	美國
歐元	EUR	€	歐洲
英鎊	GBP	£	英國
澳洲元	AUD	A$	澳洲
日元	JPY	￥	日本
加拿大元	CAD	C$	加拿大
紐西蘭元	NZD	NZ$	紐西蘭

貨幣	貨幣程式	貨幣符號	國家 / 地區
韓國元	KRW	₩	韓國
俄羅斯盧布	SUR	₽	俄羅斯
印度盧比	INR	₹	印度
巴西雷亞爾	BRL	R$	巴西
瑞士法郎	CHF	Fr	瑞士
瑞典克朗	SEK	kr	瑞典
墨西哥比索	MXN	$	墨西哥

USD/CNY 這個貨幣對表示的是：1 美金的貨幣，可以兌換成多少人民幣。假如當前 USD/CNY 的價格為：6.427，則表示 1 美金目前可以兌換 6.427 人民幣，為方便記憶，可以看作把 USD/CNY = 6.427 中的 CNY 移到等號右端，即 1USD = 6. 427 CNY。在貨幣對 USD/JPY 中，斜線左邊的美金 (USD) 代表基礎貨幣 (base currency)；斜線右邊的日元 (JPY) ，代表計價貨幣 (quote currency) 。對於任意貨幣對 FOR/DOM = X，它的含義是，購買一單位的基礎貨幣 FOR，需要花費 X 單位的計價貨幣 DOM。

下式為外匯歐式看漲選擇權和歐式看跌選擇權的定價公式。

$$\begin{cases} C = N(d_1)S\exp\left(-r_f\tau\right) - N(d_2)K\exp\left(-r_d\tau\right) \\ P = -N(-d_1)S\exp\left(-r_f\tau\right) + N(-d_2)K\exp\left(-r_d\tau\right) \end{cases} \tag{6-21}$$

其中，$N()$ 為標準正態分佈累積函數；S 為即期外匯匯率；r_d 為本幣 (domestic) 無風險利率；r_f 為外幣 (foreign) 無風險利率；τ 為到期時間；K 為外匯匯率的執行價格。

d_1 和 d_2 可以透過下式計算得到。

$$\begin{cases} d_1 = \dfrac{1}{\sigma\sqrt{\tau}}\left[\ln\left(\dfrac{S}{K}\right) + \left(r_d - r_f + \dfrac{\sigma^2}{2}\right)\tau\right] \\ d_2 = d_1 - \sigma\sqrt{\tau} \end{cases} \tag{6-22}$$

對比以股票作為標的的選擇權可以發現，股票選擇權中的無風險利率對應外匯選擇權中本幣的無風險利率；股票選擇權中的股票紅利對應外匯選擇權中外幣的無風險利率。

值得注意的是，外匯選擇權計算公式中，對於匯率的即期價格 S 和匯率的執行價格 K，引用時的規範是「購買一單位的外幣，需要花費多少單位的本幣」，最終的結果是本幣。下面舉出實例以便更進一步地解釋。

假設你買入了一份期限為 90 天的英鎊兌美金的歐式看跌選擇權。美金兌英鎊的市場價是 GBP/USD = 1.6，執行價格為 GBP/USD = 1.58，美金的年化無風險利率是 6.06%，英鎊的年化利率是 11.68%，波動性按 15% 計算，那麼這份看跌選擇權的價格是多少？

首先確定本幣和外幣，根據 GBP/USD = 1.6，1 單位英鎊兌換 1.6 單位美金，確定英鎊為外幣，美金為本幣，將相關變數代入公式，如以下程式所示，執行結果是 0.0472。注意它的含義是 0.0472 USD per GBP，即兌換每一單位的英鎊的權利金是 0.0472 美金。假設本例子中，英鎊的金額是 10 萬，那麼最終價格是 0.0472 USD/per GBP × 100000 GBP = 4720 USD。

執行以下程式可以得到上面的結果。

B2_Ch6_4.py

```
import numpy as np
from scipy.stats import norm

def option_analytical(S0, vol, r_d, r_f, t, K, PutCall):
    d1 = (np.log(S0 / K) + (r_d - r_f + 0.5 * vol ** 2) * t) / (vol * 
np.sqrt(t))
    d2 = (np.log(S0 / K) + (r_d - r_f - 0.5 * vol ** 2) * t) / (vol * 
np.sqrt(t))
    price =  PutCall*S0 * np.exp(-r_f * t) * norm.cdf(PutCall*d1, 0.0, 
1.0) - PutCall* K * np.exp(-r_d * t) * norm.cdf(PutCall*d2, 0.0, 1.0)

    return price
```

```
    #Inputs
S0 = 1.6   #spot price, units of domestic currency of one unit of foreign
currency
r_d = 0.0606 #domestic risk-free interest rate
r_f = 0.1168 #foreign risk-free interest rate
K = 1.58     #strike price, units of domestic currency of one unit of
foreign currency
vol = 0.15   #volatility
t = 90/365
PutCall = -1 #1 for call;-1 for put

bs_price = option_analytical(S0, vol, r_d, r_f, t, K, PutCall)
print('analytical Price: %.4f' % bs_price)
```

從外匯選擇權的定價模型可以看到，影響選擇權價格的主要因素有：選擇權的執行價格與市場即期匯率；到期時間 (距到期日之間的天數)；預期匯率波動性大小；貨幣對利率差。

6.4 期貨選擇權和債券選擇權

之前的章節介紹的都是現貨選擇權，下面將介紹期貨選擇權 (future option) 。期貨選擇權和現貨選擇權的主要區別是合約的標的資產，即現貨選擇權到期交割的是現貨商品，而期貨選擇權則是在到期時將選擇權合約轉為期貨合約。

債券選擇權 (bond option)，是以債券為標的物的選擇權，包括美式債券選擇權和歐式債券選擇權。雖然期貨選擇權和債券選擇權的標的物差別很大，它們都可以運用 BSM 系統中的 Black 模型來定價。Black 模型和 BSM 模型最大的不同是，它關注的是到期時刻變數的分佈 V_T，而不用考慮從零時刻到 T 時刻它所遵循的動態過程。

Black 模型由美國數學家 Fischer Black 於 1976 年提出。該模型最初用於為普通歐式期貨選擇權定價，1991 年 Fischer Black 第一次將其拓展到利率選擇權定價領域。

Black 模型對最基礎的利率選擇權產品──債券選擇權具有解析解。Black 模型假設變數 V_T (在本例中為債券價格) 在選擇權到期時刻 T 服從對數正態分佈 (log-normal distribution)，因此歐式債券看漲選擇權的定價公式為：

$$c = P(t_0, T)\left[F_0 N(d_1) - KN(d_2)\right] \tag{6-23}$$

其中：

$$\begin{cases} d_1 = \dfrac{\ln(F_0/K) + \sigma^2 \tau/2}{\sigma\sqrt{\tau}} \\ d_2 = \dfrac{\ln(F_0/K) - \sigma^2 \tau/2}{\sigma\sqrt{\tau}} = d_1 - \sigma\sqrt{\tau} \end{cases} \tag{6-24}$$

這裡，零時刻用 t_0 表示，$P(t_0, T)$ 代表到期時間為 T 的零息債券在零時刻的價格；t_0 距離到期時間 T 表示為 $\tau = T - t_0$。F_0 代表零時刻債券的遠期價格，K 為執行價格，σ 為債券遠期價格 F 的波動性。$N()$ 為標準正態分佈的累計機率分佈函數。

同樣地，歐式債券看跌選擇權的定價公式為：

$$p = P(t_0, T)\left[KN(-d_2) - F_0 N(-d_1)\right] \tag{6-25}$$

值得一提的是，市場上常見的利率衍生產品大都與債券選擇權有關，可贖回和可回售債券是內嵌了債券選擇權的普通債券，利率上限選擇權和利率下限選擇權可以拆解成零息債券選擇權的組合。由於利用 Black 模型的定價較為簡便，可以直接利用公式得到解析解，目前應用廣泛，是普通利率選擇權報價採用的標準市場模型。

期貨歐式看漲選擇權和歐式看跌選擇權的定價公式為：

$$\begin{cases} C = \exp(-r\tau)\left[N(d_1)F - N(d_2)K\right] \\ P = \exp(-r\tau)\left[-N(-d_1)F + N(-d_2)K\right] \end{cases} \tag{6-26}$$

其中，$N()$ 為標準正態分佈累積函數；F 為當前期貨價格；r 為無風險利率；τ 為到期時間。

d_1 和 d_2 可以透過下式計算得到。

$$\begin{cases} d_1 = \dfrac{1}{\sigma\sqrt{\tau}}\left[\ln\left(\dfrac{F}{K}\right) + \dfrac{\sigma^2}{2}\tau\right] \\ d_2 = d_1 - \sigma\sqrt{\tau} \end{cases} \tag{6-27}$$

其中，σ 為期貨價年化波動性；K 為選擇權執行價格。

6.5 數位選擇權

數位選擇權 (digital option) 也稱為二元選擇權 (binary option)，它也可以透過 BSM 模型得到解析解。常見的兩值選擇權有：現金或空手選擇權 (cash-or-nothing option) 和資產或空手選擇權 (cash-or-nothing option)。

相比歐式選擇權，具有同樣執行價格的數位選擇權，其投資者的收益更加直觀。以看漲選擇權為例，當到期標的物價格高於執行價格時，數位選擇權的投資者會得到事先約定的回報，否則其收入為零。投資者只需要判斷行情的方向，而不需要在意漲跌的幅度。

一般來說，在其他條件相同情況下，數位選擇權的價外選擇權要比傳統的價外選擇權便宜。這是因為價內選擇權期滿時，數位選擇權的收益是固定的。反之傳統選擇權在理論上講收益是無限的。通常它們也比數位選擇權有更大的時間價值。

先來看看現金或空手選擇權。如圖 6-7 所示，當 (歐式) 現金或空手看漲選擇權到期時，如果標的物資產價格低於執行價格 K 時，選擇權的收益為 0；當標的物資產價格高於執行價格 K 時，選擇權的收益為 Q，一些情況 Q 為 1。歐式現金或空手看漲選擇權理論價值的解析式為：

$$C(S,\tau) = Q \cdot N(d_2)\exp(-r\tau) \tag{6-28}$$

d_2 和歐式看漲選擇權的計算式一致。

$$d_2 = \frac{1}{\sigma\sqrt{\tau}}\left[\ln\left(\frac{S}{K}\right)+\left(r-\frac{\sigma^2}{2}\right)\tau\right] \tag{6-29}$$

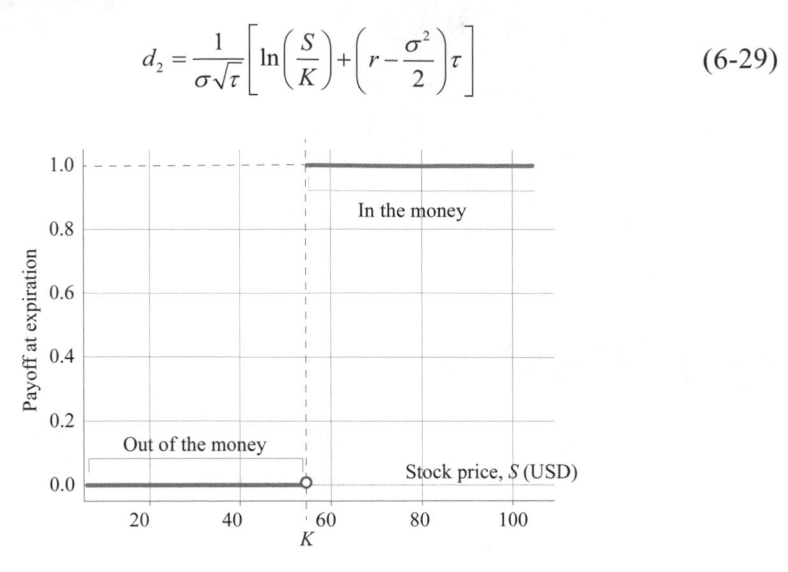

▲ 圖 6-7 現金或空手看漲選擇權到期收益線段

如圖 6-8 所示，(歐式) 現金或空手看跌選擇權理論價值到期時，如果標的物價格高於執行價格 K，該選擇權的收益為 0；如果標的物價格低於執行價格 K，選擇權收益為 Q，這裡 Q 為 1。現金或空手看跌選擇權理論價值的解析式為：

$$P(S,\tau) = Q\cdot N(-d_2)\exp(-r\tau) \tag{6-30}$$

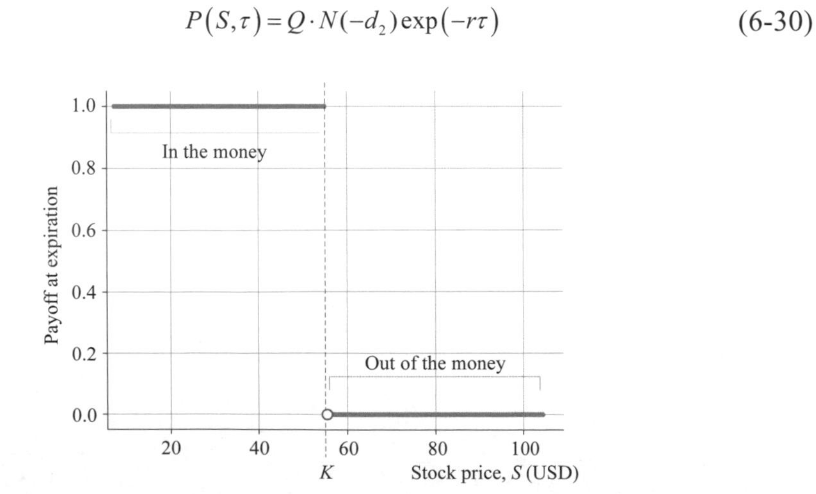

▲ 圖 6-8 現金或空手看跌選擇權到期收益線段

以下程式可以得到圖 6-7 和圖 6-8。

B2_Ch6_5.py

```
import matplotlib.pyplot as plt
import numpy as np
from scipy.stats import norm

def cash_or_nothing_analytical(S0, vol, r, q, t, K, Q, PutCall):
    if t == 0:
        price =  Q*np.array(PutCall*(S0-K)>=0,dtype =bool)
    elif t > 0:
        d2 = (np.log(S0 / K) + (r - q - 0.5 * vol ** 2) * t) / (vol *
np.sqrt(t))

        price =  Q*np.exp(-r * t) * norm.cdf(PutCall*d2, 0.0, 1.0)
    else:
        print("time to maturity should be greater or equal to zero")
    return price

    #Inputs
r = 0.085   #risk-free interest rate
q = 0.0     #dividend yield
K = 55      #strike price
vol = 0.45  #volatility
PutCall = 1 #1 for call;-1 for put
spot = np.arange(10,105,1)  #initial underlying asset price
Q = 1
t = 0

plt.figure(1)
price_call = cash_or_nothing_analytical(spot, vol, r, q, t, K, Q, PutCall
= 1)
plt.plot(spot, price_call, '.',label='price')

plt.xlabel("Stock price, S (USD)")
plt.ylabel("Payoff at expiration")
plt.grid(linestyle='--', axis='both', linewidth=0.25, color=[0.5,0.5,0.5])
plt.gca().spines['right'].set_visible(False)
plt.gca().spines['top'].set_visible(False)
```

```
plt.figure(2)
price_put = cash_or_nothing_analytical(spot, vol, r, q, t, K, Q, PutCall =
-1)
plt.plot(spot, price_put, '.',label='price')

plt.xlabel("Stock price, S (USD)")
plt.ylabel("Payoff at expiration")
plt.grid(linestyle='--', axis='both', linewidth=0.25, color=[0.5,0.5,0.5])
plt.gca().spines['right'].set_visible(False)
plt.gca().spines['top'].set_visible(False)
```

觀察數位選擇權的收益方程式會發現，標的價格從低於執行價格變為高於執行價格時，價值狀態會發生突變，即突然從價外變為價內。也就是說，接近到期日時，標的價格在執行價格附近徘徊，此時的 Delta 和 Gamma 會產生巨大的震盪，從而為風險管理工作帶來很大困擾，會給對沖帶來困難。

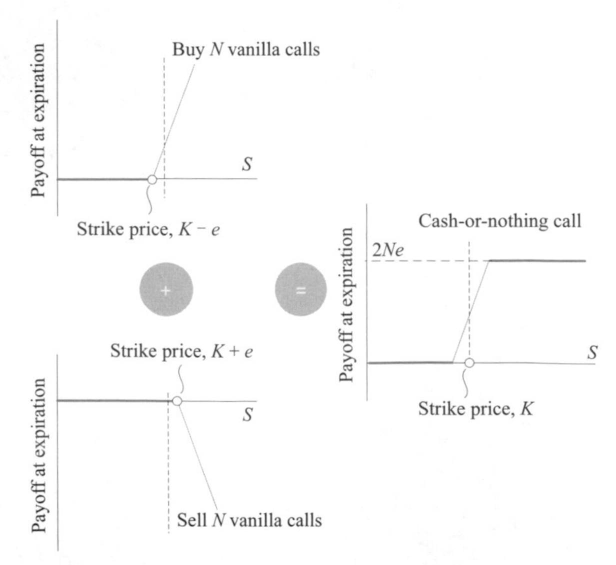

▲ 圖 6-9 現金或空手選擇權可以用價差選擇權近似

從風險管理的角度來看，現金或空手選擇權可以用價差選擇權 (call spread) 來複製。如圖 6-9 所示，在比執行價格 K 稍低的位置 K - e 買入 N

份看漲選擇權，在比執行價格稍高的位置 $K + e$ 全部賣出，便近似獲得了現金或空手看漲選擇權。

同樣地，可以用類似的方法得到現金或空手看跌選擇權。如圖 6-10 和圖 6-11 所示，e 的設定值越小，結果就越接近現金或空手選擇權。

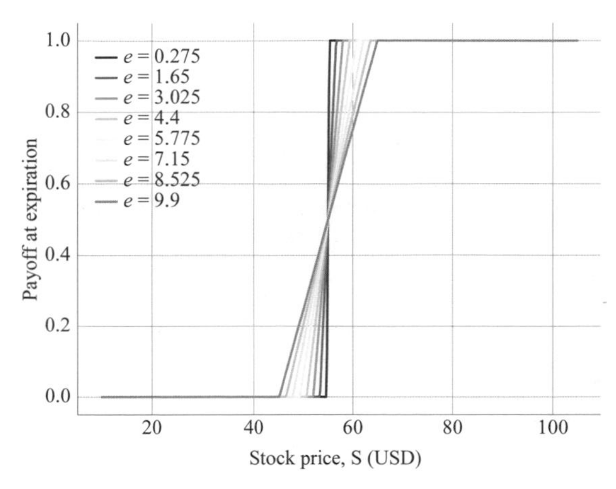

▲ 圖 6-10　用價差選擇權來複製現金或空手看漲選擇權

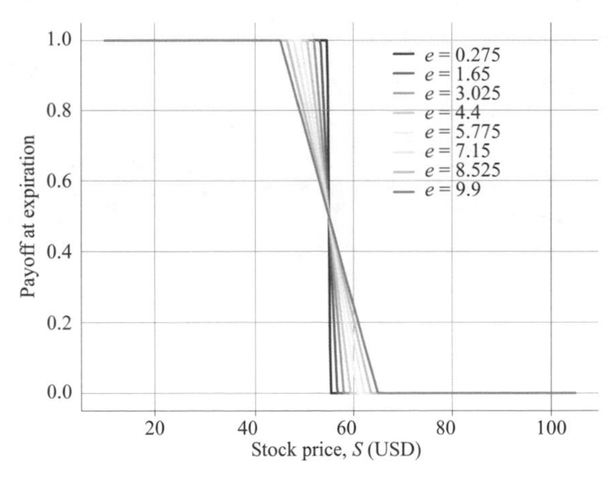

▲ 圖 6-11　用價差選擇權複製現金或空手看跌選擇權

以下程式可以得到圖 6-10 和圖 6-11。

B2_Ch6_6.py

```
import matplotlib.pyplot as plt
import numpy as np
from scipy.stats import norm

def option_analytical(S0, vol, r, q, t, K, PutCall):
    d1 = (np.log(S0 / K) + (r - q + 0.5 * vol ** 2) * t) / (vol *
np.sqrt(t))
    d2 = (np.log(S0 / K) + (r - q - 0.5 * vol ** 2) * t) / (vol *
np.sqrt(t))
    price =  PutCall*S0 * np.exp(-q * t) * norm.cdf(PutCall*d1, 0.0, 1.0)
- PutCall* K * np.exp(-r * t) * norm.cdf(PutCall*d2, 0.0, 1.0)

    return price

    #Inputs
r = 0.085     #risk-free interest rate
q = 0.0       #dividend yield
K = 55        #strike price
vol = 0.45    #volatility
PutCall = 1   #1 for call;-1 for put
spot = np.arange(10,105,0.2)  #initial underlying asset price
Q = 1
t = 0
EPSILO = 0.01*K
N = 0.5*Q/EPSILO
EPSILON = np.arange(0.005,0.2,0.025)*K

NUM_COLORS = len(EPSILON )
cm = plt.get_cmap('RdYlBu')
fig1 = plt.figure(1)
ax = fig1.add_subplot(111)

for i in range(len(EPSILON)):
    EPSILON_tmp = EPSILON[i]
    european_call_K1 = option_analytical(spot, vol, r, q, t,
K-EPSILON_tmp, PutCall =  1)
    european_call_K2 = option_analytical(spot, vol, r, q, t,
K+EPSILON_tmp, PutCall =  1)
```

```
    N_tmp = 0.5*Q/EPSILON_tmp
    lines = ax.plot(spot, N_tmp*european_call_K1-N_tmp*european_call_
K2,label='price')
    lines[0].set_color(cm(i/NUM_COLORS))
plt.xlabel("Stock price, S (USD)")
plt.ylabel("Payoff at expiration")
plt.grid(linestyle='--', axis='both', linewidth=0.25, color=[0.5,0.5,0.5])
plt.gca().spines['right'].set_visible(False)
plt.gca().spines['top'].set_visible(False)
plt.gca().legend(['e = 0.275','e = 1.65','e = 3.025','e = 4.4','e = 5.775',
'e = 7.15','e = 8.525','e = 9.9'],loc='upper left')

fig2 = plt.figure(2)
ax = fig2.add_subplot(111)

for i in range(len(EPSILON)):
    EPSILON_tmp = EPSILON[i]
    european_put_K1 = option_analytical(spot, vol, r, q, t,
K+EPSILON_tmp, PutCall =  -1)
    european_put_K2 = option_analytical(spot, vol, r, q, t,
K-EPSILON_tmp, PutCall =  -1)
    N_tmp = 0.5*Q/EPSILON_tmp
    lines = ax.plot(spot, N_tmp*european_put_K1-N_tmp*european_put_
K2,label='price')
    lines[0].set_color(cm(i/NUM_COLORS))
plt.xlabel("Stock price, S (USD)")
plt.ylabel("Payoff at expiration")
plt.grid(linestyle='--', axis='both', linewidth=0.25, color=[0.5,0.5,0.5])
plt.gca().spines['right'].set_visible(False)
plt.gca().spines['top'].set_visible(False)
plt.gca().legend(['e = 0.275','e = 1.65','e = 3.025','e = 4.4','e = 5.775',
'e = 7.15','e = 8.525','e = 9.9'],loc='upper right')
```

如圖 6-12 所示是現金或空手看漲選擇權理論價值曲線隨到期時間變化。越靠近到期時間，價值曲線越陡峭。低於執行價格 K 部分曲線 (OTM) ，不斷下降並靠近 0；高於執行價格 K 部分曲線 (ITM) ，不斷抬高並靠近 Q。在本例中，$Q = 10$。如圖 6-13 所示，看跌選擇權的價值隨到期時間變化曲線和看漲選擇權相反。

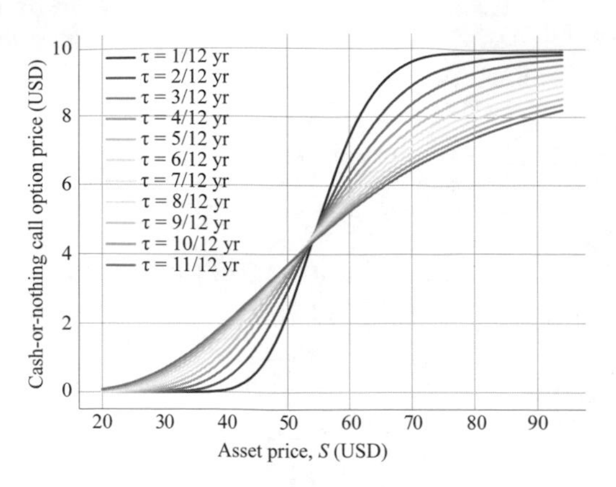

▲ 圖 6-12　現金或空手看漲選擇權理論價值曲線隨到期時間變化

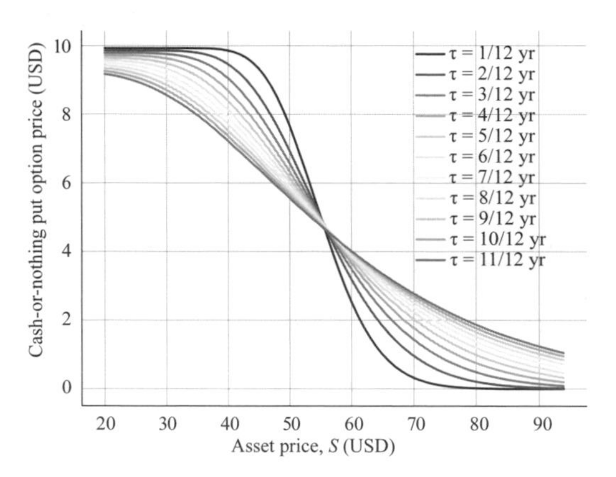

▲ 圖 6-13　現金或空手看跌選擇權理論價值曲線隨到期時間變化

以下程式可以獲得圖 6-12 和圖 6-13。

B2_Ch6_7.py

```
import matplotlib.pyplot as plt
import numpy as np
from scipy.stats import norm

def cash_or_nothing_analytical(S0, vol, r, q, t, K, Q, PutCall):
    if t == 0:
        price =  Q*np.array(S0>=K,dtype =bool)
    elif t > 0:
```

```
        d2 = (np.log(S0 / K) + (r - q - 0.5 * vol ** 2) * t) / (vol * 
np.sqrt(t))

        price =  Q*np.exp(-r * t) * norm.cdf(PutCall*d2, 0.0, 1.0)
    else:
        print("time to maturity should be greater or equal to zero")
    return price

    #Inputs
r = 0.085    #risk-free interest rate
q = 0.0      #dividend yield
K = 55       #strike price
vol = 0.45   #volatility
t_base = 2.0
PutCall = 1  #1 for call;-1 for put
spot = np.arange(20,95,1)  #initial underlying asset price
Q = 10
t= np.arange(1/12, 1, 1/12)

NUM_COLORS = len(t)
cm = plt.get_cmap('RdYlBu')
fig1 = plt.figure(1)
ax = fig1.add_subplot(111)

for i in range(len(t)):
    t_tmp = t[i]
    price_call = cash_or_nothing_analytical(spot, vol, r, q, t_tmp, K, Q, 
PutCall = 1)
    lines = ax.plot(spot, price_call, label='price')
    lines[0].set_color(cm(i/NUM_COLORS))

plt.xlabel("Asset price, S (USD)")
plt.ylabel("Cash-or-nothing call option price (USD)")
plt.gca().spines['right'].set_visible(False)
plt.gca().spines['top'].set_visible(False)
plt.grid(linestyle='--', axis='both', linewidth=0.25, color=[0.5,0.5,0.5])
plt.gca().legend(['T = 1/12 Yr','T = 2/12 Yr','T = 3/12 Yr','T = 4/12 Yr',
'T = 5/12 Yr','T = 6/12 Yr','T = 7/12 Yr','T = 8/12 Yr','T = 9/12 Yr',
'T = 10/12 Yr','T = 11/12 Yr'],loc='upper left')
```

```
fig2 = plt.figure(2)
ax = fig2.add_subplot(111)
for i in range(len(t)):
    t_tmp = t[i]
    price_put = cash_or_nothing_analytical(spot, vol, r, q, t_tmp, K, Q,
PutCall = -1)
    lines = ax.plot(spot, price_put, label='price')
    lines[0].set_color(cm(i/NUM_COLORS))

plt.xlabel("Asset price, S (USD)")
plt.ylabel("Cash-or-nothing put option price (USD)")
plt.gca().spines['right'].set_visible(False)
plt.gca().spines['top'].set_visible(False)
plt.grid(linestyle='--', axis='both', linewidth=0.25, color=[0.5,0.5,0.5])
plt.gca().legend(['T = 1/12 Yr','T = 2/12 Yr','T = 3/12 Yr','T = 4/12 Yr',
'T = 5/12 Yr','T = 6/12 Yr','T = 7/12 Yr','T = 8/12 Yr','T = 9/12 Yr',
'T = 10/12 Yr','T = 11/12 Yr'],loc='upper right')
```

如圖 6-14 和圖 6-15 所示是現金或空手看漲 / 看跌選擇權的 Delta 曲線隨到期時間的變化。Delta 衡量選擇權理論價值對標的物價格變化的一階敏感度，是一階偏導數或切線這樣的概念。從看漲選擇權的公式 (公式 (6-28)) 上看，$N(d_2)$ 一項是正態分佈的 CDF，看漲選擇權的價值隨 S 變化曲線形狀類似正態分佈 CDF 影像形狀。$N(d_2)$ 對 S 求偏導，某種程度上可以得到類似正態分佈的 PDF，如圖 6-14 所示的影像形狀也說明這一點。可以清楚看到，現金或空手看漲選擇權的 Delta 隨 S 變化曲線類似正態分佈的 PDF 影像。隨著選擇權不斷靠近到期時間，Delta 曲線的最大值不斷抬升。如圖 6-15 所示是現金或空手看跌選擇權 Delta 曲線隨時間變化的線簇。看跌選擇權的線簇相當於看漲選擇權線簇橫軸鏡像，可以看到隨著到期日的臨近，價平附近的 Delta 值激增。如圖 6-16 和圖 6-17 展示了用價差選擇權複製現金或空手看漲 / 看跌選擇權時，Delta 值隨到期時間的變化。對比圖 6-14 和圖 6-17，可以看出，利用價差選擇權複製的方法，Delta 值將有明顯下降，在馬上到達到期日時尤為顯著，從 3 下降到了 1.75。

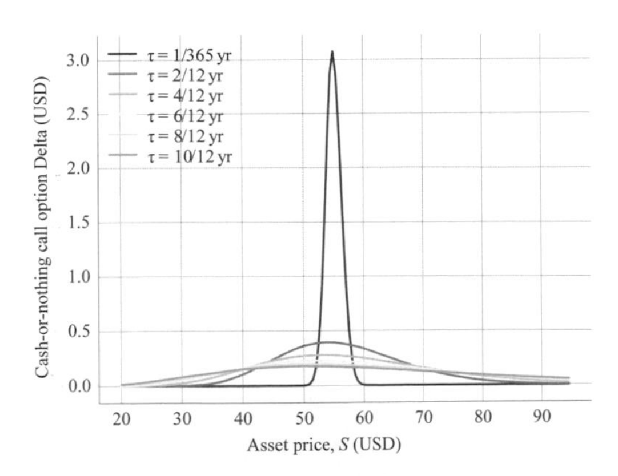

▲ 圖 6-14　現金或空手看漲選擇權 Delta 曲線隨到期時間變化

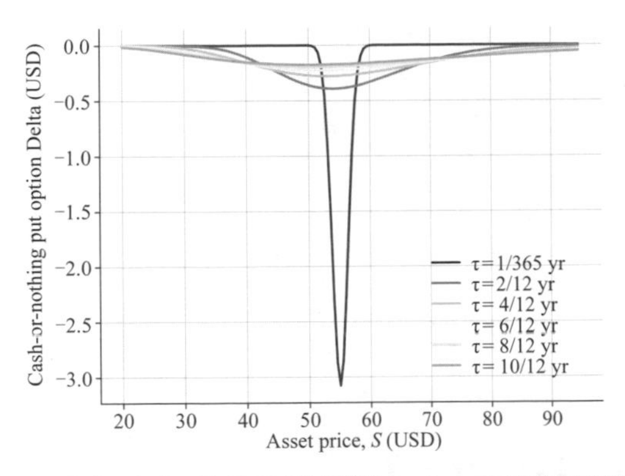

▲ 圖 6-15　現金或空手看跌選擇權 Delta 曲線隨到期時間變化

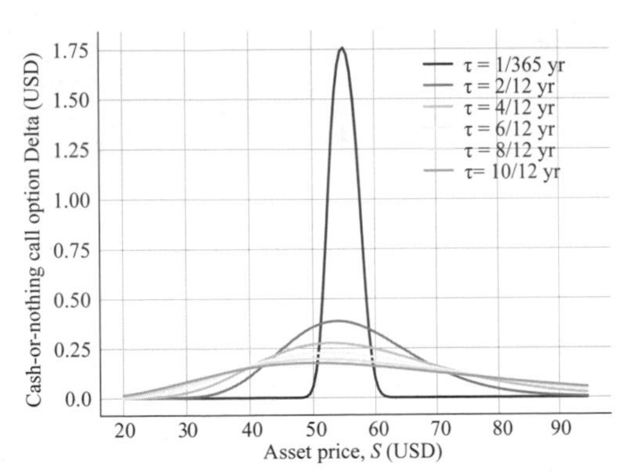

▲ 圖 6-16　現金或空手看漲選擇權 Delta 曲線隨到期時間變化，價差選擇權

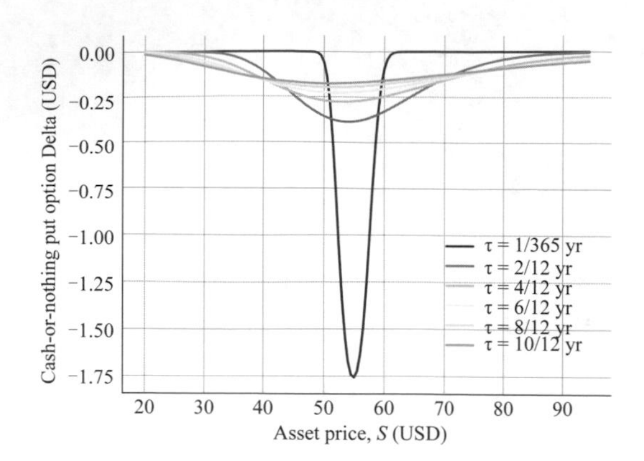

▲ 圖 6-17　現金或空手看跌選擇權 Delta 曲線隨到期時間變化，價差選擇權

以下程式可以獲得圖 6-14 和圖 6-15。

B2_Ch6_8.py

```
import matplotlib.pyplot as plt
import numpy as np
from scipy.stats import norm

def cash_or_nothing_delta(S0, vol, r, q, t, K, Q, PutCall):
    d2 = (np.log(S0 / K) + (r - q - 0.5 * vol ** 2) * t) / (vol * 
np.sqrt(t))
    delta =  PutCall*Q*np.exp(-r * t) * norm.pdf(PutCall*d2, 0.0, 1.0) / 
(vol*S0*np.sqrt(t))
    return delta

    #Inputs
r = 0.01    #risk-free interest rate
q = 0.0     #dividend yield
K = 55      #strike price
vol = 0.45  #volatility
t_base = 2.0
PutCall = 1 #1 for call;-1 for put
spot = np.arange(20,95,0.5)  #initial underlying asset price
Q = 10
t= np.arange(1/365, 1, 2/12)
```

```
NUM_COLORS = len(t)
cm = plt.get_cmap('RdYlBu')
fig1 = plt.figure(1)
ax = fig1.add_subplot(111)

for i in range(len(t)):
    t_tmp = t[i]
    delta_call = cash_or_nothing_delta(spot, vol, r, q, t_tmp, K, Q,
PutCall = 1)
    lines = ax.plot(spot, delta_call,label='delta')
    lines[0].set_color(cm(i/NUM_COLORS))

plt.xlabel("Asset price, S (USD)")
plt.ylabel("Cash-or-nothing call option delta (USD)")
plt.gca().spines['right'].set_visible(False)
plt.gca().spines['top'].set_visible(False)
plt.grid(linestyle='--', axis='both', linewidth=0.25, color=[0.5,0.5,0.5])
plt.gca().legend(['T=1/365 Yr','T=2/12 Yr','T=4/12 Yr','T=6/12Yr',
'T=8/12 Yr','T=10/12 Yr'],loc='upper left')

fig2 = plt.figure(2)
ax = fig2.add_subplot(111)
for i in range(len(t)):
    t_tmp = t[i]
    delta_put = cash_or_nothing_delta(spot, vol, r, q, t_tmp, K, Q,
PutCall = -1)
    lines = ax.plot(spot, delta_put, label='delta')
    lines[0].set_color(cm(i/NUM_COLORS))

plt.xlabel("Asset price, S (USD)")
plt.ylabel("Cash-or-nothing put option delta (USD)")
plt.gca().spines['right'].set_visible(False)
plt.gca().spines['top'].set_visible(False)
plt.grid(linestyle='--', axis='both', linewidth=0.25, color=[0.5,0.5,0.5])
plt.gca().legend(['T=1/365 Yr','T=2/12 Yr','T=4/12 Yr','T=6/12 Yr',
'T=8/12 Yr','T=10/12 Yr'],loc='lower left')
```

以下程式可以獲得圖 6-16 和圖 6-17。

B2_Ch6_9.py

```
import matplotlib.pyplot as plt
import numpy as np
from scipy.stats import norm

def option_delta(S0, vol, r, q, t, K, PutCall):
    d1 = (np.log(S0 / K) + (r - q + 0.5 * vol ** 2) * t) / (vol * np.sqrt(t))
    if PutCall == 1:
        delta = np.exp(-q * t) * norm.cdf(d1, 0.0, 1.0)
    else:
        delta = np.exp(-q * t) * (norm.cdf(d1, 0.0, 1.0) -1 )

    return delta
    #Inputs
r = 0.01     #risk-free interest rate
q = 0.0      #dividend yield
K = 55       #strike price
vol = 0.45   #volatility
t_base = 2.0
PutCall = 1 #1 for call;-1 for put
spot = np.arange(20,95,0.5)  #initial underlying asset price
Q = 10
t= np.arange(1/365, 1, 2/12)

EPSILO = 0.05*K
N = 0.5*Q/EPSILO
NUM_COLORS = len(t)
cm = plt.get_cmap('RdYlBu')
fig1 = plt.figure(1)
ax = fig1.add_subplot(111)

for i in range(len(t)):
    t_tmp = t[i]
    delta_call_K1 = option_delta(spot, vol, r, q, t_tmp, K - EPSILO, 
PutCall = 1)
    delta_call_K2 = option_delta(spot, vol, r, q, t_tmp, K + EPSILO, 
PutCall = 1)
    lines = ax.plot(spot, N*(delta_call_K1 - delta_call_K2)
,label='delta')
```

```
    lines[0].set_color(cm(i/NUM_COLORS))

plt.xlabel("Asset price, S (USD)")
plt.ylabel("replicating Cash-or-nothing call option delta (USD)")
plt.grid(linestyle='--', axis='both', linewidth=0.25, color=[0.5,0.5,0.5])
plt.gca().spines['right'].set_visible(False)
plt.gca().spines['top'].set_visible(False)
plt.gca().legend(['T=1/365 Yr','T=2/12 Yr','T=4/12 Yr','T=6/12 Yr',
'T=8/12 Yr','T=10/12 Yr'],loc='upper left')

fig2 = plt.figure(2)
ax = fig2.add_subplot(111)

for i in range(len(t)):
    t_tmp = t[i]
    delta_put_K1 = option_delta(spot, vol, r, q, t_tmp, K + EPSILO,
PutCall = -1)
    delta_put_K2 = option_delta(spot, vol, r, q, t_tmp, K - EPSILO,
PutCall = -1)
    lines = ax.plot(spot, N*(delta_put_K1 - delta_put_K2), label='delta')
    lines[0].set_color(cm(i/NUM_COLORS))

plt.xlabel("Asset price, S (USD)")
plt.ylabel("replicating Cash-or-nothing put option delta (USD)")
plt.grid(linestyle='--', axis='both', linewidth=0.25, color=[0.5,0.5,0.5])
plt.gca().spines['right'].set_visible(False)
plt.gca().spines['top'].set_visible(False)
plt.gca().legend(['T=1/365 Yr','T=2/12 Yr','T=4/12 Yr','T=6/12
Yr','T=8/12 Yr','T=10/12 Yr'],loc='lower left')
```

如圖 6-18 所示，資產或空手看漲選擇權到期時，如果標的物價格低於執行價格 K，選擇權的收益為 0；如果標的物價格高於執行價格 K，選擇權的收益就是資產價格本身。資產或空手看漲選擇權理論價值為：

$$C(S,\tau)=S\cdot N(d_1)\exp(-q\tau) \tag{6-31}$$

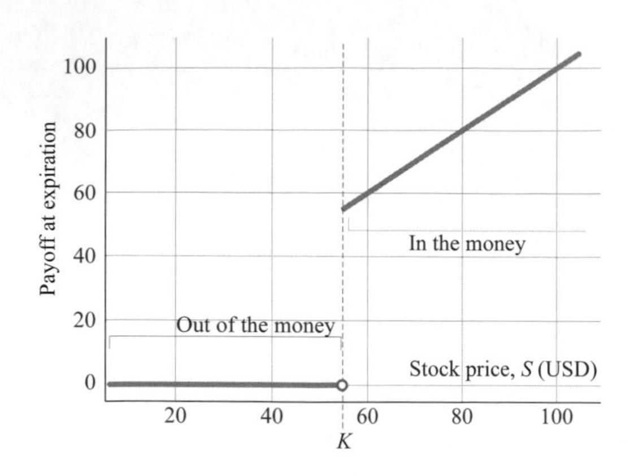

▲ 圖 6-18　資產或空手看漲選擇權到期收益線段

如圖 6-19 所示，資產或空手看跌選擇權到期時，如果標的物價格高於執行價格 K，選擇權的收益為 0；如果標的物價格低於執行價格 K，選擇權的收益就是資產價格本身。資產或空手看跌選擇權理論價值為：

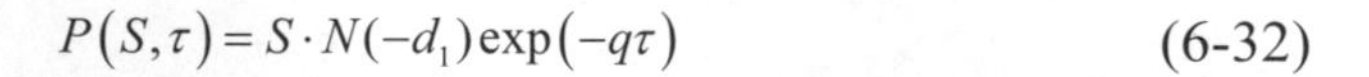

$$P(S,\tau)=S\cdot N(-d_1)\exp(-q\tau) \tag{6-32}$$

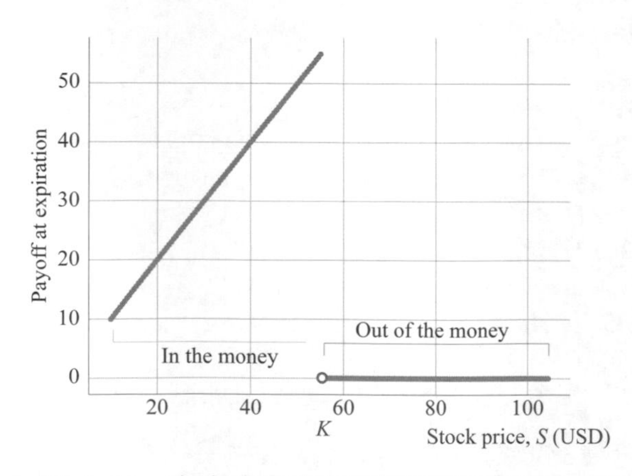

▲ 圖 6-19　資產或空手看跌選擇權到期收益線段

資產或空手看漲選擇權和現金或空手看漲選擇權可以組成歐式看漲選擇權。類似的，歐式看跌選擇權可以由資產或空手看跌和現金或空手看跌兩個選擇權組成。以下程式可以獲得圖 6-18 和圖 6-19 中的資產或空手看

漲 / 看跌選擇權圖形。請讀者參考前文自行撰寫程式，並自行研究資產或空手選擇權隨到期時間的變化。

B2_Ch6_10.py

```
import matplotlib.pyplot as plt
import numpy as np
from scipy.stats import norm

def asset_or_nothing_analytical(S0, vol, r, q, t, K, PutCall):
    if t == 0:
        price =  S0*np.array(PutCall*(S0-K)>=0,dtype =bool)
    elif t > 0:
        d1 = (np.log(S0 / K) + (r - q + 0.5 * vol ** 2) * t) / (vol *
np.sqrt(t))
        price =  S0*np.exp(-q * t) * norm.cdf(PutCall*d1, 0.0, 1.0)
    else:
        print("time to maturity should be greater or equal to zero")
    return price

    #Inputs
r = 0.085     #risk free interest rate
q = 0.0       #dividend yield
K = 55        #strike price
vol = 0.45    #volatility
PutCall = 1   #1 for call;-1 for put
spot = np.arange(10,105,0.2)  #initial underlying asset price
Q = K
t = 0

plt.figure(1)
asset_or_nothing_call = asset_or_nothing_analytical(spot, vol, r, q, t, K,
PutCall =  1)
plt.plot(spot, asset_or_nothing_call, '.',label='price')

plt.xlabel("Stock price, S (USD)")
plt.ylabel("Payoff at expiration")
plt.grid(linestyle='--', axis='both', linewidth=0.25, color=[0.5,0.5,0.5])
plt.gca().spines['right'].set_visible(False)
```

```
plt.gca().spines['top'].set_visible(False)

plt.figure(2)
asset_or_nothing_put = asset_or_nothing_analytical(spot, vol, r, q, t, K,
PutCall =  -1)
plt.plot(spot, asset_or_nothing_put, '.',label='price')

plt.xlabel("Stock price, S (USD)")
plt.ylabel("Payoff at expiration")
plt.grid(linestyle='--', axis='both', linewidth=0.25, color=[0.5,0.5,0.5])
plt.gca().spines['right'].set_visible(False)
plt.gca().spines['top'].set_visible(False)
```

本章以 BSM 定價模型為主軸，先後介紹了其在外匯選擇權和二元選擇權中的應用，以及影響選擇權價格的因素。另外，也介紹了 BSM 系統中的 Black 模型以及它在期貨選擇權和債券選擇權中的應用。毫無疑問，BSM 模型是量化金融領域中基石性的模型之一，但是在實際應用中，BSM 模型的相關假設往往得不到滿足。比如，標的物 (比如股票) 對數收益率並非絕對服從正態分佈，收益率經常存在肥尾現象。與此同時，現實中的無風險利率也隨著時間不斷變化，無風險利率期限結構也並非一成不變。使用 BSM 模型計算未來選擇權價格時，無論是歷史法估算的波動性或隱含波動性，還是標的物價格回報率的波動性均不滿足常數的假設。另外，交易費用、稅費和流動性風險也是實際中不能忽略的因素。在實際應用中，標的物並非無限可分，股息紅利派發也是經常存在的，而派發的時間點和金額對選擇權價格均有影響。除此之外，選擇權產品的多樣性及其交易方式的靈活性，比如美式和亞洲式等，並不能像歐式選擇權一樣直接應用 BSM 模型。雖然存在諸多的局限性，但是 BSM 模型仍然在金融領域內被廣泛應用，這也從另一方面展示了其獨特的地位。

希臘字母

在第 6 章 BSM 模型計算歐式選擇權理論價值基礎上，本章將透過介紹五個常見的希臘字母，探討選擇權的敏感性。

科學不去嘗試辯解，甚至幾乎從來不解讀，科學主要工作就是數學建模。模型是一種數學構造，基於少量語言說明，每個數學構造描述觀察到的現象。數學模型合理之處是它具有一定的普適性；此外，數學模型一般具有優美的形式——也就是不管它能解釋多少現象，它必須相當簡潔。

The sciences do not try to explain, they hardly even try to interpret, they mainly make models. By a model is meant a mathematical construct which, with the addition of certain verbal interpretations, describes observed phenomena. The justification of such a mathematical construct is solely and precisely that it is expected to work -that is correctly to describe phenomena from a reasonably wide area. Furthermore, it must satisfy certain esthetic criteria -that is, in relation to how much it describes, it must be rather simple.

——約翰．馮．諾依曼 (John von Neumann)

本章核心命令程式

- ax.contour() 繪製平面等高線
- ax.contourf() 繪製平面填充等高線
- ax.set_xlim() 設定 x 軸設定值範圍
- ax.zaxis._axinfo["grid"].update() 修改三維網格樣式
- norm.cdf() 計算標準正態分佈累積機率分佈值 CDF
- norm.pdf() 計算標準正態分佈機率分佈值 PDF
- np.linspace() 產生連續均勻向量數值
- np.vectorize() 向量化函數
- plot_wireframe() 繪製三維單色線方塊圖
- plt.rcParams["font.family"] = "Times New Roman" 修改圖片字型
- plt.rcParams["font.size"] = "10" 修改圖片字型大小

7.1 希臘字母

希臘字母 (Greeks) 或希臘值，常常用來度量和管理選擇權某種特定的風險。第 6 章介紹了由 BSM 模型得到的歐式選擇權價值的解析解，以此為基礎，本章將討論歐式選擇權常見的五個希臘值 ，即 Delta、Gamma、Theta、Vega 和 Rho 的解析解。

Delta 代表選擇權價格變動和標的資產價格變化的比率。Gamma 是選擇權 Delta 變化與標的資產價格變動的比率，相當於選擇權價值對標的物價格二階偏導數。Theta 代表選擇權價格變動和到期時間變化的比值。Vega 是選擇權價格變動與資產價格波動性變化的比率。Rho 為選擇權價格變化與無風險利率變化的比值。

表 7-1 舉出的是不考慮連續紅利 q 情況下，歐式選擇權希臘字母解析式。其中，d_1 和 d_2 可以透過下式計算得到。

$$\begin{cases} d_1 = \dfrac{1}{\sigma\sqrt{\tau}}\left[\ln\left(\dfrac{S}{K}\right)+\left(r+\dfrac{\sigma^2}{2}\right)\tau\right] \\ d_2 = d_1 - \sigma\sqrt{\tau} \end{cases} \tag{7-1}$$

表 7-1　歐式選擇權希臘字母解析式，不考慮連續紅利 q

希臘字母	歐式看漲選擇權	歐式看跌選擇權
Delta	$\dfrac{\partial C}{\partial S} = N(d_1)$	$\dfrac{\partial P}{\partial S} = N(d_1) - 1$
Gamma	$\dfrac{\partial^2 C}{\partial S^2} = \dfrac{\partial^2 P}{\partial S^2} = \dfrac{\phi(d_1)}{S\sigma\sqrt{\tau}}$	
Theta	$\dfrac{\partial C}{\partial t} = -\dfrac{\partial C}{\partial \tau} = -\dfrac{\sigma S}{2\sqrt{\tau}}\phi(d_1) - rK\exp(-r\tau)N(d_2)$	$\dfrac{\partial P}{\partial t} = -\dfrac{\partial P}{\partial \tau} = -\dfrac{\sigma S}{2\sqrt{\tau}}\phi(d_1) + rK\exp(-r\tau)N(-d_2)$
Vega	$\dfrac{\partial C}{\partial \sigma} = \dfrac{\partial P}{\partial \sigma} = S\sqrt{\tau}\phi(d_1)$	
Rho	$\dfrac{\partial C}{\partial r} = \tau K\exp(-r\tau)N(d_2)$	$\dfrac{\partial P}{\partial r} = -\tau K\exp(-r\tau)N(-d_2)$

表 7-2 舉出的是考慮連續紅利 q 情況下，歐式選擇權希臘字母解析式。其中，d_1 和 d_2 可以透過下式計算得到。

$$\begin{cases} d_1 = \dfrac{1}{\sigma\sqrt{\tau}}\left[\ln\left(\dfrac{S}{K}\right)+\left(r-q+\dfrac{\sigma^2}{2}\right)\tau\right] \\ d_2 = d_1 - \sigma\sqrt{\tau} \end{cases} \tag{7-2}$$

表 7-2　歐式選擇權希臘字母解析式，考慮連續紅利 q

希臘字母	歐式看漲選擇權	歐式看跌選擇權
Delta	$\dfrac{\partial C}{\partial S} = \exp(-q\tau)N(d_1)$	$\dfrac{\partial P}{\partial S} = -\exp(-q\tau)N(-d_1) = \exp(-q\tau)[N(d_1)-1]$
Gamma	$\dfrac{\partial^2 C}{\partial S^2} = \dfrac{\partial^2 P}{\partial S^2} = \exp(-q\tau)\dfrac{\phi(d_1)}{S\sigma\sqrt{\tau}}$	

希臘字母	歐式看漲選擇權	歐式看跌選擇權
Theta	$\frac{\partial C}{\partial t}=-\frac{\partial C}{\partial \tau}=-\frac{\sigma S\exp(-q\tau)}{2\sqrt{\tau}}\phi(d_1)+$ $qS\exp(-q\tau)N(d_1)-$ $rK\exp(-r\tau)N(d_2)$	$\frac{\partial P}{\partial t}=-\frac{\partial P}{\partial \tau}=-\frac{\sigma S\exp(-q\tau)}{2\sqrt{\tau}}\phi(d_1)-$ $qS\exp(-q\tau)N(-d_1)+$ $rK\exp(-r\tau)N(-d_2)$
Vega	$\frac{\partial C}{\partial \sigma}=\frac{\partial P}{\partial \sigma}=S\exp(-q\tau)\sqrt{\tau}\phi(d_1)$	
Rho	$\frac{\partial C}{\partial r}=\tau K\exp(-r\tau)N(d_2)$	$\frac{\partial P}{\partial r}=-\tau K\exp(-r\tau)N(-d_2)$

接下來將逐一介紹這五個希臘字母。

7.2 Delta

Delta 代表選擇權價格變動和標的物資產價格變化的比率，即選擇權價值 V 相對標的物價格 S 的一階偏導數。

$$\text{Delta}=\frac{\partial V}{\partial S} \tag{7-3}$$

Delta 較小時，代表標的物價格變化 ΔS 對選擇權價值變化 ΔV 的影響相對較小；Delta 較大時，代表標的物價格變化 ΔS 對選擇權價值變化 ΔV 的影響相對較大。以上表述對於若干選擇權頭寸組成的投資組合同樣適用。如果某個投資組合的 Delta 值為 0，則稱該投資組合 Delta 中性 (Delta neutral)。

如圖 7-1 所示為未到期歐式看漲選擇權價值和其 Delta 隨標的物價格變化趨勢。下面，我們推導考慮連續紅利的情況下，歐式看漲選擇權 Delta 的解析式。首先，求得 $N(d_1)$ 對 d_1 一階導數。

$$\frac{\mathrm{d}N(d_1)}{\mathrm{d}d_1}=\phi(d_1) \tag{7-4}$$

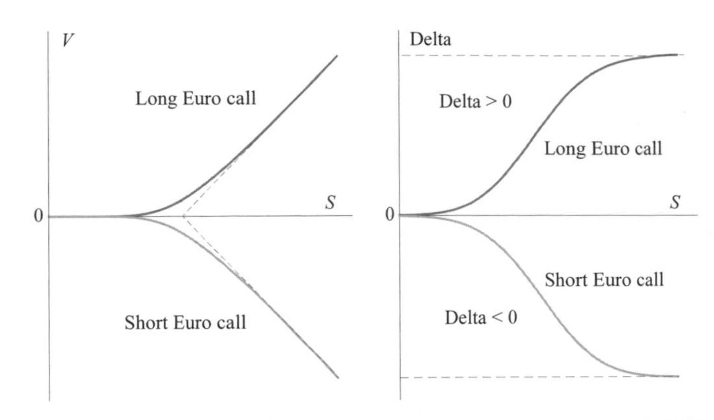

▲ 圖 7-1 歐式看漲選擇權理論價值和 Delta 隨標的物變化

其中，$\phi(d_1)$ 為標準正態分佈機率密度函數 (Probability density function, PDF)。然後，求得 $N(d_2)$ 對 d_2 一階導數。

$$
\begin{aligned}
\frac{\mathrm{d}N(d_2)}{\mathrm{d}d_2} &= \frac{1}{\sqrt{2\pi}}\exp\left(-\frac{1}{2}d_2^2\right) \\
&= \frac{1}{\sqrt{2\pi}}\exp\left(-\frac{d_1^2}{2}\right)\exp\left(\ln\left(\frac{S}{K}\right)+\left(r-q+\frac{\sigma^2}{2}\right)\tau\right)\exp\left(-\frac{\sigma^2\tau}{2}\right) \\
&= \frac{1}{\sqrt{2\pi}}\exp\left(-\frac{d_1^2}{2}\right)\frac{S}{K}\exp\left(\left(r-q\right)\tau\right) \\
&= \phi(d_1)\frac{S}{K}\exp\left(\left(r-q\right)\tau\right)
\end{aligned}
\tag{7-5}
$$

d_1 和 d_2 對 S 求一階偏導可以得到：

$$
\frac{\partial d_1}{\partial S} = \frac{\partial d_2}{\partial S} = \frac{1}{S\sigma\sqrt{\tau}}
\tag{7-6}
$$

對於歐式看漲選擇權，$\text{Delta}_{\text{call}}$ 為歐式看漲選擇權價值 C 對 S 的一階偏導數。

$$
\begin{aligned}
\text{Delta}_{\text{call}} &= \frac{\partial C}{\partial S} \\
&= \frac{\partial\left[N(d_1)S\exp(-q\tau)-N(d_2)K\exp(-r\tau)\right]}{\partial S} \\
&= \exp(-q\tau)N(d_1)+S\exp(-q\tau)\frac{\partial N(d_1)}{\partial S}-K\exp(-r\tau)\frac{\partial N(d_2)}{\partial S}
\end{aligned}
\tag{7-7}
$$

根據連鎖律，得：

$$\frac{dy}{dx}=\frac{dy}{du}\cdot\frac{du}{dv}\cdot\frac{dv}{dx} \tag{7-8}$$

應用該法則，可以整理 $\text{Delta}_{\text{call}}$，得：

$$\begin{aligned}\text{Delta}_{\text{call}} &= \exp(-q\tau)N(d_1)+S\exp(-q\tau)\frac{\partial N(d_1)}{\partial S}-K\exp(-r\tau)\frac{\partial N(d_2)}{\partial S}\\ &= \exp(-q\tau)N(d_1)+S\exp(-q\tau)\frac{\mathrm{d}N(d_1)}{\mathrm{d}d_1}\frac{\partial d_1}{\partial S}-K\exp(-r\tau)\frac{\mathrm{d}N(d_2)}{\mathrm{d}d_2}\frac{\partial d_2}{\partial S}\\ &= \exp(-q\tau)N(d_1)+S\exp(-q\tau)\phi(d_1)-K\exp(-r\tau)\phi(d_1)\frac{S}{K}\exp\left[(r-q)\tau\right]\\ &= \exp(-q\tau)N(d_1)\end{aligned} \tag{7-9}$$

如圖 7-2 所示為歐式看跌選擇權價值 P 和其 Delta 隨標的物價格變化趨勢。下面推導考慮連續紅利情況下歐式看跌選擇權的 Delta。

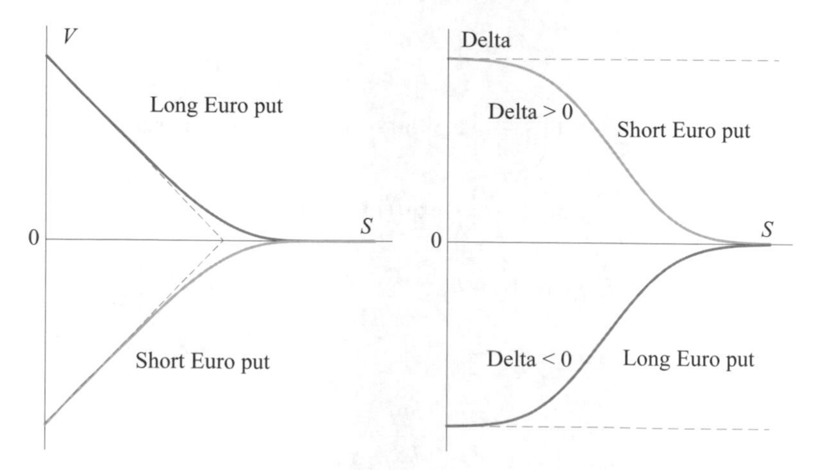

▲ 圖 7-2　歐式看跌選擇權理論價值和 Delta 隨標的物價格變化

首先，求得 $N(-d_1)$ 對 d_1 一階偏導數。

$$\frac{\partial N(-d_1)}{\partial d_1}=\frac{\partial\left[1-N(d_1)\right]}{\partial d_1}=-\phi(d_1) \tag{7-10}$$

然後，求得 $N(-d_2)$ 對 d_2 一階偏導數。

$$\begin{aligned}\frac{\partial N(-d_2)}{\partial d_2} &= \frac{\partial\left[1-N(d_2)\right]}{\partial d_2} \\ &= -\phi(d_1)\frac{S}{K}\exp\left[(r-q)\tau\right]\end{aligned} \tag{7-11}$$

利用連鎖律，歐式看跌選擇權的 Delta 可整理為：

$$\begin{aligned}\text{Delta}_{\text{put}} &= \frac{\partial P}{\partial S} \\ &= \frac{\partial\left[-N(-d_1)S\exp(-q\tau)+N(-d_2)K\exp(-r\tau)\right]}{\partial S} \\ &= -\exp(-q\tau)N(-d_1) - S\exp(-q\tau)\frac{\partial N(-d_1)}{\partial S} + K\exp(-r\tau)\frac{\partial N(-d_2)}{\partial S} \\ &= -\exp(-q\tau)N(-d_1) - S\exp(-q\tau)\frac{\partial N(-d_1)}{\partial d_1}\frac{\partial d_1}{\partial S} + K\exp(-r\tau)\frac{\partial N(-d_2)}{\partial d_2}\frac{\partial d_2}{\partial S} \\ &= -\exp(-q\tau)N(-d_1) + S\exp(-q\tau)\phi(d_1)\frac{1}{S\sigma\sqrt{\tau}} \\ &\quad -K\exp(-r\tau)\phi(d_1)\frac{S}{K}\exp((r-q)\tau)\frac{1}{S\sigma\sqrt{\tau}} \\ &= -\exp(-q\tau)N(-d_1) + \exp(-q\tau)\phi(d_1)\frac{1}{\sigma\sqrt{\tau}} - \phi(d_1)\exp(-q\tau)\frac{1}{\sigma\sqrt{\tau}} \\ &= -\exp(-q\tau)N(-d_1) = \exp(-q\tau)\left(N(d_1)-1\right)\end{aligned} \tag{7-12}$$

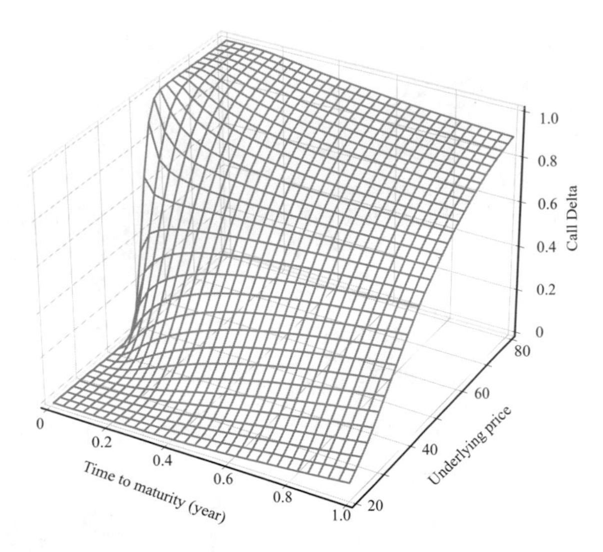

▲ 圖 7-3　歐式看漲選擇權 Delta 隨到期時間和標的物價格變化曲面

如圖 7-3 所示為歐式看漲選擇權 Delta 隨到期時間 τ 和標的物價格 S 的變化曲面。圖 7-3 中選擇權不考慮連續紅利，即 $q = 0$。

將圖 7-3 所示曲面投影在 τ-Delta 平面上，可以得到圖 7-4。如圖 7-4 彩色曲線所示為不同標的物價格條件下，歐式看漲選擇權 Delta 隨到期時間 τ 變化趨勢。可以發現：當看漲選擇權處於虛值 OTM (Out of The Money) 時，隨著選擇權接近到期，即 τ 不斷減小，歐式看漲選擇權 Delta 不斷接近 0；看漲選擇權處於實值 ITM (In The Money) 時，隨著 τ 不斷減小，歐式看漲選擇權 Delta 不斷接近 0。

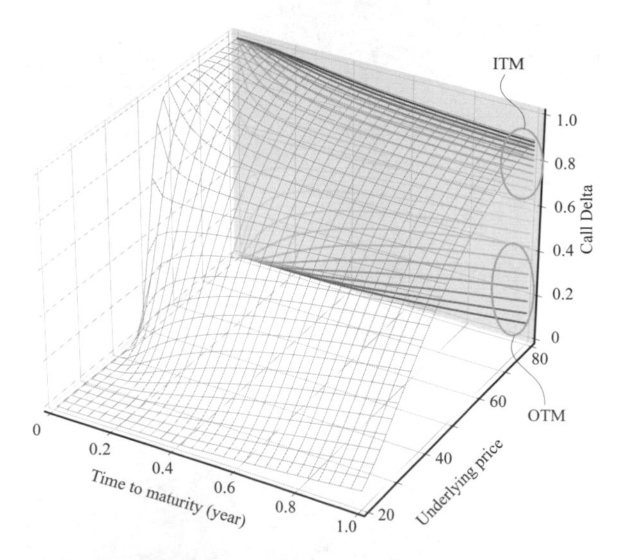

▲ 圖 7-4　歐式看漲選擇權 Delta 隨到期時間和標的物價格變化曲面，投影到 τ-Delta 平面

將圖 7-3 所示曲面投影在 S-Delta 平面上，可以得到圖 7-5。如圖 7-5 彩色曲線所示為不同到期時間條件下，歐式看漲選擇權 Delta 隨標的物價格 S 變化曲線。觀察圖 7-5 彩色曲線，可以發現隨著 τ 不斷減小，在執行價格 $K = 50$ 附近，Delta 的變化越來越劇烈。

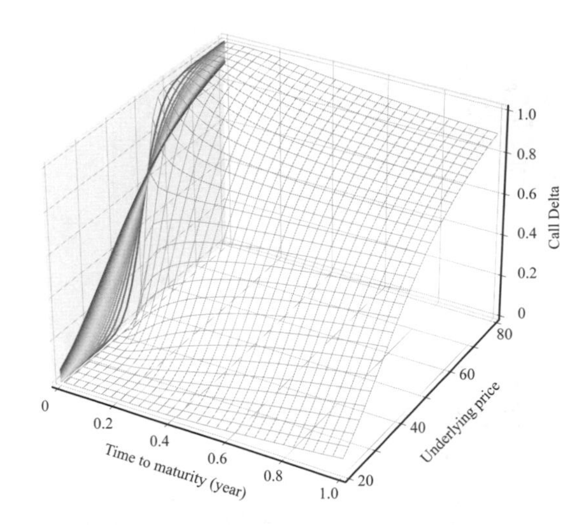

▲ 圖 7-5 歐式看漲選擇權 Delta 隨到期時間和標的物價格變化曲面，投影到 S-Delta 平面

將圖 7-3 所示曲面投影在 τ-S 平面上，可以得到圖 7-6。如圖 7-6 彩色曲線所示為歐式看漲選擇權 Delta 等高線。圖 7-7 提供了更方便地觀察圖 7-6 等高線視覺化方案。圖 7-7 中黑色曲線為 Delta = 0.5 的等高線。可以發現隨著 τ 不斷減小，Delta = 0.5 的等高線不斷接近選擇權執行價格 K = 50。

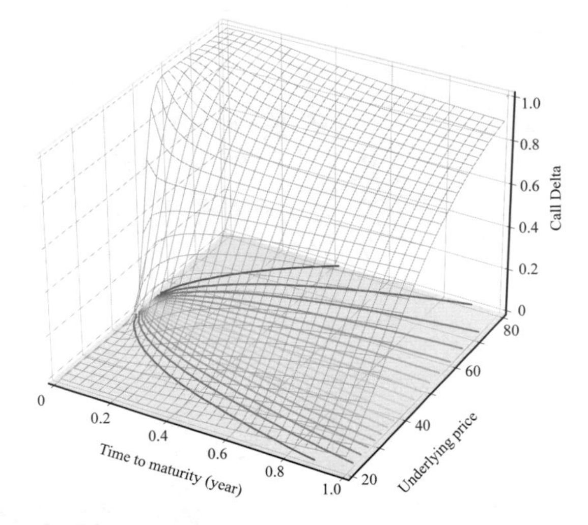

▲ 圖 7-6 歐式看漲選擇權 Delta 隨到期時間和標的物價格變化曲面，投影到 τ-S 平面

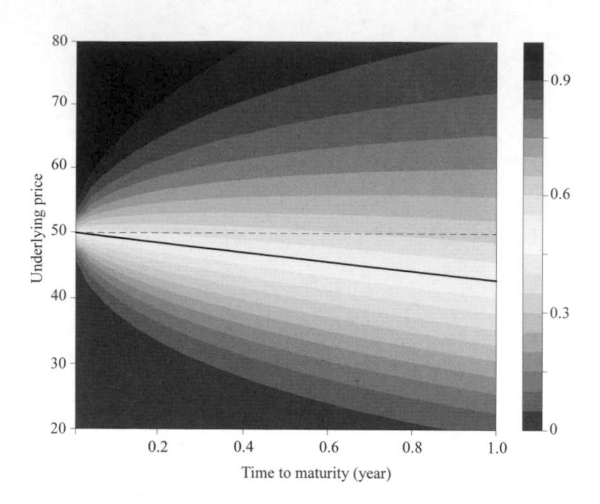

▲ 圖 7-7　歐式看漲選擇權 Delta 隨到期時間和標的物價格變化平面等高線

不考慮連續紅利 q 時，歐式看漲選擇權和歐式看跌選擇權 Delta 的關係為：

$$\begin{aligned}\text{Delta}_{\text{call}} - \text{Delta}_{\text{put}} &= N(d_1) - \left(N(d_1) - 1\right) \\ &= 1\end{aligned} \tag{7-13}$$

如圖 7-8 比較了歐式看漲選擇權和歐式看跌選擇權 Delta 曲面。

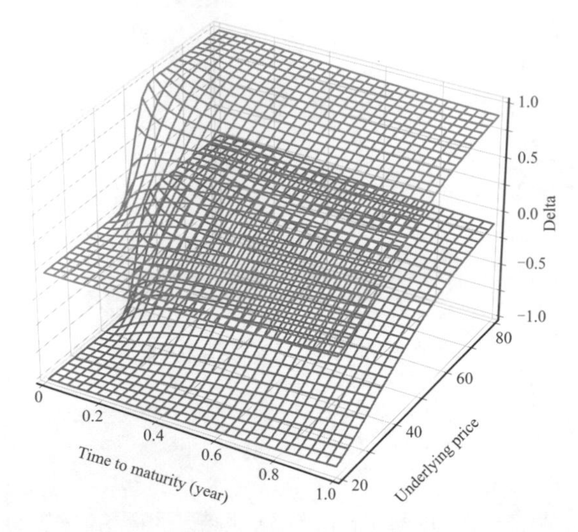

▲ 圖 7-8　比較歐式看漲 / 看跌選擇權 Delta 曲面

圖 7-8 中藍色曲面為歐式看漲選擇權 Delta，紅色曲面為歐式看跌選擇權 Delta。考慮連續紅利 q 時，歐式看漲選擇權和歐式看跌選擇權 Delta 的關係為：

$$\begin{aligned}\text{Delta}_{\text{call}} - \text{Delta}_{\text{put}} &= \exp(-q\tau)N(d_1) - \exp(-q\tau)(N(d_1)-1) \\ &= \exp(-q\tau)\end{aligned} \tag{7-14}$$

注意，對於美式選擇權和許多種類的奇異選擇權，選擇權 Delta 並不存在解析解，因此，需要透過數值方法來計算選擇權 Delta。

以下程式可以獲得圖 7-3 ～圖 7-8。

B2_Ch7_1.py

```
import math
import numpy as np
import matplotlib as mpl
import matplotlib.pyplot as plt
from scipy.stats import norm
from mpl_toolkits.mplot3d import axes3d
import matplotlib.tri as tri
from matplotlib import cm

#Delta of European option

def blsdelta(St, K, tau, r, vol, q):
    '''
    St: current price of underlying asset
    K:  strike price
    tau: time to maturity
    r: annualized risk-free rate
    vol: annualized asset price volatility
    '''

    d1 = (math.log(St / K) + (r - q + 0.5 * vol ** 2)\
          *tau) / (vol * math.sqrt(tau));
    d2 = d1 - vol*math.sqrt(tau);
    Delta_call  = norm.cdf(d1, loc=0, scale=1)*math.exp(-q*tau)
    Delta_put   = -norm.cdf(-d1, loc=0, scale=1)*math.exp(-q*tau)
```

```
    return Delta_call, Delta_put


#Initialize
tau_array = np.linspace(0.01,1,30);
St_array  = np.linspace(20,80,30);
tau_Matrix,St_Matrix = np.meshgrid(tau_array,St_array)

Delta_call_Matrix = np.empty(np.size(tau_Matrix))
Delta_put_Matrix  = np.empty(np.size(tau_Matrix))

K = 50;     #strike price
r = 0.03;   #risk-free rate
vol = 0.5;  #volatility
q = 0;      #continuously compounded yield of the underlying asset

blsdelta_vec = np.vectorize(blsdelta)
Delta_call_Matrix, Delta_put_Matrix = blsdelta_vec(St_Matrix, K,
tau_Matrix, r, vol, q)

#%% plot Delta surface of European call option

plt.close('all')

fig = plt.figure()
ax = fig.add_subplot(111, projection='3d')

ax.plot_wireframe(tau_Matrix, St_Matrix, Delta_call_Matrix)

plt.show()
plt.tight_layout()
ax.set_xlabel('Time to maturity')
ax.set_ylabel('Underlying price')
ax.set_zlabel('Call Delta')

ax.xaxis._axinfo["grid"].update({"linewidth":0.25, "linestyle" : ":"})
ax.yaxis._axinfo["grid"].update({"linewidth":0.25, "linestyle" : ":"})
ax.zaxis._axinfo["grid"].update({"linewidth":0.25, "linestyle" : ":"})
```

```
ax.set_xlim(0, 1)
ax.set_ylim(St_array.min(), St_array.max())
ax.set_zlim(Delta_call_Matrix.min(),Delta_call_Matrix.max())

#%% Call Delta surface projected to tau-Gamma

fig = plt.figure()
ax = fig.gca(projection='3d')

ax.plot_wireframe(tau_Matrix, St_Matrix, Delta_call_Matrix,
color = [0.5,0.5,0.5], linewidth=0.5)

ax.contour(tau_Matrix, St_Matrix, Delta_call_Matrix, levels = 20,
zdir='y', \
            offset=St_array.max(), cmap=cm.coolwarm)

#cbar = fig.colorbar(csetf, ax=ax,orientation='horizontal')
cbar.set_label('Call Theta')

ax.set_xlim(0, 1)
ax.set_ylim(St_array.min(), St_array.max())
ax.set_zlim(Delta_call_Matrix.min(),Delta_call_Matrix.max())

ax.xaxis._axinfo["grid"].update({"linewidth":0.25, "linestyle" : ":"})
ax.yaxis._axinfo["grid"].update({"linewidth":0.25, "linestyle" : ":"})
ax.zaxis._axinfo["grid"].update({"linewidth":0.25, "linestyle" : ":"})

ax.set_xlabel('Time to maturity (year)')
ax.set_ylabel('Underlying price')
ax.set_zlabel('Call Delta')
plt.rcParams["font.family"] = "Times New Roman"
plt.rcParams["font.size"] = "10"

plt.tight_layout()
plt.show()

#%% Call Delta surface projected to tau-Gamma

fig = plt.figure()
```

```
ax = fig.gca(projection='3d')

ax.plot_wireframe(tau_Matrix, St_Matrix, Delta_call_Matrix,
color = [0.5,0.5,0.5], linewidth=0.5)

ax.contour(tau_Matrix, St_Matrix, Delta_call_Matrix, levels = 20, zdir='x', \
          offset=0, cmap=cm.coolwarm)
#ax.contour(tau_Matrix, St_Matrix, Gamma_Matrix, levels = 20, zdir='x', \
#           cmap=cm.coolwarm)


ax.set_xlim(0, 1)
ax.set_ylim(St_array.min(), St_array.max())
ax.set_zlim(Delta_call_Matrix.min(),Delta_call_Matrix.max())

ax.xaxis._axinfo["grid"].update({"linewidth":0.25, "linestyle" : ":"})
ax.yaxis._axinfo["grid"].update({"linewidth":0.25, "linestyle" : ":"})
ax.zaxis._axinfo["grid"].update({"linewidth":0.25, "linestyle" : ":"})

ax.set_xlabel('Time to maturity (year)')
ax.set_ylabel('Underlying price')
ax.set_zlabel('Call Delta')
plt.rcParams["font.family"] = "Times New Roman"
plt.rcParams["font.size"] = "10"

plt.tight_layout()
plt.show()

#%% Call Delta surface projected to tau-S

fig = plt.figure()
ax = fig.gca(projection='3d')

ax.plot_wireframe(tau_Matrix, St_Matrix, Delta_call_Matrix,
color = [0.5,0.5,0.5], linewidth=0.5)

ax.contour(tau_Matrix, St_Matrix, Delta_call_Matrix, levels = 20, zdir='z', \
          offset=0, cmap=cm.coolwarm)
```

```
ax.set_xlim(0, 1)
ax.set_ylim(St_array.min(), St_array.max())
ax.set_zlim(Delta_call_Matrix.min(),Delta_call_Matrix.max())

ax.xaxis._axinfo["grid"].update({"linewidth":0.25, "linestyle" : ":"})
ax.yaxis._axinfo["grid"].update({"linewidth":0.25, "linestyle" : ":"})
ax.zaxis._axinfo["grid"].update({"linewidth":0.25, "linestyle" : ":"})

ax.set_xlabel('Time to maturity (year)')
ax.set_ylabel('Underlying price')
ax.set_zlabel('Call Delta')
plt.rcParams["font.family"] = "Times New Roman"
plt.rcParams["font.size"] = "10"

plt.tight_layout()
plt.show()

#%% contour map of Call Delta

fig, ax = plt.subplots()

cntr2 = ax.contourf(tau_Matrix, St_Matrix, Delta_call_Matrix,
levels = np.linspace(0,1,21), cmap="RdBu_r")

fig.colorbar(cntr2, ax=ax)

ax.contour(tau_Matrix, St_Matrix, Delta_call_Matrix,
levels = [0.5], colors='k', linewidths = 2)

plt.subplots_adjust(hspace=0.5)
plt.show()
ax.set_xlabel('Time to maturity (year)')
ax.set_ylabel('Underlying price')

plt.rcParams["font.family"] = "Times New Roman"
plt.rcParams["font.size"] = "10"
#%% Compare Call vs Put Delta

fig = plt.figure()
```

```
ax = fig.add_subplot(111, projection='3d')

ax.plot_wireframe(tau_Matrix, St_Matrix, Delta_call_Matrix)
ax.plot_wireframe(tau_Matrix, St_Matrix, Delta_put_Matrix,color = 'r')

plt.show()
plt.tight_layout()
ax.set_xlabel('Time to maturity')
ax.set_ylabel('Underlying price')
ax.set_zlabel('Delta')

ax.xaxis._axinfo["grid"].update({"linewidth":0.25, "linestyle" : ":"})
ax.yaxis._axinfo["grid"].update({"linewidth":0.25, "linestyle" : ":"})
ax.zaxis._axinfo["grid"].update({"linewidth":0.25, "linestyle" : ":"})

ax.set_xlim(0, 1)
ax.set_ylim(St_array.min(), St_array.max())
ax.set_zlim(Delta_put_Matrix.min(),Delta_call_Matrix.max())
```

7.3 Gamma

Gamma 是選擇權 Delta 變化與標的物資產價格變動的比率，即 Delta 相對標的物價格 S 的一階偏導數；也就是選擇權價值對標的物價格 S 的二階偏導數。Gamma 的絕對值較小時，Delta 變化相對緩慢；而 Gamma 的絕對值較大時，Delta 變化相對劇烈。

下面的數學式展示了求解 $\text{Delta}_{\text{call}}$ 對 S 的一階偏導，得到歐式看漲選擇權 Gamma 的推導過程。

$$\begin{aligned}\text{Gamma}_{\text{call}} &= \frac{\partial^2 C}{\partial S^2} = \frac{\partial\left(\text{Delta}_{\text{call}}\right)}{\partial S} \\ &= \frac{\partial\left(\exp\left(-q\tau\right)N(d_1)\right)}{\partial S} \\ &= \exp\left(-q\tau\right)\frac{\partial N(d_1)}{\partial d_1}\frac{\partial d_1}{\partial S} = \exp\left(-q\tau\right)\frac{\phi(d_1)}{S\sigma\sqrt{\tau}}\end{aligned} \tag{7-15}$$

如圖 7-9 所示為歐式看漲選擇權 Delta 和 Gamma 隨標的物價格變化的曲線圖。

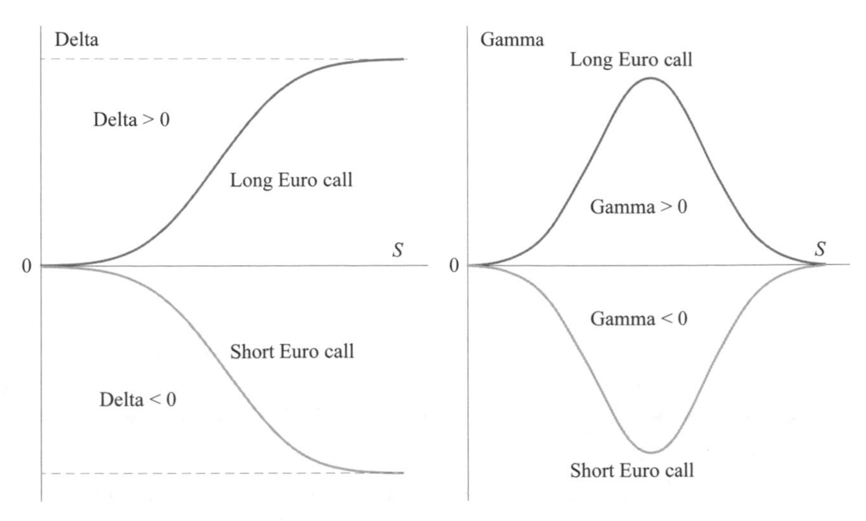

▲ 圖 7-9　歐式看漲選擇權 Delta 和 Gamma 隨標的物價格變化

同理，求解歐式看跌選擇權 Gamma 的數學式為：

$$
\begin{aligned}
\text{Gamma}_{\text{call}} &= \frac{\partial^2 P}{\partial S^2} = \frac{\partial\left(\text{Delta}_{\text{put}}\right)}{\partial S} \\
&= \frac{\partial\left(\exp(-q\tau)\left(N(d_1)-1\right)\right)}{\partial S} \\
&= \exp(-q\tau)\frac{\partial N(d_1)}{\partial d_1}\frac{\partial d_1}{\partial S} = \exp(-q\tau)\frac{\phi(d_1)}{S\sigma\sqrt{\tau}}
\end{aligned}
\tag{7-16}
$$

可以發現參數一致的情況下，歐式看漲選擇權和歐式看跌選擇權的 Gamma 值一致。如圖 7-10 所示為歐式看跌選擇權 Delta 和 Gamma 隨標的物價格變化的曲線圖。

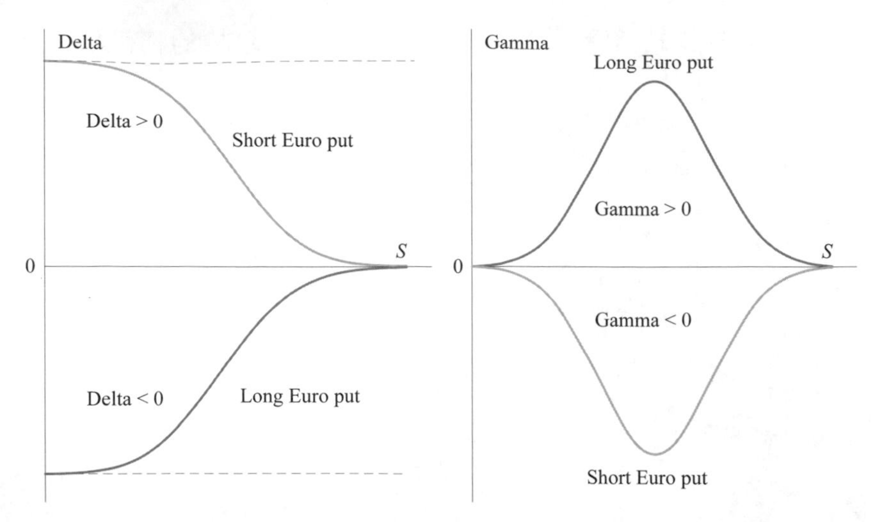

▲ 圖 7-10　歐式看跌選擇權 Delta 和 Gamma 隨標的物價格變化

如圖 7-11 所示為歐式看漲 / 看跌選擇權 Gamma 隨到期時間和標的物價格變化的曲面。將圖 7-11 投影到 τ-Delta 平面獲得如圖 7-12 所示的一系列彩色曲線，這些曲線代表不同到期時間，Gamma 隨標的物價格變化趨勢。越靠近到期時間，即 τ 越靠近 0，Gamma 的最大值越大，在執行價格 K 附近，Gamma 達到極值。

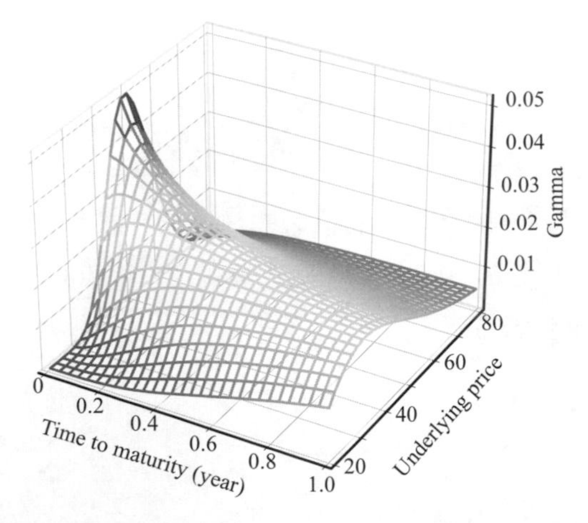

▲ 圖 7-11　歐式看漲 / 看跌選擇權 Gamma 隨到期時間和標的物價格變化曲面

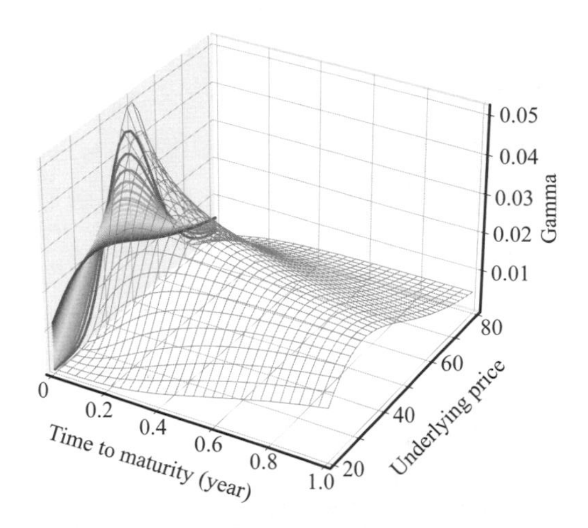

▲ 圖 7-12 歐式看漲 / 看跌選擇權 Gamma 隨到期時間和標的物價格變化曲面，投影到 τ-Delta 平面

將圖 7-11 投影到 S-Delta 平面獲得如圖 7-13 所示一系列彩色曲線。這些曲線代表不同標的物資產價格條件下，Gamma 隨到期時間變化趨勢。當標的物價格處於 OTM 和 ITM 時，隨著 τ 減小，Gamma 先增大後減小；而標的物資產價格處於 ATM 附近時，隨著 τ 減小，Gamma 不斷增大。

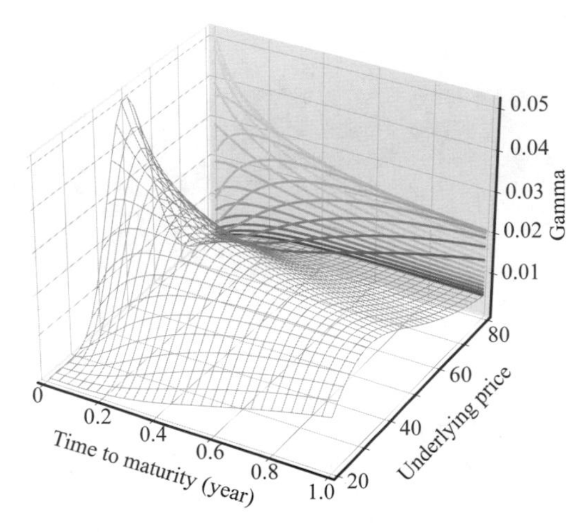

▲ 圖 7-13 歐式看漲 / 看跌選擇權 Gamma 隨到期時間和標的物價格變化曲面，投影到 S-Delta 平面

如圖 7-14 所示為圖 7-11 曲面投影到 τ-S 平面上得到的一系列等高線。圖 7-15 為這個等高線另外一種視覺化方案。圖 7-15 中紅色區域 Gamma 更大，這表示，對於選擇權而言，越靠近到期時間，且標的物價格在執行價格 K 附近，選擇權的價值對於標的物價格變動越敏感。

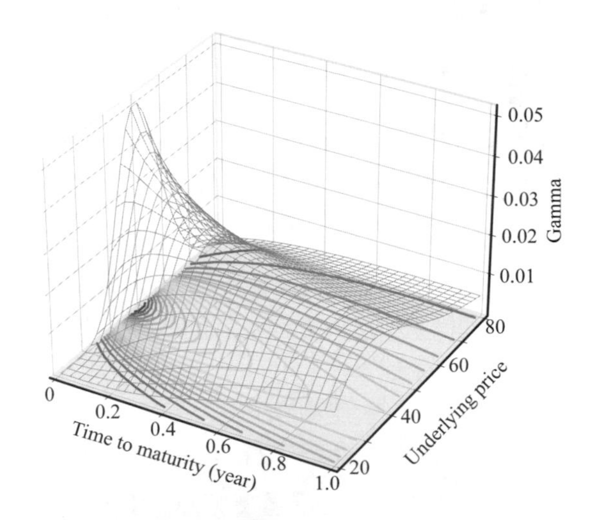

▲ 圖 7-14 歐式看漲 / 看跌選擇權 Gamma 隨到期時間和標的物價格變化曲面，投影到 τ-S 平面

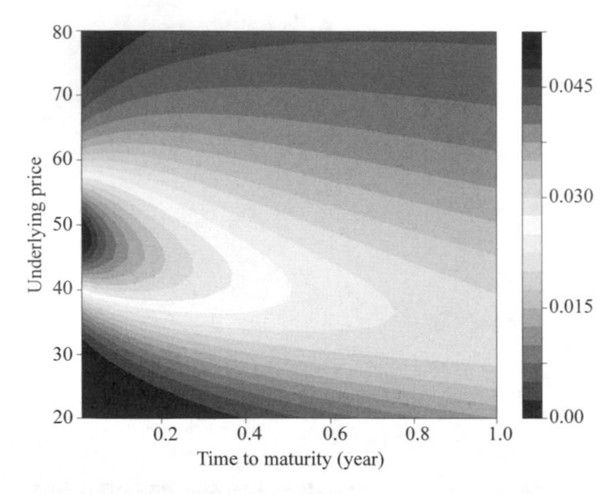

▲ 圖 7-15 歐式看漲 / 看跌選擇權 Gamma 隨到期時間和標的物價格變化平面等高線

以下程式可以獲得圖 7-11 ～圖 7-15。

B2_Ch7_2.py

```
import math
import numpy as np
import matplotlib as mpl
import matplotlib.pyplot as plt
from scipy.stats import norm
from mpl_toolkits.mplot3d import axes3d
from matplotlib import cm

#Gamma of European option

def blsgamma(St, K, tau, r, vol, q):
    '''
    St: current price of underlying asset
    K:  strike price
    tau: time to maturity
    r: annualized risk-free rate
    vol: annualized asset price volatility
    '''

    d1 = (math.log(St / K) + (r - q + 0.5 * vol ** 2)\
          *tau) / (vol * math.sqrt(tau));

    Gamma = math.exp(-q*tau)*norm.pdf(d1)/St/vol/math.sqrt(tau);

    return Gamma


#Initialize
tau_array = np.linspace(0.1,1,30);
St_array  = np.linspace(20,80,30);
tau_Matrix,St_Matrix = np.meshgrid(tau_array,St_array)

Delta_call_Matrix = np.empty(np.size(tau_Matrix))
Delta_put_Matrix  = np.empty(np.size(tau_Matrix))

K = 50;    #strike price
```

```
r = 0.03;  #risk-free rate
vol = 0.5; #volatility
q = 0;     #continuously compounded yield of the underlying asset

blsgamma_vec = np.vectorize(blsgamma)
Gamma_Matrix = blsgamma_vec(St_Matrix, K, tau_Matrix, r, vol, q)

#%% plot Gamma surface of European call option

plt.close('all')

#Normalize to [0,1]
norm = plt.Normalize(Gamma_Matrix.min(), Gamma_Matrix.max())
colors = cm.coolwarm(norm(Gamma_Matrix))

fig = plt.figure()
ax = fig.gca(projection='3d')
surf = ax.plot_surface(tau_Matrix, St_Matrix, Gamma_Matrix,
    facecolors=colors, shade=False)
surf.set_facecolor((0,0,0,0))
plt.show()

plt.tight_layout()
ax.set_xlabel('Time to maturity')
ax.set_ylabel('Underlying price')
ax.set_zlabel('Gamma')

ax.set_xlim(0, 1)
ax.set_ylim(St_array.min(), St_array.max())
ax.set_zlim(Gamma_Matrix.min(),Gamma_Matrix.max())

ax.xaxis._axinfo["grid"].update({"linewidth":0.25, "linestyle" : ":"})
ax.yaxis._axinfo["grid"].update({"linewidth":0.25, "linestyle" : ":"})
ax.zaxis._axinfo["grid"].update({"linewidth":0.25, "linestyle" : ":"})

plt.rcParams["font.family"] = "Times New Roman"
plt.rcParams["font.size"] = "10"

#%% Gamma surface projected to S-Gamma
```

```
fig = plt.figure()
ax = fig.gca(projection='3d')

ax.plot_wireframe(tau_Matrix, St_Matrix, Gamma_Matrix, color =
[0.5,0.5,0.5], linewidth=0.5)

ax.contour(tau_Matrix, St_Matrix, Gamma_Matrix, levels = 20, zdir='x', \
           offset=0, cmap=cm.coolwarm)
#ax.contour(tau_Matrix, St_Matrix, Gamma_Matrix, levels = 20, zdir='x', \
#            cmap=cm.coolwarm)

#cbar = fig.colorbar(csetf, ax=ax,orientation='horizontal')
cbar.set_label('Call Gamma')

ax.set_xlim(0, 1)
ax.set_ylim(St_array.min(), St_array.max())
ax.set_zlim(Gamma_Matrix.min(),Gamma_Matrix.max())

ax.xaxis._axinfo["grid"].update({"linewidth":0.25, "linestyle" : ":"})
ax.yaxis._axinfo["grid"].update({"linewidth":0.25, "linestyle" : ":"})
ax.zaxis._axinfo["grid"].update({"linewidth":0.25, "linestyle" : ":"})

ax.set_xlabel('Time to maturity (year)')
ax.set_ylabel('Underlying price')
ax.set_zlabel('Gamma')
plt.rcParams["font.family"] = "Times New Roman"
plt.rcParams["font.size"] = "10"

plt.tight_layout()
plt.show()

#%% Gamma surface projected to tau-Gamma

fig = plt.figure()
ax = fig.gca(projection='3d')

ax.plot_wireframe(tau_Matrix, St_Matrix, Gamma_Matrix,
color = [0.5,0.5,0.5], linewidth=0.5)
```

```
ax.contour(tau_Matrix, St_Matrix, Gamma_Matrix, levels = 20, zdir='y', \
            offset=St_array.max(), cmap=cm.coolwarm)

#cbar = fig.colorbar(csetf, ax=ax,orientation='horizontal')
cbar.set_label('Call Gamma')

ax.set_xlim(0, 1)
ax.set_ylim(St_array.min(), St_array.max())
ax.set_zlim(Gamma_Matrix.min(),Gamma_Matrix.max())

ax.xaxis._axinfo["grid"].update({"linewidth":0.25, "linestyle" : ":"})
ax.yaxis._axinfo["grid"].update({"linewidth":0.25, "linestyle" : ":"})
ax.zaxis._axinfo["grid"].update({"linewidth":0.25, "linestyle" : ":"})

ax.set_xlabel('Time to maturity (year)')
ax.set_ylabel('Underlying price')
ax.set_zlabel('Gamma')
plt.rcParams["font.family"] = "Times New Roman"
plt.rcParams["font.size"] = "10"

plt.tight_layout()
plt.show()

#%% Gamma surface projected to tau-S

fig = plt.figure()
ax = fig.gca(projection='3d')

ax.plot_wireframe(tau_Matrix, St_Matrix, Gamma_Matrix,
color = [0.5,0.5,0.5], linewidth=0.5)

ax.contour(tau_Matrix, St_Matrix, Gamma_Matrix, levels = 20, zdir='z', \
            offset=Gamma_Matrix.min(), cmap=cm.coolwarm)

#cbar = fig.colorbar(csetf, ax=ax,orientation='horizontal')

ax.set_xlim(0, 1)
ax.set_ylim(St_array.min(), St_array.max())
ax.set_zlim(Gamma_Matrix.min(),Gamma_Matrix.max())
```

```
ax.xaxis._axinfo["grid"].update({"linewidth":0.25, "linestyle" : ":"})
ax.yaxis._axinfo["grid"].update({"linewidth":0.25, "linestyle" : ":"})
ax.zaxis._axinfo["grid"].update({"linewidth":0.25, "linestyle" : ":"})

ax.set_xlabel('Time to maturity (year)')
ax.set_ylabel('Underlying price')
ax.set_zlabel('Gamma')
plt.rcParams["font.family"] = "Times New Roman"
plt.rcParams["font.size"] = "10"

plt.tight_layout()
plt.show()

#%% contour map

fig, ax = plt.subplots()

cntr2 = ax.contourf(tau_Matrix, St_Matrix, Gamma_Matrix, levels
= 20, cmap="RdBu_r")

fig.colorbar(cntr2, ax=ax)

plt.show()

ax.set_xlabel('Time to maturity')
ax.set_ylabel('Underlying price')

plt.rcParams["font.family"] = "Times New Roman"
plt.rcParams["font.size"] = "10"
```

7.4 Theta

Theta 代表選擇權價格變動和時間變化的比率，即選擇權價值 V 相對時間 t 的一階偏導數。

$$\text{Theta} = \frac{\partial V}{\partial t} = -\frac{\partial V}{\partial \tau} \tag{7-17}$$

需要注意 τ 和 t 方向相反。Theta 是選擇權價值的一種時間損耗，更確切地說，在其他條件不變的情況下，Theta 是選擇權的時間價值 (time value) 隨時間損耗的過程。下面推導歐式看漲選擇權的 Theta。

首先求解 $N(d_1)$ 對 τ 的一階偏導。

$$
\begin{aligned}
\frac{\partial N(d_1)}{\partial \tau} &= \frac{\partial N(d_1)}{\partial d_1}\frac{\partial d_1}{\partial \tau} \\
&= \frac{1}{\sqrt{2\pi}}\exp\left(-\frac{1}{2}d_1^2\right)\frac{\partial\left\{\frac{1}{\sigma\sqrt{\tau}}\left[\ln\left(\frac{S}{K}\right)+\left(r-q+\frac{\sigma^2}{2}\right)\tau\right]\right\}}{\partial \tau} \\
&= \frac{1}{\sqrt{2\pi}}\exp\left(-\frac{1}{2}d_1^2\right)\frac{\partial\left\{\ln\left(\frac{S}{K}\right)\sigma^{-1}\tau^{-0.5}+\left(r-q+\frac{\sigma^2}{2}\right)\sigma^{-1}\tau^{0.5}\right\}}{\partial \tau} \\
&= \phi(d_1)\left\{-0.5\ln\left(\frac{S}{K}\right)\sigma^{-1}\tau^{-1.5}+0.5\left(r-q+\frac{\sigma^2}{2}\right)\sigma^{-1}\tau^{-0.5}\right\}
\end{aligned}
\tag{7-18}
$$

其次，求解 $N(d_2)$ 對 τ 的一階偏導。

$$
\begin{aligned}
\frac{\partial N(d_2)}{\partial \tau} &= \frac{\partial N(d_2)}{\partial d_2}\frac{\partial d_2}{\partial \tau} \\
&= \frac{1}{\sqrt{2\pi}}\exp\left(-\frac{1}{2}d_2^2\right)\frac{\partial\left\{\frac{1}{\sigma\sqrt{\tau}}\left[\ln\left(\frac{S}{K}\right)+\left(r-q+\frac{\sigma^2}{2}\right)\tau\right]-\sigma\sqrt{\tau}\right\}}{\partial \tau} \\
&= \frac{1}{\sqrt{2\pi}}\exp\left(-\frac{1}{2}d_2^2\right)\frac{\partial\left\{\ln\left(\frac{S}{K}\right)\sigma^{-1}\tau^{-0.5}+\left(r-q+\frac{\sigma^2}{2}\right)\sigma^{-1}\tau^{0.5}-\sigma\tau^{0.5}\right\}}{\partial \tau} \\
&= \phi(d_2)\left\{-0.5\ln\left(\frac{S}{K}\right)\sigma^{-1}\tau^{-1.5}+0.5\left(r-q+\frac{\sigma^2}{2}\right)\sigma^{-1}\tau^{-0.5}-0.5\sigma\tau^{-0.5}\right\} \\
&= \phi(d_1)\frac{S}{K}\exp\left((r-q)\tau\right)\left\{-0.5\ln\left(\frac{S}{K}\right)\sigma^{-1}\tau^{-1.5}+0.5\left(r-q+\frac{\sigma^2}{2}\right)\sigma^{-1}\tau^{-0.5}-0.5\sigma\tau^{-0.5}\right\}
\end{aligned}
\tag{7-19}
$$

最後，求解 C 對 τ 的偏導。

$$\begin{aligned}\text{Theta}_{\text{call}} &= -\frac{\partial C}{\partial \tau}\\ &= -\frac{\partial\left[N(d_1)S\exp(-q\tau)-N(d_2)K\exp(-r\tau)\right]}{\partial \tau}\\ &= -S\exp(-q\tau)\frac{\partial N(d_1)}{\partial \tau}+qS\exp(-q\tau)N(d_1)+\\ &\quad \frac{\partial N(d_2)}{\partial \tau}K\exp(-r\tau)-rK\exp(-r\tau)N(d_2)\end{aligned} \tag{7-20}$$

最後，將 $N(d_1)$ 和 $N(d_2)$ 對 τ 的一階偏導代入式 7-20，可以求得歐式看漲選擇權的 Theta 解析式。

$$\begin{aligned}\text{Theta}_{\text{call}} &= -S\exp(-q\tau)\frac{\partial N(d_1)}{\partial \tau}+qS\exp(-q\tau)N(d_1)+\\ &\quad \frac{\partial N(d_2)}{\partial \tau}K\exp(-r\tau)-rK\exp(-r\tau)N(d_2)\\ &= -S\exp(-q\tau)\frac{\partial N(d_1)}{\partial d_1}\frac{\partial d_1}{\partial \tau}+qS\exp(-q\tau)N(d_1)+\end{aligned} \tag{7-21}$$

$$\begin{aligned}&\frac{\partial N(d_2)}{\partial d_2}\frac{\partial d_2}{\partial \tau}K\exp(-r\tau)-rK\exp(-r\tau)N(d_2)\\ &= -S\exp(-q\tau)\phi(d_1)\left\{-0.5\ln\left(\frac{S}{K}\right)\sigma^{-1}\tau^{-1.5}+0.5\left(r-q+\frac{\sigma^2}{2}\right)\sigma^{-1}\tau^{-0.5}\right\}\\ &+S\exp(-q\tau)\phi(d_1)\left\{-0.5\ln\left(\frac{S}{K}\right)\sigma^{-1}\tau^{-1.5}+0.5\left(r-q+\frac{\sigma^2}{2}\right)\sigma^{-1}\tau^{-0.5}-0.5\sigma\tau^{-0.5}\right\}\\ &+qS\exp(-q\tau)N(d_1)-rK\exp(-r\tau)N(d_2)\\ &= -\frac{\sigma S\exp(-q\tau)}{2\sqrt{\tau}}\phi(d_1)+qS\exp(-q\tau)N(d_1)-rK\exp(-r\tau)N(d_2)\end{aligned} \tag{7-21}$$

同理，可以求得考慮連續分紅 q 條件下，歐式看跌選擇權的 Theta 解析式為：

$$\text{Theta}_{\text{put}} = -\frac{\sigma S\exp(-q\tau)}{2\sqrt{\tau}}\phi(d_1)-qS\exp(-q\tau)N(-d_1)+rK\exp(-r\tau)N(-d_2) \tag{7-22}$$

如圖 7-16 所示為歐式看漲選擇權 Theta 隨到期時間和標的物價格變化曲面，以及該曲面在三個平面的投影。可以發現歐式看漲選擇權 Theta 為負值，即不管歐式看漲選擇權處於 ITM、OTM 還是 ATM，其時間價值 (正值) 隨 τ 減小而減小。特別是，當 τ 接近 0，也就是選擇權接近到期時，在執行價格附近 Theta 達到極值 (負值)。

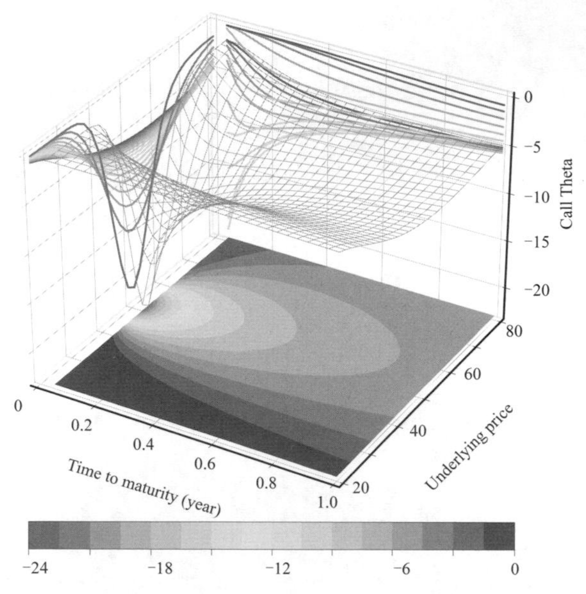

▲ 圖 7-16　歐式看漲選擇權 Theta 隨到期時間和標的物價格變化曲面

如圖 7-17 所示為歐式看跌選擇權 Theta 隨到期時間和標的物價格變化曲面，以及該曲面在三個平面的投影。值得注意的是，對於歐式看跌選擇權，不考慮連續紅利 q 時，當其處於深度 ITM (deep In The Money)，其 Theta 值為正；也就是當歐式看跌選擇權處於深度 ITM，其時間價值為負值。如圖 7-18 更清楚地展示了這一點。

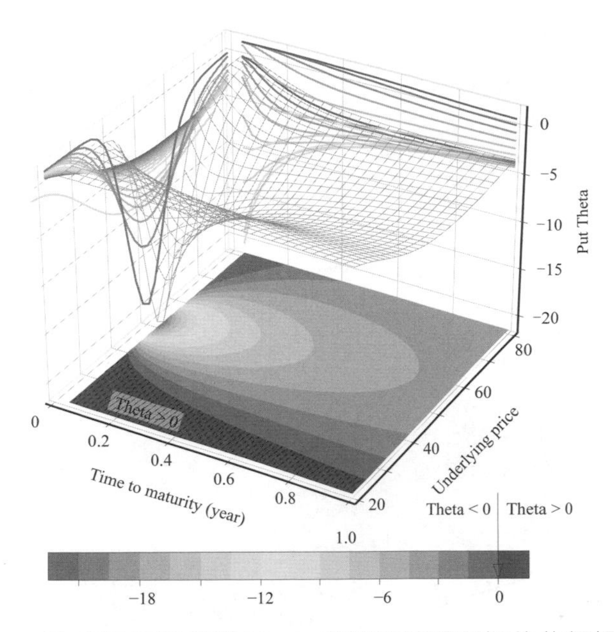

▲ 圖 7-17　歐式看跌選擇權 Theta 隨到期時間和標的物價格變化曲面

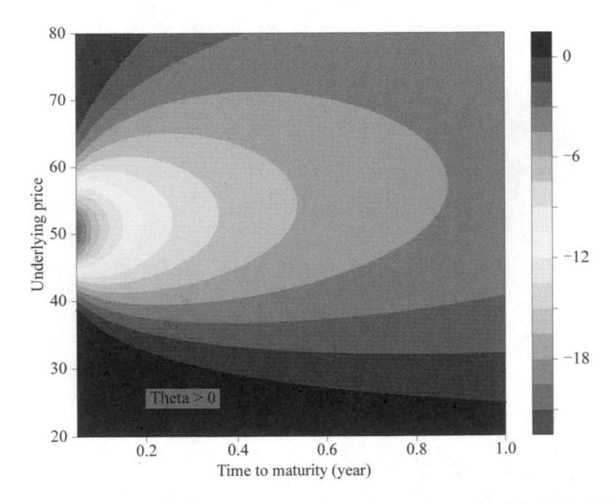

▲ 圖 7-18　歐式看跌選擇權 Theta 隨到期時間和標的物價格變化平面等高線

不考慮連續紅利 q 時，歐式看漲選擇權和歐式看跌選擇權 Theta 的關係為：

$$\text{Theta}_{\text{call}} - \text{Theta}_{\text{put}} = -rK\exp(-r\tau) \tag{7-23}$$

如圖 7-19 比較了歐式看漲選擇權和歐式看跌選擇權的 Theta 曲面。圖 7-19 中，紅色曲面為歐式看跌選擇權的 Theta 值，藍色曲面為歐式看漲選擇權的 Theta 值。

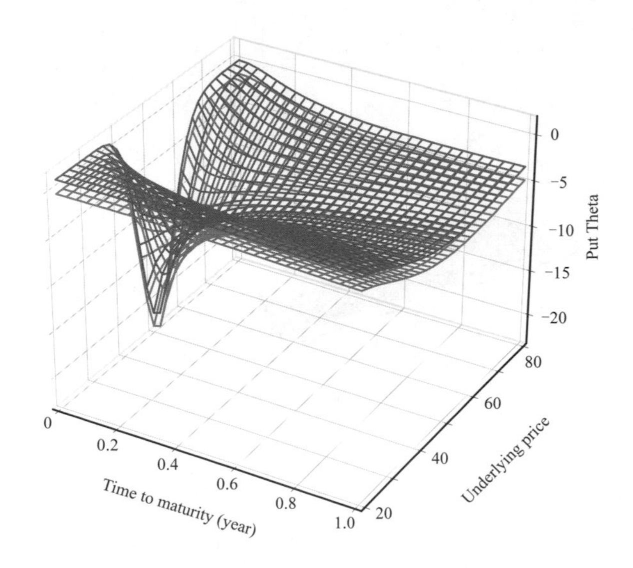

▲ 圖 7-19　比較歐式看漲 / 看跌選擇權 Theta 曲面

以下程式可以獲得圖 7-16～圖 7-19。

B2_Ch7_3.py

```
import math
import numpy as np
import matplotlib as mpl
import matplotlib.pyplot as plt
from scipy.stats import norm
from mpl_toolkits.mplot3d import axes3d
import matplotlib.tri as tri
from matplotlib import cm

#Delta of European option

def blstheta(St, K, tau, r, vol, q):
    '''
```

```
    St: current price of underlying asset
    K:  strike price
    tau: time to maturity
    r: annualized risk-free rate
    vol: annualized asset price volatility
    '''

    d1 = (math.log(St / K) + (r - q + 0.5 * vol ** 2)\
          *tau) / (vol * math.sqrt(tau));
    d2 = d1 - vol*math.sqrt(tau);

    Theta_call = -math.exp(-q*tau)*St*norm.pdf(d1)*vol/2/math.sqrt(tau) - \
        r*K*math.exp(-r*tau)*norm.cdf(d2) + q*St*math.exp(-q*tau)*norm.
cdf(d1)

    Theta_put = -math.exp(-q*tau)*St*norm.pdf(-d1)*vol/2/math.sqrt(tau) + \
        r*K*math.exp(-r*tau)*norm.cdf(-d2) - q*St*math.exp(-q*tau)*norm.
cdf(-d1)
    return Theta_call, Theta_put

#Initialize
tau_array = np.linspace(0.05,1,30);
St_array  = np.linspace(20,80,30);
tau_Matrix,St_Matrix = np.meshgrid(tau_array,St_array)

Theta_call_Matrix = np.empty(np.size(tau_Matrix))
Theta_put_Matrix  = np.empty(np.size(tau_Matrix))

K = 50;     #strike price
r = 0.03;   #risk-free rate
vol = 0.5;  #volatility
q = 0;      #continuously compounded yield of the underlying asset

blstheta_vec = np.vectorize(blstheta)
Theta_call_Matrix, Theta_put_Matrix = blstheta_vec(St_Matrix, K,
tau_Matrix, r, vol, q)

#%% plot Theta surface of European call option
```

```
plt.close('all')

fig = plt.figure()
ax = fig.gca(projection='3d')

ax.plot_wireframe(tau_Matrix, St_Matrix, Theta_call_Matrix,
color = [0.5,0.5,0.5], linewidth=0.5)
csetf = ax.contourf(tau_Matrix, St_Matrix, Theta_call_Matrix,
levels = 15, zdir='z', \
                    offset=Theta_call_Matrix.min(), cmap=cm.coolwarm)
ax.contour(tau_Matrix, St_Matrix, Theta_call_Matrix, levels = 15,
zdir='x', \
           offset=0, cmap=cm.coolwarm)
ax.contour(tau_Matrix, St_Matrix, Theta_call_Matrix, levels = 15,
zdir='y', \
           offset=St_array.max(), cmap=cm.coolwarm)

cbar = fig.colorbar(csetf, ax=ax,orientation='horizontal')
cbar.set_label('Call Theta')

ax.set_xlim(0, 1)
ax.set_ylim(St_array.min(), St_array.max())
ax.set_zlim(Theta_call_Matrix.min(),Theta_call_Matrix.max())

ax.xaxis._axinfo["grid"].update({"linewidth":0.25, "linestyle" : ":"})
ax.yaxis._axinfo["grid"].update({"linewidth":0.25, "linestyle" : ":"})
ax.zaxis._axinfo["grid"].update({"linewidth":0.25, "linestyle" : ":"})

ax.set_xlabel('Time to maturity (year)')
ax.set_ylabel('Underlying price')
ax.set_zlabel('Call Theta')
plt.rcParams["font.family"] = "Times New Roman"
plt.rcParams["font.size"] = "10"

plt.tight_layout()
plt.show()


#%% plot Theta surface of European put option
```

```
fig = plt.figure()
ax = fig.gca(projection='3d')

ax.plot_wireframe(tau_Matrix, St_Matrix, Theta_put_Matrix,
color = [0.5,0.5,0.5], linewidth=0.5)
csetf = ax.contourf(tau_Matrix, St_Matrix, Theta_put_Matrix,
levels = 15, zdir='z', \
                    offset=Theta_put_Matrix.min(), cmap=cm.coolwarm)
ax.contour(tau_Matrix, St_Matrix, Theta_put_Matrix, levels = 15, zdir='x',
\
           offset=0, cmap=cm.coolwarm)
ax.contour(tau_Matrix, St_Matrix, Theta_put_Matrix, levels = 15, zdir='y',
\
           offset=St_array.max(), cmap=cm.coolwarm)

cbar = fig.colorbar(csetf, ax=ax, orientation='horizontal')
#cbar.set_label('Put Theta')

ax.set_xlim(0, 1)
ax.set_ylim(St_array.min(), St_array.max())
ax.set_zlim(Theta_put_Matrix.min(),Theta_put_Matrix.max())

ax.xaxis._axinfo["grid"].update({"linewidth":0.25, "linestyle" : ":"})
ax.yaxis._axinfo["grid"].update({"linewidth":0.25, "linestyle" : ":"})
ax.zaxis._axinfo["grid"].update({"linewidth":0.25, "linestyle" : ":"})

ax.set_xlabel('Time to maturity (year)')
ax.set_ylabel('Underlying price')
ax.set_zlabel('Put Theta')
plt.rcParams["font.family"] = "Times New Roman"
plt.rcParams["font.size"] = "10"

plt.tight_layout()
plt.show()

fig, ax = plt.subplots()

cntr2 = ax.contourf(tau_Matrix, St_Matrix, Theta_put_Matrix,
levels = 20, cmap="RdBu_r")
```

```
ax.contour(tau_Matrix, St_Matrix, Theta_put_Matrix,
levels = 0,colors='k', linewidths = 2)

fig.colorbar(cntr2, ax=ax)
plt.show()

ax.set_xlabel('Time to maturity (year)')
ax.set_ylabel('Underlying price')

plt.rcParams["font.family"] = "Times New Roman"
plt.rcParams["font.size"] = "10"
ax.set_ylim(St_array.min(), St_array.max())

#%% Compare Call vs Put Theta

fig = plt.figure()
ax = fig.add_subplot(111, projection='3d')

ax.plot_wireframe(tau_Matrix, St_Matrix, Theta_call_Matrix)
ax.plot_wireframe(tau_Matrix, St_Matrix, Theta_put_Matrix,color = 'r')

plt.show()
plt.tight_layout()
ax.set_xlabel('Time to maturity')
ax.set_ylabel('Underlying price')
ax.set_zlabel('Theta')

ax.xaxis._axinfo["grid"].update({"linewidth":0.25, "linestyle" : ":"})
ax.yaxis._axinfo["grid"].update({"linewidth":0.25, "linestyle" : ":"})
ax.zaxis._axinfo["grid"].update({"linewidth":0.25, "linestyle" : ":"})

ax.set_xlim(0, 1)
ax.set_ylim(St_array.min(), St_array.max())
ax.set_zlim(Theta_call_Matrix.min(),Theta_put_Matrix.max())
```

7.5 Vega

Vega 是選擇權價格 V 對資產價格波動性 σ 的一階偏導數。

$$\text{Vega}=\frac{\partial V}{\partial \sigma} \tag{7-24}$$

如果選擇權的 Vega 的絕對值大，選擇權對波動性的變化會更敏感。歐式看漲選擇權和歐式看跌選擇權的 Vega 相同；歐式選擇權的多頭 (long position) Vega 為正。下面推導歐式看漲選擇權的 Vega。

首先，求解 $N(d_1)$ 對 σ 的一階偏導。

$$\begin{aligned}\frac{\partial N(d_1)}{\partial \sigma}&=\frac{\partial N(d_1)}{\partial d_1}\frac{\partial d_1}{\partial \sigma}\\&=\frac{1}{\sqrt{2\pi}}\exp\left(-\frac{1}{2}d_1^2\right)\frac{\partial\left\{\frac{1}{\sigma\sqrt{\tau}}\left[\ln\left(\frac{S}{K}\right)+\left(r-q+\frac{\sigma^2}{2}\right)\tau\right]\right\}}{\partial \sigma}\\&=\frac{1}{\sqrt{2\pi}}\exp\left(-\frac{1}{2}d_1^2\right)\frac{\partial\left\{\left[\ln\left(\frac{S}{K}\right)\tau^{-0.5}+(r-q)\tau^{0.5}\right]\sigma^{-1}+\frac{\sigma}{2}\tau^{0.5}\right\}}{\partial \sigma}\\&=N'(d_1)\left\{-\left[\ln\left(\frac{S}{K}\right)\tau^{-0.5}+(r-q)\tau^{0.5}\right]\sigma^{-2}+0.5\tau^{0.5}\right\}\end{aligned} \tag{7-25}$$

其次，求解 $N(d_2)$ 對 σ 的一階偏導。

$$\begin{aligned}\frac{\partial N(d_2)}{\partial \sigma}&=\frac{\partial N(d_2)}{\partial d_2}\frac{\partial d_2}{\partial \sigma}\\&=\frac{1}{\sqrt{2\pi}}\exp\left(-\frac{1}{2}d_2^2\right)\frac{\partial\left\{\frac{1}{\sigma\sqrt{\tau}}\left[\ln\left(\frac{S}{K}\right)+\left(r-q+\frac{\sigma^2}{2}\right)\tau\right]-\sigma\sqrt{\tau}\right\}}{\partial \sigma}\\&=\frac{1}{\sqrt{2\pi}}\exp\left(-\frac{1}{2}d_2^2\right)\frac{\partial\left\{\left[\ln\left(\frac{S}{K}\right)\tau^{-0.5}+(r-q)\tau^{0.5}\right]\sigma^{-1}-\frac{\sigma}{2}\tau^{0.5}\right\}}{\partial \sigma}\\&=N'(d_1)\frac{S}{K}\exp\left((r-q)\tau\right)\left\{-\left[\ln\left(\frac{S}{K}\right)\tau^{-0.5}+(r-q)\tau^{0.5}\right]\sigma^{-2}-0.5\tau^{0.5}\right\}\end{aligned} \tag{7-26}$$

最後，求解 Vega 對 σ 一階偏導，可以整理為：

$$
\begin{aligned}
\text{Vega}_{\text{call}} &= \frac{\partial C}{\partial \sigma} = \frac{\partial \left\{ N(d_1) S \exp(-q\tau) - N(d_2) K \exp(-r\tau) \right\}}{\partial \sigma} \\
&= S \exp(-q\tau) \frac{\partial N(d_1)}{\partial \sigma} - K \exp(-r\tau) \frac{\partial N(d_2)}{\partial \sigma} \\
&= S \exp(-q\tau) \phi(d_1) \left\{ -\left[\ln\left(\frac{S}{K}\right) \tau^{-0.5} + (r-q)\tau^{0.5} \right] \sigma^{-2} + 0.5\tau^{0.5} \right\} - \\
&\quad S \exp(-q\tau) \phi(d_1) \left\{ -\left[\ln\left(\frac{S}{K}\right) \tau^{-0.5} + (r-q)\tau^{0.5} \right] \sigma^{-2} - 0.5\tau^{0.5} \right\} \\
&= S \exp(-q\tau) \sqrt{\tau} \phi(d_1)
\end{aligned}
\tag{7-27}
$$

同樣可以獲得歐式看跌選擇權的 Vega。

$$
\text{Vega}_{\text{put}} = \frac{\partial P}{\partial \sigma} = S \exp(-q\tau) \sqrt{\tau} \phi(d_1) \tag{7-28}
$$

如圖 7-20 所示為歐式看漲 / 看跌選擇權 Vega 隨到期時間和標的物價格變化的曲面。可以發現，其他條件一致，距離到期時間越遠，即 τ 越大，Vega 越大。如圖 7-21 和圖 7-22 所示等高線更進一步地展示了這一點。當 τ 一定時，靠近執行價格，Vega 取得極值。

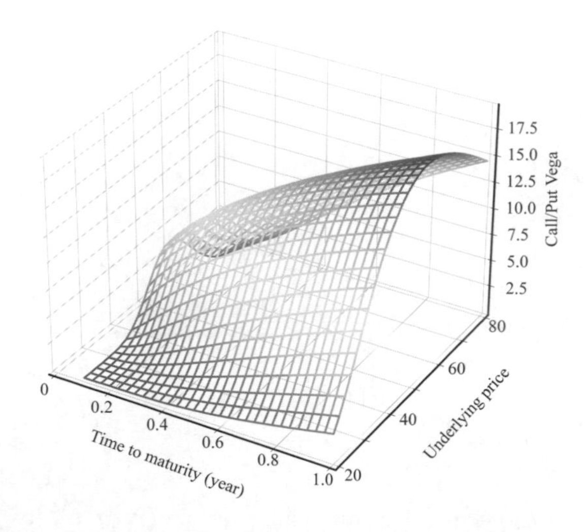

▲ 圖 7-20　歐式看漲 / 看跌選擇權 Vega 隨到期時間和標的物價格變化曲面

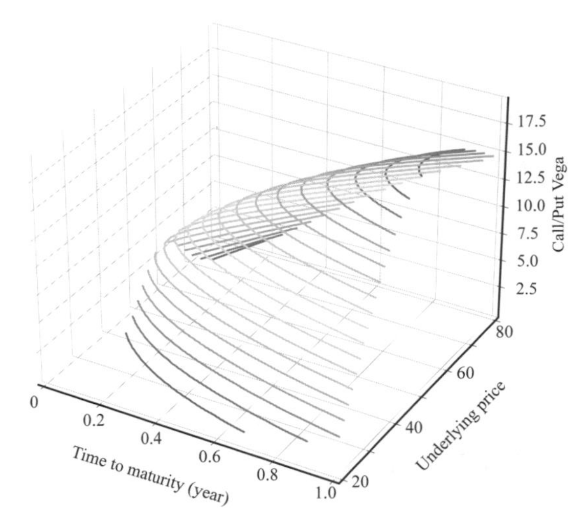

▲ 圖 7-21　歐式看漲 / 看跌選擇權 Vega 隨到期時間和標的物價格變化 3D 等高線

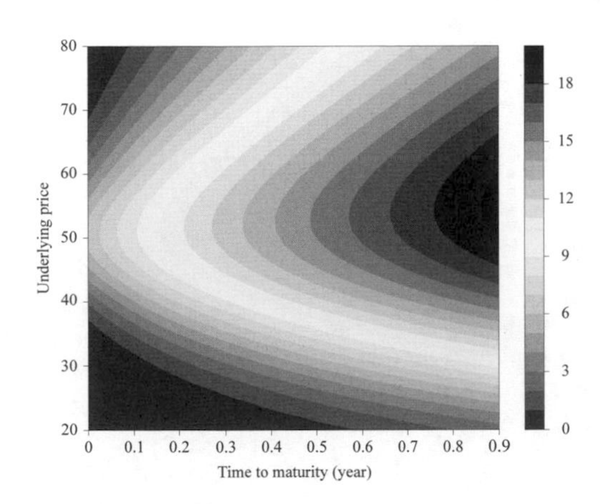

▲ 圖 7-22　歐式看漲 / 看跌選擇權 Vega 隨到期時間和標的物價格變化平面等高線

以下程式可以獲得圖 7-20 ～圖 7-22。

B2_Ch7_4.py

```
import math
import numpy as np
```

```
import matplotlib as mpl
import matplotlib.pyplot as plt
from scipy.stats import norm
from mpl_toolkits.mplot3d import axes3d
import matplotlib.tri as tri
from matplotlib import cm

#Vega of European option

def blsvega(St, K, tau, r, vol, q):
    '''
    St: current price of underlying asset
    K:  strike price
    tau: time to maturity
    r: annualized risk-free rate
    vol: annualized asset price volatility
    '''

    d1 = (math.log(St / K) + (r - q + 0.5 * vol ** 2)\
          *tau) / (vol * math.sqrt(tau));

    Vega = St*math.exp(-q*tau)*norm.pdf(d1)*math.sqrt(tau)
    return Vega

#Initialize
tau_array = np.linspace(0.1,1,30);
St_array  = np.linspace(20,80,30);
tau_Matrix,St_Matrix = np.meshgrid(tau_array,St_array)

Delta_call_Matrix = np.empty(np.size(tau_Matrix))
Delta_put_Matrix  = np.empty(np.size(tau_Matrix))

K = 50;     #strike price
r = 0.03;   #risk-free rate
vol = 0.5;  #volatility
q = 0;      #continuously compounded yield of the underlying asset

blsvega_vec = np.vectorize(blsvega)
Vega_Matrix = blsvega_vec(St_Matrix, K, tau_Matrix, r, vol, q)
```

```
#%% plot Vega surface of European call/put option

plt.close('all')

#Normalize to [0,1]
norm = plt.Normalize(Vega_Matrix.min(), Vega_Matrix.max())
colors = cm.coolwarm(norm(Vega_Matrix))

fig = plt.figure()
ax = fig.gca(projection='3d')
surf = ax.plot_surface(tau_Matrix, St_Matrix, Vega_Matrix,
    facecolors=colors, shade=False)
surf.set_facecolor((0,0,0,0))
plt.show()

plt.tight_layout()
ax.set_xlabel('Time to maturity')
ax.set_ylabel('Underlying price')
ax.set_zlabel('Call/Put Vega')

plt.rcParams["font.family"] = "Times New Roman"
plt.rcParams["font.size"] = "10"
ax.set_xlim(0, 1)
ax.set_ylim(St_array.min(), St_array.max())


fig = plt.figure()
ax = fig.add_subplot(111, projection='3d')
X, Y, Z = axes3d.get_test_data0.05)
cset = ax.contour(tau_Matrix, St_Matrix, Vega_Matrix, cmap=cm.
coolwarm,levels = 20)
ax.clabel(cset, fontsize=9, inline=1)

plt.show()
plt.tight_layout()
ax.set_xlabel('Time to maturity')
ax.set_ylabel('Underlying price')
ax.set_zlabel('Call/Put Vega')
```

```
plt.rcParams["font.family"] = "Times New Roman"
plt.rcParams["font.size"] = "10"
ax.set_xlim(0, 1)
ax.set_ylim(St_array.min(), St_array.max())

#contour map

fig, ax = plt.subplots()

cntr2 = ax.contourf(tau_Matrix, St_Matrix, Vega_Matrix, levels = 20,
cmap=»RdBu_r»)

fig.colorbar(cntr2, ax=ax)
#ax.set(xlim=(-2, 2), ylim=(-2, 2))
#plt.subplots_adjust(hspace=0.5)
plt.show()

ax.set_xlabel('Time to maturity (year)')
ax.set_ylabel('Underlying price')

plt.rcParams["font.family"] = "Times New Roman"
plt.rcParams["font.size"] = "10"
ax.set_ylim(St_array.min(), St_array.max())
```

7.6 Rho

Rho 為選擇權價格 V 對無風險利率 r 的一階偏導數。

$$\text{Rho} = \frac{\partial V}{\partial r} \tag{7-29}$$

也就是，Rho 為選擇權價值對利率變化的敏感度。多頭歐式看漲選擇權 Rho 為正，多頭歐式看跌選擇權 Rho 為負。下面推導歐式看漲選擇權的 Rho。

首先，求解 $N(d_1)$ 對 r 的一階偏導。

$$\begin{aligned}\frac{\partial N(d_1)}{\partial r} &= \frac{\partial N(d_1)}{\partial d_1}\frac{\partial d_1}{\partial r} \\ &= \frac{1}{\sqrt{2\pi}}\exp\left(-\frac{1}{2}d_1^2\right)\frac{\partial\left\{\frac{1}{\sigma\sqrt{\tau}}\left[\ln\left(\frac{S}{K}\right)+\left(r-q+\frac{\sigma^2}{2}\right)\tau\right]\right\}}{\partial r} \\ &= \phi(d_1)\frac{\sqrt{\tau}}{\sigma}\end{aligned} \tag{7-30}$$

然後，求解 $N(d_2)$ 對 r 的一階偏導。

$$\begin{aligned}\frac{\partial N(d_2)}{\partial r} &= \frac{\partial N(d_2)}{\partial d_2}\frac{\partial d_2}{\partial r} \\ &= \frac{1}{\sqrt{2\pi}}\exp\left(-\frac{1}{2}d_2^2\right)\frac{\partial\left\{\frac{1}{\sigma\sqrt{\tau}}\left[\ln\left(\frac{S}{K}\right)+\left(r-q+\frac{\sigma^2}{2}\right)\tau\right]-\sigma\sqrt{\tau}\right\}}{\partial r} \\ &= \frac{1}{\sqrt{2\pi}}\exp\left(-\frac{1}{2}d_2^2\right)\frac{\sqrt{\tau}}{\sigma} \\ &= \phi(d_1)\frac{S}{K}\exp\left((r-q)\tau\right)\frac{\sqrt{\tau}}{\sigma}\end{aligned} \tag{7-31}$$

Rho 即為 C 對 r 的一階偏導。

$$\begin{aligned}\text{Rho}_{\text{call}} &= \frac{\partial C}{\partial r} \\ &= \frac{\partial\left\{N(d_1)S\exp(-q\tau)-N(d_2)K\exp(-r\tau)\right\}}{\partial r} \\ &= S\exp(-q\tau)\frac{\partial N(d_1)}{\partial r}-K\exp(-r\tau)\frac{\partial N(d_2)}{\partial r}+\tau K\exp(-r\tau)N(d_2) \\ &= S\exp(-q\tau)N'(d_1)\frac{\sqrt{\tau}}{\sigma}-S\exp(-q\tau)\phi(d_1)\frac{\sqrt{\tau}}{\sigma}+\tau K\exp(-r\tau)N(d_2) \\ &= \tau K\exp(-r\tau)N(d_2)\end{aligned} \tag{7-32}$$

同樣可以獲得歐式看跌選擇權的 Rho。

$$\begin{aligned}\text{Rho}_{\text{put}} &= \frac{\partial P}{\partial r} \\ &= -\tau K\exp(-r\tau)N(-d_2)\end{aligned} \tag{7-33}$$

如圖 7-23 所示為歐式看漲選擇權 Rho 隨到期時間和標的物價格變化的曲面。當 τ 一定時，標的物價格 S 越高，歐式看漲選擇權 Rho 越大；當標的物價格 S 一定時，越靠近到期時間，即 τ 越小，歐式看漲選擇權 Rho 越小。如圖 7-24 所示為歐式看跌選擇權 Rho 隨到期時間和標的物價格變化曲面。當 τ 一定時，標的物價格 S 越小，歐式看漲選擇權 Rho 的絕對值越大；當標的物價格 S 一定時，τ 越小，歐式看漲選擇權 Rho 的絕對值越小。

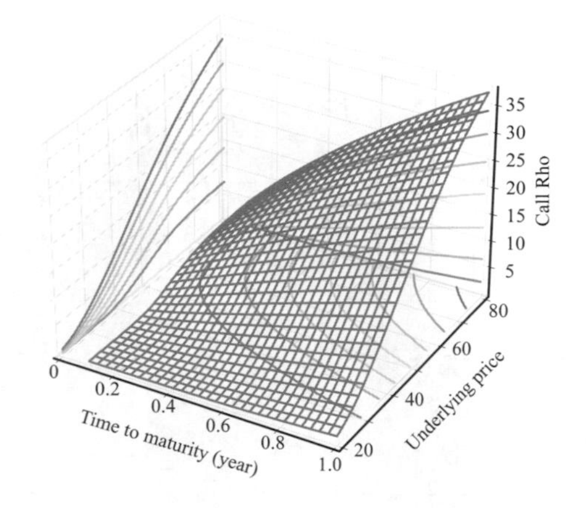

▲ 圖 7-23　歐式看漲選擇權 Rho 隨到期時間和標的物價格變化曲面

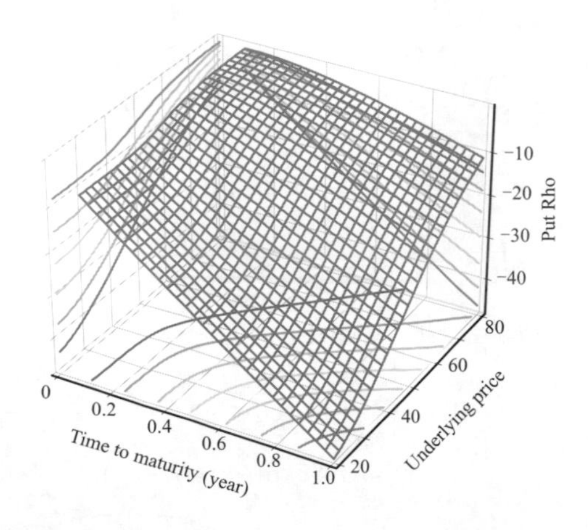

▲ 圖 7-24　歐式看跌選擇權 Rho 隨到期時間和標的物價格變化曲面

以下程式可以獲得圖 7-23 和圖 7-24。

B2_Ch7_5.py

```
import math
import numpy as np
import matplotlib as mpl
import matplotlib.pyplot as plt
from scipy.stats import norm
from mpl_toolkits.mplot3d import axes3d
from matplotlib import cm

#Gamma of European option

def blsrho(St, K, tau, r, vol, q):
    '''
    St: current price of underlying asset
    K:  strike price
    tau: time to maturity
    r: annualized risk-free rate
    vol: annualized asset price volatility
    '''

    d1 = (math.log(St / K) + (r - q + 0.5 * vol ** 2)\
          *tau) / (vol * math.sqrt(tau));
    d2 = d1 - vol*math.sqrt(tau);

    Rho_call = K*tau*math.exp(-r*tau)*norm.cdf(d2);
    Rho_put = -K*tau*math.exp(-r*tau)*norm.cdf(-d2);

    return Rho_call, Rho_put


#Initialize
tau_array = np.linspace(0.1,1,30);
St_array  = np.linspace(20,80,30);
tau_Matrix,St_Matrix = np.meshgrid(tau_array,St_array)

Vega_call_Matrix = np.empty(np.size(tau_Matrix))
```

```
Vega_put_Matrix  = np.empty(np.size(tau_Matrix))

K = 50;     #strike price
r = 0.03;  #risk-free rate
vol = 0.5; #volatility
q = 0;      #continuously compounded yield of the underlying asset

blsrho_vec = np.vectorize(blsrho)
Rho_call_Matrix, Rho_put_Matrix = blsrho_vec(St_Matrix, K, tau_Matrix, r,
vol, q)

#%% plot Rho surface of European call option

plt.close('all')

fig = plt.figure()
ax = fig.gca(projection='3d')

ax.plot_wireframe(tau_Matrix, St_Matrix, Rho_call_Matrix)
cset = ax.contour(tau_Matrix, St_Matrix, Rho_call_Matrix, zdir='z',\
                  offset=Rho_call_Matrix.min(), cmap=cm.coolwarm)
cset = ax.contour(tau_Matrix, St_Matrix, Rho_call_Matrix, zdir='x',\
                  offset=0, cmap=cm.coolwarm)
cset = ax.contour(tau_Matrix, St_Matrix, Rho_call_Matrix, zdir='y',\
                  offset=St_array.max(), cmap=cm.coolwarm)

ax.set_xlim(0, 1)
ax.set_ylim(St_array.min(), St_array.max())
ax.set_zlim(Rho_call_Matrix.min(),Rho_call_Matrix.max())


plt.tight_layout()
ax.set_xlabel('Time to maturity (year)')
ax.set_ylabel('Underlying price')
ax.set_zlabel('Call Rho')
ax.set_facecolor('white')
plt.rcParams["font.family"] = "Times New Roman"
plt.rcParams["font.size"] = "10"
```

```
plt.show()

#%% plot Rho surface of European put option

fig = plt.figure()
ax = fig.gca(projection='3d')

ax.plot_wireframe(tau_Matrix, St_Matrix, Rho_put_Matrix)
cset = ax.contour(tau_Matrix, St_Matrix, Rho_put_Matrix, zdir='z', \
                  offset=Rho_put_Matrix.min(), cmap=cm.coolwarm)
cset = ax.contour(tau_Matrix, St_Matrix, Rho_put_Matrix, zdir='x', \
                  offset=0, cmap=cm.coolwarm)
cset = ax.contour(tau_Matrix, St_Matrix, Rho_put_Matrix, zdir='y', \
                  offset=St_array.max(), cmap=cm.coolwarm)

ax.set_xlim(0, 1)
ax.set_ylim(St_array.min(), St_array.max())
ax.set_zlim(Rho_put_Matrix.min(),Rho_put_Matrix.max())

plt.tight_ayout()
ax.set_xlabel('Time to maturity (year)')
ax.set_ylabel('Underlying price')
ax.set_zlabel('Put Rho')
plt.rcParams["font.family"] = "Times New Roman"
plt.rcParams["font.size"] = "10"

plt.show()
```

本章探討了歐式看漲選擇權和歐式看跌選擇權的五個希臘字母，Delta、Gamma、Theta、Vega 和 Rho。利用連鎖律推導了這五個希臘字母的解析式，並且透過 Python 程式設計對這五個希臘字母的變化趨勢進行了視覺化。

市場風險

最困難的莫過於判斷多大的風險是安全的。

The hardest thing to judge is what level of risk is safe.

—— 喬治・索羅斯 (George Soros)

在以市場為主導的經濟社會中，利率、匯率、股票價格以及商品價格等市場因素時刻都處在不斷變化之中，而且這些變化均存在著不確定性。這些不確定性的變化不但可能會導致無法實現預期的收益，甚至造成巨大損失，這便是在金融市場中是最普遍、最常見的一種風險 —— 市場風險。

市場風險的管理是透過辨識、計量和監測市場風險，而將其控制在合理範圍內，使得金融機構或投資者的收益得到最大化。良好的市場風險控管可以確保在合理的市場風險水準之下，實現健康而穩定的投資收益。

本章核心命令程式

- ax.axhline()　繪製水平線
- ax.axvline()　繪製垂直線
- ax.plot_surface()　繪製立體曲面圖

- ax.plot_wireframe()　繪製線方塊圖
- cumprod()　計算累積機率
- hist()　生成長條圖
- norm.fit()　正態分佈擬合
- norm.ppf()　正態分佈分位點
- np.meshgrid()　產生以向量 x 為行，向量 y 為列的矩陣
- numpy.dot()　numpy 陣列間點乘
- Prettytable.prettytable()　建立列印表格
- quantile()　計算分位數
- sns.distplot()　Seaborn 運算套件繪製分佈圖

8.1 市場風險及其分類

市場風險 (market risk) 是許多金融風險中的一種。這裡先從金融風險談起，金融風險是指在交易或投資時可能造成的資金損失，它並不是實際的損失，反映的是造成損失的可能性。對於金融風險的分類，存在多種分類方法。

按照風險是否能夠分散，金融風險可以分為如圖 8-1 所示兩類：系統風險 (systemic risk) 和非系統風險 (nonsystemic risk)。

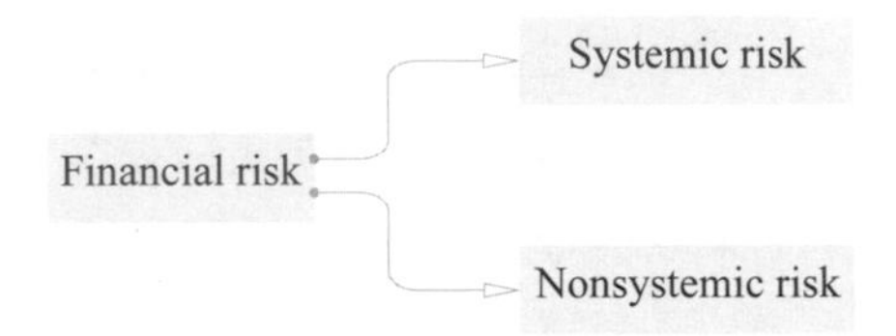

▲ 圖 8-1　按風險能否分散分類市場風險

系統風險又稱整體性風險，也稱為不可分散風險 (undiversifiable risk)，它是指由於全域性和共同性因素變化，導致的投資風險增大，從而給投

資者帶來損失的可能性。市場風險即為系統風險的一種，系統風險還包括巨集觀經濟風險、購買力風險、利率風險、匯率風險等。

非系統風險又稱非市場風險，也稱為可分散風險 (diversifiable risk)，是指由某些特殊因素的變化造成單一股票價格或單一期貨、外匯品種及其他金融衍生品價格下跌，從而給個別公司或個別行業帶來損失的可能性。

按照風險的驅動因素，金融風險可以分為市場風險 (market risk)、信用風險 (credit risk)、操作風險 (operational risk)、流動性風險 (liquidity risk) 等，如圖 8-2 所示。

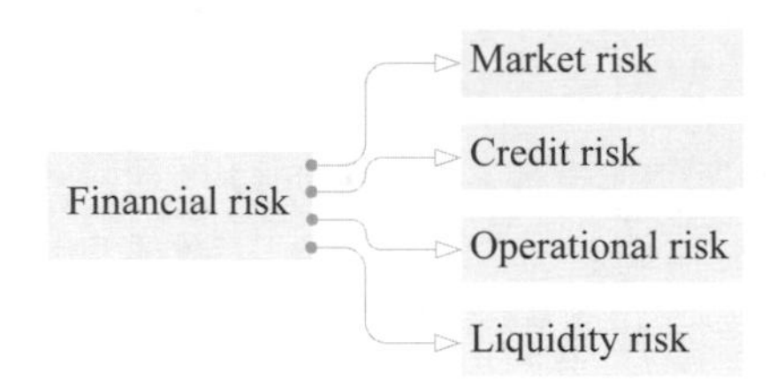

▲ 圖 8-2　按風險的驅動因素分類金融風險

市場風險一般指與市場上資產價格波動相關的風險，因此市場風險涵蓋的範圍很廣。最常見的市場風險包括利率風險、匯率風險、通貨膨脹風險、證券價格風險、波動性風險等，如圖 8-3 所示。

▲ 圖 8-3　市場風險分類

利率風險 (interest rate risk)，即利率變動的不確定性造成的資產價值或利息收入減少等損失的可能性。利率風險又可分為重新定價風險 (repricing risk)、收益率曲線風險 (yield curve risk)、基差風險 (basis risk) 和選擇權風險 (options risk) 四類。

重新定價風險是最主要和最普遍的一種利率風險，它來自銀行資產、負債和表外專案頭寸這三者重新定價時間 (對浮動利率而言) 和到期日 (對固定利率而言) 之間的不匹配。在某一時間段內對利率敏感的資產和負債之間的差額，稱為「重新定價差距」。當二者不匹配時，該差距不為零，如果利率發生變動，則對應地會產生利率風險。

收益率曲線風險與重新定價風險類似，也是來自到期日與重定價日之間的時間差異。收益率曲線是各種期限債券的收益率連接起來而得到的一條曲線，銀行的存貸款利率在制定時，會以國債收益率為基準來制定，然而收益率曲線如果發生非預期的位移或斜率的變化，將可能對銀行淨利差收入和資產內在價值造成不利影響，這就是收益率曲線風險。

基差風險是不同金融工具間收取和支付利率的變化不同步造成的風險。比如，即使銀行資產和負債的重新定價時間相同，如果存款利率與貸款利率的調整幅度不完全一致，銀行就會面臨基差風險。

選擇權風險是指將選擇權嵌入各種資產、負債及表外專案頭寸所帶來的風險。選擇權身為常見的金融工具，其購買人有權在規定時間以規定價格執行交易。選擇權除了可以作為獨立金融產品，也常常嵌入其他標準化的金融產品。而嵌入選擇權的金融產品的可選擇性，會給金融機構帶來選擇權風險。選擇權風險通常對選擇權產品賣出方有更大影響，這是因為購買方會在有利於己、不利於賣方時執行其選擇權。

匯率風險 (exchange rate risk) 是指由於匯率的波動而引起以外幣計價的資產或負債的價值變化而造成損失的可能性。匯率風險可分為貿易性匯率風險和金融性匯率風險。跨國間的貿易活動需要使用外匯或國際貨幣來計量進出口商品價格，而匯率的變化會導致這些貿易活動收益的不確定性，由此產生貿易性風險。匯率的變化也會導致國際金融市場上，基於外匯的借貸產生不確定性。另外，匯率的變化會直接影響國家外匯儲備價值的增減，這些稱為金融性匯率風險。

通貨膨脹風險 (inflation risk) 也稱為購買力風險，是指由於通貨膨脹導致的貨幣貶值，引起實際利率的下降，使得投資收益減小甚至導致虧損的可能性。

證券價格風險 (security price risk) 是指諸如債券、股票、基金和票據等證券價格的變化影響投資的預期收益，甚至導致虧損的可能性。

大宗商品風險 (commodities risk) 是指由於大宗商品的市場價格的變動，而引起的大宗商品的期貨價格的不確定性。大宗商品通常包括石油、天然氣、糧食、金屬、電力，等等。

波動性風險 (volatility risk)，也稱為擾動風險，是指某一風險因素的方差變動，導致金融資產或負債價值的不確定性。其中，波動性或方差是表示擾動大小的參數。擾動風險普遍存在於無息債券、股票、期貨等金融產品中。

8.2 市場風險度量

在金融領域，市場風險的重要性決定了對市場風險度量的探索成為一個非常受關注的課題。毫無疑問，風險價值是最為重要的一種度量，但是針對不同的應用，市場風險存在多種度量方式。

差距分析法 (gap analysis)，也稱為資產負債差距分析法 (asset-liability gap analysis)，是一種常用的考量利率風險的方法。資產和負債通常對於利率具有不同的敏感性，因此當利率發生變化時，這種不匹配會導致資產和負債之間產生所謂的「差距」，透過比較差距的大小，可以得到利率變動時市場價值變動的程度，亦即產生的利率風險的大小。這種利用差距，對利率風險進行的度量，就是差距分析法。

如圖 8-4 所示，如果資產與負債均為固定利率，則它們不受市場利率變化的影響，因此，不存在利率風險；相反，如果資產與負債均為浮動利率，一般來說，對於利率變化的影響是相同的，也不會產生利率風險。但是如果資產是固定利率，負債是浮動利率，二者對利率變化的敏感度不同，存在利率風險。如果市場利率增加，負債的利率增加，則淨利息收入會對應減小，導致利率風險。

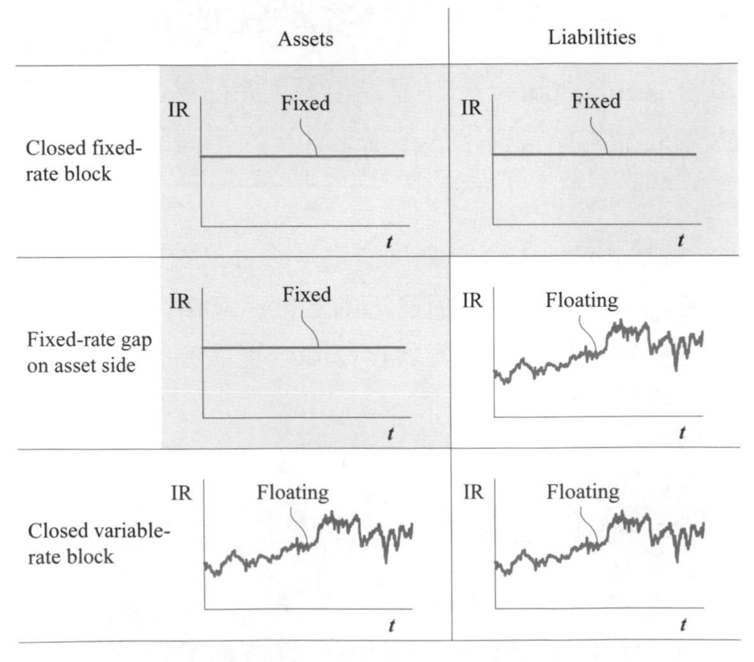

▲ 圖 8-4　資產負債差距

在差距分析中，首先要確定合適的時間段 (horizon period)，然後分析在此時間段內資產和債務的情況，其利率風險的大小可以用差距分析，表示如下：

$$\text{GAP} = \text{RSA} - \text{RSL} \tag{8-1}$$

其中，GAP 為差距；RSA 為利率敏感性資產；RSL 為利率敏感性負債。

淨利息收入 (Net Interest Income, NII) 是資產利息與債務利息之差。當利率變化時，淨利息收入的變化與差距之間的關係可以表示為：

$$\Delta \text{NII} = \text{GAP} \times \Delta r \tag{8-2}$$

其中，ΔNII 為淨利息收入的變化；Δr 為利率的變化。

式 (8-2) 表明，當利率上升 ($\Delta r > 0$) 時，對於正差距，即 GAP > 0 的情況，淨利息收入會比預期增加；反之當差距為負 (GAP < 0) 時，淨利息收入會低於預期。當利率下降 ($\Delta r < 0$) 時，正差距會導致淨利息收入減少；而負差距會導致淨利息收入增加。很明顯，如果差距為零 (GAP = 0)，淨利息收入不受利率變動影響，即不存在利率風險。

差距分析法具有原理直觀、計算簡便的優點，但同時它將利率風險簡單地視為淨利息收入與預期值的差額，這是一種較為粗略的估計。另外，差距分析所選取的分析時間段的長短，會對差距值有非常顯著的影響。

存續期間分析法 (duration analysis) 也稱為持續期分析法或期限彈性分析法，它是一種傳統衡量利率風險的方法。存續期間分析法具體是透過對各時間段的差距指定對應權重，得到加權差距，然後對這些加權差距求和，以此估算利率變動對市場價值的影響。

首先介紹麥考萊存續期間 (Macaulay duration) 這個概念。以債券為例，存續期間就是債券各現金流到期時間的加權平均值，其權重為每筆折現現金流與所有折現現金流總和的比值。存續期間的計算公式為：

$$D = \frac{\sum_{i=1}^{n} t_i \, \text{PV}_i}{\sum_{i=1}^{n} \text{PV}_i} = \frac{\sum_{i=1}^{n} t_i \, \text{PV}_i}{P} = \sum_{i=1}^{n} t_i \frac{\text{PV}_i}{P} \tag{8-3}$$

其中，i 是現金流的次序 (indexes the cash flows)；PV_i 代表著第 i 個現金流的現值 (present value of the ith cash flow)；t_i 是第 i 個現金流所在以年

為單位的時間跨度 (time in years until the ith payment will be received)。

存續期間在債券投資中是一個最為常用的指標，因為當利率變動很小的時候，它可以用下面這個公式來估計一種有價證券的市場價值對利率變化的敏感性。

$$\%\Delta P \approx -D \times \frac{\Delta y}{1+y} \tag{8-4}$$

其中，ΔP 為債券價格改變的百分比，D 為存續期間，y 為收益率，Δy 為收益率的變化值。

可見，存續期間越大，債券價格對收益率的變化越敏感，而存續期間越小，對收益率的變化越不敏感。如圖 8-5 所示為存續期間分析法的示意圖。

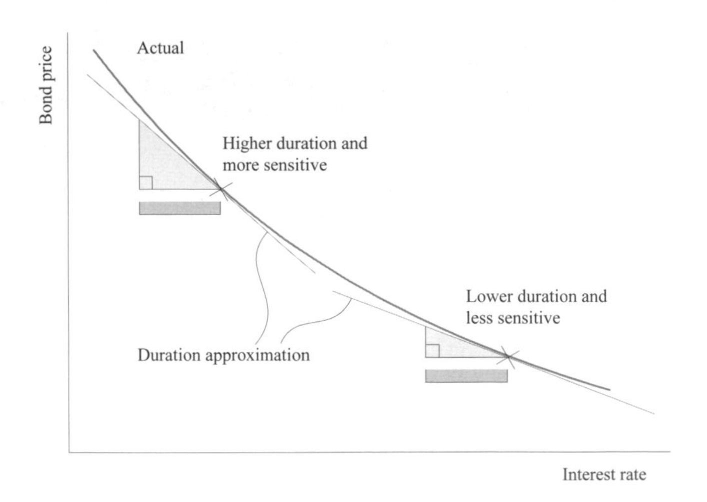

▲ 圖 8-5　存續期間分析法

相對於差距分析只是考察淨收入的變化，存續期間分析則考察資產或負債的價值，顯然是一種更為準確的利率風險計量方法。但是，存續期間分析存在與差距分析類似的局限性。它僅考量利率風險，而忽略了諸如包括基準風險、選擇權風險在內的其他風險。另外，存續期間分析只適用於利率的小幅變動 (比如小於 1%)。對於利率的較大變動，因為頭寸價格與利率的變動無法近似為線性關係，使用存續期間分析，就難以得到準確的結果。

場景分析法 (scenario analysis)，又稱為假設分析法 (what-if analysis)，也是一種經常使用的對於市場風險的分析評估方法。它透過設定不同的情景，進而分析在每一種情景下的收益或虧損，從而對整個投資組合的未來風險情況進行評估，做出最佳決策。大部分的情況下，至少要考慮如圖 8-6 所示的三種情景，然後計算在這些情景下可能的風險情況。在實際工作中，經常需要根據具體情況，加入更多的情景，幫助分析。

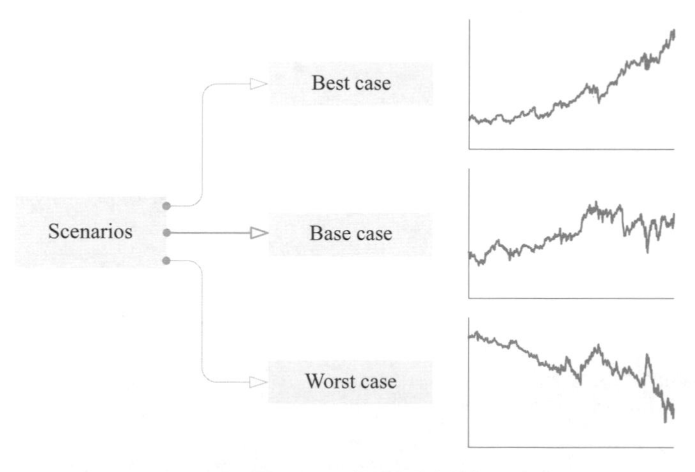

▲ 圖 8-6　場景分析法

場景分析法可以反映極端市場變化的影響，並且對收益的分佈和相關性均沒有任何人為假設。但是這種方法，對於場景的選擇卻非常困難，往往需要借助主觀經驗。場景分析法也無法解決場景出現的機率問題。

除了上面介紹的度量方法之外，投資組合理論 (portfolio theory) 也可以說是一種衡量市場風險的方法。而對於金融衍生品，希臘字母也常常被用來估計市場風險。表 8-1 展示了各希臘字母以及與之對應的市場風險估計。

表 8-1　希臘字母估計市場風險

希臘字母	符號	風險估計
Delta	Δ	標的資產價格變化引起金融衍生品價格變化
Gamma	Γ	標的資產價格變化引起 Delta 變化
Theta	Θ	時間引起衍生品價格變化
Vega	Λ	市場波動性變化引起金融衍生品價格變化
Rho	ρ	利率變化引起金融衍生品價格變化

如圖 8-7 對市場風險的度量方法進行了歸納展示。在圖 8-7 中，除了前面介紹過的幾種市場風險的度量方法，還有最為重要的一種市場風險的度量——風險價值。對於風險價值，將在 8.3 節詳細介紹。

▲ 圖 8-7　市場風險度量方法

8.3 風險價值

8.2 節介紹了幾種度量市場風險的方法，在本節將介紹應用最廣泛、最重要的一種市場風險度量方法——風險價值 (Value at Risk, VaR)，風險價值也被翻譯為在險價值。作為經典的市場風險度量，風險價值可以用來評估資產的風險，從而幫助金融機構合理分散或避開風險。

在 1990 年之前，各個金融機構已經開始利用內部模型對整體的金融風險進行評估，而金融機構往往包含許多不同種類的業務，下轄利率、外匯、大宗商品等林林總總的許多部門，鑑於其複雜性，對於如何度量金融機構整體的風險，成為一個具有挑戰性的課題。

由於風險價值可以在沒有任何假設的情況下將金融機構的許多不同部門的風險價值進行整理，對金融機構的所有資產組合提供一個單一的風險度量，而且可以反映金融機構的整體風險，在實際工作中已經被許多機構的量化交易部門使用，從而評估整體的金融風險，所以它逐漸成為一種方便實用的度量金融風險的方法。時任摩根大通集團 (J.P.Morgan Chase & Co) 總裁的鄧尼斯．韋澤斯通 (Dennis Weatherstone) 要求每天下午四點十五分市場停止交易後，收到一份僅有一頁，但是必須反映銀行整體交易組合在之後的一天之內可能面臨的風險和潛在損失的報告，即所謂的「415 報告」。為了滿足總裁的要求，一套綜合所有不同種類的交易、不同的部門以及把所有風險集中為單一風險指標的系統就被發展起來，而這個指標便是風險價值。許多金融機構都開發了具有相似功能的系統，雖然這些系統都基於類似的理論，但是在模型假設、實現方法上卻有很大不同。在各大金融機構選擇對自己的風險價值系統保密的時候，摩根大通卻反其道而行之，在網際網路上公開了稱之為 RiskMetrics 的系統。這一不同尋常的舉動，後來被證明獲得了極大的成功，它大大推動了摩根大通風險價值系統 RiskMetrics 的普及和自身系統的改進發展，並且很快被許多銀行、基金、證券等金融機構採用，廣泛地用來計算包括市場風險、信用風險以及操作風險等在內的金融風險。

風險總是與投資相伴，假設當前日期為 t，在 t 日結束時，可以得到資產的市場價值 P_t，但是未來時間 $t + i$ 的資產價值 P_{t+i} 則不確定。投資是否收益或虧損則取決於 P_{t+i} 與 P_t 的大小關係，它們之間的差即為損益值 PnL，如果 P_{t+i} 大於 P_t，則有 P_{t+i} -P_t 的收益，反之，則會產生 P_t -P_{t+i} 的虧損。如圖 8-8 所示為某股票的歷史趨勢和未來可能的價格趨勢並標識了可能的收益和損失的範圍，其中藍色曲線為歷史價格，灰色曲線是未來 i 天股價可能的變化路徑。

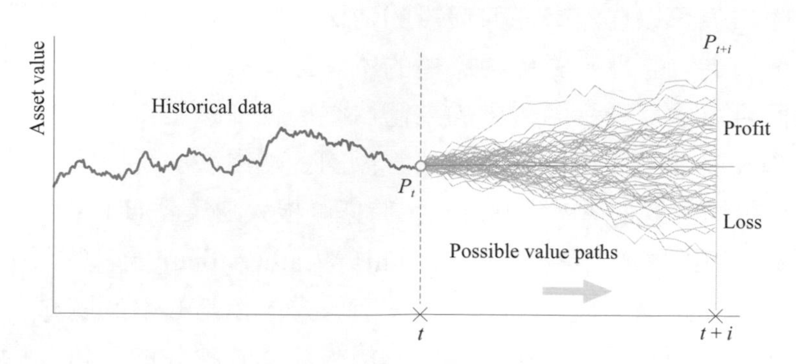

▲ 圖 8-8　某股票可能價格走勢與損益值軌跡

舉例來說，某股票當前的價格為 P_t，i 天之後的價格為 P_{t+i}，由於未來價格的不確定性，P_{t+i} 反映為一個分佈，如圖 8-9 所示。P_{t+i} 與 P_i 兩者之差就是損益 PnL_t，以下式所示。

$$\mathrm{PnL}_t = P_{t+i} - P_i \tag{8-5}$$

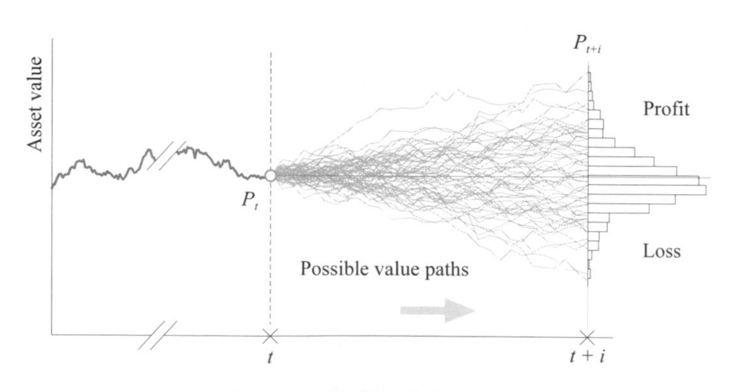

▲ 圖 8-9　資產可能價值及分佈

如圖 8-10 所示，損益 PnLt 由於不確定性，實際上是一個分佈。這個分佈的左側是可能的損失，右側是可能的收益。風險價值，實際就是對這個損益值的量度。從而，借助風險價值，對面臨的風險進行度量。

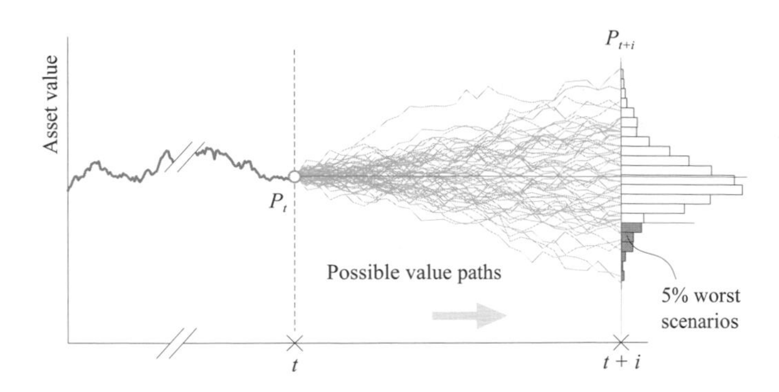

▲ 圖 8-10　資產損益 PnL 分佈和 5% 最差的情況

接下來，會對風險價值進行更詳細的分析討論。在投資中，對於資產所面臨的市場風險大小，經常會被提及的問題便是：最糟糕的情況下，這筆投資可能帶來的損失會有多大？風險價值就是基於機率對於這個問題的回答。

在數學上，風險價值的表述為：在一定的機率置信水準下，金融資產或投資組合在未來某特定的一段時間內的最大可能損失。其運算式為：

$$P(\Delta p \le \mathrm{VaR}_{\alpha}) = \alpha \tag{8-6}$$

其中，Δp 為該金融資產或投資組合在持有期內的損失，α 為置信水準，VaR_{α} 為置信水準 α 下的風險價值。常用的置信水準有 90%、95%、97% 及 99% 等。

結合定義，具體來看一個例子，當置信水準為 95%，展期為 1 天，如果假設對應的 $\mathrm{VaR}_{1\text{-day}}$ 值為 100 萬美金。那就是說，在未來一天的時間裡，有 95% 的把握，可能的損失不會超過 100 萬美金。如果從顯著性水準的角度來描述，即有 5% 的可能性，在未來一天內，可能的損失至少為 100 萬美金。有時，也有用 1-α 作為損失的可能性。另外，也可以用百分數表示，即 95% VaR，可以記作 VaR(95%) 或 VaR (5%)，或用小數表示為 VaR(0.05) 或 VaR(0.95)。需要注意，雖然 VaR 代表損失的大小，但是一般情況下，VaR 都用正數來表達。

假如 X 代表某金融資產或投資組合價值，$f(X)$ 代表在未來某特定時間內的損失機率分佈函數，那麼置信水準 α 下的風險價值 VaRα 即為損失分佈函數 $f(X)$ 的 α 分位數，數學式為：

$$\text{VaR}_{\alpha} = f^{-1}(\alpha) \tag{8-7}$$

其中，$f^{-1}(\alpha)$ 為 $f(\alpha)$ 的反函數。

結合圖 8-10 來看，實際上，置信水準為 95% 的 $\text{VaR}_{95\%}$，也就是 PnL(95%)。從分位點的角度來看，$\text{VaR}_{95\%}$ 描述的是一定時間下金融資產或資產組合損益分佈函數（圖 8-11 中藍色曲線）的 95% 的分位點對應的損失。

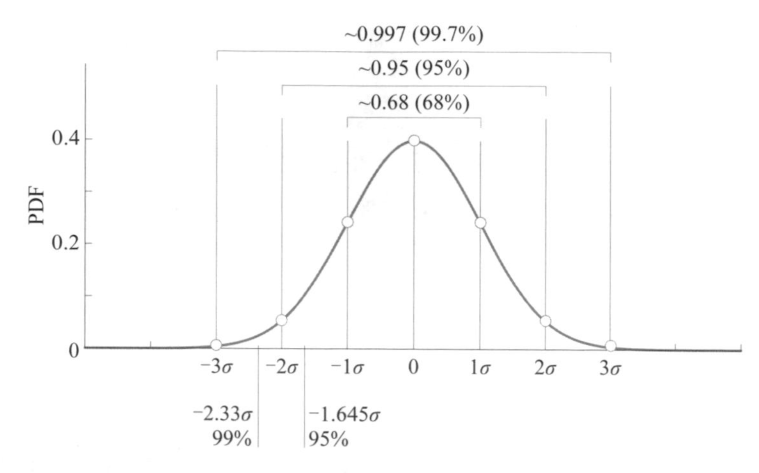

▲ 圖 8-11　標準正態分佈幾個重要的分位點

正態分佈在風險價值中有非常重要的應用，這是因為對於金融資產或投資組合的損益分佈的分析中，常常使用正態分佈。本叢書每一本中介紹機率與統計的章節，都詳細討論過正態分佈。這裡做一簡單回顧，在正態分佈中有所謂的 68–95–99.7 法則，如圖 8-11 所示。

從圖 8-11 可以看到，$\pm\sigma$ 區間對應的是 68% 的機率；$\pm 2\sigma$ 區間對應的是 95% 的機率；$\pm 3\sigma$ 區間對應的是 99.7% 機率。在標準正態分佈中 $\sigma = 1$。

另外，圖 8-11 中特意標注了 -1.645 和 -2.33 這兩個值，分別對應 95% 和 99% 的分位點，這是因為風險價值的計算中會經常用到。

風險價值可以用具體金額來表示，也可以用百分比或小數表示。收益率和當前投資組合的價值乘積，得到的就是損益 PnL。一天 VaR(95%) = \$100,000 表示有 95% 可能性，在一天之內的損失會小於 10 萬美金。或說，有 5% 的可能性，在一天之內的損失會大於 10 萬美金。另外，也可以描述為，在 100 天營業日裡，每天損失超過 10 萬的天數不超過 5 天。

在市場風險控管中，風險價值方法已經成為金融行業衡量風險的一種標準，被金融監管機構及其他金融公司廣泛採用。然而，風險價值方法的局限性也是顯而易見的。

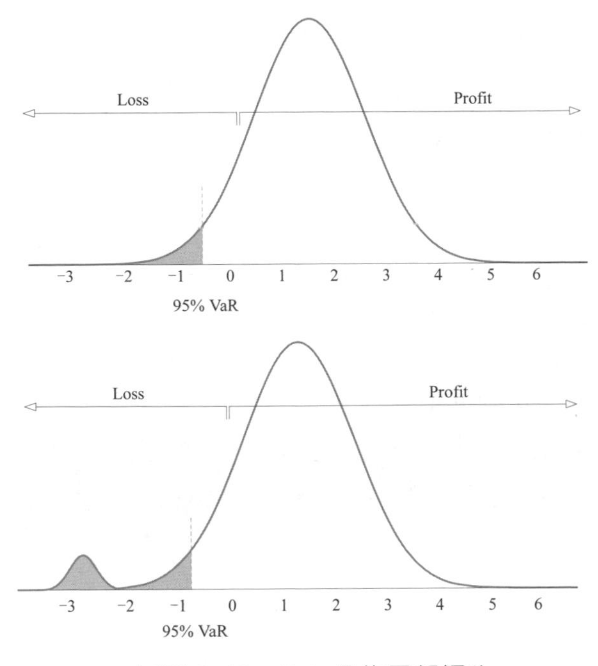

▲ 圖 8-12　PnL 分佈尾部損失

首先，風險價值並不是一個全面的風險指標，它說明的是可能虧損的最大數量，但是沒有指出在指定時間內虧損的可能數量。這是因為它無法準確描述 PnL 分佈尾部的損失。比如，如果說「有 5% 的可能性，在一百天之內的損失會大於 100 萬美金」，那麼從中得到的資訊只是對應於 95% 分位點的虧損值，對於整體的虧損並沒有任何涉及。假設對兩個資產在 100 天裡的損益值分別排序，在損失最大的第 95 天的損失均為 100 萬美金，那它們 95% 的 VaR 是相同的，都是 100 萬美金。但是有可能在剩下 5 天裡一個資產平均損失 200 萬美金，另外一個資產的平均損失則為 1000 萬美金。由此可見，風險價值完全相同的資產，尾部風險卻有天壤之別。如圖 8-12 所示為尾部風險的示意圖，在實際應用中，很多的資產的損益分佈並不像圖 8-12 (a) 展示的那樣服從正態分佈，而很可能類似於圖 8-12(b)，會有各種所謂「黑天鵝」事件導致的尾部風險，因此用基於正態分佈假設的風險價值來評估，很容易導致風險被低估。

另外，風險價值不滿足次可加性 (subadditivity)。所謂次可加性，即同時投資兩種資產的風險要小於或等於單獨投資兩種資產的風險之和。比如說有兩個資產 R_1 和 R_2，單獨投資 R_1 資產，其風險是 10 萬美金，單獨投資 R_2 資產，風險是 20 萬美金，那麼如果投資資產 R_1 與 R_2 的投資組合，這個投資組合風險小於或等於 30 萬美金，那麼它滿足次可加性。但是，遺憾的是風險價值不具備次可加性，這成為它的劣勢，不但不太適合較好地評價資產組合，而且很難用其進行投資組合的最佳化。

次可加性是一個重要的性質，下面從數學上詳細介紹。在數學上，函數的次可加性是函數的性質，它是指函數對定義域中兩個元素的和總是小於或等於這個函數對每個元素的值分別相加之和，即對於函數 $f(x)$ 及引數 x 和 y，滿足下式：

$$f(x+y) \le f(x)+f(y) \tag{8-8}$$

對於風險度量 ρ 和風險頭寸 R_1 和 R_2，若該風險度量具有次可加性，則滿足下式：

$$\rho(R_1+R_2) \le \rho(R_1)+\rho(R_2) \tag{8-9}$$

風險度量的次可加性表示包含兩種資產的投資組合的風險不大於單獨投資兩種資產的風險之和，這表示把所有資產風險單獨相加可以舉出這個投資組合的保守風險度量，因此這大大方便了風險的整理報告。不滿足次相加性的風險度量如果進行這種簡單相加，則有可能低估風險。

下面的例子是包含兩個價外空頭頭寸的二元選擇權 (binary option)，假設它們均有 2% 和 98% 的可能得到 -50 美金和 0 美金的回報。如果設定置信水準為 97%，分別計算它們各自的風險價值，很明顯，均為 0。為展示方便，可以用下面簡單的程式，對表格列印輸出。

B2_Ch8_1.py

```
from prettytable import PrettyTable

#position R1
x = PrettyTable(["Payout", "Probability"])
x.add_row([-50, 0.02])
x.add_row([0, 0.98])
x.add_row(['97% VaR', 0])
print(x.get_string(title="Position R1"))

#position R2
x = PrettyTable(["Payout", "Probability"])
x.add_row([-50, 0.02])
x.add_row([0, 0.98])
x.add_row(['97% VaR', 0])
print(x.get_string(title="Position R2"))
```

兩個表格展示如下。

```
+------------------------+
|       Position R1      |
+---------+--------------+
|  Payout | Probability  |
+---------+--------------+
|   -50   |     0.02     |
|    0    |     0.98     |
| 97% VaR |      0       |
+---------+--------------+
```

```
+-----------------------+
|      Position R2      |
+---------+-------------+
|  Payout | Probability |
+---------+-------------+
|   -50   |     0.02    |
|    0    |     0.98    |
| 97% VaR |      0      |
+---------+-------------+
```

如果這兩個空頭頭寸組成投資組合，那麼總的回報為 0 的機率小於 97%，風險價值將為正值。經過計算，此時風險價值為 50 美金。推算過程以下面的程式所示，同樣地，輸出了列印的明細表格。

B2_Ch8_2.py

```
#combination of R1 and R2
#probability of 3 possible payouts
p1 = 0.02*0.02
p2 = 2*0.02*0.98
p3 = round(0.98*0.98, 4)

x = PrettyTable(["Payout", "Probability"])
x.add_row([-100, p1])
x.add_row([-50, p2])
x.add_row([0, p3])
x.add_row(['97% VaR', 50])
print(x.get_string(title="Combination of positions R1 and R2"))
```

投資組合風險價值表格輸出如下。

```
+------------------------------------+
| Combination of positions R1 and R2|
+--------------+--------------------+
|    Payout    |    Probability     |
+--------------+--------------------+
|     -100     |       0.0004       |
|     -50      |       0.0392       |
|      0       |       0.9604       |
|   97% VaR    |         50         |
+--------------+--------------------+
```

由上面的例子可見，包含兩個頭寸的投資組合的風險價值遠大於這兩個頭寸各自的風險價值相加，直觀地展示了風險價值不具備次相加性。然而，如前所述，次相加性對於風險度量是一個非常重要的性質。這使得風險價值成為被許多業內人士所詬病的原因。但是，與風險價值相關的一些其他度量，可以解決這個問題，比如預期虧空 (expected deficit)。

風險價值方法衡量的主要是市場風險，因此如果只關注這種方法，容易忽視信用風險等其他種類的金融風險。風險價值法也無法預測到投資組合的損失程度的大小，以及市場風險與信用風險間的相互關係等。

但是，風險價值的機率非常容易理解，把所有的風險歸結於一個數字，因此即使對於沒有專業背景的人員，也可以理解接受，並對風險進行評估。並且，風險價值提供了比較風險的基礎，可以用來比較不同資產類別、投資組合和交易單位。因此，被監管機構及金融機構廣泛接受。而對於風險價值的模型，存在著很多基於不同理論的類型。在本章接下來的三節中會給大家詳細介紹風險價值的三種最基本的模型：參數法、歷史法和蒙地卡羅模擬法，如圖 8-13 所示。

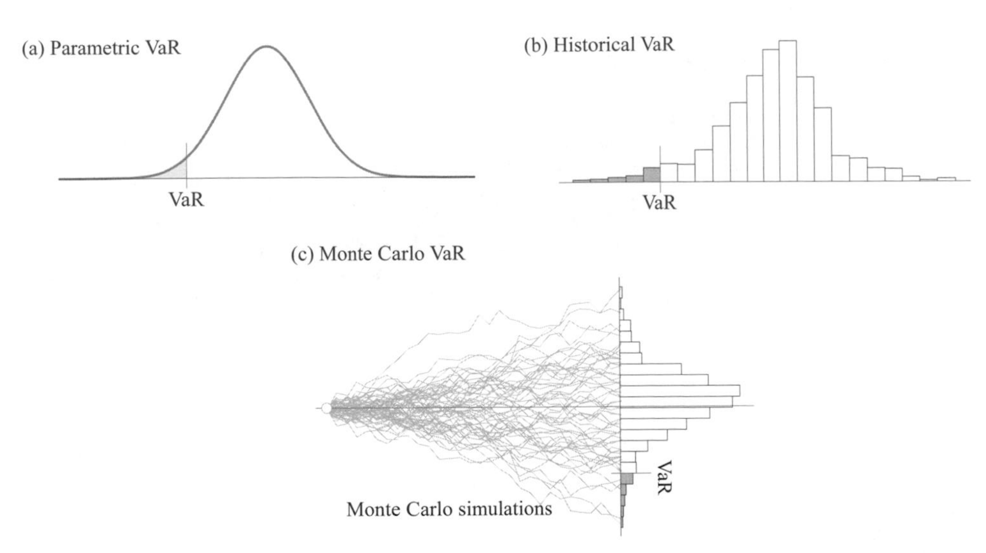

▲ 圖 8-13　風險價值的三種基本模型

8.4 參數法計算風險價值

參數法 (parametric approach) 一般是透過分析歷史資料，並假設資料服從一定的分佈，通常為正態分佈，然後利用歷史資料擬合分析得到這個分佈的參數，最後借助得到的參數計算風險價值，如圖 8-14 所示。通俗地說，參數法是借助歷史資料擬合得到曲線，並借助擬合曲線得到參數，進而計算風險價值。

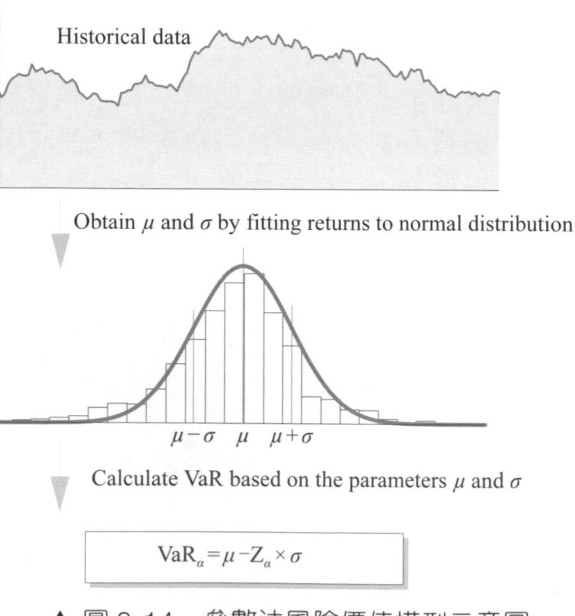

▲ 圖 8-14　參數法風險價值模型示意圖

前面提及過，參數法一般是假設未來收益滿足正態分佈，這是因為如股票收益率等風險因數一般都可以用正態分佈近似，而資產組合通常也可以用風險因數的線性組合來表示，並且正態分佈的任意線性組合仍然為正態分佈，因此一個資產組合的預期收益分佈仍然為正態分佈。在擬合得到正態分佈的參數平均值 μ 和標準差 σ 後，可以用下面的公式，直接計算風險價值。

$$\text{VaR}_\alpha = \mu - Z_\alpha \times \sigma \tag{8-10}$$

在市場上，價格的標準差通常變化較大，而價格本身相對標準差來說，變化並不大。所以，在很多情況下，會假設價格變化的期望值為 0，即假設平均值 μ 為 0，所以參數法的關鍵是要計算出分佈的標準差 σ，正因如此，參數法有時也被稱為方差協方差方法 (variance-covariance method)，其計算公式為：

$$\text{VaR}_\alpha = -Z_\alpha \times \sigma \tag{8-11}$$

參數法的原理非常容易理解，計算量一般來説也相對較少。另外，根據中心極限定理，即使風險因數的回報不服從正態分佈，但是只要風險因數的數量足夠多，並且相互獨立，仍然可以採用參數法，因此參數法的應用十分廣泛。

下面的例子將利用一個投資組合來説明如何用參數法得到風險價值。假設有一投資組合包含 "FAANG" 股票，所謂 "FAANG" 即美國目前最著名的五大科技公司：臉書 (Facebook)、亞馬遜 (Amazon)、蘋果 (Apple)、網飛 (Netflix) 和字母控股 (Alphabet，即 Google 母公司)。

首先匯入需要的運算套件，並且獲取這個投資組合中所有股票的歷史資料，並計算日對數回報率 (daily log return)，然後透過顯示結果的前五行，粗略查看資料，具體執行以下程式。

B2_Ch8_3_A.py

```
import matplotlib.pyplot as plt
import numpy as np
import pandas as pd
import pandas_datareader
import scipy.stats as stats
from mpl_toolkits import mplot3d
from matplotlib import cm

tickers = ['GOOGL','FB','AAPL','NFLX','AMZN']
```

```
ticker_num = len(tickers)
price_data = []
for ticker in range(ticker_num):
    prices = pandas_datareader.DataReader(tickers[ticker],
start='2015-11-30', end = '2020-11-30', data_source='yahoo')
    price_data.append(prices[['Adj Close']])
    df_stocks = pd.concat(price_data, axis=1)

#stock log returns
logreturns = np.log(df_stocks/df_stocks.shift(1))[1:]
logreturns.columns = tickers
logreturns.head()
```

對數回報率前五行展示。

Date	GOOGL	FB	AAPL	NFLX	AMZN
2015-12-01	0.027080	0.027254	-0.008148	0.016406	0.021223
2015-12-02	-0.007607	-0.009850	-0.009075	0.028000	-0.004502
2015-12-03	-0.012484	-0.016061	-0.009331	-0.016580	-0.014543
2015-12-04	0.014230	0.017098	0.032706	0.031973	0.009545
2015-12-07	-0.008015	-0.005383	-0.006321	-0.043473	-0.004186

假設它們的對數回報率均滿足正態分佈，這也是參數法所要求的假設。下面的程式計算並展示了字母控股股票的回報率分佈。

B2_Ch8_3_B.py

```
#plot log return distribution for GOOGL
plt.style.use('ggplot')
mu, std = stats.norm.fit(logreturns['GOOGL'])
x = np.linspace(mu-5*std, mu+5*std, 500)
logreturns['GOOGL'].hist(bins=60, density=True, histtype="stepfilled",
alpha=0.5)
x = np.linspace(mu - 3*std, mu+3*std, 500)
plt.plot(x, stats.norm.pdf(x, mu, std))
plt.title("Log return distribution for GOOGL")
plt.xlabel("Return")
plt.ylabel("Density")
```

執行程式後，生成的圖 8-15 展示了回報率的分佈，並且展示了正態分佈擬合的曲線。可見，正態分佈曲線大致反映出了回報率的分佈，即可以認為字母控股股票的回報率大致滿足正態分佈。

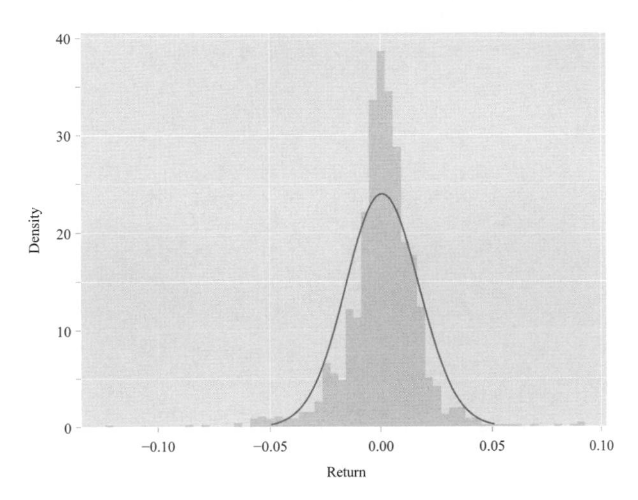

▲ 圖 8-15　字母控股股票回報率分佈

利用下面程式，可以對上述投資組合中其他股票回報率分佈分別進行展示。

B2_Ch8_3_C.py

```
#plot log return distribution
rows = 2
cols = 2
fig, axs = plt.subplots(rows, cols, figsize=(12,6))
ticker_n = 1
for i in range(rows):
    for j in range(cols):
        mu, std = stats.norm.fit(logreturns[tickers[ticker_n]])
        x = np.linspace(mu-5*std, mu+5*std, 500)
        axs[i,j].hist(logreturns[tickers[ticker_n]], bins=60,
density=True, histtype="stepfilled", alpha=0.5)
        axs[i,j].plot(x, stats.norm.pdf(x, mu, std))
        axs[i,j].set_title("Log return distribution for "+tickers[ticker_n])
        axs[i,j].set_xlabel("Return")
```

```
        axs[i,j].set_ylabel("Density")
        ticker_n = ticker_n + 1
plt.tight_layout()
```

如圖 8-16 所示，"FAAN" 股票的日對數回報率也是大致滿足正態分佈。因此，可以初步判斷，它們是適合於參數法模型滿足正態分佈的假設。

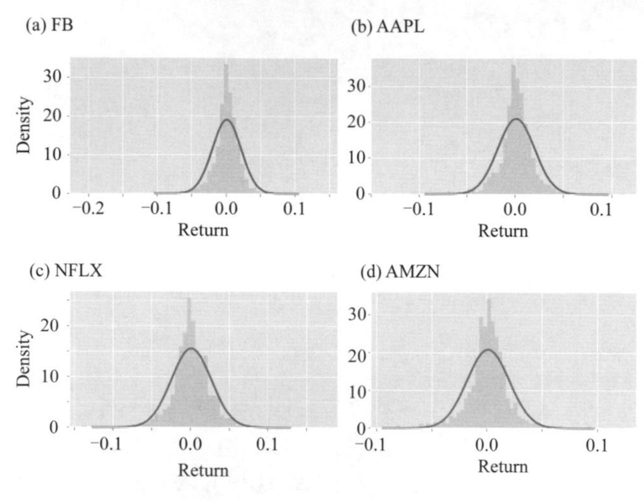

▲ 圖 8-16　股票回報率分佈

然後，計算投資組合中所有股票間的方差以及各自的平均值，並指定各自所佔的百分比，計算得到投資組合的平均值和波動性，具體執行以下程式。

B2_Ch8_3_D.py

```
#covariance matrix
cov_logreturns = logreturns.cov()
#mean returns for each stock
mean_logreturns = logreturns.mean()
#weights for stocks in the portfolio
stock_weight = np.array([0.2, 0.3, 0.1, 0.15, 0.25])
#mean returns and volitality for portfolio
portfolio_mean_log = mean_logreturns.dot(stock_weight)
portfolio_vol_log = np.sqrt(np.dot(stock_weight.T,
```

```
np.dot(cov_logreturns, stock_weight)))
print('The mean and volatility of the portfolio are {:.6f} and {:.6f},
respectively.'.format(portfolio_mean_log, portfolio_vol_log))
```

該投資組合的平均值和波動性如下。

```
The mean and volatility of the portfolio are 0.000956 and 0.016645,
respectively.
```

假設上述投資組合初始投資金額為 100 萬美金，設定置信水準為 99%，那麼可以用下面程式計算常態 VaR 和對數常態 VaR。

B2_Ch8_3_E.py

```
#confidence level
confidence_level = 0.99
#VaR calculation: initial investment value and holding period
initial_investment = 1000000
n = 1
VaR_norm = initial_investment*(portfolio_vol_log*abs(stats.norm.ppf(q=1-
confidence_level))-portfolio_mean_log)*np.sqrt(n)
VaR_lognorm = initial_investment*(1-np.exp(portfolio_mean_log-
portfolio_vol_log*abs(stats.norm.ppf(q=1-confidence_level))))*np.sqrt(n)
print('The normal VaR and lognormal VaR of the portfolio in 1 day holding
period are {:.0f} and {:.0f}, respectively.'.format(VaR_norm, VaR_
lognorm))
```

常態 VaR 和對數常態 VaR 如下。

```
The normal VaR and lognormal VaR of the portfolio in 1 day holding period
are 37765 and 37061, respectively.
```

下面的程式，透過定義不同的置信水準，得到常態 VaR 和對數常態 VaR 隨置信水準的變化趨勢。

B2_Ch8_3_F.py

```
#confidence level list
confidence_level_list = np.arange(0.90, 0.99, 0.001)
#initial investment value
```

```
initial_investment = 1000000
n = 1
VaR_norm_list = []
VaR_lognorm_list = []
for confidence_level in confidence_level_list:
    VaR_norm = initial_investment*(portfolio_vol_log*abs(stats.norm.
ppf(q=1-confidence_level))-portfolio_mean_log)*np.sqrt(n)
    VaR_norm_list.append(VaR_norm)
    VaR_lognorm = initial_investment*(1-np.exp(portfolio_mean_log-
portfolio_vol_log*abs(stats.norm.ppf(q=1-confidence_level))))*np.sqrt(n)
    VaR_lognorm_list.append(VaR_lognorm)
plt.plot(confidence_level_list, VaR_norm_list, label='Normal VaR')
plt.plot(confidence_level_list, VaR_lognorm_list, label='Lognormal VaR')
plt.legend()
plt.xlabel('Confidence level')
plt.ylabel('1-day VaR')
```

執行程式後，可生成圖 8-17。

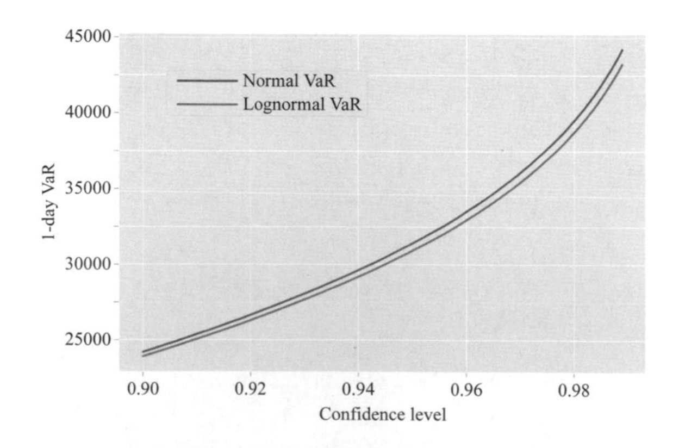

▲ 圖 8-17　風險價值與置信水準關係圖

從圖 8-17 可以看出，風險價值是隨著置信水準的增加而增加的。

如果在改變置信水準的同時改變持有期，可以得到隨著置信水準和持有期的改變風險價值的變化，下面的程式可以得到反映它們之間關係的三維圖形。

B2_Ch8_3_G.py

```
#3D display
holding_period_list = np.arange(1,91,1)
fig = plt.figure()
ax = plt.axes(projection='3d')
xdata = confidence_level_list
ydata = holding_period_list
x3d, y3d = np.meshgrid(xdata, ydata)
z3d = initial_investment*(portfolio_vol_log*abs(stats.norm.ppf(q=1-x3d))-
portfolio_mean_log)*np.sqrt(y3d)
ax.plot_wireframe(x3d, y3d, z3d, rstride=4, cstride=4, linewidth=1,
color='black')
ax.plot_surface(x3d, y3d, z3d, rstride=4, cstride=4, alpha=0.4,cmap=plt.
cm.summer)
ax.set_xlabel('\nConfidence level')
ax.set_ylabel('\nHolding period')
ax.set_zlabel('\nVaR')
```

執行程式後，生成圖 8-18。

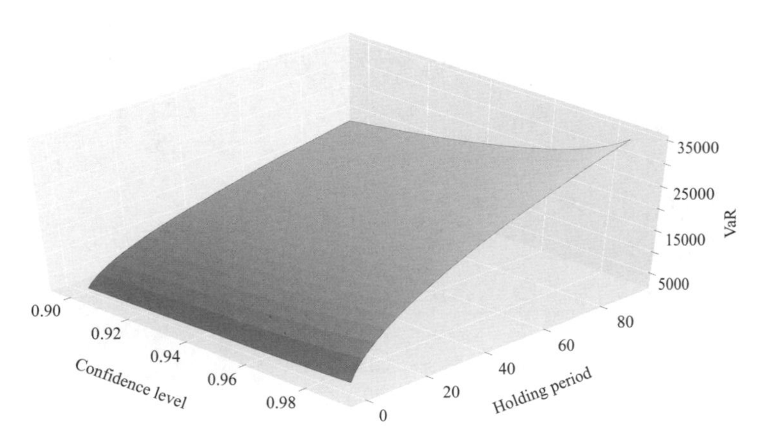

▲ 圖 8-18　風險價值隨著置信水準和持有期的變化而變化

從圖 8-18 可以看出，風險價值隨著置信水準的增加而增加，同時也隨著持有期的增加而增加。

上面的例子表現了參數法風險價值模型簡單方便的特點。只需要估計每種資產的標準差，便可以得到任意組合的風險價值。但是參數法也存在局限性，例如它需要預先對分佈進行假設，這有可能造成參數法模型不能充分表現市場因數的實際分佈，從而導致較大誤差。而選擇用以分析擬合得到參數的歷史資料有可能不具有代表性等，也會導致誤差的產生。雖然參數法通常來說計算較簡單，但是如果資產組合較大，需要計算龐大的協方差矩陣，計算量會顯著增加。另外，參數法也無法處理非線性問題。

8.5 歷史法計算風險價值

歷史法 (historical approach) 是一種全值估計方法 (full revaluation)，具體是指利用風險因數的歷史資料，計算過去某段時期收益的頻度分佈，並以此來模擬風險因數的未來收益分佈，然後根據置信水準，確定對應的最大可能損失，即為歷史法得到的風險價值。歷史法實際上假設了風險因數未來的變化與其在歷史上的變化是一致的。模型示意如圖 8-19 所示。

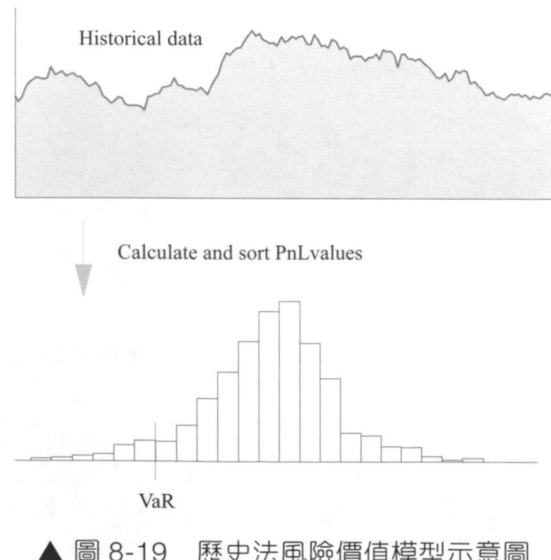

▲ 圖 8-19　歷史法風險價值模型示意圖

舉例來說，假設某投資組合價值 100 萬美金，要求計算 95% 置信水準下的風險價值。利用歷史法，可以先收集該投資組合在某段時期的 100 個日收益歷史資料，然後將它們按照從低到高的順序進行排列，其中得到的最低的 10 個收益，分別為 -0.0121, -0.0099, -0.0039, -0.0033, -0.0017, -0.0013, -0.0009, -0.0006, -0.0002, -0.0001。

95% 置信水準對應最差的 5% 的收益率，而第五最差的收益為 -0.0017，即 95% 的置信水準下每日的 VaR 為 0.0017。也就是說，在一天之中，有 95% 的可能性，該組合的虧損不會超過 0.0017，即 0.17%，或 100 × 0.17% = 0.17 萬美金。

下面的例子，以蘋果公司的股票為例，用歷史法計算得到風險價值。首先匯入需要的所有運算套件。然後，獲得蘋果公司五年的股票調整收盤價格歷史資料，並整理得到對數回報率，具體執行以下程式。

B2_Ch8_4_A.py

```
import matplotlib.pyplot as plt
import numpy as np
import pandas_datareader
import scipy.stats as stats
import tabulate

prices = pandas_datareader.DataReader('AAPL', start='2015-11-30',
end = '2020-11-30', data_source='yahoo')
df_stocks = prices[['Adj Close']]

#stock returns
returns = np.log(df_stocks/df_stocks.shift(1))
returns = returns.dropna()
```

接著，把這五年的回報率進行從小到大的排序，並利用 quantile() 函數按照置信水準得到對應的信用風險值。下面的程式，分別計算了 90%、95% 和 99% 的信用風險值，並利用 tabulate 運算套件中的 tabulate() 函數把結果透過表格列印出來。

B2_Ch8_4_B.py

```
#historical VaR
returns.sort_values('Adj Close', ascending=True, inplace=True)
HistVaR_90 = returns.quantile(0.1, interpolation='lower')[0]
HistVaR_95 = returns.quantile(0.05, interpolation='lower')[0]
HistVaR_99 = returns.quantile(0.01, interpolation='lower')[0]
print(tabulate.tabulate([['90%', HistVaR_90], ['95%', HistVaR_95],
['99%', HistVaR_99]], headers=['Confidence level', 'Value at Risk']))
```

歷史法計算得到的風險價值結果展示表格如下。

```
Confidence level      Value at Risk
------------------  -----------------
90%                      -0.0190786
95%                      -0.0274423
99%                      -0.0576482
```

回顧 8.4 節介紹的參數方法，下面的程式對 2015 年 11 月 30 日至 2020 年 11 月 30 日這五年的資料計算得到平均值和方差值，然後假設回報率分佈服從正態分佈，透過計算 90%、95% 和 99% 的分位點，可以得到對應的風險價值。最後，也是透過列印表格的方法展示出來。

B2_Ch8_4_C.py

```
#parameteric VaR
mu = np.mean(returns['Adj Close'])
std = np.std(returns['Adj Close'])
ParaVaR_90 = stats.norm.ppf(0.1, mu, std)
ParaVaR_95 = stats.norm.ppf(0.05, mu, std)
ParaVaR_99 = stats.norm.ppf(0.01, mu, std)
print(tabulate.tabulate([['90%', ParaVaR_90], ['95%', ParaVaR_95],
['99%', ParaVaR_99]], headers=['Confidence level', 'Value at Risk']))
```

參數法計算得到的風險價值結果展示表格如下。

```
Confidence level      Value at Risk
------------------  -----------------
90%                       -0.0231749
95%                       -0.0300754
99%                       -0.0430196
```

下面的程式，把例子中的回報率分佈視覺化，並繪製了參數法正態分佈曲線，如圖 8-20 所示。綠色和藍色虛線分別代表歷史法和參數法計算得到的 95% 的風險價值。

B2_Ch8_4_D.py

```
#plot distribution
plt.style.use('ggplot')
fig, ax = plt.subplots(1,1, figsize=(12,6))
x = np.linspace(mu-5*std, mu+5*std, 500)
ax.hist(returns['Adj Close'], bins=100, density=True,
histtype="stepfilled", alpha=0.5)
ax.axvline(HistVaR_95, ymin=0, ymax=0.2, color='g', ls=':',
alpha=0.7, label='95% historical VaR')
ax.axvline(ParaVaR_95, ymin=0, ymax=0.2, color='b', ls=':',
alpha=0.7, label='95% parametric VaR')
ax.plot(x, stats.norm.pdf(x, mu, std))
ax.legend()
ax.set_title("Return distribution")
ax.set_xlabel("Return")
ax.set_ylabel("Frequency")
```

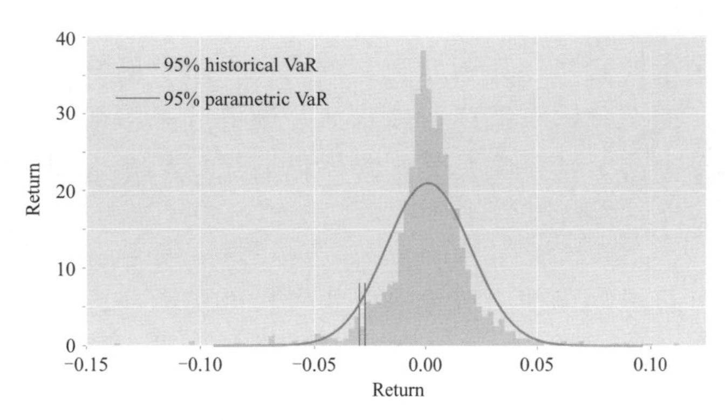

▲ 圖 8-20　歷史法和參數法計算得到的風險價值對比

從圖 8-20 可以看出，兩種方法得到的風險價值雖然數值並不相同，但是比較接近。

歷史法是完全以歷史資料為依據，不需要任何假設，不需要考慮分佈情況，充分表現了真實的市場因素，它適用於任何類型的市場風險。雖然「歷史總是驚人的相似」，但是現實與歷史也總是會有不同，歷史法的計算結果容易受到孤立事件的影響，特別對於一些極端事件，雖然過去未曾發生，但是未來卻有可能發生，因此，歷史法在這方面存在較大的缺陷。另外，對於所使用資料歷史期限的選擇，也會影響對於風險的評估。

8.6 蒙地卡羅法計算風險價值

前面兩節分別介紹了利用參數法和歷史法計算風險價值。參數法透過假設正態分佈，然後利用其前兩個矩，即平均值和方差，透過計算分位值，得到風險價值。歷史法則是利用實際的歷史資料，透過排序，得到對應於置信水準的損失的數值，即為風險價值。

本節，將介紹蒙地卡羅法計算風險價值。與歷史法一樣，蒙地卡羅模擬方法 (Monte Carlo simulation) 也是一種全值估計方法。但是，歷史法反映的是風險因數在歷史上的表現，而蒙地卡羅模擬則會隨機產生場景。因此，蒙地卡羅模擬可以克服歷史資料不足，以及場景受限於歷史資料的問題，從而使得蒙地卡羅模擬成為風險價值計算中最常應用的模型之一。對於蒙地卡羅方法，因為其在數值模擬領域的重要性，在本書中，有專門一章進行詳細介紹。

蒙地卡羅法計算風險價值，首先是透過分析歷史資料建立風險因數的隨機過程模型，然後反覆模擬風險因數變數的隨機過程，每次模擬都可以得到風險因數的未來變化情景，以及投資組合在持有期期末的可能價值。因為蒙地卡羅模擬可以進行大量的模擬，所以投資組合價值的模擬分佈將最終收斂於這個投資組合的真實分佈，根據這個分佈，可以計算風險價值，其流程圖如圖 8-21 所示。

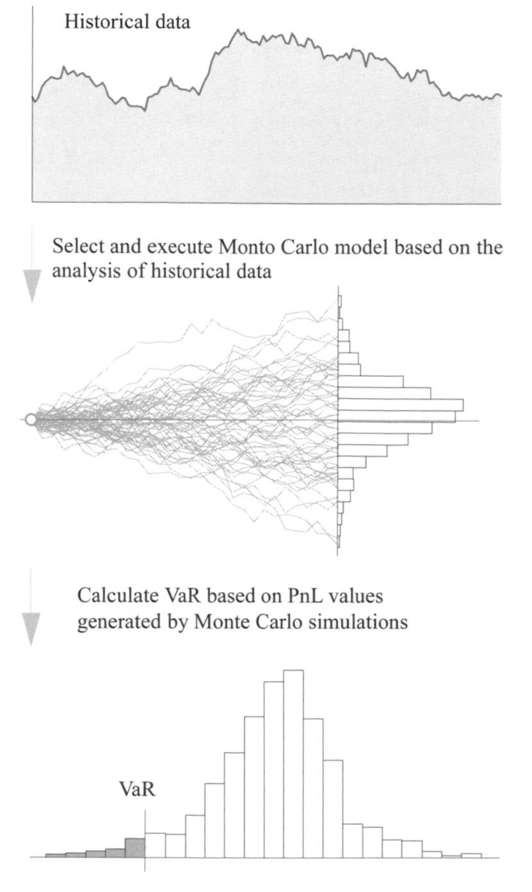
Historical data
Select and execute Monto Carlo model based on the analysis of historical data
Calculate VaR based on PnL values generated by Monte Carlo simulations
VaR

▲ 圖 8-21　蒙地卡羅模擬方法風險價值模型示意圖

在這裡，仍然以包含 "FAANG" 股票的投資組合為例，透過蒙地卡羅方法隨機產生一系列回報率的預測，然後以此找到這個投資組合的風險價值。假設資產回報率服從正態分佈，在每次蒙地卡羅模擬中，對投資組合中的每一資產按照該模型隨機模擬出下一個交易日的價格，計算得到每一資產的回報率，並與各自權重和市值相乘，可以得到每一資產在下一個交易日的收益，全部相加，即為該資產組合在下一個交易日的收益。

下面的例子設定模擬次數為 500，計算持有期為 1 天，置信水準 95% 的該投資組合的風險價值，也就是說第 25 個最大損失的值。

首先匯入運算套件，並從雅虎資料庫獲取五年的該投資組合股票價格的歷史資料，具體執行以下程式。

B2_Ch8_5_A.py

```
import matplotlib.pyplot as plt
import numpy as np
import pandas as pd
import pandas_datareader
import seaborn as sns

tickers = ['GOOGL','FB','AAPL','NFLX','AMZN']
ticker_num = len(tickers)
price_data = []
for ticker in range(ticker_num):
    prices = pandas_datareader.DataReader(tickers[ticker],
start='2015-11-30', end = '2020-11-30', data_source='yahoo')
    price_data.append(prices[['Adj Close']])
    df_stocks = pd.concat(price_data, axis=1)
df_stocks.columns = tickers
```

然後，計算各股票的累積回報率，並透過瀏覽前五行進行粗略檢驗，具體執行以下程式。

B2_Ch8_5_B.py

```
#cumulative returns
stock_return = []
for i in range(ticker_num):
    return_tmp = np.log(df_stocks[[tickers[i]]]/df_stocks[[tickers[i]]].
shift(1))[1:]
    return_tmp = (return_tmp+1).cumprod()
    stock_return.append(return_tmp[[tickers[i]]])
    return_all = pd.concat(stock_return,axis=1)
return_all.head()
```

投資組合中股票歷史價格前五行概覽。

```
Date            GOOGL        FB       AAPL      NFLX      AMZN
2015-12-01  1.027080  1.027254  0.991852  1.016406  1.021223
```

```
2015-12-02  1.019266  1.017135  0.982851  1.044865  1.016626
2015-12-03  1.006542  1.000798  0.973680  1.027542  1.001841
2015-12-04  1.020866  1.017910  1.005525  1.060395  1.011404
2015-12-07  1.012684  1.012431  0.999169  1.014296  1.007170
```

利用下面的程式，可以對所有股票的回報率用曲線更直觀地展示出來。

B2_Ch8_5_C.py

```
#plot cumulative returns of all stocks
plt.style.use('ggplot')
for i, col in enumerate(return_all.columns):
    return_all[col].plot()
plt.title('Cumulative returns')
plt.xlabel('Date')
plt.ylabel('Return')
plt.xticks(rotation=30)
plt.legend(return_all.columns)
```

如圖 8-22 所示即為程式執行後生成的圖形，該投資組合中所有股票價格的累積回報率均展示了出來，可見，它們的趨勢是相近的，這是因為它們均為科技公司，具有較人的相關性。但是，本節沒有採用蒙地卡羅模擬相關性股價走勢。請讀者回顧本書前文介紹的相關性股價模擬方法，自行撰寫程式，計算投資組合 VaR 值。

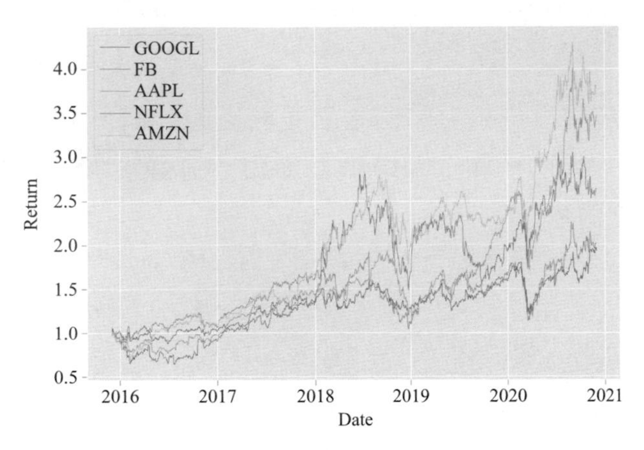

▲ 圖 8-22 "FAANG" 股票累積回報率

為了計算方便，設定投資組合中各股票的比重，並且在整個持有期內保持恒定。透過選取每支股票最近的價格回報率，並根據其在投資組合中所佔比重，計算得到整個投資組合的預期回報和預期股價，具體執行以下程式。

B2_Ch8_5_D.py

```
#lastest return and price values
latest_return = return_all.iloc[-1,:]
latest_price = df_stocks.iloc[-1,:]
sigma = latest_return.std()

#weights for stocks in the portfolio
stock_weight = [0.2, 0.3, 0.1, 0.15, 0.25]

#calculate expected return
expected_return = latest_return.dot(stock_weight)
print('The weighted expected portfolio return: %.2f' % expected_return)

#calculate weighted price
price = latest_price.dot(stock_weight)
print('The weighted price of the portfolio: %.0f' % price)
```

投資組合的預期回報率和加權平均價格如下。

```
The weighted expected portfolio return: 2.68
The weighted price of the portfolio: 1311
```

接下來，假設這個投資組合的回報率服從正態分佈，以一天之中的每一分鐘作為一個步進值，即分為 1440 個節點，利用蒙地卡羅模擬隨機產生 500 個回報率數值。

B2_Ch8_5_E.py

```
#monte carlo simulation
MC_num = 500
confidence_level = 0.95
time_step = 1440
```

```
for i in range(MC_num):
  daily_returns = np.random.normal(expected_return/time_step,
sigma/np.sqrt(time_step), time_step)
  plt.plot(daily_returns)
plt.axhline(np.percentile(daily_returns,(1.0-confidence_level)*100),
color='r', linestyle='dashed')
plt.axhline(np.percentile(daily_returns,confidence_level*100),
color='g', linestyle='dashed')
plt.axhline(np.mean(daily_returns), color='b', linestyle='solid')
plt.xlabel('Time')
plt.ylabel('Return')
plt.show()
```

如圖 8-23 所示為蒙地卡羅模擬生成的 500 個回報率路徑。其中，虛線設定的置信水準對應回報率。實線設定的置信水準對應回報率的平均值。

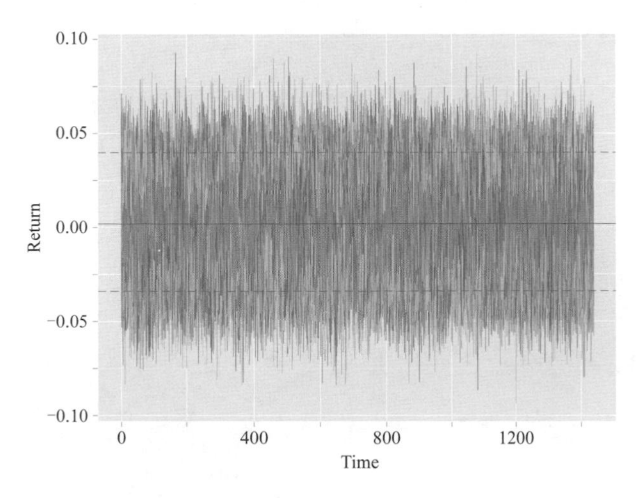

▲ 圖 8-23　回報率蒙地卡羅模擬

下面程式則對回報率的分佈進行了視覺化。

B2_Ch8_5_F.py

```
#plot return distribution
sns.distplot(daily_returns, kde=True, color='lightblue')
plt.axvline(np.percentile(daily_returns,(1.0-confidence_level)*100),
```

```
color='red', linestyle='dashed', linewidth=2)
plt.title("Return distribution")
plt.xlabel('Return')
plt.ylabel('Frequency')
plt.show()
```

執行程式後，可生成圖 8-24。

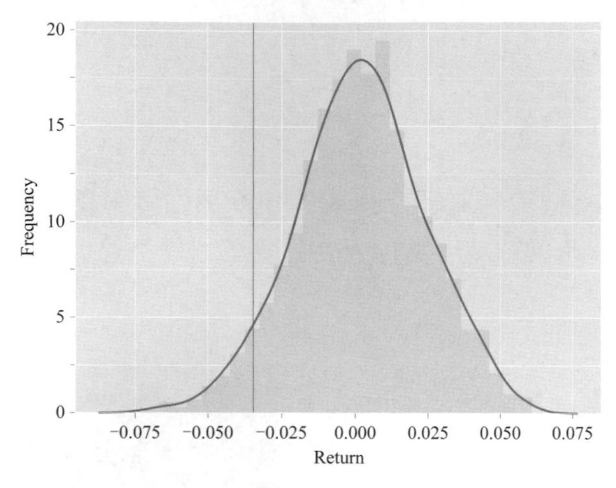

▲ 圖 8-24　投資組合回報率分佈

從圖 8-24 可見，回報率大致服從正態分佈。紅線位置標記了風險價值。

如果初投資額為 100 萬美金，那麼透過下面的程式，可以計算得到其 VaR 值。

B2_Ch8_5_G.py

```
initial_investment  = 1000000
VaR = initial_investment*np.percentile(daily_returns,(1.0-confidence_
level)*100)
print('The value at risk is %.0f' % VaR)
```

計算得到的風險價值如下。

```
The value at risk is -33185.
```

蒙地卡羅方法因為是一種完全定價模型，透過建立大量的場景，對應獲得大量可能結果，所以可以展現風險因素的非線性特徵。但是，為了獲得更多場景，對應的計算量也會迅速增加，從而導致整體運算速度較慢。另外，蒙地卡羅方法通常採用隨機抽樣，模型的參數對於所有抽樣保持不變，而實際上變數一般是動態變化的，所以蒙地卡羅方法這種處理，也會產生偏差。

本章首先從金融風險的分類，引入市場風險。然後介紹了市場風險的定義，以及差距分析法、存續期間分析法、場景分析法、投資組合理論、希臘字母法等風險度量，並且著重介紹了市場風險最重要的一種度量──風險價值。在對風險價值的介紹中，結合 Python 程式，分別介紹了參數法、歷史法、蒙地卡羅方法三種最為基本的計算風險價值的模型。參數法利用靈敏度和統計特性大大簡化了風險價值的計算，但是參數法無法應對金融市場廣泛存在的厚尾問題及大幅波動的非線性問題。歷史法和蒙地卡羅方法均為完全分析方法，可以處理非線性以及分佈非常態的問題，然而，歷史法局囿於歷史上的資料，對於未來市場趨勢的預測存在局限性，而蒙地卡羅方法在進行大量情景模擬時，也會存在運算速度較慢的弊病。因此，基於這些基本模型的衍生模型也被廣泛研究和應用。另外，在金融風險管理中，風險價值方法並不能涵蓋一切，對於實際中出現的具體問題，需要綜合考慮，結合其他定性、定量方法進行整體分析。

信用風險

人而無信，不知其可也。

——孔子《論語．為政》

信者我亦信之，不信者吾亦信之，德信。

——老子《道德經》

先賢們關於信用的箴言，歷經千年風霜，依舊在耳邊迴響。歷史上無論是商鞅的「立木為信」，還是周幽王的「烽火戲諸侯」，不斷地在或正或反地提醒人們——信用是為人之道，更是處事之本。

在金融領域，信用毋庸置疑佔據著首要地位。最通俗地說，信用就是「欠債還錢」。無論是國家發行的貨幣與債券，還是個人的房貸和信用卡，都是建立在信用基礎之上的，所以信用是金融系統賴以生存的根基。而與信用相關的風險，很自然地成為金融風險控制領域一個備受關注的組成部分。

本章核心命令程式

- plotly.graph_objects.Figure()　建立圖形物件
- plotly.io.renderers.default="browser"　設定瀏覽器輸出生成的表格或圖形
- scipy.stats.spearmanr()　計算 spearman 相關係數
- seaborn.countplot()　繪製個數統計圖
- seaborn.distplot()　繪製分佈圖
- seaborn.heatmap()　繪製熱力圖
- sklearn.ensemble.RandomForestRegressor()　隨機森林法填充遺漏值
- sklearn.metrics.auc()　計算 AUC 值
- sklearn.metrics.roc_curve()　產生 ROC 曲線
- sklearn.model_selection.train_test_split()　把資料切分為訓練資料和驗證資料

9.1 信用風險的定義和分類

信用風險 (credit risk) 是指由於債務人違約導致債權人損失的風險。具體地說，就是如果欠債一方未能依照約定按時向放債一方支付所欠的本金和利息，從而導致的放債一方所承擔的風險，如圖 9-1 所示。這裡的欠債方和放債方，既可以是個人，也可以是公司、企業或政府組織等。

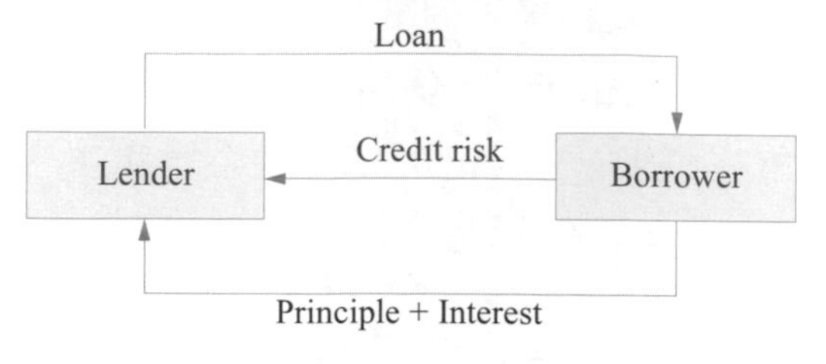

▲ 圖 9-1　信用風險

信用風險可以劃分為零售信用風險 (retail credit risk) 和批發信用風險 (wholesale credit risk) 兩類，如圖 9-2 所示。零售信用風險又被稱為消

費者信用風險 (consumer credit risk)，是指消費類信用產品，例如房屋貸款、信用卡等的違約造成的風險。批發信用風險又叫非零售信用風險 (non-retail credit risk)，顧名思義，是區別於零售信用風險，指對於機構、公司、企業等的商業借貸產生的風險。在許多大型金融機構，對於信用風險部門，通常是以零售信用風險和批發信用風險進行劃分。

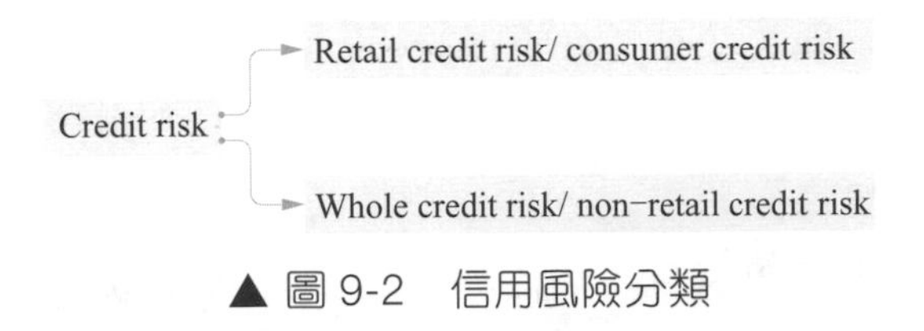

▲ 圖 9-2　信用風險分類

9.2 信用風險的度量

在本書的第 8 章市場風險介紹過在市場風險領域，用風險價值 (Value at Risk, VaR)、差距分析、場景分析和希臘字母等方法來定量化分析市場風險。對於信用風險進行度量，則有四個驅動因素：違約機率 (Probability of Default, PD)、違約損失率 (Loss Given Default, LGD)、違約風險暴露 (Exposure At Default, EAD) 和到期 (maturity)，如圖 9-3 所示。

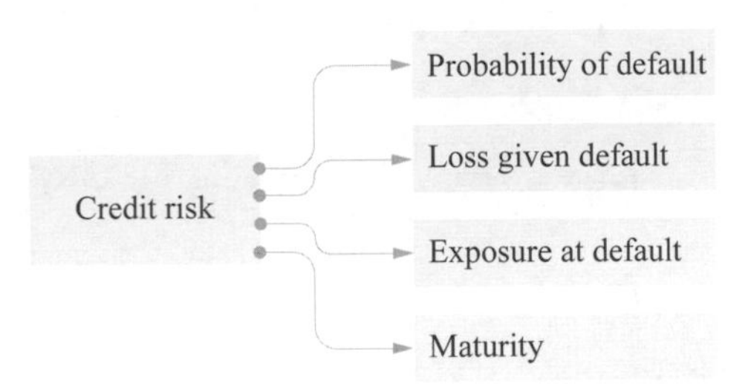

▲ 圖 9-3　信用風險的四個驅動因素

違約機率是指債務人不能按照合約要求償還債權人貸款本息或履行相關義務的可能性，並把這種可能性量化成為的機率。違約機率是信用風險的關鍵指標，通常用統計模型來進行估計。

違約損失率是債務人確定違約時給債權人造成的資產損失的百分比，它表現了違約造成損失的嚴重程度。違約損失率與回收率 (Recovery Rate, RR) 之和為 1，即有：

$$LGD + RR = 1 \tag{9-1}$$

違約風險暴露表示違約發生時損失總量可能的最大金額，它與違約機率、違約損失率並稱為組成違約損失的三大要素。對於諸如貸款和債券等簡單的債務產品，通常認為違約風險暴露與本金大致相同，但是在大多數情況下，違約風險暴露是一個隨時間變化的變數。比如房屋的按揭貸款，違約發生的時間越晚，對應的違約風險暴露就會越小，這是因為未償付的本金隨著時間在減小，另外提前償付的風險也在變小。

期限是合約時間的長度。期限越長表示承擔的風險越大，違約的機率也越大。

在信用風險的控制與管理中，經常會遇到預期損失 (expected loss) 和非預期損失 (unexpected loss) 兩個指標。

預期損失是指金融機構在正常營運中，能夠預期到的損失額。在特定的期限內，預期損失是違約曝露、違約機率與違約損失率之積，如圖 9-4 所示。

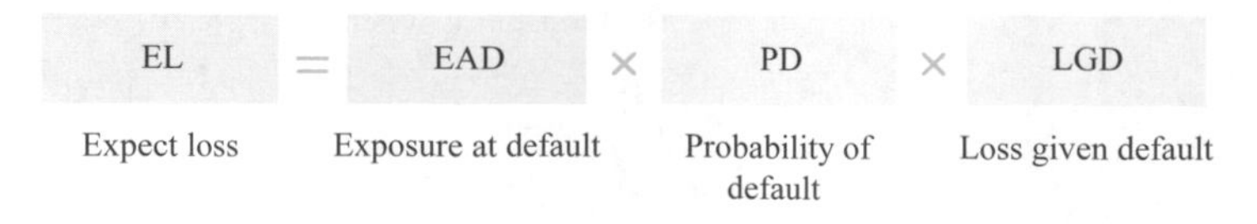

▲ 圖 9-4　預期損失計算公式

從圖 9-4 可以看到，預期損失取決於三個變數，違約風險暴露 (exposure at default)、違約機率 (probability of default) 和違約損失率 (loss given default)，另外預期損失還對應於一個確定的期限。同時，需要注意，這裡假設各個損失變數是相互獨立的，而且違約風險暴露和違約機率在該期限內為常數。

非預期損失對應不可預見的發生機率較小的損失。也就是損失中超過預期損失的部分，非預期損失通常使用損失的標準差來度量。

如圖 9-5 所示，實際損失服從損失分佈，往往與預期損失有所出入，非預期損失代表的就是超過預期損失的部分。

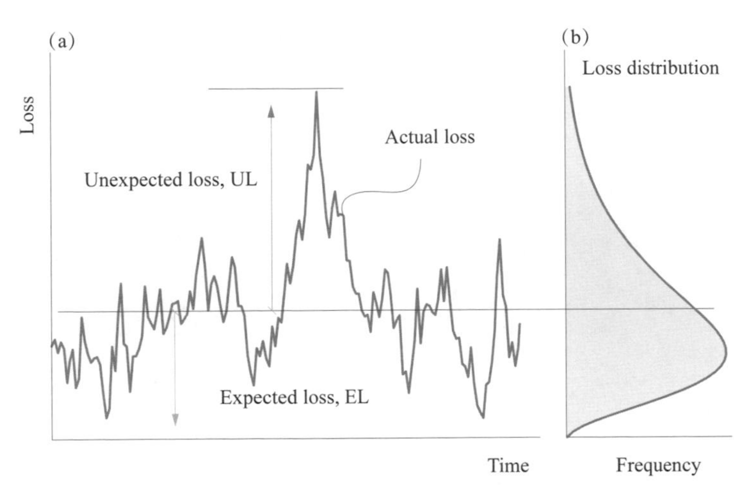

▲ 圖 9-5　預期損失與非預期損失比較

如圖 9-5(b) 所示為典型的信用損失曲線，一般來説是不對稱的，存在非常明顯的偏斜 (skew)，在較小損失的區域更為密集，而在較大損失的區域則相對稀疏，亦即發生的機率較小。另外，因為最理想的情況是沒有損失的，所以上昇緣是有限的，而下降緣是無限延伸的，即非常大的損失的可能性雖然非常小，但是仍然是存在的。從損失的分佈曲線，可以明顯發現存在厚尾現象，其內在含義即為發生大的損失的機率是緩慢變低的。在圖 9-5 中，詳細地標注了預期損失和非預期損失。對於非預期損失，如前面所説明，定義為損失分佈的標準差，但是有時也將特定分位點 (對應顯著水準 α) 損失值與預期損失的差值定義為非預期損失。

另外，圖 9-6 引入了損失分佈上對應的另外兩個常用度量，即風險價值 VaR 和經濟資本 (Economic Capital, EC)。與第 8 章市場風險介紹的風險價格的內在實質一致，損失分佈的風險價值 VaR 代表一定顯著水準下的損失。經濟資本又稱為風險資本，它是一個較新的統計學的概念，是與監管資本 (Regulatory Capital, RC) 相對應的概念，它與信用風險直接相關，是金融機構用來承擔非預期損失，保持正常營運所需要的合理資本。

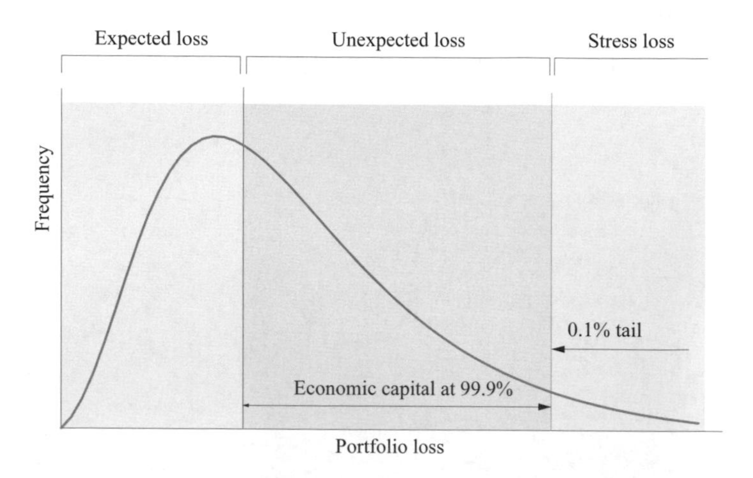

▲ 圖 9-6 損失分佈上的預期損失 EL、非預期損失 UL、經濟資本 EC 和風險價值 VaR

9.3 信用風險資料分析與處理

銀行等金融機構需要掌握客戶的信用狀況，才能更加精準地理解客戶的行為，從而設計並推銷對應的金融產品。因此，大型的金融機構一般都會建立團隊，對歷史資料進行分析和處理。本節會對信用風險資料的分析與處理作詳細介紹，所利用的資料來自 Kaggle 網站上的 Give me some credit 專案的信用資料，這個專案利用了這組資料來預測未來兩年借款人遇到財務困難的可能性。

首先，匯入所有的運算套件，以及包含信用資料的 csv 檔案。查看 shape 屬性可以得知這組資料為 150000 行，11 列，從而快速對這組資料的行和列有最基本的了解。用 info() 函數，進一步對整個資料有更加詳細的了解，具體執行以下程式。

B2_Ch9_1_A.py

```
#import numpy as np
import pandas as pd
import seaborn as sns
import matplotlib.pyplot as plt
from sklearn.ensemble import RandomForestRegressor
import plotly.io as pio
import chart_studio.plotly
from plotly.offline import plot
import plotly.graph_objects as go
from  matplotlib.ticker import FuncFormatter

data = pd.read_csv(r'C:\FRM Book\CreditRisk\cs-training.csv')
data = data.iloc[:,1:]
```

查看信用資料的 shape 屬性。

```
data.shape
```

顯示所利用信用資料的行與列數目。

```
(150000, 11)
```

利用 info() 函數查看信用資料。

```
data.info()
```

所利用信用資料的資訊展示如下。

```
<class 'pandas.core.frame.DataFrame'>
RangeIndex: 150000 entries, 0 to 149999
Data columns (total 11 columns):
 #  Column                                Non-Null Count   Dtype
---  ------                                --------------   -----
 0   SeriousDlqin2yrs                     150000 non-null  int64
 1   RevolvingUtilizationOfUnsecuredLines 150000 non-null  float64
```

```
 2   age                                   150000 non-null  int64
 3   NumberOfTime30-59DaysPastDueNotWorse  150000 non-null  int64
 4   DebtRatio                             150000 non-null  float64
 5   MonthlyIncome                         120269 non-null  float64
 6   NumberOfOpenCreditLinesAndLoans       150000 non-null  int64
 7   NumberOfTimes90DaysLate               150000 non-null  int64
 8   NumberRealEstateLoansOrLines          150000 non-null  int64
 9   NumberOfTime60-89DaysPastDueNotWorse  150000 non-null  int64
 10  NumberOfDependents                    146076 non-null  float64
dtypes: float64(4), int64(7)
memory usage: 12.6 MB
```

資料的列名稱均為英文，為了便於理解，下面的程式利用 plotly 運算套件生成了表格，顯示對應的中文解釋。生成的表格會顯示在電腦預設的瀏覽器中。

B2_Ch9_1_B.py

```
#make a fancy table for the corresponding Chinese translation of the
column names
translation_map = {'SeriousDlqin2yrs':'兩年內是否違約',
                   'RevolvingUtilizationOfUnsecuredLines':'可用額度比值',
                   'age':'年齡',
                   'NumberOfTime30-59DaysPastDueNotWorse':'借貸逾期 30-59 天
數目',
                   'DebtRatio':'負債率',
                   'MonthlyIncome':'月收入',
                   'NumberOfOpenCreditLinesAndLoans':'借貸數量',
                   'NumberOfTimes90DaysLate':'借貸逾期 90 天數目',
                   'NumberRealEstateLoansOrLines':'固定資產貸款量',
                   'NumberOfTime60-89DaysPastDueNotWorse':'借貸逾期 60-89 天
數目',
                   'NumberOfDependents':'家屬人數'}
pio.renderers.default = "browser"
df_transmap = pd.DataFrame.from_dict(translation_map, orient='index').
reset_index()
df_transmap.columns = ['English', 'Chinese']
pio.renderers.default = "browser"
fig = go.Figure(data=[go.Table(
```

```
                                    header = dict(values=list(df_transmap.
columns),
                                        fill_color = 'paleturquoise',
                                        align='left'),
                                    cells = dict(values=[df_transmap.English,
                                        df_transmap.Chinese],
                                        fill_color='lavender',
                                        align='left'))
])

fig.show()
```

對得到的資料，首先要對處理進行分析，而資料缺失是處理資料的實際工作過程中經常出現的問題。資料缺失從其機制上來說，可以分為以下三種。

完全隨機缺失 (Missing Completely At Random, MCAR)，指的是資料的缺失完全是由隨機因素導致的，遺漏值與其他遺漏值或存在的資料沒有任何關係。比如說，在一組個人資訊的統計中，家庭地址缺失一般就屬於完全隨機缺失。

隨機缺失 (Missing At Random, MAR) ，是指資料的缺失並不是完全隨機的，缺失資料與其他的缺失資料沒有關係，但是與未缺失的部分資料存在關係。

非隨機缺失 (Missing Not At Random, MNAR)，指的是資料的缺失與其缺失的原因直接連結。比如，在家庭收入的調查資料中，高收入人群的家庭收入有較多缺失，而其原因是高收入家庭不願意公開其家庭收入。

對於資料缺失，通常有三大類處理方法：刪除、補齊和忽略。

資料刪除，顯而易見，就是將存在遺漏資訊屬性值的物件直接刪除，從而得到一個完備的資訊表。對於物件存在多個屬性，而在被刪除的含遺漏值的物件與整體資料量相比非常小的情況下，使用刪除的方法既簡單易行又方便有效。但是，如果缺失資料所佔比例較大，尤其是當缺失資料並非隨機，而是含有特定資訊時，透過這種方法很容易造成處理之後的資料偏離原資料，從而導致最終分析得到的結論出現錯誤。

資料補齊，是指用一定的值去補充遺漏值。對於資料補齊，最基本的想法是用最可能的值來對遺漏值進行補充，這一般要利用統計學原理，綜合考慮原始資料的分佈情況來進行。經常用到的有平均數、中位數、眾數、最大值、最小值、固定值、插值等等進行的補齊。比如，如果遺漏值是數值型的，可以根據其他所有設定值的平均值來填充；如果空值是非數值型的，可以根據統計學中的眾數原理，用其他所有值次數出現頻率最多的值來補齊。

忽略是指對於遺漏值，不做任何處理。刪除資料會直接減少資料，補齊處理是對遺漏值以主觀的估計進行補齊，偏離客觀事實，所以無論刪除還是補齊都會改變原來的資料，甚至引入錯誤的資訊。而忽略遺漏值，有時反而是對原來資料最準確的處理辦法。

對於完全隨機缺失和隨機缺失，可以根據出現的情況刪除遺漏值的資料，而對於隨機缺失，有時也透過已知變數估計遺漏值，從而進行補齊。對於非隨機缺失，則需更加謹慎，因為直接刪除包含遺漏值的資料很容易導致模型出現偏差。因此，對於遺漏值的補充要具體問題具體分析。

在下面例子中，對於月收入，前面獲取資料整體資訊時，已經可以看到其數值缺失較多，借助下面敘述計算得到其缺失比率。

```
#monthly income data missing ratio
print("missing ratio:{:.2%}".format(data['MonthlyIncome'].isnull().sum()/
data.shape[0]))
```

缺失比率如下。

```
missing ratio:19.82%
```

在這裡採用了隨機森林法 (random forest) 對這些缺失的資料進行補齊。

所謂隨機森林是由很多互相之間沒有連結的決策樹組成的。在進行分類任務時，新的輸入樣本進入，森林中的每一棵決策樹分別進行判斷和分類，得到一個獨立的分類結果，最後，統計決策樹的所有分類結果中最多的分類，這就是隨機森林法得到的分類結果。下面的具體程式，利用 RandomForestRegressor() 函數，建立模型，並擬合資料，估計遺漏值，進行填充。

B2_Ch9_1_C.py

```
#fill NA by random forest
data_process = data.iloc[:,[5,0,1,2,3,4,6,7,8,9]]
#split to known and unknown
known = data_process[data_process.MonthlyIncome.notnull()].values
unknown = data_process[data_process.MonthlyIncome.isnull()].values
#training set
X = known[:,1:]
y = known[:,0]
#fitting model
model = RandomForestRegressor(random_state=0, n_estimators=200,
max_depth=3, n_jobs=-1)
model.fit(X,y)
#pridict missing data
pred = model.predict(unknown[:,1:]).round(0)
#fill missing data
data.loc[data['MonthlyIncome'].isnull(),'MonthlyIncome'] = pred
```

家屬人數 (NumberOfDependents) 變數遺漏值比較少，對整體模型不會造成太大影響。可以先透過統計描述查看家屬人數列資料，用下面程式可以繪製其分佈圖，如圖 9-7 所示。

B2_Ch9_1_D.py

```
#distribution of number of dependents
sns.set(style="darkgrid")
ax = sns.countplot(x='NumberOfDependents', data = data)
total = float(len(data))
for p in ax.patches:
```

```
    height = p.get_height()
    ax.text(p.get_x()+p.get_width()/2.,
            height + 3,
            '{:.0f}%'.format(100 * p.get_height()/total),
            ha="center")
ax.set_title('Number of dependents count')
ax.xaxis.set_major_formatter(FuncFormatter(lambda x, _: int(x)))
```

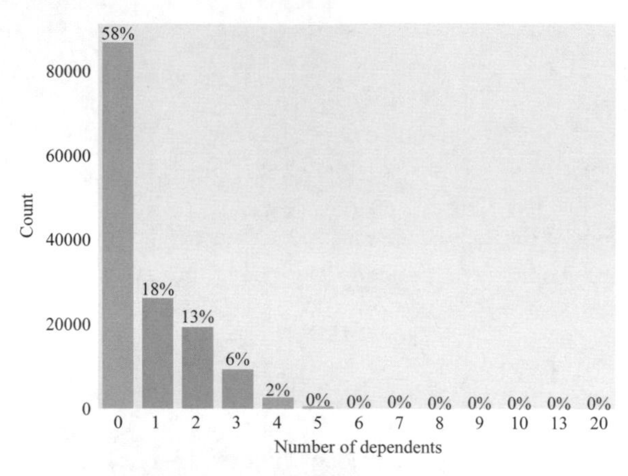

▲ 圖 9-7　家屬數量統計分佈

由圖 9-7 可見，家屬的個數集中在 0、1、2、3、4，總計佔總數量的 97%，因此家屬個數的遺漏值可以從這 5 個數字中隨機取出數值進行填充，程式如下。

B2_Ch9_1_E.py

```
#fill missing values of NumberOfDependents
num_Dependents = pd.Series([0,1,2,3,4]).copy()
for i in data['NumberOfDependents'][data['NumberOfDependents'].isnull()].
index:
    data['NumberOfDependents'][i] = num_Dependents.sample(1)
```

對遺漏值處理完之後，利用下面敘述，可以刪除重複項。

```
#missing value and duplicate value deletion
data=data.dropna()
data=data.drop_duplicates()
```

異常值 (outlier) 也叫離群點，是指樣本中明顯與其他觀察值不同的個別值，需要注意，異常值只是與其他值偏離較大，並不一定是錯誤的資料點。對於異常值的處理通常有刪除法、替換法等。

刪除法，顧名思義，是直接將含有異常值的記錄刪除。在異常值較少時，常常採用這種方法。

替換法是將異常值視為遺漏值，利用前面介紹的遺漏值處理的方法對異常值進行替換。在異常值較多時，則往往需要對異常值進行替換。通常會用平均值、中位數、眾數、隨機數、填補數字 0 等幾種方式替換。

當然，異常值也可能包含有用的資訊，所以與處理遺漏值相似，有時對於異常值不做任何處理，而是選擇保留異常值。

在鑑別判定異常值時，常常使用箱盒圖，透過計算資料中的最大和最小估計值來限定一個範圍，箱盒圖會標出此範圍，如果資料超過這一範圍，說明可能為異常值，箱盒圖會用圓圈標出。

下面以年齡 (age) 為例進行分析。利用 boxplot() 函數，執行以下程式，可以繪製年齡的箱盒圖。

B2_Ch9_1_F.py

```
#age analysis
fig = plt.figure()
ax = plt.subplot()
ax.boxplot(data['age'])
ax.set_xticklabels(['age'])
ax.set_ylabel('age (years old)')
```

從圖 9-8 可以看到，年齡列 age 中存在 0 數值，明顯是異常值，可以將其直接剔除。另外，信用記錄一般是針對成年人，因此小於 18 的年齡均可以認定為異常值。而大於 100 的年齡，在這裡，也認為是異常值，可以移除。

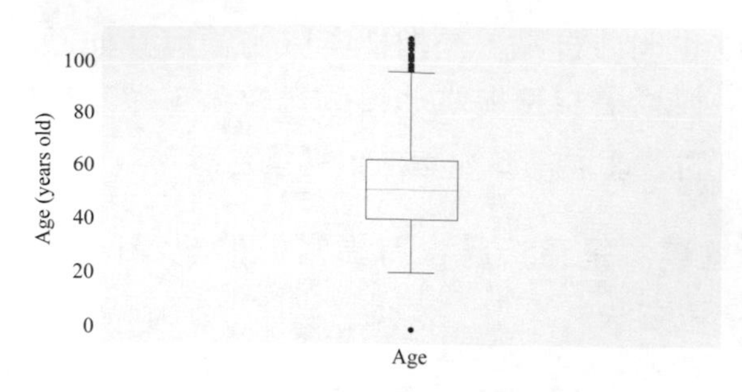

▲ 圖 9-8　年齡箱盒分析圖

用下面的程式，直接移除年齡的異常值。

```
#remove outlier of age
data = data[data['age']>18]
data = data[data['age']<100]
```

同樣地，對於可用額度比值 (RevolvingUtilizationOfUnsecuredLines) 以及負債率 (DebtRatio)，讀者可以嘗試用下面的程式生成對應的箱盒圖。

B2_Ch9_1_G.py

```
#analysis for RevolvingUtilizationOfUnsecuredLines and DebtRatio
fig, (ax1, ax2) = plt.subplots(1,2)
x1 = data['RevolvingUtilizationOfUnsecuredLines'].astype('float')
x2 = data['DebtRatio'].astype('float')
ax1.boxplot(x1)
ax2.boxplot(x2)
ax1.set_xticklabels(['RevolvingUtilizationOfUnsecuredLines'])
ax2.set_xticklabels(['DebtRatio'])
ax1.set_ylabel('ratio')
```

上述兩個變數的數值型態均是百分比，請讀者自行執行程式獲得可用額度比值和負債率箱盒分析圖。可以發現，資料中存在大於 1 的異常值，用下面的程式將其全部刪除。

```
#remove outlier of RevolvingUtilizationOfUnsecuredLines and DebtRatio
data = data[(data['RevolvingUtilizationOfUnsecuredLines']>=0)&(data['Revol
vingUtilizationOfUnsecuredLines']<=1)]
data = data[(data['DebtRatio']>=0)&(data['DebtRatio']<=1)]
```

在用上述程式處理完可用額度比值和負債率的異常值後，重新生成箱盒圖。從圖 9-9 可以看到，所有的值都在 0 和 1 之間。

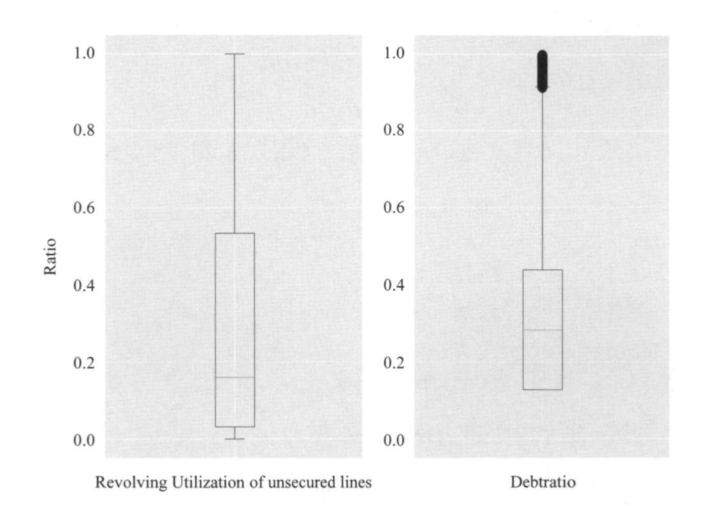

▲ 圖 9-9　去除異常值後可用額度比值和負債率箱盒分析圖

再來分析以下三個與逾期天數有關的變數：(a) 逾期 30 ～ 59 天筆數 (NumberOfTime30-59DaysPastDueNotWorse)，(b) 逾期 60 ～ 89 天筆數 (NumberOfTime60-89DaysPastDueNotWorse)，(c) 逾期 90 天筆數 (NumberOfTimes90DaysLate)。

同樣地，用如下所示的產生箱盒圖的程式進行分析。

B2_Ch9_1_K.py

```
#analysis for number of time of default/past due
fig, (ax1, ax2, ax3) = plt.subplots(1,3)
x1 = data['NumberOfTime30-59DaysPastDueNotWorse']
x2 = data['NumberOfTime60-89DaysPastDueNotWorse']
x3 = data['NumberOfTimes90DaysLate']
ax1.boxplot(x1)
ax2.boxplot(x2)
ax3.boxplot(x3)
ax1.set_xticklabels(['NumberOfTime30-59DaysPastDueNotWorse'])
ax2.set_xticklabels(['NumberOfTime60-89DaysPastDueNotWorse'])
```

```
ax3.set_xticklabels(['NumberOfTimes90DaysLate'])
ax1.set_ylabel('Number of times of past due')
```

執行程式，產生逾期天數相關變數的箱盒分析圖。從這個分析圖中可見，絕大多數值均小於 20，但是在接近數值 100 處有大量的異常值。

因此，可以認為大於 20 的均為異常值，使用下面程式移除這些異常值。

```
#remove outlier of number of times past due
data = data[data['NumberOfTime30-59DaysPastDueNotWorse']<20]
data = data[data['NumberOfTime60-89DaysPastDueNotWorse']<20]
data = data[data['NumberOfTimes90DaysLate']<20]
```

在處理完資料的遺漏值和異常值後，接下來，對客戶分類資料 (SeriousDlqin2yrs) 進行轉換，為了處理方便，把兩年內違約客戶定義為 0，未違約客戶定義為 1，利用下面的程式對客戶分類資料進行轉換並統計兩類客戶各自所佔比例。

B2_Ch9_1_L.py

```
#client with good credit: 1; client with bad credit: 0
data['SeriousDlqin2yrs'] = 1-data['SeriousDlqin2yrs']
client_group = data['SeriousDlqin2yrs'].groupby(data['SeriousDlqin2yrs']).
count()
good_client_percentage = client_group[1]/(client_group[0]+client_group[1])
bad_client_percentage = client_group[0]/(client_group[0]+client_group[1])
ax = client_group.plot(kind='bar')
for p in ax.patches:
    width = p.get_width()
    height = p.get_height()
    x, y = p.get_xy()
    ax.annotate(f'{height}', (x + width/2, y + height*1.02), ha='center')
ax.set_ylabel('Client number')
print("percentage of good clients: ",
format(good_client_percentage*100, '.2f'),"%")
print("percentage of bad clients: ",
format(bad_client_percentage*100, '.2f'),"%")
```

執行程式後，生成圖 9-10，並計算得到未違約和違約客戶各自所佔的比重如下。

```
percentage of good clients:  94.03 %
percentage of bad clients:  5.97 %
```

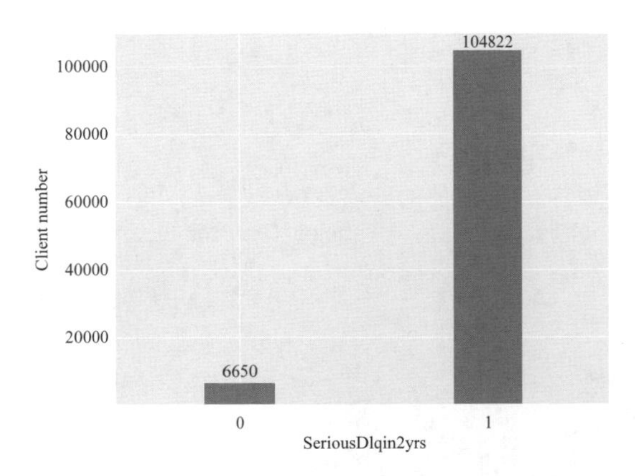

▲ 圖 9-10　違約客戶與未違約客戶統計圖

在資料分析中，通常還要分析資料的分佈情況，以便對整體資料有更加深入的了解。對於分佈情況，可以用柱狀圖、散點圖以及箱狀圖，等等。下面將以年齡和月收入為例，用 **distplot()** 函數進行分析。

可以用下面的程式生成年齡的分佈圖，如圖 9-11 所示。

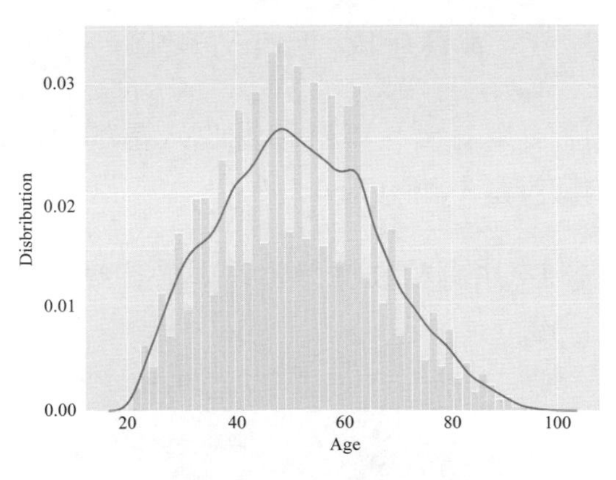

▲ 圖 9-11　年齡分佈圖

B2_Ch9_1_M.py

```
#age distribution
ax = sns.distplot(data['age'])
ax.set(xlabel='Age', ylabel='Distribution', title='Age distribution')
```

同樣地，執行以下程式，可以生成月收入的分佈圖，即圖 9-12。

B2_Ch9_1_N.py

```
#monthly income distribution
ax = sns.distplot(data[data['MonthlyIncome']<30000]['MonthlyIncome'])
ax.set(xlabel='Monthly income', ylabel='Distribution',
title='Monthly income distribution')
```

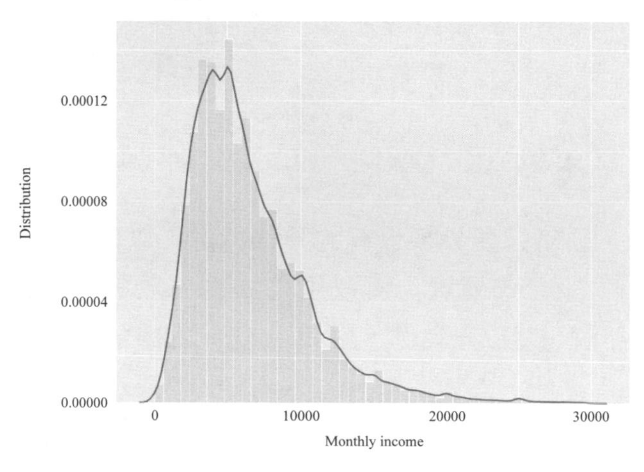

▲ 圖 9-12　月收入分佈圖

從圖 9-11 和圖 9-12 可以看出，年齡和月收入基本都可以認為是正態分佈，這與統計上的假設是一致的。

對於信用資料，還經常用到相關性分析。下面的程式，可以生成關於所有變數相關性的熱力圖。

B2_Ch9_1_O.py

```
#heatmap: correlation of columns
corr = data.corr()
```

```
fig = plt.figure(figsize=(14, 12))
sns.heatmap(corr,annot = True, cmap="YlGnBu")
fig.tight_layout()
```

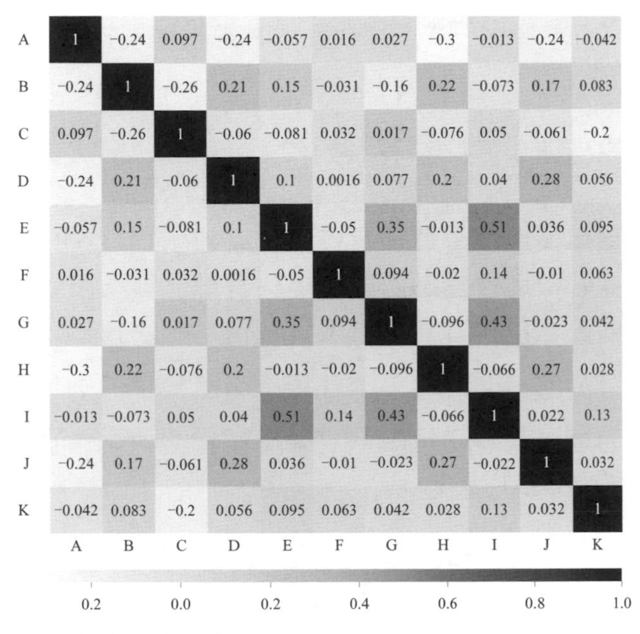

A: SeriousDlqin2yrs
B: RevolvingUtilizationOfUnsecuredLines
C: Age
D: NumberOfTime30-59DaysPastDueNotWorse
E: DebtRatio
F: MonthlyIncome
G: NumberOfOpenCreditLinesAndLoans
H: NumberOfTimes90DaysLate
I: NumberRealEstateLoansOrLines
J: NumberOfTime60-89DaysPastDueNotWorse
K: NumberOfDependents

▲ 圖 9-13　相關性熱力圖

執行程式，可以生成圖 9-13。從圖 9-13 可以看出，從整體上來說，這組信用資料各個變數之間相關性是非常小的。但是，NumberRealEstateLoansOrLines 與 DebtRatio 以 及 NumberOfOpenCreditLinesAndLoans 三個變數之間存在較強的相關性。而 NumberOfTime30-59

DaysPastDueNotWorse、NumberOfTime60-89DaysPastDueNotWorse 和 NumberOfTimes90DaysLate 三個變數之間的也存在一定程度的相關性。從這些變數的關係上來考慮，也比較容易理解它們相關性的由來。透過這些相關性的分析，為進一步處理模型的共線性問題提供了依據。

9.4 信用風險評分卡模型

為了確保基於信用業務的開展，銀行等金融部門根據客戶的基本資訊和信用歷史資料，利用資料探勘以及數學統計等方法，建立預測客戶未來信用的模型，對客戶進行分級以及評分，以此為依據，決定是否給予客戶授信以及授信的額度和利率，這就是信用風險評分卡模型。信用風險評分卡模型是金融機構通常使用的一種風險控制方式，它可以有效辨識和控制金融交易中的信用風險。

9.3 節中，介紹了信用資料的分析和處理。首先，需要對資料進行整體的了解，例如資料的組成、資料的完整情況等，包括獲取資料平均值、中位數、最大值、最小值、分佈情況等基本概況，以及重複值、遺漏值和異常值等其他情況。然後，進行資料清洗，即透過對資料中的重複值、遺漏值、異常值等進行適當的處理，並分析資料間的相關性等，以便建立合適的模型，這些步驟統稱為資料的前置處理。

接下來，進行建模的另一項準備工作，即對資料進行合理的切分，得到訓練資料和驗證資料兩組。在 Python 中，Sklearn 運算套件的 train_test_split 子套件提供了 train_test_split() 函數進行這方面的工作，程式如下。在分組完畢後，會把驗證資料存入一個 csv 檔案中。

B2_Ch9_1_P.py

```
from sklearn.model_selection import train_test_split

Y = data['SeriousDlqin2yrs']
```

```
X = data.iloc[:,1:]
X_train, X_test, Y_train, Y_test = train_test_split(X, Y,
train_size = 0.8, random_state=0)
train = pd.concat([Y_train,X_train], axis =1)
test = pd.concat([Y_test,X_test], axis =1)
train = train.reset_index(drop=True)
test = test.reset_index(drop=True)
#save test data to a file
test.to_csv('test.csv', index=False)
```

對於變數進行分段是建立信用風險評分卡模型的核心的資料準備步驟，如圖 9-14 所示，它一般透過對變數進行資料分箱來實現。

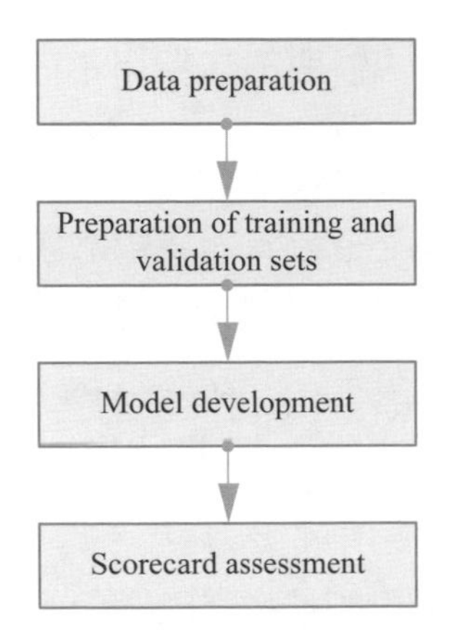

▲ 圖 9-14　信用風險評分卡建模流程圖

所謂分箱是指將連續變數進行分段離散化或把多狀態的離散變數合併成較少的狀態的操作。變數在經過分箱操作後，資料特徵會實現離散化，從而使得離散特徵的增加或減少更加容易。這有礙於模型的快速迭代，並且離散化後的特徵減少，可以更進一步地對抗未離散化之前異常值對模型的干擾，使得模型對異常資料有更強的抗干擾性，模型結果不受異常資料過多的影響。離散化後，向量會變得更加稀疏，方便了資料的儲存和擴充，提高了運算速度。離散化還有利於進行特徵交叉，進一步引入了非線性，增強了模型的表現能力。

本節的例子用到的演算法為邏輯回歸。邏輯回歸屬於廣義線性模型，表達能力有限。但是，透過單變數離散化之後，每個變數都有單獨的權重，相當於為模型引入非線性，大大提升了模型的表達能力，同時也降低了模型過擬合的風險。

分箱方法根據不同的標準可以分為許多類型，比如有監督的和無監督的，動態的和靜態的，全域的和局部的，分列式的和合併式的，單變數的和多變數的以及直接的和增量式的，等等。這些類型下，還有更詳細的劃分，比如分割 (Split) 分箱和合併 (Merge) 分箱、等頻分箱、等距分箱和聚類分箱等。

根據不同的資料和應用要求，需要靈活採用不同的分箱方式。

在分箱結束後，需要對分箱後的變數利用證據權重 (Weight of Evidence, WOE) 進行編碼。證據權重是引數對因變數的預測能力的度量。其計算公式為：

$$\mathrm{WOE} = \ln\left(\frac{\mathrm{Nonevent}\,\%}{\mathrm{Event}\,\%}\right) \tag{9-2}$$

證據權重這個概念植根於信用評分系統，式 (9-2) 中的 Event 對應壞客戶 (bad customers)，即發生違約事件的客戶，而 Nonevent 則對應好客戶 (good customers)，指沒有發生信用違約事件的客戶。如果證據權重值為正，説明好的客戶比例較高；如果證據權重值為負，則説明違約客戶較多。

完成上述對資料進行的分組之後，對於第 i 組，證據權重表示為：

$$\begin{aligned}\mathrm{WOE}_i &= \ln\left(\frac{PG_i}{PB_i}\right)\\ &= \ln\left(\frac{G_i/G}{B_i/B}\right)\end{aligned} \tag{9-3}$$

其中，PG_i 是這個分組中好客戶的比例，PB_i 是這個分組中壞客戶的比例。G_i 為這個分組中好客戶的數量，G 為所有好客戶的數量。B_i 為這個分組中壞客戶的數量，B 為所有壞客戶的數量。可見，對於某個分組的證據權重，實際上代表了在該分組中好客戶佔整體中所有好客戶的比例與壞客戶佔所有壞客戶的比例之間的差異。

另外，需要介紹的概念是資訊價值 (Information Value, IV)。資訊價值是衡量變數預測能力的指標，它的計算是以證據權重為基礎的。其計算公式為：

$$\begin{aligned}\mathrm{IV}_i &= \sum_i\left(\left(\frac{G_i}{G}-\frac{B_i}{B}\right)\times\ln\left(\frac{G_i/G}{B_i/B}\right)\right)\\ &= \sum_i\left(\left(\frac{G_i}{G}-\frac{B_i}{B}\right)\times\mathrm{WOE}_i\right)\end{aligned} \tag{9-4}$$

獲得了單一分組的資訊價值，只要把所有分組的資訊價值相加，即可得到整個變數的資訊價值。

$$\mathrm{IV}=\sum_i \mathrm{IV}_i \tag{9-5}$$

在這個例子中，為了實現連續型變數單調分箱，在等頻的基礎上定義了函數 monotone_optimal_binning(X, Y, n) 實現了自動最佳化分箱，其中參數 X 代表引數，Y 代表因變數，n 代表分組的個數。這個函數還可以計算權重和資訊價值。Age、RevolvingUtilizationOfUnsecuredLines 和 DebtRatio 可以使用這個函數進行分組，程式如下。

B2_Ch9_1_Q.py

```
import scipy.stats as stats
import numpy as np
def monotone_optimal_binning(X, Y, n):
    r = 0
    total_good = Y.sum()
    total_bad = Y.count() - total_good
    while np.abs(r) < 1:
```

```
        d1 = pd.DataFrame({"X": X, "Y": Y, "Bucket": pd.qcut(X, n)})
        d2 = d1.groupby('Bucket', as_index = True)
        r, p = stats.spearmanr(d2.mean().X, d2.mean().Y)
        n = n - 1
    d3 = pd.DataFrame(d2.min().X, columns = ['min_' + X.name])
    d3['min_' + X.name] = d2.min().X
    d3['max_' + X.name] = d2.max().X
    d3[Y.name] = d2.sum().Y
    d3['total'] = d2.count().Y
    #calculate WOE
    d3['Goodattribute']=d3[Y.name]/total_good
    d3['badattribute']=(d3['total']-d3[Y.name])/total_bad
    d3['woe'] = np.log(d3['Goodattribute']/d3['badattribute'])
    #calculate IV
    iv = ((d3['Goodattribute']-d3['badattribute'])*d3['woe']).sum()
    d4 = (d3.sort_values(by = 'min_' + X.name)).reset_index(drop = True)
    print ("=" * 80)
    print (d4)
    cut = []
    cut.append(float('-inf'))
    for i in range(1,n+1):
        qua =X.quantile(i/(n+1))
        cut.append(round(qua,4))
    cut.append(float('inf'))
    woe = list(d4['woe'].round(3))
    return d4, iv, cut, woe

dfx1, ivx1, cutx1, woex1 = monotone_optimal_binning(data['RevolvingUtiliza
tionOf
UnsecuredLines'], data['SeriousDlqin2yrs'], n = 10)
dfx2, ivx2, cutx2, woex2 = monotone_optimal_binning(data['age'],
data['SeriousDlqin2yrs'], n = 10)
dfx4, ivx4, cutx4, woex4 = monotone_optimal_binning(data['DebtRatio'],
data['SeriousDlqin2yrs'], n = 20)
```

執行程式後，生成的結果如下。

```
================================================================================
   min_RevolvingUtilizationOfUnsecuredLines  ...        woe
```

```
0                          0.000000  ...  1.187433
1                          0.031551  ...  1.043672
2                          0.159888  ...  0.245267
3                          0.531124  ... -1.026920
[4 rows x 7 columns]
=========================================================================
  min_age max_age SeriousDlqin2yrs ... Goodattribute badattribute     woe
0      21      33            11870 ...      0.113235     0.188571 -0.510009
1      34      40            12921 ...      0.123261     0.167218 -0.304991
2      41      45            11659 ...      0.111222     0.138797 -0.221481
3      46      49            10727 ...      0.102331     0.126015 -0.208184
4      50      53            10384 ...      0.099059     0.113534 -0.136381
5      54      58            12260 ...      0.116956     0.100602  0.150628
6      59      63            11923 ...      0.113741     0.078045  0.376636
7      64      70            11298 ...      0.107779     0.046165  0.847848
8      71      99            11784 ...      0.112415     0.041053  1.007341
[9 rows x 7 columns]
=================================================================-======
   min_DebtRatio  max_DebtRatio  ...  badattribute  woe
0            0.0            1.0  ...           1.0  0.0
[1 rows x 7 columns]
```

對於其他不適合用最佳分段的變數，可以採用自訂分箱，進行等距分段。下面的程式，定義了自訂分箱的函數 self_binning()，並對變數進行了分箱，以及計算了對應的證據權重和資訊價值。

B2_Ch9_1_R.py

```
def self_binning(Y, X, cat):
    good = Y.sum()
    bad = Y.count()-good
    d1 = pd.DataFrame({'X':X,'Y':Y,'Bucket':pd.cut(X,cat)})
    d2 = d1.groupby('Bucket', as_index = True)
    d3 = pd.DataFrame(d2.X.min(), columns=['min'])
    d3['min'] = d2.min().X
    d3['max'] = d2.max().X
    d3['sum'] = d2.sum().Y
    d3['total'] = d2.count().Y
    d3['rate'] = d2.mean().Y
```

```
    d3['woe'] = np.log((d3['rate'] / (1 - d3['rate'])) / (good / bad))
    d3['goodattribute'] = d3['sum'] / good
    d3['badattribute'] = (d3['total'] - d3['sum']) / bad
    iv = ((d3['goodattribute'] - d3['badattribute']) * d3['woe']).sum()
    d4 = d3.sort_values(by='min')
    print("=" * 60)
    print(d4)
    woe = list(d4['woe'].round(3))
    return d4, iv,woe

pinf = float('inf')
ninf = float('-inf')
cutx3 = [ninf, 0, 1, 3, 5, pinf]
cutx5 = [ninf,1000,2000,3000,4000,5000,6000,7500,9500,12000,pinf]
cutx6 = [ninf, 1, 2, 3, 5, pinf]
cutx7 = [ninf, 0, 1, 3, 5, pinf]
cutx8 = [ninf, 0,1,2, 3, pinf]
cutx9 = [ninf, 0, 1, 3, pinf]
cutx10 = [ninf, 0, 1, 2, 3, 5, pinf]
dfx3, ivx3, woex3 = self_binning(data['SeriousDlqin2yrs'],data['NumberOfTi
me30-59DaysPastDueNotWorse'],cutx3)
dfx5, ivx5, woex5 = self_binning(data['SeriousDlqin2yrs'],data['MonthlyInc
ome'],cutx5)
dfx6, ivx6, woex6 = self_binning(data['SeriousDlqin2yrs'],data['NumberOfOp
enCreditLinesAndLoans'],cutx6)
dfx7, ivx7, woex7 = self_binning(data['SeriousDlqin2yrs'],data['NumberOfTi
mes90DaysLate'],cutx7)
dfx8, ivx8, woex8 = self_binning(data['SeriousDlqin2yrs'],data['NumberReal
EstateLoansOrLines'],cutx8)
dfx9, ivx9, woex9 = self_binning(data['SeriousDlqin2yrs'],data['NumberOfTi
me60-89DaysPastDueNotWorse'],cutx9)
dfx10, ivx10, woex10 = self_binning(data['SeriousDlqin2yrs'],data['NumberO
fDependents'],cutx10)
```

執行程式後，輸出的結果如下所示。

```
============================================================
Bucket        min  max    sum  ...       woe  goodattribute  badattribute
(-inf, 0.0]     0    0  90441  ...  0.466338       0.862756      0.541203
```

```
(0.0, 1.0]      1    1  10493  ... -0.851682      0.100097      0.234586
(1.0, 3.0]      2    3   3392  ... -1.666435      0.032358      0.171278
(3.0, 5.0]      4    5    417  ... -2.384100      0.003978      0.043158
(5.0, inf]      6   13     85  ... -2.489440      0.000811      0.009774
[5 rows x 8 columns]
============================================================
Bucket                  min        max  ...  goodattribute  badattribute
(-inf, 1000.0]          0.0     1000.0  ...       0.015225      0.013985
(1000.0, 2000.0]     1001.0     2000.0  ...       0.049414      0.076391
(2000.0, 3000.0]     2001.0     3000.0  ...       0.102911      0.143008
(3000.0, 4000.0]     3001.0     4000.0  ...       0.124919      0.154436
(4000.0, 5000.0]     4001.0     5000.0  ...       0.131377      0.146617
(5000.0, 6000.0]     5001.0     6000.0  ...       0.122067      0.120902
(6000.0, 7500.0]     6001.0     7500.0  ...       0.134811      0.119850
(7500.0, 9500.0]     7501.0     9500.0  ...       0.124623      0.094586
(9500.0, 12000.0]    9501.0    12000.0  ...       0.098542      0.064211
(12000.0, inf]      12001.0  3008750.0  ...       0.096110      0.066015
[10 rows x 8 columns]
============================================================
Bucket        min  max    sum  ...       woe  goodattribute  badattribute
(-inf, 1.0]     0    1   3480  ... -1.059686       0.033197      0.095789
(1.0, 2.0]      2    2   4054  ... -0.390416       0.038673      0.057143
(2.0, 3.0]      3    3   5762  ... -0.185439       0.054966      0.066165
(3.0, 5.0]      4    5  16497  ...  0.053507       0.157372      0.149173
(5.0, inf]      6   57  75035  ...  0.124928       0.715792      0.631729
[5 rows x 8 columns]
============================================================
Bucket        min  max     sum  ...       woe  goodattribute  badattribute
(-inf, 0.0]     0    0  101434  ...  0.342629       0.967623      0.686917
(0.0, 1.0]      1    1    2558  ... -1.963444       0.024402      0.173835
(1.0, 3.0]      2    3     713  ... -2.743580       0.006802      0.105714
(3.0, 5.0]      4    5      91  ... -3.358832       0.000868      0.024962
(5.0, inf]      6   17      32  ... -3.335019       0.000305      0.008571
[5 rows x 8 columns]
============================================================
Bucket        min  max    sum  ...       woe  goodattribute  badattribute
(-inf, 0.0]     0    0  38600  ... -0.214334       0.368222      0.456241
(0.0, 1.0]      1    1  36606  ...  0.194358       0.349201      0.287519
(1.0, 2.0]      2    2  22931  ...  0.181689       0.218749      0.182406
```

```
(2.0, 3.0]      3    3   4450  ...  0.037153       0.042450      0.040902
(3.0, inf]      4   29   2241  ... -0.432098       0.021378      0.032932
[5 rows x 8 columns]
============================================================
Bucket          min  max     sum  ...       woe  goodattribute  badattribute
(-inf, 0.0]      0    0  101370  ...  0.239509       0.967013      0.761053
(0.0, 1.0]       1    1    2961  ... -1.793509       0.028246      0.169774
(1.0, 3.0]       2    3     452  ... -2.674707       0.004312      0.062556
(3.0, inf]       4   11      45  ... -2.735231       0.000429      0.006617
[4 rows x 8 columns]
============================================================
Bucket          min  max    sum  ...       woe  goodattribute  badattribute
(-inf, 0.0]     0.0  0.0  57558  ...  0.159823       0.549071      0.467970
(0.0, 1.0]      1.0  1.0  21352  ... -0.067432       0.203686      0.217895
(1.0, 2.0]      2.0  2.0  15387  ... -0.178617       0.146783      0.175489
(2.0, 3.0]      3.0  3.0   7443  ... -0.286806       0.071002      0.094586
(3.0, 5.0]      4.0  5.0   2897  ... -0.384695       0.027636      0.040602
(5.0, inf]      6.0  8.0    191  ... -0.640925       0.001822      0.003459
[6 rows x 8 columns]
```

前面已經計算出各個變數的資訊價值，為了更加直觀地展示，可以用下面的程式對其視覺化。為了展示方便，各個變數用 x1 到 x10 來表示。

B2_Ch9_1_S.py

```
ivlist=[ivx1,ivx2,ivx3,ivx4,ivx5,ivx6,ivx7,ivx8,ivx9,ivx10]
index=['x1','x2','x3','x4','x5','x6','x7','x8','x9','x10']
sns.set(style="darkgrid")
fig, ax = plt.subplots(1)
x = np.arange(len(index))+1
ax.bar(x, ivlist, width=0.4)
ax.set_xticks(x)
ax.set_xticklabels(index, rotation=0, fontsize=12)
ax.set_xlabel('Variable', fontsize=14)
ax.set_ylabel('Information value', fontsize=14)
for a, b in zip(x, ivlist):
    plt.text(a, b+0.01, '%.2f'%b, ha='center', va='bottom', fontsize=10)
```

執行程式後，生成圖 9-15，各個變數的資訊價值在圖中一目了然。

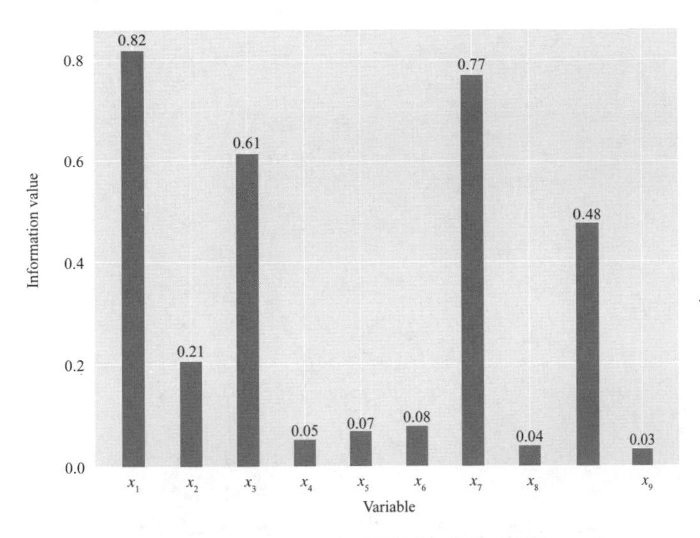

▲ 圖 9-15　各個變數的資訊價值

在這個例子中，建立的模型為邏輯回歸模型 (logic regression model)，在本書的第 4 章回歸分析中有過詳細的介紹。在這個模型中，進行證據權重轉換，其目的是減少處理引數的個數，最佳化建模過程。

下面的程式，定義了權重轉換函數 woe_conversion()，並利用這個函數對所有變數進行了證據權重轉換。

B2_Ch9_1_T.py

```
#woe conversion
def woe_conversion(series,cut,woe):
    list=[]
    i=0
    while i<len(series):
        try:
            value=series[i]
        except:
            i += 1
            continue
        j=len(cut)-2
        m=len(cut)-2
```

```
        while j>=0:
            if value>=cut[j]:
                j=-1
            else:
                j -=1
                m -= 1
        list.append(woe[m])
        i += 1
    return list

train['RevolvingUtilizationOfUnsecuredLines'] = pd.Series(woe_
conversion(train
['RevolvingUtilizationOfUnsecuredLines'], cutx1, woex1))
train['age'] = pd.Series(woe_conversion(train['age'], cutx2, woex2))
train['NumberOfTime30-59DaysPastDueNotWorse'] = pd.Series(woe_
conversion(train['NumberOfTime30-59DaysPastDueNotWorse'], cutx3, woex3))
train['DebtRatio'] = pd.Series(woe_conversion(train['DebtRatio'], cutx4,
woex4))
train['MonthlyIncome'] = pd.Series(woe_conversion(train['MonthlyIncome'],
cutx5, woex5))
train['NumberOfOpenCreditLinesAndLoans'] = pd.Series(woe_conversion(train[
'NumberOfOpenCreditLinesAndLoans'], cutx6, woex6))
train['NumberOfTimes90DaysLate'] = pd.Series(woe_conversion(train['NumberO
fTimes90DaysLate'], cutx7, woex7))
train['NumberRealEstateLoansOrLines'] = pd.Series(woe_conversion(train['Nu
mberRealEstateLoansOrLines'], cutx8, woex8))
train['NumberOfTime60-89DaysPastDueNotWorse'] = pd.Series(woe_
conversion(train['NumberOfTime60-89DaysPastDueNotWorse'], cutx9, woex9))
train['NumberOfDependents'] = pd.Series(woe_conversion(train['NumberOfDepe
ndents'], cutx10, woex10))
train.dropna(how = 'any')
train.to_csv('WoeData.csv', index=False)

test['RevolvingUtilizationOfUnsecuredLines'] = pd.Series(woe_conversion(te
st['RevolvingUtilizationOfUnsecuredLines'], cutx1, woex1))
test['age'] = pd.Series(woe_conversion(test['age'], cutx2, woex2))
test['NumberOfTime30-59DaysPastDueNotWorse'] = pd.Series(woe_
conversion(test['NumberOfTime30-59DaysPastDueNotWorse'], cutx3, woex3))
test['DebtRatio'] = pd.Series(woe_conversion(test['DebtRatio'], cutx4,
woex4))
```

```
test['MonthlyIncome'] = pd.Series(woe_conversion(test['MonthlyIncome'],
cutx5, woex5))
test['NumberOfOpenCreditLinesAndLoans'] = pd.Series(woe_conversion(test['N
umberOfOpenCreditLinesAndLoans'], cutx6, woex6))
test['NumberOfTimes90DaysLate'] = pd.Series(woe_conversion(test['NumberOfT
imes90DaysLate'], cutx7, woex7))
test['NumberRealEstateLoansOrLines'] = pd.Series(woe_conversion(test['Numb
erRealEstateLoansOrLines'], cutx8, woex8))
test['NumberOfTime60-89DaysPastDueNotWorse'] = pd.Series(woe_
conversion(test['NumberOfTime60-89DaysPastDueNotWorse'], cutx9, woex9))
test['NumberOfDependents'] = pd.Series(woe_conversion(test['NumberOfDepend
ents'], cutx10, woex10))
test.dropna(how = 'any')
```

下面的程式可以刪除對因變數不明顯的五個變數。

```
train_X =train.drop(['NumberRealEstateLoansOrLines','NumberOfDependents',
'NumberOfOpenCreditLinesAndLoans','DebtRatio','MonthlyIncome'],axis=1)
test_X =test.drop(['NumberRealEstateLoansOrLines','NumberOfDependents',
'NumberOfOpenCreditLinesAndLoans','DebtRatio','MonthlyIncome'],axis=1)
```

利用下面的程式，可以透過訓練資料擬合邏輯模型，並輸出擬合的結果。

B2_Ch9_1_U.py

```
from sklearn.metrics import roc_curve, auc
import statsmodels.api as sm
X_train =train_X.drop(['SeriousDlqin2yrs'],axis =1)
y_train =train_X['SeriousDlqin2yrs']
y_test = test_X['SeriousDlqin2yrs']
X_test = test_X.drop(['SeriousDlqin2yrs'],axis =1)
X_train = sm.add_constant(X_train)
model = sm.Logit(y_train,X_train)
result = model.fit()
print(result.summary2())
```

執行程式結果如下。

```
Optimization terminated successfully.
         Current function value: 0.177691
         Iterations 8
```

```
                          Results: Logit
==================================================================
Model:                  Logit               Pseudo R-squared:    0.213
Dependent Variable:     SeriousDlqin2yrs    AIC:                 31705.6355
Date:                   2021-02-02 18:08    BIC:                 31762.0262
No. Observations:       89182               Log-Likelihood:      -15847.
Df Model:               5                   LL-Null:             -20137.
Df Residuals:           89176               LLR p-value:         0.0000
Converged:              1.0000              Scale:               1.0000
No. Iterations:         8.0000
----------------------------------------------------------------------------
                              Coef.  Std.Err.    z    P>|z|  [0.025 0.975]
----------------------------------------------------------------------------
const                                9.6174   0.1223 78.6273 0.0000 9.3777
9.8572
RevolvingUtilizationOfUnsecuredLines 0.6685   0.0185 36.1803 0.0000 0.6322
0.7047
age                                  0.4983   0.0376 13.2551 0.0000 0.4246
0.5720
NumberOfTime30-59DaysPastDueNotWorse 0.9778   0.0332 29.4193 0.0000 0.9127
1.0430
NumberOfTimes90DaysLate              1.7347   0.0454 38.1928 0.0000 1.6456
1.8237
NumberOfTime60-89DaysPastDueNotWorse 1.1667   0.0511 22.8232 0.0000 1.0665
1.2669
============================================================================
```

假設置信水準為 99%，那麼從上面的執行結果可以看到，這個邏輯回歸模型的變數都通過了顯著性檢驗。

接下來，可以利用在建模開始階段預留的測試資料對模型的預測能力進行檢驗。

這是一個二分類問題，這裡首先對二分類問題進行一些介紹。二分類通常可以分為陽性 (positive) 和陰性 (negative)，也可以稱為正類和負類。預測結果則可以分為以下四種類別。

- 真陽性 (True Positive, TP)：真實為陽，預測為陽，預測正確。
- 假陰性 (False Negative, FN)：真實為陽，預測為陰，預測錯誤。
- 假陽性 (False Positive, FP)：真實為陰，預測為陽，預測錯誤。
- 真陰性 (True Negative, TN)：真實為陰，預測為陰，預測正確。

對於上述預測結果的分析，可以用如圖 9-16 所示的混淆矩陣 (confusion matrix) 來更加直觀地表示。

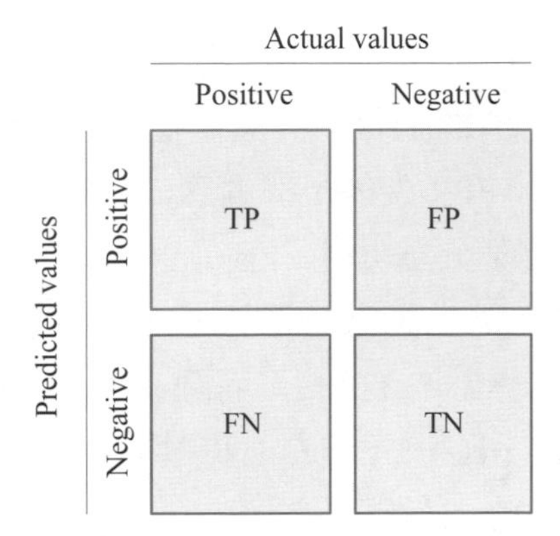

▲ 圖 9-16　二元分類問題混淆矩陣示意圖

對於所建立模型的預測能力，這裡用 ROC 曲線和 AUC 來進行評估。所謂 ROC 曲線 (Receiver Operating Characteristic curve) 是用來展示分類模型在所有分類設定值上的表現的圖形，它包括兩個參數，真陽性率和假陽性率，亦即該圖形的縱軸和橫軸。

真陽性率 (True Positive Rate，TPR)，也被稱為靈敏度 (sensitivity) 或召回率 (recall)，它代表了預測為陽性的個數佔所有陽性個數的比例。其計算公式為：

$$\mathrm{TPR} = \frac{\mathrm{TP}}{\mathrm{TP} + \mathrm{FN}} \tag{9-6}$$

假陽性率 (False Positive Rate, FPR) 代表了預測陽性實際為陰性的個數佔所有陰性個數的比例，其數學表示式為：

$$\mathrm{FPR} = \frac{\mathrm{FP}}{\mathrm{FP+FN}} \tag{9-7}$$

另外，真陰性率 (True Negative Rate, TNR) 可以表示為特效性 (specificity)，代表預測為陰性但實際也為陰性佔所有陰性的比例，其公式為：

$$\mathrm{TNR} = \frac{\mathrm{TN}}{\mathrm{FP+FN}} = 1 - \mathrm{FPR} \tag{9-8}$$

因此，假陽性率也常常表示為 1-specificity。

典型的 ROC 曲線如圖 9-17 所示。橫軸為 FPR，其設定值越大，預測陽性中的假陽性越多。縱軸為 TPR，其設定值越大，預測陽性中真陽性越多。曲線上的每一個點 (FPR, TPR) 都對應一個確定的設定值。設定值減小，表示更多的實例被劃分為陽性，但是這些陽性中會混入假陽性，即 TPR 和 FPR 會同時增大。當設定值最大時，對應座標點為 (0, 0)，而當設定值最小時，對應座標點為 (1, 1)。而圖 9-17 中點 (0, 1)，對應 TPR = 1，FPR = 0，為分類錯誤最少的情況，即真陽性最多而同時假陽性最少。因此，ROC 曲線離點 (0,1) 越近，也就是越靠近左上角，模型的準確性就越高。

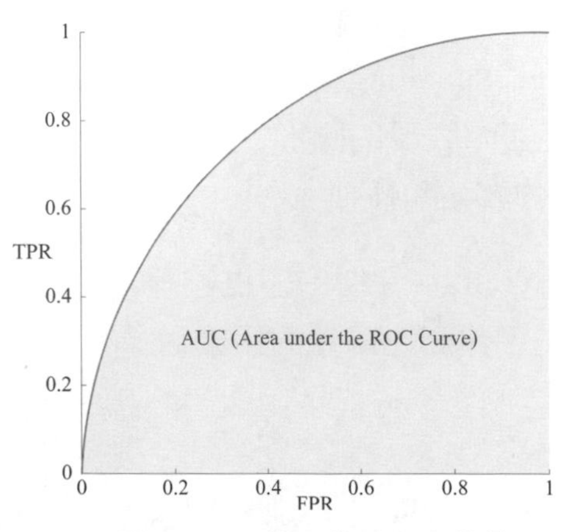

▲ 圖 9-17　典型的 ROC 曲線

ROC 曲線將真陽性率和假陽性率用圖形直觀地展示出來，可以非常方便地對模型的準確性進行判斷。另外，ROC 曲線對應不同的設定值，允許中間狀態的存在，方便更全面地判斷。

ROC 曲線可以幫助判斷模型的準確性，如果比較兩個模型，一個模型的 ROC 曲線完全被另一個模型涵蓋，那麼可以很容易判斷後者的準確性優於前者。但是，如果兩個模型的 ROC 曲線發生了交叉，就顯示出 ROC 曲線無法進行量化比較的劣勢。AUC (Area Under ROC Curve)，即 ROC 曲線下的面積，則可以較好地解決這個問題。AUC 作為一個綜合評價指標，它集合了在所有可能設定值情況下的表現。它可以解釋為隨機的陽性實例高於隨機的陰性實例的機率。

在 Python 中，可以利用 Sklearn 運算套件的 metrics 子包中對應的函數，方便地計算 ROC 曲線以及 AUC，其程式如下。

B2_Ch9_1_V.py

```
from sklearn.metrics import roc_curve, auc

X2 = sm.add_constant(X_test)
resu = result.predict(X2)
FPR,TPR,threshold = roc_curve(y_test,resu)
ROC_AUC = auc(FPR,TPR)
plt.plot(FPR, TPR, 'b', label='AUC = %0.2f' % ROC_AUC)
plt.legend(loc='lower right')
plt.plot([0, 1], [0, 1], 'r--')
plt.xlim([0, 1])
plt.ylim([0, 1])
plt.ylabel('TPR')
plt.xlabel('FPR')
```

執行程式後，可以得到 AUC 值為 0.83。同時會生成圖 9-18 所示的 ROC 曲線圖形。

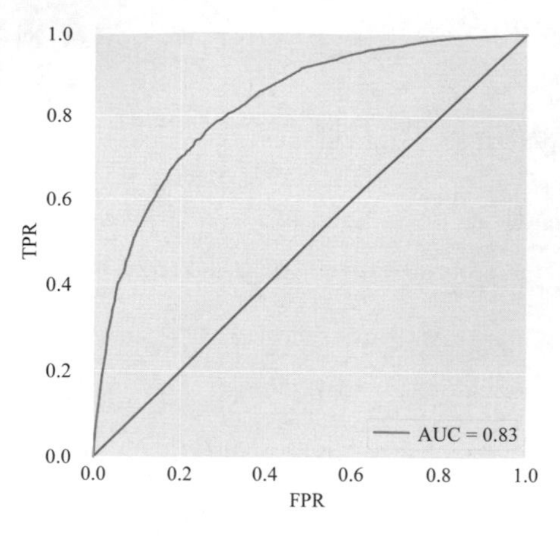

▲ 圖 9-18 ROC 曲線

可見，該模型 ROC 曲線非常類似於前面介紹的經典圖形，另外，其 AUC 值為 0.83，這都說明這個模型的分類效果比較理想。

緊接著，繼續介紹把邏輯回歸的參數結果轉為評分卡形式的方法。我們從最基本的客戶違約率講起。假設客戶違約的機率為 p，則沒有違約的機率為 1-p，其比值即為好壞比，表示為：

$$\text{Odds} = \frac{p}{1-p} \tag{9-9}$$

可以改寫為：

$$p = \frac{\text{Odds}}{1+\text{Odds}} \tag{9-10}$$

要將邏輯回歸模型的參數轉為評分卡，可以利用以下的公式：

$$\text{Score} = \text{Offset} + \text{Factor} \times \ln(\text{Odds}) \tag{9-11}$$

其中，Offset 和 Factor 是常數。ln(Odds) 為邏輯回歸模型的因變數，也就是：

$$\ln(\text{Odds}) = \beta_0 + \beta_1 x_1 + \beta_2 x_2 + \cdots + \beta_n x_n \tag{9-12}$$

透過模型的擬合，可以推得模型的參數，即 β_0、β_1、⋯、β_n。

如果設定比率 x 的預期分值為 Score，比率翻番的分數為 PDO，那麼比率為 $2x$ 點的分值為 Score-PDO，即：

$$\begin{aligned}\text{Score} &= \text{Offset} + \text{Factor} \times \ln(x) \\ \text{Score} - \text{PDO} &= \text{Offset} + \text{Factor} \times \ln(2x)\end{aligned} \tag{9-13}$$

從上述方程組，可以推導得到：

$$\begin{aligned}\text{Factor} &= \text{PDO}/\ln 2 \\ \text{Offset} &= \text{Score} - \text{Factor} \times \ln(x)\end{aligned} \tag{9-14}$$

因此，評分卡的分值可以表示為：

$$\text{Score} = \text{Offset} + \text{Factor} \times \left(\beta_0 + \beta_1 x_1 + \beta_2 x_2 + \cdots + \beta_n x_n\right) \tag{9-15}$$

其中，x_1、x_2、⋯、x_n 代表模型中的引數。因為在前面對所有變數都用 WOE 進行了轉換，如果以 w_{ij} 代表變數 x_i 的每 j 個分組的 WOE，δ_{ij} 為二元變數 (設定值為 0 或 1)，代表變數 x_i 是否在第 j 個分組有設定值。因為每一個變數只會在某筆記錄上取一個值，比如 x_1 變數的設定值為第 2 個分組，則 δ_{12} 設定值為 1，δ_{11}、δ_{13}、⋯、δ_{1j} 設定值均為 0。上式可重新表示為：

$$\text{Score} = \left(\text{Offset} + \text{Factor} \times \beta_0\right) + \left(\text{Factor} \times \beta_1 w_{1,1}\right)\delta_{1,1} + \left(\text{Factor} \times \beta_1 w_{1,2}\right)\delta_{1,2} + \cdots \tag{9-16}$$

從式 (9-16) 可以看到，評分卡模型的最終得分為基準分即 $\text{Offset} + \text{Factor} \times \beta_0$，再加上各變數的得分的總和。

建立標準評分卡模型，通常會選擇以下幾個參數：基準分 (base score)、比率翻番的分值 (PDO) 和好壞比 (Odds)。

首先，可以用下面的命令，輸出邏輯回歸擬合的參數。

```
#regression coeficients
coe = result.params
```

參數如下。

```
const                                     9.617425
RevolvingUtilizationOfUnsecuredLines      0.668458
age                                       0.498276
NumberOfTime30-59DaysPastDueNotWorse      0.977849
NumberOfTimes90DaysLate                   1.734658
NumberOfTime60-89DaysPastDueNotWorse      1.166738
dtype: float64
```

根據上面的公式，並利用下面的程式，可以計算基準分值。

B2_Ch9_1_W.py

```
import numpy as np
#set benchmark score as 600; PDO as 10; Odds as 10
benchmark = 600
pdo = 10
odds = 10
factor = pdo/np.log(2)
offset = benchmark-factor*np.log(odds)
baseScore = round(offset + factor * coe[0], 0)
```

下面程式建立函數 **score_addon()**，計算某個變數，除了基準分值外還有其他各組的附加分值，然後利用這個函數對幾個選中的入模變數進行計算。這裡選擇的入模變數是資訊價值高的變數，因為它們反映了資料的特徵。

B2_Ch9_1_X.py

```
#function to calculate addon score for a single variable
def score_addon(coe,woe,factor):
    addon = []
    for w in woe:
        score = round(coe*w*factor,0)
        addon.append(score)
    return addon

#calculate addon score
x1 = score_addon(coe[1], woex1, factor)
x2 = score_addon(coe[2], woex2, factor)
```

```
x3 = score_addon(coe[3], woex3, factor)
x7 = score_addon(coe[4], woex7, factor)
x9 = score_addon(coe[5], woex9, factor)
print('x1: ', x1)
print('x2: ', x2)
print('x3: ', x3)
print('x7: ', x7)
print('x9: ', x9)
```

結果展示如下。

```
x1:  [11.0, 10.0, 2.0, -10.0]
x2:  [-4.0, -2.0, -2.0, -1.0, -1.0, 1.0, 3.0, 6.0, 7.0]
x3:  [7.0, -12.0, -24.0, -34.0, -36.0]
x7:  [9.0, -49.0, -69.0, -85.0, -84.0]
x9:  [4.0, -30.0, -45.0, -46.0]
```

緊接著，用下面程式建立函數 single_variable_score()，對單一變數進行評分。

B2_Ch9_1_Y.py

```
#compute score for single variable
def single_variable_score(series,cut,score):
    list = []
    i = 0
    while i < len(series):
        value = series[i]
        j = len(cut) - 2
        m = len(cut) - 2
        while j >= 0:
            if value >= cut[j]:
                j = -1
            else:
                j -= 1
                m -= 1
        list.append(score[m])
        i += 1
    return list
```

最後，把基準分值與各部分得分相加，即可得到個人總評分，程式如下。

B2_Ch9_1_Z.py

```
from pandas import Series
test = pd.read_csv('test.csv')
test['BaseScore']=Series(np.zeros(len(test))) + baseScore
test['x1'] = Series(single_variable_score(test['RevolvingUtilizationOfUnse
curedLines'], cutx1, x1))
test['x2'] = Series(single_variable_score(test['age'], cutx2, x2))
test['x3'] = Series(single_variable_score(test['NumberOfTime30-
59DaysPastDueNotWorse'], cutx3, x3))
test['x7'] = Series(single_variable_score(test['NumberOfTimes90DaysLate'],
cutx7, x7))
test['x9'] = Series(single_variable_score(test['NumberOfTime60-
89DaysPastDueNotWorse'], cutx9, x9))
test['Score'] = test['x1'] + test['x2'] + test['x3'] + test['x7']
+test['x9']  + baseScore
test.to_csv('ScoreData.csv', index=False)
```

把得到的評分進行整理，選擇輸出最前面的五個記錄，以便瀏覽。

```
filtered_columns = ['SeriousDlqin2yrs','BaseScore', 'x1', 'x2', 'x3',
'x7', 'x9', 'Score']
displaytable = test.reindex(columns = filtered_columns)
displaytable.head()
```

最前面的五個記錄如下。

```
   SeriousDlqin2yrs  BaseScore   x1   x2    x3    x7    x9   Score
0                 1      706.0   10  3.0 -12.0 -49.0 -30.0  628.0
1                 1      706.0   11  6.0 -12.0 -49.0 -30.0  632.0
2                 1      706.0   11  1.0 -12.0 -69.0 -30.0  607.0
3                 1      706.0   11 -2.0 -34.0 -69.0 -30.0  582.0
4                 0      706.0  -10 -1.0 -12.0 -49.0 -30.0  604.0
```

9.5 信用評級機構

9.4 節介紹的信用評分卡主要是用於個人的信用服務，對於企業的信用評估更多地是利用專門的外部信用評級機構 (credit rating agency)。信用評級機構本質上是金融仲介，它按照一定的模型和程式，對於公司企業、金融產品甚至國家地區進行全面的考察、了解、研究和分析，對於其信用的可靠性和安全性給予評價，並以特定的形式對這些結果進行公開發表的機構。不同的信用評級機構有不同的標準和技術，通常是定性和定量的方法 (qualitative and quantitative modeling) 相結合，整體上反映的是一個信用評級機構對於一個企業潛力和履約意願的評估。往往特定的評級都有相對應的在未來一段時間 (一年，兩年，三年，甚至五年) 內的違約機率。這些信用評級機構能夠提供上市公司、公共和私有企業等各類企業、國家和政府、地方政府、大小商業銀行和投資銀行等的信用評級，但並不涉及對個人的評級。

信用評級最早始於 20 世紀初的美國。1909 年，金融分析員約翰 · 穆迪 (John Moody) 第一次公開發行了針對鐵路債券的評級，作為里程碑性的事件，它的評級成為首個以收費形式廣泛發行的信用評級。在 1913 年，穆迪把評級領域拓展到了公司企業，並開始使用字母式的評鑑系統。在隨後的幾年中，評級領域的「三大」前身相繼成立，包括 1916 年的普爾 (Poor's Publishing Company)，1922 年的標準統計 (Standard Statistics Company) 和 1924 年的惠譽 (Fitch Publishing Company)。

信用評級機構發展到現在，在某種程度上講，已經掌握了企業借貸的「生殺大權」，對金融乃至整個經濟的影響是不言而喻的。儘管面臨著許多負面的批評，但是其重要性卻絲毫未受到影響。在當今世界上所謂的「三大」中，穆迪 (Moody's) 和標準普爾 (Standard & Poor's) 總部都位於美國，而惠譽國際 (Fitch Group) 則在美國和英國都設有總部。鑑於信用評級機構所扮演著極其重要的角色，中國本土的信用評級機構也在迅速發展之中，其中最引人注目的是大公國際 (Dagong Global)，它是目前世界上唯一在中華人民共和國、香港和歐盟均擁有評級業務資質的評級機構。有關評級機構及其對應的評級指標，請參考 MATLAB 系列叢書第二本。

根據市場情況，評級大致分為投資等級 (investment grade) 和非投資等級 (non-investment grade)。其中非投資等級包括投機等級 (speculative grade) 和臨近違約或已經違約的情況。以穆迪為例，從 Aaa 到 Baa3 是投資級的等級；Ba1 及其以下都是非投資等級；從 Ba1 到 Caa3 是投機等級。

評級機構有自己的資訊來源和通路，掌握著相關企業或地區的最新情況。如果評級物件錯過或延誤計息或本金的償付，即認為發生信用事件 (credit event)，會被看作違約。對於評級機構而言，信用分析的核心內容是要建立研究物件的違約機率。

9.6 自展法求生存率

違約機率是信用風險中的重要概念，這一節會介紹與之相關的幾個概念。首先，是風險率 (hazard rate)，也被稱為違約密度 (default intensity)，它是信用風險中常用的概念。因為信用事件是分離的，所以常用卜松過程 (Poisson process) 進行模擬。在機率與統計章節中，介紹過卜松過程，它是一個分離時間過程，在初始時間點生存的基礎上，在兩個時間間隔違約的機率為：

$$P(t+\Delta t)-P(t)=-\lambda(t)\Delta t \tag{9-17}$$

其中，t 為初始時間，$P(t+\Delta t)-P(t)$ 為在之後 dt 時間內違約的機率。λ(t) 為風險率或違約密度。

為了簡化，假設風險率具有確定性 (deterministic)，這個假設也暗示了風險率獨立於利率和回收率。以此為基礎，可以計算連續時間生存率。如

果 Δt 無限小，可用 dt 替代，其微分形式為：

$$\frac{\mathrm{d}P(t)}{\mathrm{d}t}=-\lambda(t)P(t) \tag{9-18}$$

因此，可以得到生存率為：

$$P(t)=\exp\left(-\int_0^t \lambda(\tau)\,\mathrm{d}\tau\right) \tag{9-19}$$

假設 $\lambda(t)$ 代表從 0 到 t 時間的平均違約密度 (average default intensity)，則可以寫為：

$$P(t)=\exp\left(\bar{\lambda}(t)\cdot t\right) \tag{9-20}$$

違約率與生存率的和為 1，也就是：

$$P(t)+Q(t)=1 \tag{9-21}$$

因此，對應的，違約率可以表示為：

$$Q(t)=1-\exp\left(-\int_0^t \lambda(\tau)\,\mathrm{d}\tau\right) \tag{9-22}$$

或應用平均違約密度，以下式所示。

$$Q(t)=1-\exp\left(\bar{\lambda}(t)\cdot t\right) \tag{9-23}$$

生存率是無法從市場上直接得到的，它需要根據市場上的信用利差間接計算。下面的例子透過市場上交易的 CDS 來得到信用利差，具體利用了自展法來計算生存率。以下程式，首先從 csv 檔案中讀取信用利差，然後利用上面介紹的公式，利用迭代法，求得對應於各個期限的生存率，並作圖展示。

B2_Ch9_2.py

```
import pandas as pd
import matplotlib.pyplot as plt

CDS_spreads = pd.read_csv("C:\\FRM Book\\CreditRisk\\CDS_spreads.csv")
df = pd.DataFrame(CDS_spreads)
```

```
df['Survival'] = 0.0
numerator1 = 0.0
numerator2 = 0.0
denominator1 = 0.0
denominator2 = 0.0
term_final = 0.0

df['Spread'] = df['Spread']/10000

RR = df.at[0,'Recovery']
L = 1.0 - RR

t1 = df.at[0, 'Maturity']
t2 = df.at[1, 'Maturity']
delta_t = t2-t1

for row_index,row in df.iterrows():
    if(row_index == 0):
        df.at[0,'Survival'] = 1
    if(row_index==1):
        df.at[1,'Survival'] = L / (L + (delta_t * df.at[1,'Spread']))
    if(row_index>1):
        temp_counter = row_index
        term1 = 0.0
        term2 = 0.0
        j = 1
        while(j > row_index-1):
            numerator1_temp = df.at[row_index,'DF'] * ((L * df.at[row_
index - 1,'Survival']) - ((L + (delta_t * df.at[row_index,'Spread']))*(df.
at[row_index,'Survival'])))
            numerator1 = numerator1 + numerator1_temp
            row_index = row_index - 1
        row_index = temp_counter
        denominator1 = ((df.at[row_index,'DF']) * (L + (delta_t *
df.at[row_index,'Spread'])))
        term1_temp = numerator1/denominator1
        term1 = term1 + term1_temp

        numerator2 = (L * df.at[row_index - 1,'Survival'])
```

```
        denominator2 = (L + (delta_t * df.at[row_index,'Spread']))
        term2_temp = numerator2/denominator2
        term2 = term2 + term2_temp
        term_final = term1 + term2
        df.at[row_index, 'Survival'] = term_final

plt.plot(df['Maturity'], df['Survival'])
plt.title('Survival probability')
plt.xlabel('Maturity')
plt.ylabel('Survival probability')
plt.gca().spines['right'].set_visible(False)
plt.gca().spines['top'].set_visible(False)
plt.gca().yaxis.set_ticks_position('left')
plt.gca().xaxis.set_ticks_position('bottom')
```

如圖 9-19 即為上述程式執行後，得到的生存率曲線圖。生存率隨著期限的增大而減小，這也符合實際的情況。

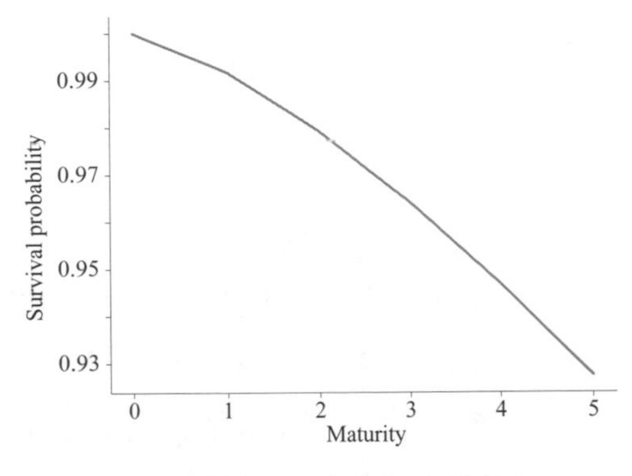

▲ 圖 9-19　生存率曲線

9.7 奧特曼 Z 分模型

本章前面內容已經介紹過，對於企業的未來違約情況，可以參考專業評級機構的評級。除此之外，也有一些模型可以預測企業的違約機率。比以下面要介紹的奧特曼 Z 分模型 (Altman's Z-score model)。這個模型是由美國紐約大學的金融學家愛德華．奧特曼 (Edward L Altman) 於 1968 年提出的，它根據公開的企業主要財務指標，利用簡單的公式來預測企業破產的可能性，從而達到評估企業信用風險的目的。其具體形式可表示為：

$$Z = 1.2X_1 + 1.4X_2 + 3.3X_3 + 0.6X_4 + 1.0X_5 \tag{9-24}$$

其中，X_1、X_2、X_3、X_4、X_5 分別是五個不同的財務指標。下面是這些財務指標的具體介紹。

X_1 代表營運資產比，等於淨流動資產 (working capital) 除以總資產 (total assets)，其數學表示式為：

$$X_1 = \frac{\text{working capital}}{\text{total assets}} \tag{9-25}$$

這個指標反映了企業資產的流動性及分佈情況，其比值越高，代表企業資產的流動性越強。

X_2 代表保留盈餘比，是保留盈餘 (retained earnings) 與總資產 (total assets) 的相對比值：

$$X_2 = \frac{\text{retained earnings}}{\text{total assets}} \tag{9-26}$$

它反映的是企業累積獲利水準和發展的階段。舉例來說，在企業創業初期會較低，由於前期投資較多，缺乏足夠的能力和時間來累積利潤，該比率相對會較低；而後期該指標會隨著企業的持續盈利而升高。通常較成熟的企業能保持穩定的盈利，該指標會更高，抵抗破產風險的能力也會更強。而初創的企業，往往存在更多破產的情況。

X_3 代表稅前息前盈餘比，即在支付稅金和利息之前的盈餘 (earnings before interest and taxes, EBIT) 與企業總資產 (total assets) 的比值：

$$X_3 = \frac{\text{EBIT}}{\text{total assets}} \tag{9-27}$$

它衡量的是企業盈利能力和水準。這一比率越高，企業自然會更加遠離破產的風險。

X_4 代表市價與帳面價值比，是企業市場價值 (market/book value of equity) 與總負債 (total liabilities) 的比值。

$$X_4 = \frac{\text{market value}}{\text{total liabilities}} \tag{9-28}$$

它表現了企業的資本結構。該比率越高表示企業價值越大，越不可能出現資不抵債的情況，破產的可能性就越低。

X_5 代表總資產周轉率，是銷售淨收入總額 (net sales) 除以總資產 (total assets)。

$$X_5 = \frac{\text{net sales}}{\text{total assets}} \tag{9-29}$$

這個指標反映了企業整體營運能力。該比值越高，說明企業資金能更有效的周轉，營運能力更突出，降低了破產的可能性。

從以上公式中可以看出，奧特曼 Z 分模型是五個財務比率的線性組合。這五個財務比率是從不同角度考察企業的生存能力。營運資產比和市價與帳面價值比代表企業的償債能力。保留盈餘比和稅前息前盈餘比，表現企業的盈利能力。總資產周轉率展現企業的營運能力。

這幾個指標均與奧特曼 Z 分保持正相關性，各個指標前的係數都是正數，各個指標的值越大，奧特曼 Z 分值也越高。較高的分值反映了公司更健康的財務狀況，伴隨著更低的破產風險。相較於其他的指標，稅前息前盈餘比在模型中擁有最大的係數，它是模型中最重要的因素，可以理解，企業避免破產的根本途徑就是保持和不斷提高自身的獲利能力。

計算得到奧特曼 Z 分值後，可以透過比較設定值，簡單地得到結論。如圖 9-20 所示，對於公共企業而言，如果分值大於 3，則在健康線以上，表示企業財務穩定，信用風險低。如果小於 1.81，則在破產線以下，表示企業處於破產邊緣，信用風險很大。如果介於 1.81 和 3 之間時，則處於一個灰色地帶 (grey zone)，說明企業經營可能並不穩定。

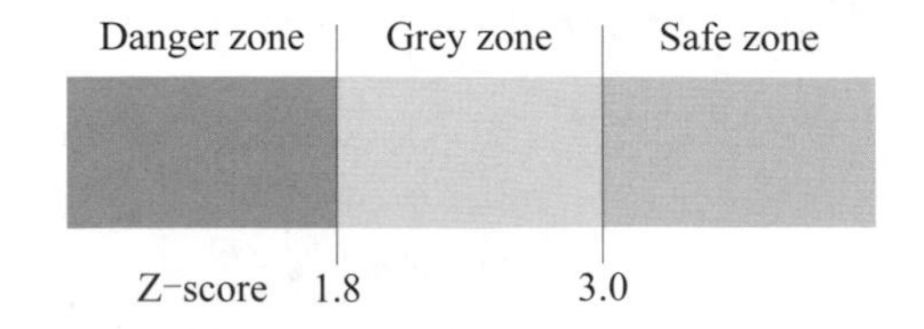

▲ 圖 9-20 Altman Z-Score 模型分值設定值分佈區域

下面的程式定義了一個計算奧特曼 Z 分值的函數，可以計算並自動舉出結論。有興趣的讀者，可以自行帶入數值嘗試。

B2_Ch9_3.py

```
#calculate Altman Z-Score fore public corporation
def Altman_Z_scorec(WC,TA,RE,EBIT,MVE,TL,S):
    #WC: Working Capital
    #TA: Total Assets
    #RE: Retained Earnings
    #EBIT: Earnings Before Interest and Tax
    #MVE: Market Value of Equity
    #TL: Total Liabilities
    #S: Net Sales

    X1 = WC/TA;
    X2 = RE/TA;
    X3 = EBIT/TA;
    X4 = MVE/TL;
    X5 = S/TA;

    #calculate z-score
    Z_score = 1.2*X1 + 1.4*X2 + 3.3*X3 + .6*X4 + X5;
    print('Altman value is ', round(Z_score, 2))

    #display results
    if Z_score > 3.0:
        print('Business is healthy.')
```

```
elif Z_score < 1.8:
    print('Business is bankrupt.')
else:
    print('Business is intermediate.')
```

另外，對於非公共企業，奧特曼 Z 分模型的係數稍有變化，具體形式為：

$$Z = 0.717X_1 + 0.847X_2 + 3.107X_3 + 0.42X_4 + 0.998X_5 \quad (9\text{-}30)$$

同時，對應的設定值也有所變化，健康線為 2.90，而破產線為 1.23。

此外，對於非製造業的公司，奧特曼 Z 分值模型的對應形式為：

$$Z = 6.56X_1 + 3.26X_2 + 6.72X_3 + 1.05X_4 \quad (9\text{-}31)$$

其中，只用了前四個指標，對應的奧特曼 Z 分值設定值健康線為 2.60，破產線為 1.10。

值得強調的是，奧特曼 Z 分值模型在各個國家不同的市場條件下，設定值的設定值範圍並不完全相同。在具體的實用過程中，應當參考實際應用和相關研究在設定值上做進一步的調整和修改。

本章首先介紹了信用風險的定義以及分類，然後引入了信用風險中的違約機率、違約損失率、違約風險暴露和期限等幾個關鍵的驅動度量。緊接著，介紹了信用資料的分析與處理，以此為基礎，引入了信用評分卡模型的開發。本章還介紹了信用評級機構，隨後討論了利用自展法計算生存率。最後，介紹了一種常用的判定企業破產風險的模型——奧特曼 Z 分模型。信用風險涵蓋的內容非常廣泛，希望讀者閱讀本章後，對信用風險有初步的了解。

交易對手信用風險

10 Chapter

錯誤並不可恥，可恥的是不去改正錯誤。

Once we realize that imperfect understanding is the human condition, there is no shame in being wrong, only in failing to correct our mistakes.

——喬治 · 索羅斯 (George Soros)

雷曼兄弟 (Lehman Brothers) 破產、貝爾斯登 (Bear Stern) 以及美林 (Merril Lynch) 被收購、摩根士丹利 (Morgan Stanley) 和高盛 (Goldman Sachs) 被迫轉為傳統商業銀行——笑傲江湖已久的美國五大投資銀行幾乎全軍覆沒。2008 年的那場海嘯般的金融危機對美國整個金融系統乃至全球經濟領域的影響至今仍然歷歷在目。這場金融危機之所以發生，對於交易對手信用風險的低估被認為是重要的誘因之一。危機過後，對於交易對手信用風險的理解、量化和監管迅速成為重要的金融熱點議題。

傳統的借貸風險是靜態的、具有確定性，而交易對手信用風險則存在於金融衍生品的交易之中，其風險曝露是以市場價值計算，因此是動態的、具有極高的不確定性。交易對手信用風險對市場波動也更加敏感，衍生品風險曝露會跟隨市場波動性上升而增加，與此同時交易對手違約機率也在跟隨市場波動而上升，因此伴隨風險曝露和交易對手違約機率的同時增加，交易對手風險往往會有「雪上加霜」的效應。由於金融機構之間存在大量的衍生品交易，因此交易對手信用風險廣泛存在於金融機構之間。在金融危機時期，金融機構信用的高度相關性，使得危機會迅速傳導、擴散，從而嚴重威脅金融系統乃至整個國民經濟系統的穩定。

本章核心命令程式

- ax.fill_between()　填充線條之間的區域
- ax.get_xticklabels()　獲得 x 軸的標度
- fig.canvas.draw()　更新繪圖
- matplotlib.pyplot.style.use()　選擇繪圖使用的樣式
- QuantLib.DiscountingSwapEngine()　把所有的現金流折扣到評估日期，並計算兩端當前值的差
- QuantLib.FlatForward().enableExtrapolation()　使用外插法處理曲線
- QuantLib.Gsr()　GSR 模型
- QuantLib.HazardRateCurve()　建構違約曲線
- QuantLib.Settings.instance().setEvaluationDate　設定評估日期

10.1 交易對手信用風險概念

每一種金融衍生品交易都會有對應的交易對手，那麼由於交易對手無法按期履行合約，從而引起的金融風險，就是所謂的交易對手信用風險 (Counterparty Credit Risk, CCR)，它也被稱為交易對手風險、對手風險等。

交易對手風險可以透過結算 (clearing) 進行控管，通常有交易對手之間的雙邊結算，以及交易對手透過中央對手方 (central counterparty) 進行的中央結算，如圖 10-1 所示。透過中央對手方的交易，可以降低交易雙方之間的信用曝露。舉例來說，交易方 A 和交易方 B 之間的場外衍生品交易，如果它們之間是雙邊交易，那麼，一方違約，另一方一般只能透過

抵押品等進行平盤。而如果是透過中央對手方的交易，共同對手方會對交易的交收進行擔保，在一方違約情況下，中央對手方會確保守約一方的交收，按照結算規則對違約方採取對應措施，從而在整體上降低信用風險。

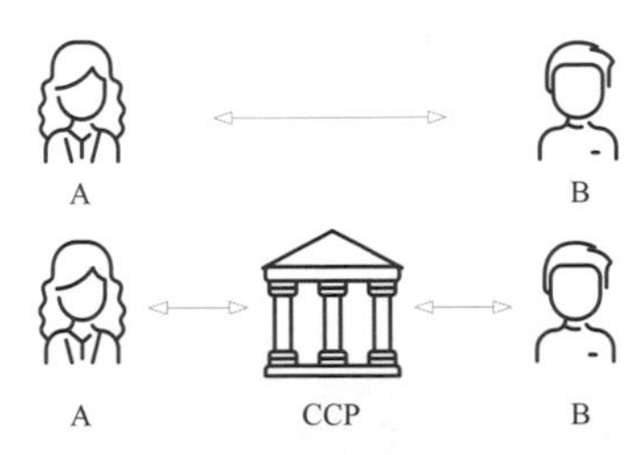

▲ 圖 10-1　雙邊交易與透過中央對手方的交易

具體來說，金融衍生品的交易分為場內交易 (Exchange-Traded Derivatives, ETD) 和場外交易 (Over-The-Counter, OTC)，如圖 10-2 所示。場內交易一般涉及最基本的金融衍生品，比如香草選擇權、期貨、股票等，它們有著標準化的合約，嚴格的結算和保證金制度，所以一般可以忽略交易對手信用風險。而場外交易通常涉及交易雙方的非標準化合約，也沒有固定的保證金制度。它內在的靈活屬性使得其產品多種多樣，比如利率互換、遠期協定、CDS 和各種奇異選擇權等，場外交易涵蓋了絕大部分的金融衍生品交易。也正因如此，場外交易會使得交易雙方面臨潛在的由於一方違約而引起的交易對手信用風險。當然，2008 年金融海嘯後，場外交易的中央清算也在逐步發展中。

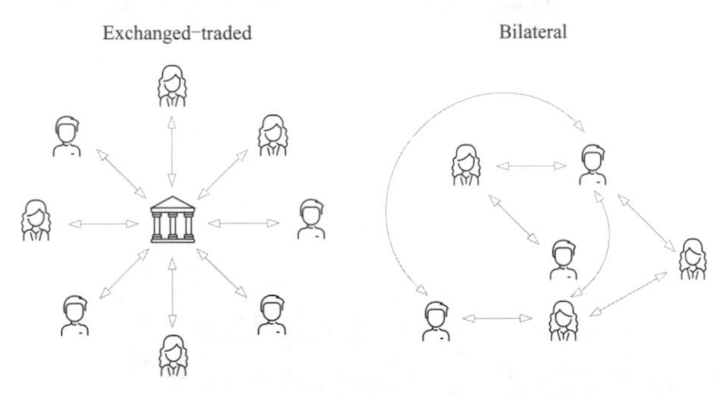

▲ 圖 10-2　場內交易和場外交易

對交易對手信用風險的討論，在不同情況下會有不同層次。舉例來說，交易合約層次 (contract level) 和交易對手層次 (counterparty level)。比如，如果一個投資組合對於一個交易對手，只存在一筆交易，則可以在交易合約層次計算並評估交易對手風險。而投資組合對於同一個交易對手，存在多筆交易，則需要在交易對手層次進行探討，如圖 10-3 所示。

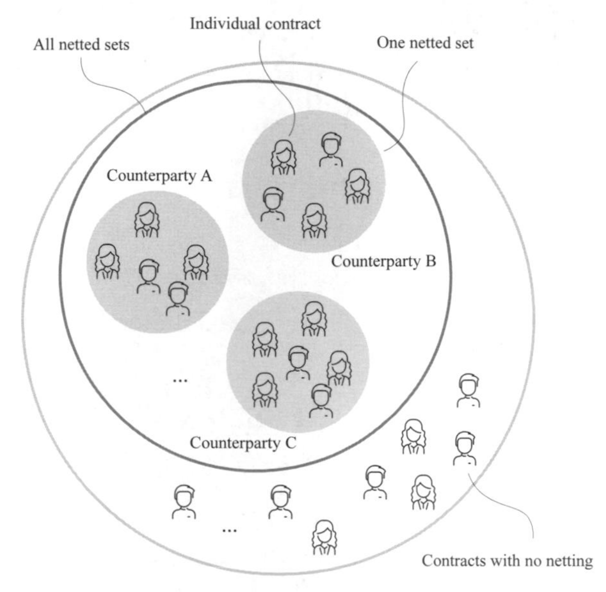

▲ 圖 10-3　交易對手信用風險的層次

10.2 交易對手信用風險度量

透過前面的介紹，可以知道交易對手風險主要是由於場外衍生品交易而產生，這是因為場外衍生品交易通常不通過中央對手方按照逐日按市值計價的估值調整保證金 (margin)。交易合約的市場價值在交易存續期內會不斷變化，在最終清算前交易雙方均可能遭遇交易對手違約，從而無法實現應得收益，所以一般來說，交易對手風險是雙向的。但是對於有些衍生品，比如選擇權交易，只有買方存在交易對手風險，賣方則不存在。另外，交易對手風險不只限於交易對手違約，也包括交易對手的信用狀況變化引起的交易合約價值的變化，也就是所謂的信用估值調整 (Credit Valuation Adjustment, CVA)。

交易對手風險不同於普通的市場風險，在傳統的金融風險管理中，VaR 是應用最廣泛的度量，但是 VaR 一般是對一個較短的時間 (一般為一天、五天、十天等) 進行。而交易對手信用風險是對於相當長的時間，以及多個時間尺度進行理解，另外，交易對手風險要從定價和風險控制不同的角度來評估。所以交易對手風險的度量要更加複雜。

按市值計價 (Mark-to-Market, MtM) 是指在每個交易日結束後，對交易合約進行核算後的市場價值。由於交易合約的市場價值會隨著各種市場因素不斷變化，在整個交易存續期可能為正，也可能為負。

信用曝露 (credit exposure, or exposure) 是交易對手風險中最基本的概念，它是指在交易對手破產的情況下的損失。在金融機構的交易對手破產時，如果按市值計價為負，此時的現金流情況為，金融機構應當支付按市值計價給交易對手，很明顯交易對手的破產對於金融機構沒有產生任何風險，即此時的風險曝露為 0。對應地，如果交易對手破產時的按市值計價為正，而交易對手由於破產，無法繼續履行合約，則金融機構會面臨與按市值計價相等的風險曝露。交易合約的風險曝露可以表示為：

$$E(t) = \max\{MtM(t), 0\} = MtM(t)^{+} \tag{10-1}$$

其中，MtM(t) 代表 t 時刻的按市值計價，即交易合約的市場價值。

預期曝露 (Expected Exposure, EE) 是指在未來某目標日所有可能的風險曝露的平均值，或說所有可能的正的按市值計價的平均值。它代表了交易對手破產所造成的可能的損失數額。

未來風險曝露 (Potential Future Exposure, PFE) 定義了在一個給定信心水準 (confidence level) 下可能的風險曝露。它是代表未來某個時間最壞的風險曝露情況。舉例來說，如果某交易對手的未來風險曝露在 99% 信心水準下為 100 萬美金，那麼就是說這個交易對手有不超過 1% 的可能性，風險曝露會超過 100 萬美金。

如圖 10-4 描述了基於歷史資料進行模擬，計算每個模擬日的按市值計價，從而得到每個模擬日的風險曝露線型，透過這些線型，依據設定的信心水準可以計算得到未來風險曝露。

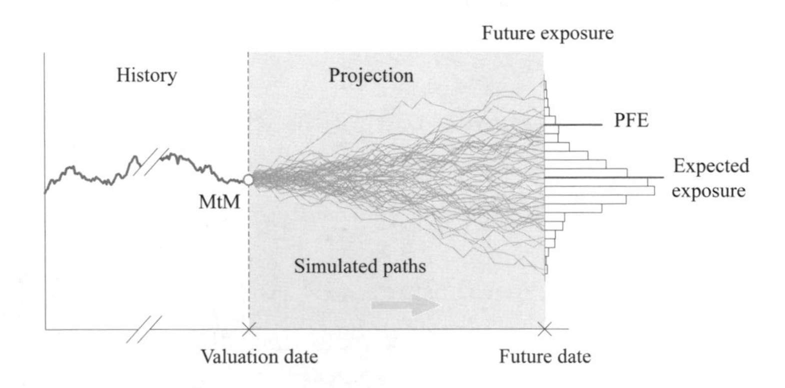

▲ 圖 10-4　按市值計價 (MtM)、信用曝露 (Exposure) 與潛在未來風險曝露 (PFE)

下面的例子，假設按市值計價 MtM 服從正態分佈，如果其平均值為 μ，波動值為 σ，那麼這個資產組合的按市值計價可以表示為：

$$\text{MtM} = \mu + \sigma Z \tag{10-2}$$

其中，Z 服從標準正態分佈。

對應地，其信用曝露可以表示為：

$$\text{E} = \max(\text{MtM}, 0) = \max(\mu + \sigma Z, 0) \tag{10-3}$$

預期曝露則可以透過下式進行推導。

$$\begin{aligned}
\mathrm{EE} &= \int_{-\mu/\sigma}^{+\infty} (\mu+\sigma x)\, p(x)\, \mathrm{d}x \\
&= \mu \int_{-\mu/\sigma}^{+\infty} p(x)\, \mathrm{d}x + \sigma \int_{-\mu/\sigma}^{+\infty} x p(x)\, \mathrm{d}x \\
&= \mu \times \mathrm{CDF}(\mu/\sigma) + \sigma \times \mathrm{PDF}(\mu/\sigma)
\end{aligned} \tag{10-4}$$

其中，$p(x)$ 為正態分佈函數，$\mathrm{CDF}(\mu/\sigma)$ 為設定值為 μ/σ 的累積機率密度函數，$\mathrm{PDF}(\mu/\sigma)$ 為設定值為 μ/σ 的機率密度函數。

潛在未來風險的計算公式為：

$$\mathrm{PFE}_{\alpha} = \mu + \sigma \mathrm{CDF}^{-1}(\alpha) \tag{10-5}$$

其中，α 為置信水準，$\mathrm{CFD}^{-1}(\alpha)$ 為累積機率密度函數的逆函數。

利用下面的程式，可以計算得到預期曝露和潛在未來風險，並繪製圖 10-5。

B2_Ch10_1.py

```
import numpy as np
import matplotlib.pyplot as plt
from scipy.stats import norm
import scipy.stats as stats

#parameters
mu = 3.0
sigma = 5.0
alpha = 0.97

#generate normal distribution
x1 = mu-20
x2 = mu+20
x = np.arange(x1, x2, 0.001)
y = norm.pdf(x, mu, sigma)

#calculate EE and PFE
EE = mu*stats.norm.cdf(mu/sigma) + sigma*stats.norm.pdf(mu/sigma)
PFE = mu + sigma*stats.norm.ppf(alpha)
```

```
print(' EE: ', round(EE,2))
print(' PFE: ', round(PFE,2))

#plot and identify EE PFE
fig, ax = plt.subplots(figsize=(9, 6))
ax.plot(x, y)

#fill exposure area
x0 = np.arange(0, x2, 0.001)
y0 = norm.pdf(x0, mu, sigma)
ax.fill_between(x0, y0, 0, color='moccasin')
ax.fill_between(x, y, 0, alpha=0.5, color='palegreen')

#draw vertical line to identify mu, EE and PFE
ax.vlines(mu, 0, norm.pdf(mu, mu, sigma), linestyles ="dashed",
colors ="#B7DEE8", label='$\\mu$')
ax.vlines(EE, 0, norm.pdf(EE, mu, sigma), linestyles ="dashed",
colors ="#0070C0", label='EE')
ax.vlines(PFE, 0, norm.pdf(PFE, mu, sigma), linestyles ="dashed",
colors ="#3C9DFF", label='PFE')

#add x ticks to mu, EE and PFE
fig.canvas.draw()
labels = [w.get_text() for w in ax.get_xticklabels()]
locs = list(ax.get_xticks())
labels += ['$\\mu$', '$EE$', '$PFE$']
locs += [mu, EE, PFE]
ax.set_xticks(locs)
ax.set_xticklabels(labels)

#add lables and title
ax.set_xlabel('MtM')
ax.set_ylabel('Probability')
ax.set_title('EE and PFE for a Normal Distribution')
ax.spines['right'].set_visible(False)
ax.spines['top'].set_visible(False)
ax.yaxis.set_ticks_position('left')
ax.xaxis.set_ticks_position('bottom')
```

預期曝露和潛在未來風險計算結果如下。

```
EE:  3.84
PFE:  12.40
```

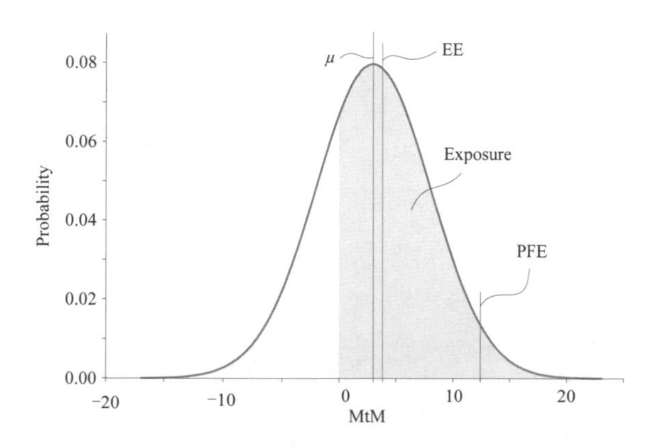

▲ 圖 10-5　預期曝露與潛在未來風險曝露

在討論潛在未來風險 PFE 時，經常會與前面介紹過的風險價值 VaR 對比。這是因為，它們形式相似，都是透過百分位來計量風險值，比如 95th percentile PFE，99th 1-day Credit VaR。但是，它們也存在著顯著的不同。PFE 討論的是產品或投資組合的價值，而 VaR 則指的是損失，在損益曲線上，它們實際是在相對的兩側。另外，PFE 是一個基於時間節點的概念，每一個時間節點上都能計算出一個 PFE 值，當然，這些 PFE 值可以組成一個隨時間深化的 PFE 曲線，而 VaR 是一個基於時間段的概念，比如 1-day VaR 是指在一天內的可能損失。

10.3 預期正曝露和最大潛在未來風險曝露

前面介紹了一些交易對手信用風險常用的度量，但是它們都是對應某個時間尺度點的。交易對手信用風險在交易初期往往很小，甚至可以忽略，然而它不是靜態不變的，往往會隨著時間發生顯著的變化，因此需要對交易對手信用風險在一個較長的時間尺度範圍中的演化進行表徵。

本節會分別介紹預期正曝露和最大潛在未來風險曝露，以及交易對手信用風險中與它們相關的一些其他的常用度量。

首先介紹預期正曝露 (Expected Positive Exposure, EPE)，它是指預期曝露在一個時間範圍內的平均值，它是用來度量風險曝露的單一值。另外，預期正曝露有時也被稱為平均預期正曝露 (Average Expected Positive Exposure, Average EPE)。預期正曝露也常常被稱為借貸等效 (loan equivalent)，這是因為透過對於時間的平均操作，既可以消除市場參數帶來的隨機性，也可以消除時間效應的影響。如果把風險曝露類比於對於交易對手的借貸，那麼預期正曝露，則大致可以粗略等效於對應的借貸數額。假設波動性為 σ，那麼預期正曝露可以用下式求出。

$$\text{EPE} = \frac{1}{\sqrt{2\pi}}\sigma\int_0^T \sqrt{t}\,\mathrm{d}t / T \tag{10-6}$$

另外，預期曝露和預期正曝露一般適合較長時間尺度風險的度量，對於短期的交易，它們可能會低估其風險，並且不能極佳地度量展期風險 (rollover risk)。這是因為一個投資組合如果存在短期交易，在這些交易過期時，金融機構會用新的合約替代這些過期的合約，金融機構的實際的曝露並不會因為這些短期合約的過期而降低。因此，貝塞爾委員會 (Basel Committee) 推出了兩個度量：有效預期曝露 (Effective Expected Exposure, Effective EE) 和有效預期正曝露 (Effective Expected Positive Exposure, EEPE)。

每個時間節點的有效預期曝露為在此節點和此節點之前所有時間節點的最大預期曝露。也就是說，有效預期曝露隨著時間是「非下降」的。有效期望正曝露則是指有效預期曝露按時間權重的平均值。

這幾個概念表面上看起來很相近，所以非常容易混淆。在這裡，利用下面的程式以及繪製的圖形，來幫助大家理解它們的內在意義。

假設已經獲得隨著時間變化的預期曝露的資料，那麼程式將讀取儲存這些資料的 csv 檔案，接著計算有效預期曝露、預期正曝露和有效預期正曝露，並繪製對應的圖形。

B2_Ch10_2.py

```
import numpy as np
import matplotlib.pyplot as plt
import pandas as pd

df = pd.read_csv(r'C:\Users\anran\Dropbox\FRM Book\CCR\EE.csv')

effective_ee = []
effective_ee.append(df['EE'].iloc[0])
for i in range(1, len(df.index)):
    effective_ee.append(max(effective_ee[i-1], df['EE'].iloc[i]))

#Effective EE
df['Effective EE'] = effective_ee
#calculate EPE
epe = np.mean(df['EE'])
#calculate Effective EPE
effective_epe = np.mean(df['Effective EE'])

#plot
fig, ax = plt.subplots(figsize=(10, 6))
ax.plot(df['Time'], df['EE'], '-o', label='EE')
ax.plot(df['Time'], df['Effective EE'], '-o', label='Effective EE')
ax.hlines(epe, 0, 1, linestyles ="dashed", colors ="#0070C0", label='EPE')
ax.hlines(effective_epe, 0, 1, linestyles ="dashed", colors ="#3C9DFF",
label='Effective EPE')
ax.legend()

#add lables and title
ax.set_xlabel('Time')
ax.set_ylabel('Exposure')
ax.set_xlim([0.0, 1.0])
ax.set_ylim([0.0, 1.0])
ax.set_title('EE, Effective EE, EPE and Effective EPE')
ax.spines['right'].set_visible(False)
```

```
ax.spines['top'].set_visible(False)
ax.yaxis.set_ticks_position('left')
ax.xaxis.set_ticks_position('bottom')
```

程式執行後，會生成如圖 10-6 所示的圖形，形象地展示了預期曝露、有效預期曝露、預期正曝露和有效預期正曝露這四個重要的概念。

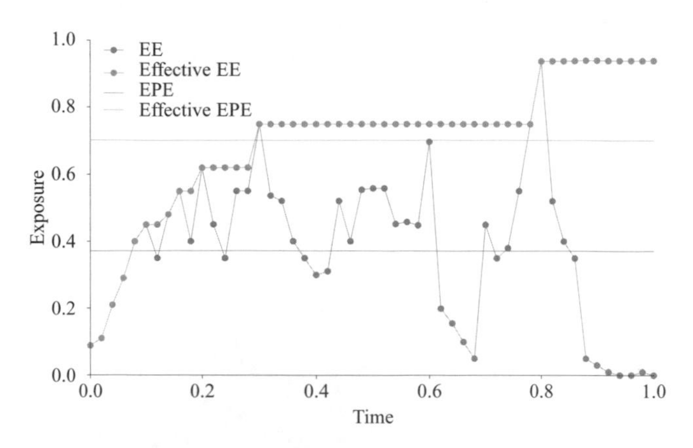

▲ 圖 10-6　預期曝露、有效預期曝露、預期正曝露和有效預期正曝露

接下來，介紹最大潛在未來風險曝露 (Maximum Potential Future Exposure, Maximum PFE)，顧名思義，它是指在一個時間範圍內未來風險曝露的最大值。

交易對手信用風險中的度量指標相對比較複雜，為了方便大家更加清晰地理解，透過表 10-1 歸納複習了各自的計算公式以及以利率互換為例的圖形。

表 10-1　信用曝露指標

中文名稱	計算公式	對應圖形 (以利率互換為例)
期望價值計價 Expected MtM	EMtM = E[MtM]	N/A
信用曝露 Exposure (credit exposure)	$E = \max(\text{MtM}, 0)$	N/A

中文名稱	計算公式	對應圖形(以利率互換為例)
期望曝露 Expected Exposure	$\mathrm{EE} = \mathrm{E}[\mathrm{E}]$	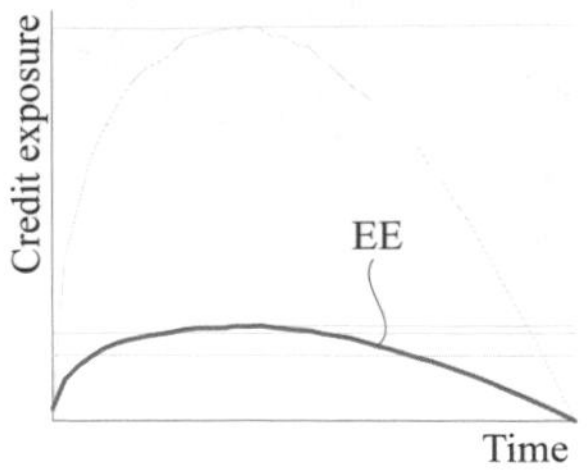 Credit exposure / EE / Time
潛在未來曝露 Potential Future Exposure	$\mathrm{PFE}^{\alpha} = \mathrm{q}_{\alpha}[E]$	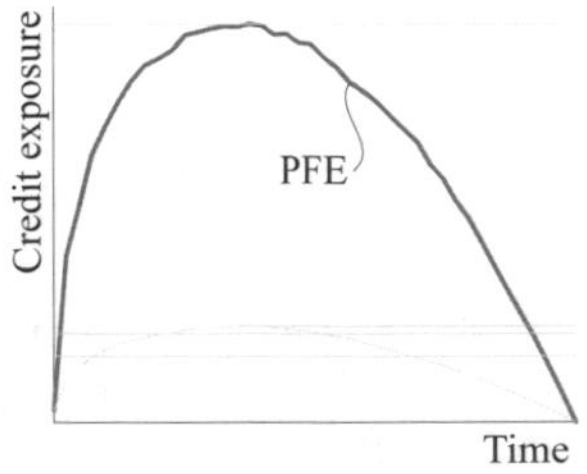 Credit exposure / PFE / Time
有效期望曝露 Effective EE	$\mathrm{EEE} = \max\left(\mathrm{EE}, \max_{[0,t]}(\mathrm{EE})\right)$	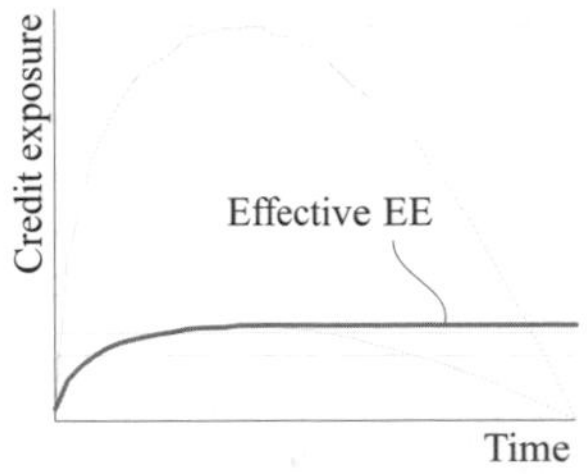 Credit exposure / Effective EE / Time
有效正曝露 Expected Positive Exposure	$\mathrm{EPE} = \mathrm{E}[\mathrm{EE}]$	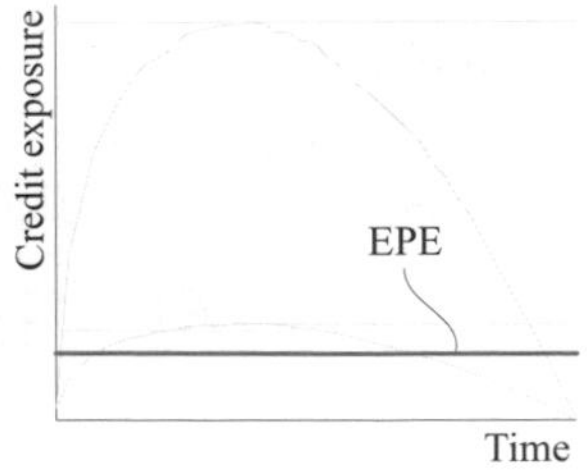 Credit exposure / EPE / Time
有效期望正曝露 Effective EPE	$\mathrm{EEPE} = \mathrm{E}[\mathrm{EEE}]$	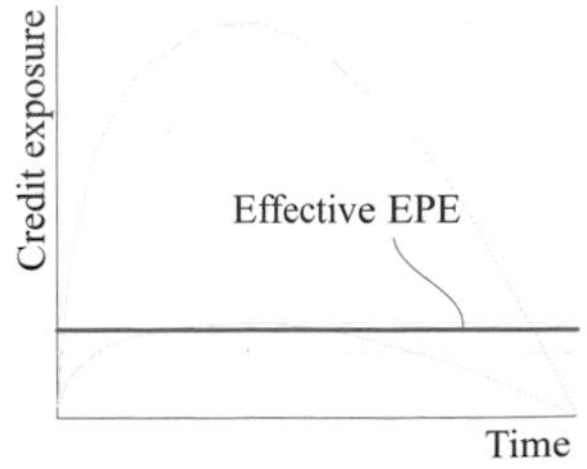 Credit exposure / Effective EPE / Time

中文名稱	計算公式	對應圖形（以利率互換為例）
最大潛在未來曝露 Maximum PFE	$\text{MaximumPFE}_i = \max\left(\text{PFE}^{\alpha}\right)$	Credit exposure / Maximum PFE / Time

10.4 遠期合約的交易對手信用風險

遠期合約 (forward contract) 是一種交易雙方約定在未來的某一確定時間，以確定的價格買入或賣出一定數量的資產的非標準化合約，常見的有股權遠期、匯率遠期等。

假設一個遠期的價值服從標準布朗運動分佈，即遵從下面的模型：

$$\mathrm{d}V_t = \mu \mathrm{d}t + \sigma \mathrm{d}W_t \tag{10-7}$$

其中，μ 代表漂移 (drift)，即布朗運動的偏離程度；σ 代表波動性 (volatility)，用來描述了其價值在布朗運動漫步方向上的波動程度；dWt 代表標準布朗運動。

因此，該遠期合約的按市值計價在未來某個時間節點 t 上的分佈符合平均值為 μ，標準差為 σ 的正態分佈，以下式所示。

$$V_t \sim N\left(\mu t, \sigma\sqrt{t}\right) \tag{10-8}$$

因此可以得到 PFE 的解析運算式為：

$$\text{PFE}^{\alpha} = \mu t + \sigma\sqrt{t}N^{-1}\left(\alpha\right) \tag{10-9}$$

下面的程式繪製了一個漂移率為 0.05，波動性為 0.10，置信水準為 99% 的遠期合約的 PFE 演化圖形。

B2_Ch10_3.py

```
import numpy as np
import matplotlib.pyplot as plt
from scipy.stats import norm

#parameters
drift = 0.05
vol = 0.10
confidence_level = 0.99
T = 5

#calculate pfe
t = np.arange(0.0, T, 0.01)
forward_pfe = drift*t+vol*np.sqrt(t)*norm.ppf(confidence_level)

#plot
plt.style.use('fast')
plt.plot(t, forward_pfe)
plt.grid(True)
plt.xlabel("Time in years")
plt.ylabel("PFE")
plt.title("PFE Evolution -- Forward")
plt.grid(None)
plt.gca().spines['right'].set_visible(False)
plt.gca().spines['top'].set_visible(False)
plt.gca().yaxis.set_ticks_position('left')
plt.gca().xaxis.set_ticks_position('bottom')
```

程式執行後，生成圖 10-7，可見遠期合約的 PFE 會隨著合約期限的增大而增大。遠期合約開始時，並沒有信用風險，但是從合約起始日起，由於價值計算的因數的波動，比如利率、股價、外匯價格、大宗商品價格等，都會極大地影響衍生產品的定價。衍生品價值的波動性越大，PFE 也會越大，最大 PFE 將發生在交割日。簡單地説，遠期合約的期限越長，面臨的不確定性越多，所以與此期限相對應的 PFE 也會越大。從而最終形成了遠期類產品開闊型 PFE 的圖形。

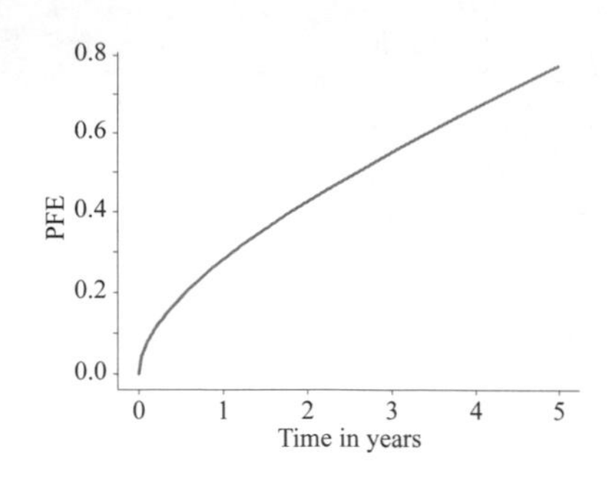

▲ 圖 10-7 遠期合約未來潛在曝露演化

10.5 利率互換的交易對手信用風險

利率互換 (Interest Rate Swap, IRS) 也稱為利率交換，是指交易雙方協定在未來確定時間期限內，根據同種貨幣的相同名義本金 (notional principal) 互相為對方支付利息。最為常見的利率互換為基本型利率互換 (plain vanilla interest rate swap)，或稱為香草型利率互換，是指交易一方的現金流根據浮動利率計算，而另一方的現金流根據固定利率計算，如圖 10-8 所示。在交易合約中，本金只作為計算基數，在實際交易中不參與交換。值得一提的是，在金融術語中，「Plain vanilla (純香草)」一般指代最基本最單純的產品形式。

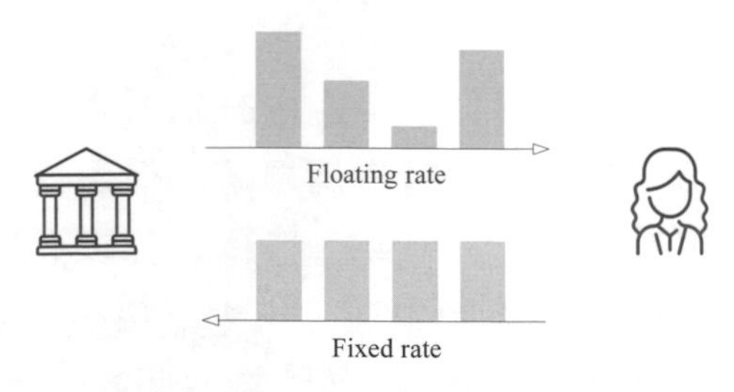

▲ 圖 10-8 利率互換示意圖

在利率互換合約簽訂伊始，其狀態為價平 (at the money)。交易雙方互相沒有風險曝露，但是利率的變化會偏離預期，交易雙方都有可能產生風險曝露。因此任何一方的破產，都有可能使對方陷於風險之中，即交易對手風險。

透過下面的例子，可以加深對利率互換的交易對手信用風險的理解。假設漂移 (drift) 為零，在未來某時刻利率互換合約的價值遵從以下的正態分佈。

$$V(t) \sim N(0, \sigma\sqrt{t}(T-t)) \quad (10\text{-}10)$$

其中，T 為合約存續期，$T-t$ 表示在時間 t 時剩餘的合約存續期。

下面的程式，計算並繪製了波動性為 0.005，置信水準為 99% 的利率互換的 PFE 隨期限變化的圖形。

B2_Ch10_4.py

```
import numpy as np
import matplotlib.pyplot as plt
from scipy.stats import norm

#parameters
interest_rate_vol = 0.005
confidence_level = 0.99
T = 25.0

#calcualte pfe
t = np.arange(0.0, T, 0.05)
irs_pfe = interest_rate_vol*np.sqrt(t)*(T-t)*norm.ppf(confidence_level)

#plot
plt.style.use('fast')
plt.plot(t, irs_pfe)
plt.xlabel("Time in years")
plt.ylabel("PFE")
plt.title("PFE Evolution -- Interest Rate Swap")
plt.gca().spines['right'].set_visible(False)
plt.gca().spines['top'].set_visible(False)
plt.gca().yaxis.set_ticks_position('left')
plt.gca().xaxis.set_ticks_position('bottom')
```

執行程式後，生成圖 10-9。可以看到，正如前面所述，利率互換交易初始的風險為 0，然後會隨著時間上升，至最高點後，再下降，直到交易合約存續期完成，回歸為 0。

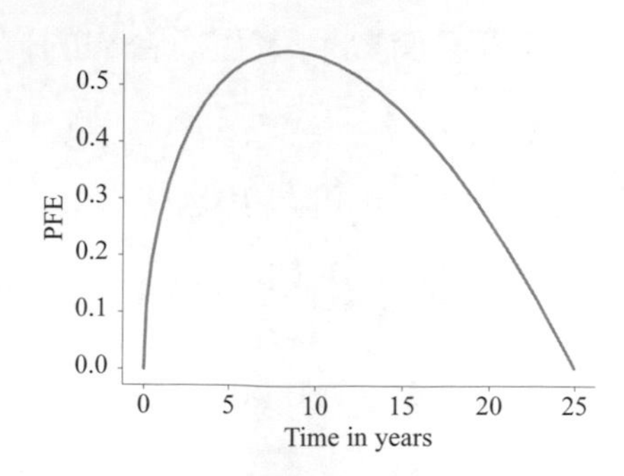

▲ 圖 10-9 利率互換合約未來潛在曝露演化

另外，還可以看到，PFE 最高點出現的時間，大約在存續期的 1/3 處。透過對波動性項進行簡單的求導方法求極值，可以進行驗證，具體過程為：

$$\frac{\mathrm{d}}{\mathrm{d}t}(\sqrt{t_m}(T-t_m)) = \frac{1}{2\sqrt{t_m}}(T-t_m) - \sqrt{t_m} = 0$$
$$\Rightarrow t_m = T/3 \tag{10-11}$$

具體來說，相比只有一個支付發生在交割日的遠期股權，利率互換存在許多定期發生的支付，這些支付可以減少由於定價因數波動造成的對未來風險曝露的影響。尤其是在大約合約期限的 1/3 處之後，定期支付對風險曝露減少的影響超過了定價因數的波動對於風險曝露增大的影響。這就好比對於銀行來說，分期還款比在到期日全款還清的債務風險要小得多。

上面的例子是對於利率互換交易的定性估算。接下來的例子，會以一個實際的利率互換交易為例，詳細討論利率互換交易的估值及風險曝露。具體交易的參數為：到期 (maturity)，10 年；本金 (notional)，10 Million USD；固定利率 (fixed rate)：2.5%；浮動利率 (floating rate) 為 Libor。

首先，匯入需要的運算套件，並設定評估日期，以及收益率曲線 (yield curve)。為簡化起見，這裡使用水準收益率曲線 (flat yield curve)，也就是在所有未來時刻，其價值的期望值均為 0，並且對於折扣和遠期的計算使用相同的曲線，具體執行以下程式。

B2_Ch10_5_A.py

```
#import libraries
import numpy as np
import matplotlib.pyplot as plt
import QuantLib as ql

#set evaluation date
today = ql.Date(15,10,2020)
ql.Settings.instance().setEvaluationDate = today

#set Marketdata
rate = ql.SimpleQuote(0.025)
rate_handle = ql.QuoteHandle(rate)
dc = ql.Actual365Fixed()
crv = ql.FlatForward(today, rate_handle, dc)
crv.enableExtrapolation()
yts = ql.YieldTermStructureHandle(crv)
hyts = ql.RelinkableYieldTermStructureHandle(crv)
index = ql.Euribor6M(hyts)
```

然後，把這個利率互換交易寫入程式。如下所示，程式會設定固定端每年的支付安排和浮動端每半年的支付安排，並最終建構香草型利率互換。函數 discountingSwapEngine() 可以實現把所有的現金流折扣到評估日期，並計算兩端當前值的差。緊接著，利用 discountingSwapEngine() 函數，可以計算出淨現值 (net present value, NPV)。

B2_Ch10_5_B.py

```
#set a swap
start = today + ql.Period("2d")
maturity = ql.Period("4Y")
```

```
end = ql.TARGET().advance(start, maturity)
nominal = 3e8
fixedRate = 0.025
typ = ql.VanillaSwap.Receiver
spread = 0.0

fixedSchedule = ql.Schedule(start,
                            end,
                            ql.Period("1y"),
                            index.fixingCalendar(),
                            ql.ModifiedFollowing,
                            ql.ModifiedFollowing,
                            ql.DateGeneration.Backward,
                            False)
floatSchedule = ql.Schedule(start,
                            end,
                            index.tenor(),
                            index.fixingCalendar(),
                            index.businessDayConvention(),
                            index.businessDayConvention(),
                            ql.DateGeneration.Backward,
                            False)
swap = ql.VanillaSwap(typ,
                      nominal,
                      fixedSchedule,
                      fixedRate,
                      ql.Thirty360(ql.Thirty360.BondBasis),
                      floatSchedule,
                      index,
                      spread,
                      index.dayCounter())

#pricing engine and npv
engine = ql.DiscountingSwapEngine(hyts)
swap.setPricingEngine(engine)
swap.NPV()
print(swap.NPV())
```

在這個例子中，會呼叫 Quantlib 的 GSR 模型 (Gaussian short rate, GSR) 來模擬產生未來的收益率曲線。GSR 模型為符合一般形式的短利率模型，其特點為回歸速度 (mean reversion rate) 與利率的暫態波動性 (volatility) 可以為分段常數 (piecewise constant)。在實際使用中，對於模型的參數，需要進行校準，在這裡，假設已經獲得了經過校準的參數，並且回歸速度和利率的暫態波動性均設定為普通常數。

B2_Ch10_5_C.py

```
#model parameters
vol = [ql.QuoteHandle(ql.SimpleQuote(0.008)),
         ql.QuoteHandle(ql.SimpleQuote(0.008))]
meanRev = [ql.QuoteHandle(ql.SimpleQuote(0.04)),
           ql.QuoteHandle(ql.SimpleQuote(0.04))]
model = ql.Gsr(yts, [today+365], vol, meanRev)
process = model.stateProcess()
```

另外，在模擬過程中，需要確定時間格點。這個例子將設定以月為單位的時間格點，具體實現以下程式所示。

B2_Ch10_5_D.py

```
#evaluation time grid
date_grid = [today + ql.Period(i,ql.Months) for i in range(0,12*5)]
fixingDate = [index.fixingDate(x) for x in floatSchedule][:-1]
date_grid += fixingDate
date_grid = np.unique(np.sort(date_grid))
time_grid = np.vectorize(lambda x: ql.ActualActual().yearFraction(today,
x))(date_grid)
dt = time_grid[1:] - time_grid[:-1]
```

在完成上述設定之後，利用蒙地卡羅模擬，可以得到一系列到期限 (半年、一年、兩年、……、十年) 零息票債券 (zero coupon bond) 的價格。這些價格可以作為收益率曲線的折扣因數 (discounting factor)。

B2_Ch10_5_E.py

```
#random number generator
seed = 666
urng = ql.MersenneTwisterUniformRng(seed)
usrg = ql.MersenneTwisterUniformRsg(len(time_grid)-1,urng)
rn_generator = ql.InvCumulativeMersenneTwisterGaussianRsg(usrg)

#MC simulations
sim_num = 1000
x = np.zeros((sim_num, len(time_grid)))
y = np.zeros((sim_num, len(time_grid)))
pillars = np.array([0.0, 0.5, 1, 2, 3, 4, 5, 6, 7, 8, 9, 10])
zero_bonds = np.zeros((sim_num, len(time_grid), len(pillars)))
for j in range(len(pillars)):
    zero_bonds[:, 0, j] = model.zerobond(pillars[j],0,0)

for n in range(0,sim_num):
    dWs = rn_generator.nextSequence().value()
    for i in range(1, len(time_grid)):
        t0 = time_grid[i-1]
        t1 = time_grid[i]
        x[n,i] = process.expectation(t0,x[n,i-1],dt[i-1]) + dWs[i-1] *
process.stdDeviation(t0,x[n,i-1],dt[i-1])
        y[n,i] = (x[n,i] - process.expectation(0,0,t1)) /
process.stdDeviation(0,0,t1)
        for j in range(len(pillars)):
            zero_bonds[n, i, j] = model.zerobond(t1+pillars[j],t1,y[n, i])

#plot the paths
plt.style.use('ggplot')
for i in range(0,sim_num):
    plt.plot(time_grid, x[i,:])
plt.xlabel("Time in years")
plt.ylabel("Zero rate")
plt.title("Monte Carlo simulation")
```

程式執行後，會生成圖 10-10，顯示蒙地卡羅模擬的路徑。

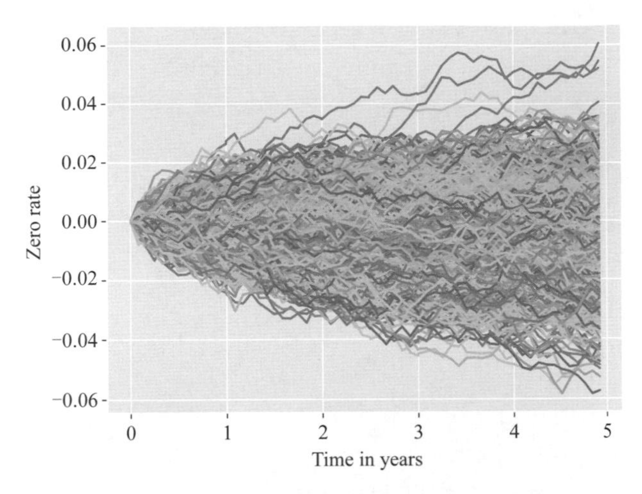

▲ 圖 10-10　零息票債券利率模擬

利用前面得到的折扣因數，可以建構新的收益率曲線，進而計算每個時間格點和每條模擬路徑的淨現值以及信用曝露。程式如下，圖 10-11 展示了模擬過程的前 15 條路徑。

B2_Ch10_5_F.py

```
#swap pricing
npv_cube = np.zeros((sim_num,len(date_grid)))
for p in range(0,sim_num):
    for t in range(0, len(date_grid)):
        date = date_grid[t]
        ql.Settings.instance().setEvaluationDate(date)
        ycDates = [date,date + ql.Period(6, ql.Months)]
        ycDates += [date + ql.Period(i,ql.Years) for i in range(1,11)]
        yc = ql.DiscountCurve(ycDates,
                              zero_bonds[p, t, :],
                              ql.Actual365Fixed())
        yc.enableExtrapolation()
        hyts.linkTo(yc)
        if index.isValidFixingDate(date):
            fixing = index.fixing(date)
            index.addFixing(date, fixing)
        npv_cube[p, t] = swap.NPV()
```

```
    ql.IndexManager.instance().clearHistories()
ql.Settings.instance().setEvaluationDate(today)
hyts.linkTo(crv)

#alculate credit exposure
exposure = npv_cube.copy()
exposure[exposure<0]=0

#plot first 15 NPV and exposure paths
fig, (ax1, ax2) = plt.subplots(2, 1)
for i in range(0,15):
    ax1.plot(time_grid, npv_cube[i,:])
for i in range(0,15):
    ax2.plot(time_grid, exposure[i,:])
ax1.set_xlabel("Time in years")
ax1.set_ylabel("NPV")
ax1.set_title("(a) First 15 simulated npv paths")
ax2.set_xlabel("Time in years")
ax2.set_ylabel("Exposure")
ax2.set_title("(b) First 15 simulated exposure paths")
plt.tight_layout()
```

(a) First 15 simulated npv paths

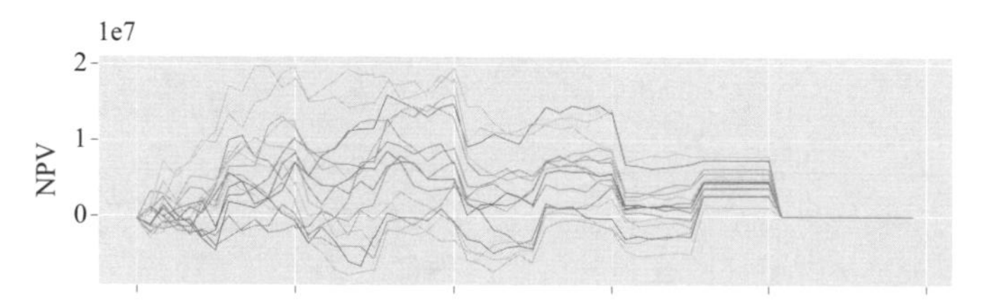

(b) First 15 simulated exposure paths

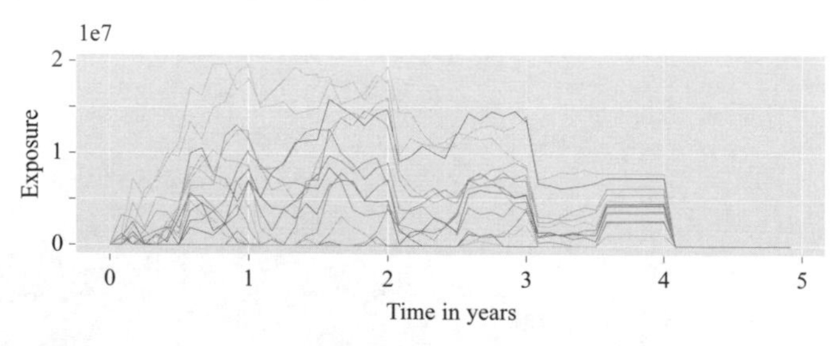

▲ 圖 10-11　淨現值和信用曝露前 15 次模擬路徑

同樣地，利用前面得到的信用曝露，下面的程式計算了預期曝露以及置信水準為 95% 的最大未來曝露，如圖 10-12 所示。

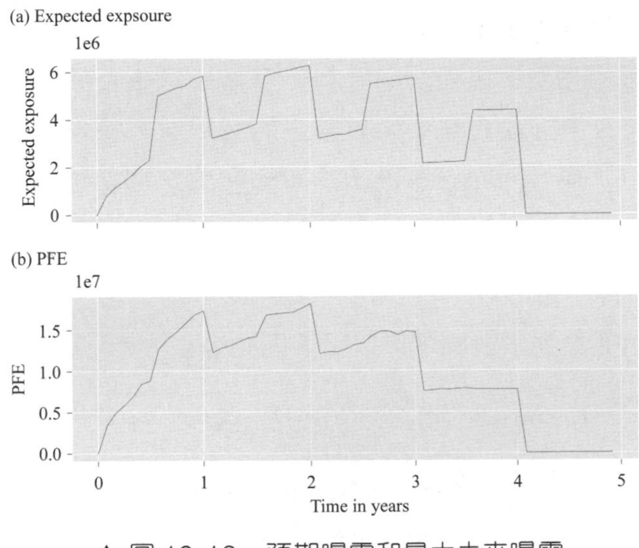

▲ 圖 10-12　預期曝露和最大未來曝露

B2_Ch10_5_G.py

```
#Calculate expected exposure
ee = np.sum(exposure, axis=0)/sim_num
#Calculate PFE curve (95% quantile)
PFE_curve = np.apply_along_axis(lambda x:
np.sort(x)[int(0.95*sim_num)],0,exposure)
#plot expected exposure and PFE
fig, (ax1, ax2) = plt.subplots(2, 1)
ax1.plot(time_grid, ee)
ax1.set_xlabel("Time in years")
ax1.set_ylabel("Expected Exposure")
ax1.set_title("(a) Expected Exposure")
ax2.plot(time_grid,PFE_curve)
ax2.set_xlabel("Time in years")
ax2.set_ylabel("PFE")
ax2.set_title("(b) PFE")
plt.tight_layout()
```

10.6 貨幣互換的交易對手信用風險

貨幣互換 (cross-currency swap)，也被稱為貨幣交換，是指兩筆金額和期限均相同，但是貨幣不同的債務資金之間的互換，同時也進行不同利息額的貨幣間的互換。前面介紹過利率互換，利率互換在相同貨幣之間進行，而貨幣互換則發生在不同貨幣之間。可見，貨幣互換既包括交割日時兩種貨幣互換，同時也包含了合約中需要定期執行的利率互換。也就是説既有一筆大額支付發生在交割日，也有相當數量的定期支付。因此，它結合了遠期類產品和利率互換各自的特點。

貨幣互換的 PFE 與期限的關係可以用下面的公式表示。

$$V_t \sim N\left(\mu_{FX}t, \sqrt{\sigma_{FX}^2 t + \sigma_{IR}^2 t\left(T-t\right)^2 + 2\rho\sigma_{FX}\sigma_{IR}t\left(T-t\right)}\right) \tag{10-12}$$

下面的程式，繪製了利率波動性為 0.005，匯率波動性為 0.05，置信水準為 99% 的貨幣互換合約的 PFE 影像，並對比了參數相近的遠期合約和一個利率互換合約的影像。

B2_Ch10_6.py

```
import numpy as np
import matplotlib.pyplot as plt
from scipy.stats import norm

ir_vol = 0.005
fx_vol = 0.05
correlation = 0.20
confidence_level = 0.99
T = 5

t = np.arange(0.0, T, 0.01)
irs_pfe = ir_vol*np.sqrt(t)*(T-t)*norm.ppf(confidence_level)
forward_pfe = fx_vol*np.sqrt(t)*norm.ppf(confidence_level)
ccs_pfe = np.sqrt(irs_pfe*irs_pfe+forward_pfe*forward_pfe+2.0*correlation*
irs_pfe*forward_pfe)
```

```
plt.style.use('fast')
plt.plot(t, irs_pfe, c='lightblue', label='IRS')
plt.plot(t, forward_pfe, c='dodgerblue', label='FX Forward')
plt.plot(t, ccs_pfe, c='red', label='CCS')

plt.xlabel("Time in years")
plt.ylabel("PFE")
plt.title("PFE Evolution")
plt.legend()
plt.gca().spines['right'].set_visible(False)
plt.gca().spines['top'].set_visible(False)
plt.gca().yaxis.set_ticks_position('left')
plt.gca().xaxis.set_ticks_position('bottom')
```

執行程式後，可以生成圖 10-13，正如前面分析的那樣，它結合了遠期類產品和利率互換的特點。

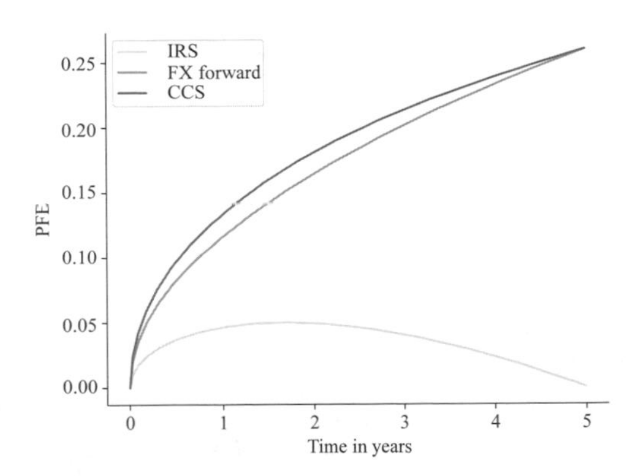

▲ 圖 10-13　貨幣互換潛在未來曝露演化圖

10.7 交易對手信用風險緩釋

交易對手信用風險存在引起金融機構巨大損失的可能，而透過風險控制來轉移或降低交易對手違約而造成的潛在風險損失，被稱為交易對手信用風險緩釋 (counterparty risk mitigation)，比如常用的淨額結算、抵押品和保證金等。

淨額結算 (netting) 是一種非常傳統的緩釋金融風險的手段。淨額結算一般借助與交易對手的淨額結算協定 (Netting agreement)，把交易雙方之間的各個衍生品的按市值計價進行疊加。而淨額結算協定包含於 ISDA 協定 (ISDA Master agreement) 之中。大多數跨國銀行、公司之間都互相簽訂有 ISDA 協定，其中 ISDA 為國際交換交易協會 (International Swaps and Derivatives Association) 的英文縮寫。

在金融衍生品市場，交易的參與雙方或多方往往相互之間同時存在大量的買入和賣出的具體交易，這些交易各自的價值有可能為正，也有可能為負，透過它們之間的對消，可以簡化現金流的交換，將會有助緩釋交收風險 (settlement risk)，一般稱這種情況下的淨額結算為支付淨額結算 (payment netting)。而在某交易方違約的情況下，與違約方的所有交易透過淨額結算，可以快速終止與違約方的交易，從而緩釋交易對手風險，這種淨額結算被稱為結算淨額結算 (close-out netting)。如圖 10-14(a) 和 (b) 分別展示了支付淨額結算和結算淨額結算，並且比較了沒有淨額結算與有雙邊淨額結算。

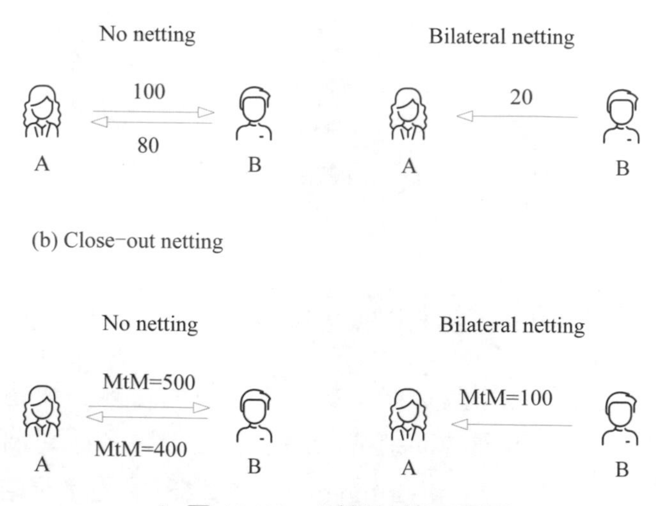

▲ 圖 10-14　淨額結算示意圖

另外，根據淨額結算交易對手方的數量，可以分為雙邊淨額結算 (bilateral netting) 和多邊淨額結算 (multilateral netting)。而根據結算內容的不同，又可分為現金流淨額結算 (cash flow netting) 和價值淨額結算 (value netting)。現金流淨額結算需要參與結算的現金流的種類相同，也就是交易的類型必須匹配。而價值淨額結算是對交易的價值進行結算，從而沒有這種限制。

表 10-2 比較了五種情景下是否有淨額結算的風險曝露的值，並分析了不同情況下，淨額結算的作用。

表 10-2　淨額結算分析

	交易價值		正曝露		負曝露	
	交易 A	交易 B	無淨額結算	淨額結算	無淨額結算	淨額結算
情景 1	60	20	80	80	0	0
情景 2	40	10	50	50	0	0
情景 3	30	−10	30	20	−10	0
情景 4	−20	−10	0	0	−30	−30
情景 5	−30	−20	0	0	−50	−50

如圖 10-15 以更加形象的方式展示了兩筆交易存在淨額結算和無淨額結算的對比。

抵押品 (collateral) 和保證金 (margin) 是又一種廣泛應用於緩釋金融風險的手段。在傳統上，抵押品用於場外金融衍生品的交易之中，而保證金則用於場內金融衍生品的交易之中，它們代表了相似的意義。在現在一些金融領域的標準定義中，保證金的說法獲得了更多的應用。

利用抵押品和保證金來緩釋金融風險的道理顯而易見。交易合約的初始階段，其風險曝露通常相對較小，但是隨著市場變動，風險曝露會隨著時間變得難以預測和控管。透過預先以及週期性的要求交易方支付抵押品和保證金，可以極大地減小對應的風險曝露，從而降低交易對手風險。

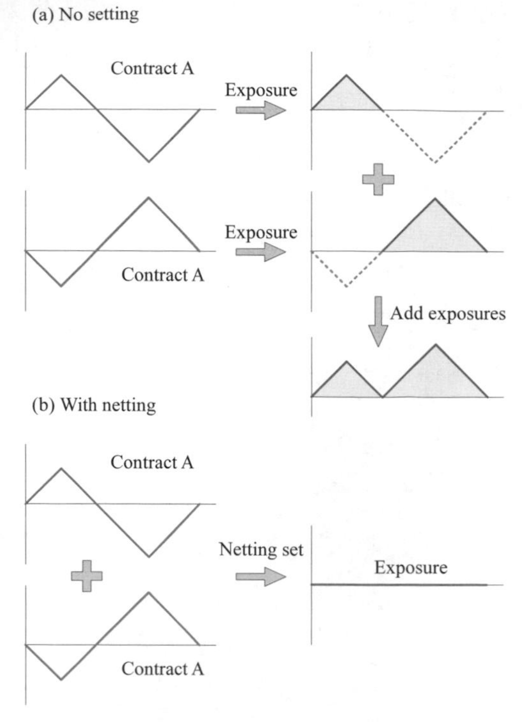

▲ 圖 10-15　存在淨額結算與無淨額結算比較圖

當然，除了上面介紹的幾種方法，在實際應用中還有更多緩釋交易對手信用風險的手段。比如選擇更加可靠的交易對手，一般來說與先進國家大型銀行和金融公司等進行交易。另外，使交易對手多元化，也是避開交易對手風險的有效方法。

10.8 信用估值調整

信用估值調整 (Credit Valuation Adjustment, CVA) 是指一個投資組合在不考慮風險以及考慮交易對手違約風險兩種情況下價值的差，簡單來說，它是交易對手風險的市場價值，以下式所示。

$$\text{CVA} = \text{Value}_{RiskFree} - \text{Value}_{Risk} \tag{10-13}$$

如果假設風險曝露與違約機率相互獨立，即不考慮錯向風險的情況下，如圖 10-16 展示了信用估值調整的計算公式。

LGD × EAD × PD

$$\text{CVA}=(1-R)\int_0^T \text{EE}^*(t)\text{dPD}(t)$$

▲ 圖 10-16　信用估值調整計算公式

圖 10-16 中，R 為回收率 (recovery rate)，代表了交易對手違約時，可以從交易對手獲得的補償的資產比例。與之對應的為 LGD，也就是違約損失率 (Loss Given Default, LGD)，則代表了交易對手違約會給對方造成的資產損失比例，反映的是損失的嚴重程度。EE*(t) 為在風險中性空間 (risk-neutral space) 中，在違約發生的時刻 t 時的折價預期曝露，與之對應的為 EAD，即交易對手違約時的風險曝露 (Exposure at Default, EAD)。PD 代表違約機率，其微分形式代表了在微小時間段違約的條件機率 (Marginal Probability of Default, Marginal PD)。

對於信用估值調整的模擬，則通常利用其離散表示式。

$$\text{CVA}=(1-R)\sum_{i=1}^{n}\text{DF}(t_i)\times\text{EE}(t_i)\times\text{PD}(t_{i-1},t_i) \tag{10-14}$$

其中，DF 為在時間 t_i 時的折價因數 (Discount Factor, DF)，EE 為在時間 ti 時的預期風險曝露 (Expected Exposure, EE)，PD 代表 t_{i-1} 與 t_i 之間違約機率 (Probability of Default, PD)。

如圖 10-17 所示，為在計算信用估值調整時，每個時間段 (t_{i-1}, t_i) 的風險曝露與違約機率。

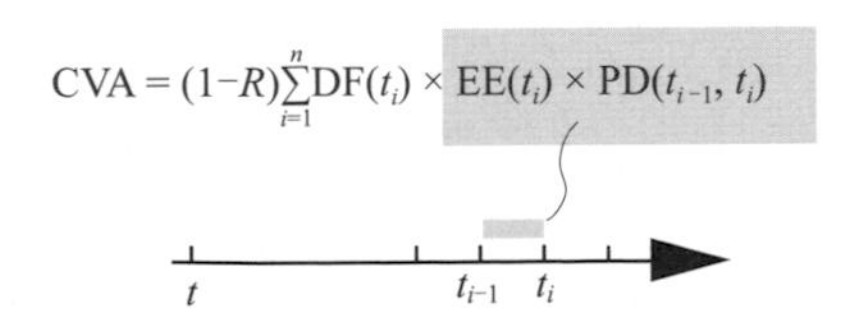

▲ 圖 10-17　信用估值調整計算示意圖

可見，對於信用估值調整的計算，需要折價因數、預期風險曝露以及違約機率。繼續前面的利率互換一節中的例子，預期風險曝露已經透過模擬得到。緊接前述程式，下面的程式產生折扣因數，並計算折扣淨現值和折扣信用曝露的曲線。

B2_Ch10_5_H.py

```
#generate the discount factors
discount_factors = np.vectorize(yts.discount)(time_grid)
#calculate discounted npvs
discounted_cube = np.zeros(npv_cube.shape)
discounted_cube = npv_cube * discount_factors
#calculate discounted exposure
discounted_exposure = discounted_cube.copy()
discounted_exposure[discounted_exposure<0] = 0

#calculate discounted expected exposure
discounted_ee = np.sum(discounted_exposure, axis=0)/sim_num
#plot discounted npv and exposure
fig, (ax1, ax2) = plt.subplots(2, 1)
for i in range(0,15):
    ax1.plot(time_grid, discounted_cube[i,:])
for i in range(0,15):
    ax2.plot(time_grid, discounted_exposure[i,:])
ax1.set_xlabel("Time in years")
ax1.set_ylabel("Discounted npv")
ax1.set_title("(a) First 15 simulated discounted npv paths")
ax2.plot(time_grid,discounted_ee)
ax2.set_xlabel("Time in years")
ax2.set_ylabel("Discounted exposure")
ax2.set_title("(b) First 15 simulated discounted exposure paths")
plt.tight_layout()
```

如圖 10-18 展示了折扣淨現值和折扣信用曝露前 15 次的模擬路徑。

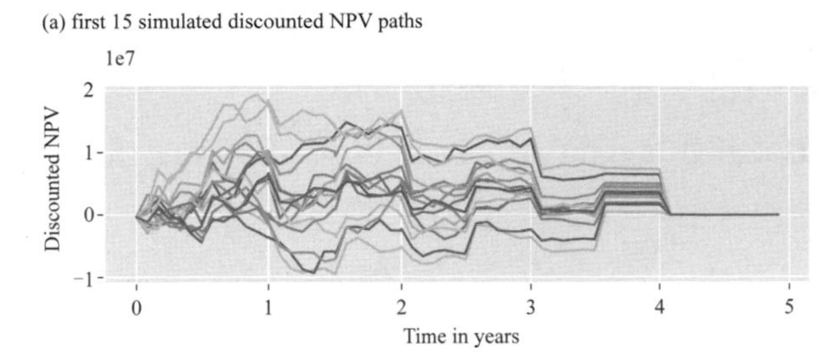

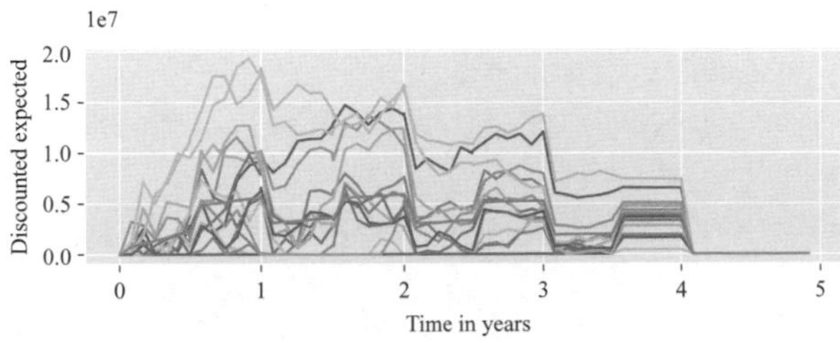

▲ 圖 10-18　折扣淨現值和折扣信用曝露前 15 次模擬路徑

執行下面的程式，則會生成折扣預期信用曝露的曲線。

B2_Ch10_5_I.py

```
#plot discounted expected exposure
fig, ax1 = plt.subplots(1, 1)
ax1.plot(time_grid,discounted_ee)
ax1.set_xlabel("Time in years")
ax1.set_ylabel("Discounted expected exposure")
ax1.set_title("(b) Discounted expected exposure")
```

執行程式後，可生成圖 10-19。

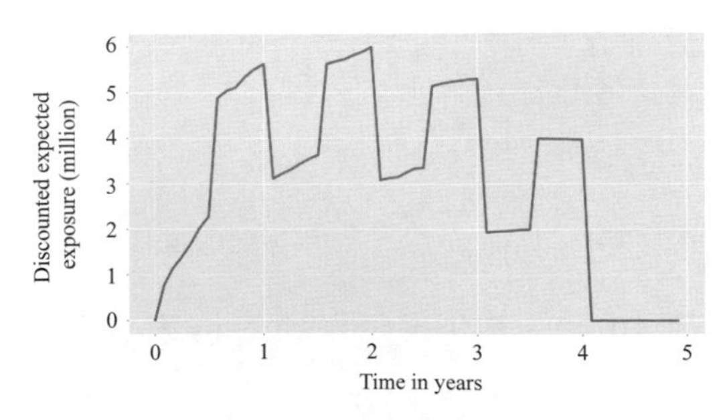

▲ 圖 10-19　折扣預期信用曝露

對於違約機率，可以透過市場上的 CDS 資料或根據歷史資料透過評級資訊進行計算。這個例子中，為了簡化，假設是一個常數的分段函數。然後，可以利用 HazardRateCurve() 函數直接建構違約曲線，程式如下所示，展示了產生的各個相關曲線。

B2_Ch10_5_J.py

```
#build default curve
pd_dates =  [today + ql.Period(i, ql.Years) for i in range(11)]
hzrates = [0.03 * i for i in range(11)]
pd_curve = ql.HazardRateCurve(pd_dates,hzrates,ql.Actual365Fixed())
pd_curve.enableExtrapolation()
#calculate default probs on grid and plot curve
times = np.linspace(0,25,100)
dp = np.vectorize(pd_curve.defaultProbability)(times)
sp = np.vectorize(pd_curve.survivalProbability)(times)
dd = np.vectorize(pd_curve.defaultDensity)(times)
hr = np.vectorize(pd_curve.hazardRate)(times)
f, ((ax1, ax2), (ax3, ax4)) = plt.subplots(2, 2)
ax1.plot(times, dp)
ax2.plot(times, sp)
ax3.plot(times, dd)
ax4.plot(times, hr)
ax1.set_xlabel("Time in years")
ax2.set_xlabel("Time in years")
ax3.set_xlabel("Time in years")
ax4.set_xlabel("Time in years")
ax1.set_ylabel("Probability")
ax2.set_ylabel("Probability")
ax3.set_ylabel("Density")
ax4.set_ylabel("Hazard rate")
ax1.set_title("Default probability")
ax2.set_title("Survival probability")
ax3.set_title("Default density")
ax4.set_title("Hazard rate")
```

執行程式後，生成圖 10-20。圖中展示了違約機率、生存機率、違約密度和危害率曲線。

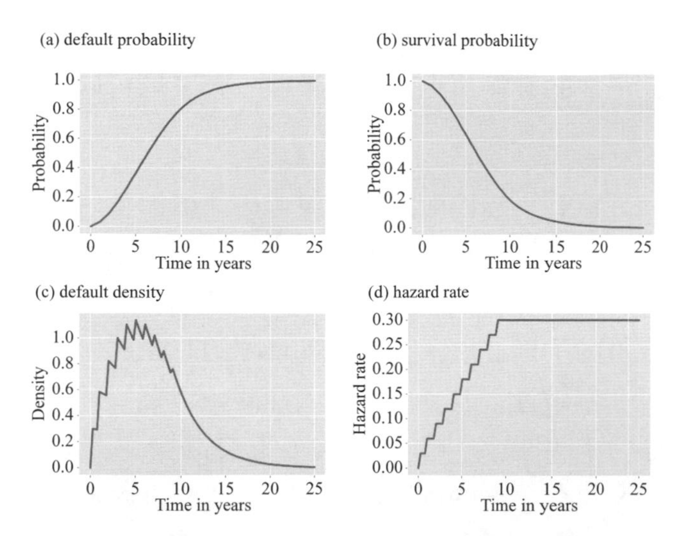

▲ 圖 10-20 違約機率、生存機率、違約密度和危害率曲線

借助上面得到的違約機率曲線，下面的程式計算了各個時間區間的違約機率。然後，假設回收率為 40%，可以計算最終的信估值調整為 579429.71。

B2_Ch10_5_K.py

```
#calculate default probs
PD_vec = np.vectorize(pd_curve.defaultProbability)
dPD = PD_vec(time_grid[:-1], time_grid[1:])
#calculate CVA
RR = 0.4
CVA = (1-RR) * np.sum(discounted_ee[1:] * dPD)
print ("CVA value: %.2f" % CVA)
```

信用估值調整如下。

```
CVA value: 579429.71
```

信用估值調整的模擬與估算比較複雜，希望這裡的介紹能幫助讀者理解。另外，因為例子中利用了蒙地卡羅模擬，只有模擬一定數量的次數，計算得到的信用估值調整才會趨於穩定值。感興趣的讀者可以調整模擬次數，加深理解。另外，對於信用估值調整，模型中的回歸速度和波動性，對於最終的計算值也有很大影響，大家也可以自行嘗試調整這些參數。

讀者可能已經注意到，在前面討論計算信用估值調整時，都是假設自身沒有違約風險。這是因為對於大型的金融機構，一般不存在違約風險，即所謂的「大而不能倒 (too big to fail) 」。這種假設似乎是順理成章的。但是，金融領域的不斷發展，尤其是本章開始時介紹過的美國五大投資銀行在金融風暴中破產以及違約，使人們開始懷疑這種觀念。所以，在現在的交易對手信用風險中，通常需要把交易雙方的違約風險考慮進去，因此對於交易對手方的信用價值調整，需要考慮自身違約的可能性導致的風險，這就是債務價值調整 (Debt Value Adjustment, DVA)。

10.9 錯向風險

在 10.8 節信用估值調整的介紹中，為了簡化計算，有一個對於交易對手的信用曝露與交易對手的信用品質相互獨立的假設，這實際上是避開了所謂的方向風險 (Directional Way Risk, DWR)，即錯向風險 (Wrong Way Risk, WWR) 和正向風險 (Right Way Risk, RWR)。錯向風險反映的是信用曝露與交易對手違約機率反向相關時的一種風險。通俗地說，就是本章前面提到的風險的「雪上加霜」，即風險曝露增加的同時，交易對手的違約機率也在上升。對應地，如果信用曝露與交易對手違約機率呈正相關，則會導致正向風險。圖 10-21 所示即為方向風險的示意圖。

錯向風險又分為一般錯向風險 (General Wrong Way Risk, GWWR) 和特定錯向風險 (Specific Wrong Way Risk, SWWR)。一般錯向風險中信用品質的變動主要由諸如利率等巨集觀市場因素、政治的穩定與否以及通貨膨脹等驅動因素導致。特定錯向風險中信用品質的變動主要由交易對手的評級變化、經營狀況等引起。下面透過幾個具體的例子來理解。

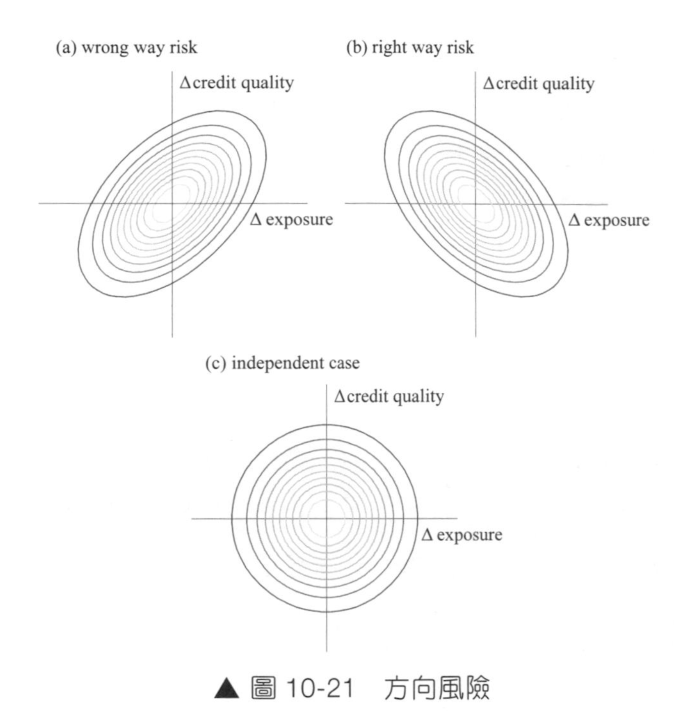

▲ 圖 10-21　方向風險

例 1：某交易員從 A 公司購買了以 A 公司股票為標的物的看跌選擇權，其行權價格為 70 美金。但是由於 A 公司評級下降，其股價跌至 60 美金，此時對於 A 公司的風險曝露增加到 70-60=10 美金，而同時 A 公司的評級下降，表明其違約機率也在增大。這個例子，就是一個典型的特定錯向風險的例子。

例 2：假設某美國銀行 A 與某發展中國家銀行 B 簽訂了一個貨幣互換交易 (cross currency swap)。按照協定，B 將交付給 A 美金，而同時 A 將支付給 B 當地貨幣。但是，由於該發展中國家經濟狀況惡化，當地貨幣大幅貶值。由此，對 A 來說，這份貨幣互換的價值大大提高，即信用曝露顯著增大。而對 B 來說，由於當地貨幣對美金的貶值，相當於需要更多的當地貨幣交付給 A，將會增加它們的違約風險。可見，這種情況下，A 的風險曝露與其交易對手的違約機率同時增大，組成了錯向風險。並且，它是一個一般錯向風險。

例 3：銀行 A 與某公司 B 簽訂了一份股權收益互換 (total return swap)，銀行 A 支付自身債券的分紅收益給公司 B，作為互換，銀行 A 從公司 B 定期收取一筆浮動利率。如果由於利率的上升，公司 B 的信用品質惡化，那麼公司 B 的違約機率隨之增大。即這些股權收益互換交易產生了錯向風險。

例 4：油價波動對於航空公司營運成本具有很大影響，假設航空公司透過期貨合約對沖油價的波動。假設油料供應商賣出 40 美金每桶原油期貨，當交割期限臨近時，油價上升到 80 美金每桶。這種情況下，油料供應商需要以遠低於市場價格交付油料，因此會面臨較大經營壓力，其信用品質會下降。同時，由於油價上漲，航空公司的風險曝露顯著增加，從而導致了錯向風險。

另外，值得一提的是 2008 年的金融海嘯展示了錯向風險的巨大危害。在危機之前，保險機構向市場大量兜售不動產抵押貸款 (Mortgage Backed Securities, MBS) 的信用違約互換 (Credit Default Spread, CDS)。購買信用違約互換表面上似乎是萬無一失的保險，即使標的資產違約，也可以收到賠償金，對沖標的資產的損失，如圖 10-22 所示。而貪婪的保險機構在缺乏監管的情況下，為了收取費用，向市場超量推銷 CDS。當金融危機到來時，房價的崩盤，導致 MBS 產品價值暴跌，極大地提高了 CDS 買家的信用曝露，許多買家的索賠擠兌，同進造成了自身的信用品質嚴重下降，並最終違約。這個經典的錯向風險例子，給資本市場造成了極大的混亂。

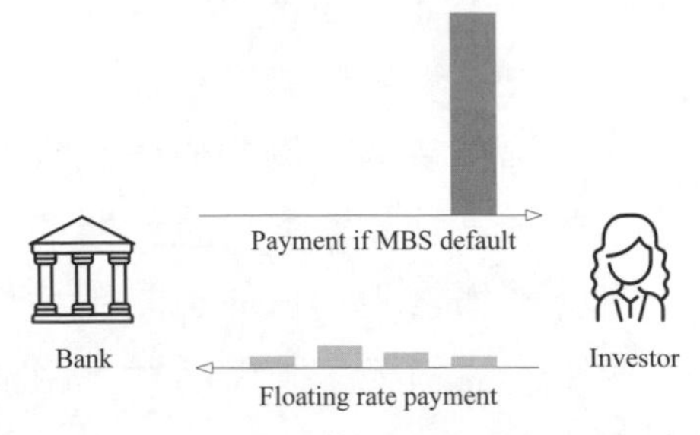

▲ 圖 10-22　不動產抵押貸款為標的的信用違約互換

與錯向風險對應，下面介紹正向風險的例子。比如，在第一個例子中，銀行和 A 簽訂的股權收益交易方向相反，即銀行 A 支付股票的價格收益和分紅收益，而投資者支付浮動利率，如圖 10-23 所示，很容易理解，此時產生的是正向風險。

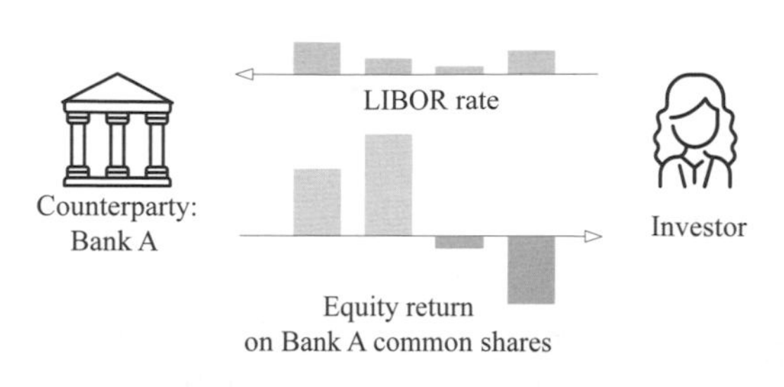

▲ 圖 10-23　正向風險例子

交易對手信用風險是 2008 年金融風暴以來，迅速引起金融監管和各大金融機構重視的一種金融風險，它的量化與管理牽扯到複雜的金融工程的課題。在本章中，對於交易對手風險的介紹，我們立足於基本概念，透過大量程式和圖形對其中最常見的一些金融產品的交易對手信用風險進行了詳細的討論。另外，還深入地探討了信用估值調整以及方向風險。交易對手信用風險還涉及更多的課題，比如更廣泛的 xVA 等，限於篇幅，在這裡沒有做介紹，但是在掌握本章所介紹的這些基本重要的前提下，相信讀者在進一步拓展這一領域時，會有一個堅實的基礎。

投資組合理論 I

在本書的金融計算章節討論過一些常用的最佳化方法。本章將在此基礎上，介紹這些方法在投資組合最佳化中的應用。投資組合最佳化是金融投資領域的重要課題，其中包含許多複雜的矩陣運算，為了方便理解，本章會先用基本代數方法討論兩個風險資產組成的投資組合最佳化，從而在視覺角度來幫助大家直觀地理解投資組合最佳化中的一些技術細節。

將彼此間不相關的風險充分地多元化後，能夠將投資組合的風險降至近似為零。

Diversifying sufficiently among uncorrelated risks can reduce portfolio risk toward zero

——哈利．馬科維茨 (Harry M. Markowitz)

本章核心命令程式

- numpy.inv(A)　計算方陣反矩陣，相當於 A^(-1)
- pandas.read_excel()　提取 Excel 中的資料
- qpsolvers.solve_qp　二次最佳化數值求解
- scipy.optimize.Bounds()　定義最佳化問題中的上下約束

- scipy.optimize.LinearConstraint() 定義線性限制條件
- scipy.optimize.minimize() 最佳化求解最小值

11.1 平均值方差理論

現代投資組合理論的核心理念是透過數學模型尋找最佳投資組合，從而達到收益最大化和風險最小化的目標。回溯其發展史，1952 年由馬科維茨 (Markowitz) 提出的馬科維茨平均值方差投資組合理論 (Markowitz mean-variance portfolio theory) 是其中里程碑式的事件，這個理論第一次透過數學工具對金融投資領域提供了科學解釋，奠定了現代投資組合分析的理論基礎。從此，投資分析從「感性判斷」邁入理性分析的新階段。馬科維茨本人也因此獲得了諾貝爾經濟學獎。

Harry M. Markowitz (1927 –) Prize motivation: "for their pioneering work in the theory of financial economics." Contribution: Constructed a micro theory of portfolio management for individual wealth holders. (Sources: https://www.nobelprize.org/prizes/economic-sciences/1990/markowitz/facts/)

馬科維茨模型假設資產收益呈正態分佈，儘管在實踐中資產收益並不完全滿足正態分佈，這通常是一種合理的近似。在這種假設下，投資產品的收益率期望值即為所謂「平均值」，而風險透過正態分佈的波動性 (或標準差) 來計量。波動性的平方即為方差。因此，當討論風險時，常常交替使用方差或波動性。在實際過程中，考慮到實際分佈的非常態特徵，比如肥尾現象，往往會根據具體情況選擇對應的風險指標來考量風險，比如選擇使用歷史 VaR (Value at Risk) 或 ES (Expected Shortfall)。

本節透過最簡單的雙資產投資組合介紹平均值方差理論。一個由雙資產組成的投資組合期望收益率 (expected return of a portfolio) 為：

$$\begin{aligned}\mathrm{E}(r_p) &= \boldsymbol{w}^{\mathrm{T}}\,\mathrm{E}(\boldsymbol{r}) = \begin{bmatrix} w_1 & w_2 \end{bmatrix}\begin{bmatrix}\mathrm{E}(r_1)\\ \mathrm{E}(r_2)\end{bmatrix}\\ &= w_1\,\mathrm{E}(r_1) + w_2\,\mathrm{E}(r_2)\end{aligned} \tag{11-1}$$

其中，向量 $\boldsymbol{w} = [w_1，w_2]^{\mathrm{T}}$ 為組成資產的權重，$\mathrm{E}(r)$ 為資產的期望收益。重要的線性等式約束為，資產 1 和資產 2 的權重之和 $w_1 + w_2$ 為 1，即：

$$w_1 + w_2 = 1 \tag{11-2}$$

這個投資組合的收益率方差 (portfolio variance) 為：

$$\begin{aligned}\sigma_p^2 &= \boldsymbol{w}^{\mathrm{T}}\boldsymbol{\Sigma}_{\boldsymbol{r}}\boldsymbol{w}\\ &= \begin{bmatrix} w_1 & w_2 \end{bmatrix}\begin{bmatrix}\mathrm{var}(r_1) & \mathrm{cov}(r_1,r_2)\\ \mathrm{cov}(r_1,r_2) & \mathrm{var}(r_2)\end{bmatrix}\begin{bmatrix} w_1\\ w_2\end{bmatrix}\\ &= w_1^2\sigma_1^2 + w_2^2\sigma_2^2 + 2w_1w_2\rho_{1,2}\sigma_1\sigma_2\end{aligned} \tag{11-3}$$

收益率波動性 (portfolio volatility) σ_p 為：

$$\sigma_p = \sqrt{\boldsymbol{w}^{\mathrm{T}}\boldsymbol{\Sigma}_{\boldsymbol{r}}\boldsymbol{w}} = \sqrt{w_1^2\sigma_1^2 + w_2^2\sigma_2^2 + 2w_1w_2\rho_{1,2}\sigma_1\sigma_2} \tag{11-4}$$

其中，$\rho_{1,2}$ 為雙資產之間的相關性係數 (correlation coefficient)。它是一個重要的參數。當 $\rho_{1,2} = 1$ 時：

$$\sigma_p = \sqrt{w_1^2\sigma_1^2 + w_2^2\sigma_2^2 + 2w_1w_2\sigma_1\sigma_2} = \left|w_1\sigma_1 + w_2\sigma_2\right| \tag{11-5}$$

當 $\rho_{1,2} = -1$ 時：

$$\sigma_p = \sqrt{w_1^2\sigma_1^2 + w_2^2\sigma_2^2 - 2w_1w_2\sigma_1\sigma_2} = \left|w_1\sigma_1 - w_2\sigma_2\right| \tag{11-6}$$

當 $\rho_{1,2} = 0$ 時：

$$\sigma_p = \sqrt{w_1^2\sigma_1^2 + w_2^2\sigma_2^2} \tag{11-7}$$

馬科維茨平均值 - 方差模型關注收益和風險這兩個維度，可以透過收益和風險的關係圖來直觀展示。在雙資產中，資產 2 的權重 w_2 可以表達為 $1\text{-}w_2$。因此，組合收益率期望值 $\mathrm{E}(r_p)$ 和組合波動性 σ_p 均可以表示為 w_1 的函數，可以畫出組合收益率和波動性之間的關係圖。

假設有以下兩個資產組成投資組合，參數如下。

$$\begin{cases} E(r_1) = 11\% \\ E(r_2) = 16\% \end{cases}, \begin{cases} \sigma_1 = 25\% \\ \sigma_2 = 38\% \end{cases} \tag{11-8}$$

分別考慮相關性 $\rho_{1,2}$ = -100%，-50%，0%，50%，100%。表 11-1 縱向列出 w_1 從 -30% 到 150% 的範圍，橫向考慮相關性的不同設定值間的組合收益率和組合波動性。

表 11-1　雙資產收益和波動性的關係　單位：%

			$\rho_{1,2}$				
			−100	−50	0	50	100
w_1	w_2	$E(r_p)$	σ_p				
−30	130	17.50	56.90	53.55	49.97	46.11	41.90
−20	120	17.00	50.60	48.29	45.87	43.32	40.60
−10	110	16.50	44.30	43.10	41.87	40.61	39.30
0	100	16.00	38.00	38.00	38.00	38.00	38.00
10	90	15.50	31.70	33.02	34.29	35.52	36.70
20	80	15.00	25.40	28.23	30.81	33.18	35.40
30	70	14.50	19.10	23.76	27.64	31.04	34.10
40	60	14.00	12.80	19.79	24.90	29.12	32.80
50	50	13.50	6.50	16.73	22.74	27.47	31.50
60	40	13.00	0.20	15.10	21.36	26.15	30.20
70	30	12.50	6.10	15.39	20.89	25.21	28.90
80	20	12.00	12.40	17.49	21.40	24.69	27.60
90	10	11.50	18.70	20.86	22.82	24.62	26.30
100	0	11.00	25.00	25.00	25.00	25.00	25.00
110	−10	10.50	31.30	29.58	27.76	25.81	23.70
120	−20	10.00	37.60	34.43	30.95	27.01	22.40
130	−30	9.50	43.90	39.46	34.44	28.56	21.10
140	−40	9.00	50.20	44.59	38.16	30.40	19.80
150	−50	8.50	56.50	49.80	42.04	32.48	18.50

如圖 11-1 所示描繪了表 11-1 中的內容，水平座標為波動性，垂直座標為收益率。並且對比了不同相關性係數對收益率 - 波動性走勢的影響。

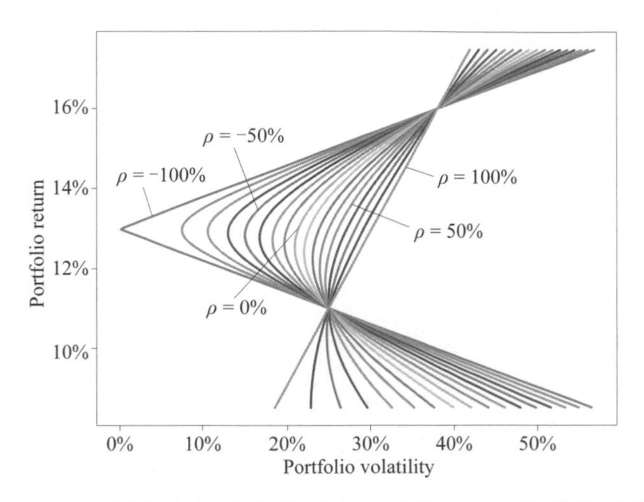

▲ 圖 11-1　雙資產組合的收益率和風險，其中風險為波動性

讀者需要注意的是資產的權重可以為負。負權重表示賣空。兩者權重相加必須為 1，因此另一資產的權重必須大於 100%。

透過分析收益率和組合波動性的公式，並結合圖 11-1 和表 11-1，可以得到以下結論。

- 當雙資產相關性為 1 時，資產組合收益率和波動性呈線性關係。
- 當雙資產相關性為 -1 時，在一定權重條件下，資產組合的波動性為 0。並以此為分界點，收益率和波動性呈不同的線性關係。
- 當雙資產相關性在 (-1，1) 之間時，收益率和方差為 物線關係，因此收益率和波動性呈雙曲線函數關係 (只有右邊部分，因為波動性一直為正)。

在這裡，引入另一個概念，叫作有效前端 (efficient frontier)。馬科維茨模型假設每個投資者都是理性的，那麼，作為理性投資者，在相同的風險條件下，一定選擇更高的收益。如圖 11-2 實線部分所示，基於收益率和波動性的雙曲線關係，有效前端的斜率 (或對波動性的導數) 必須非負。圖 11-2 虛線部分為非有效組合。同時，顯而易見的是，投資者不可能追求組合收益為負。因此當相關性為 100% 時，組合收益對於波動性斜率一直為正，它的有效前端只取橫軸以上的部分 (觀察圖 11-1 中的直線)。

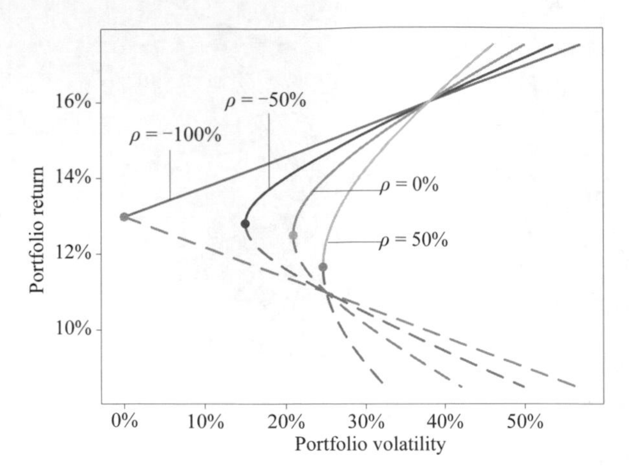

▲ 圖 11-2　雙資產組合有效前端為實線區段

上述在相關性設定值為 (-100%，100%) 的區間時，投資組合收益和波動性呈雙曲線關係。當波動性為最小值時，即為曲線斜率由負變正的臨界點。由於波動性對權重有函數關係，因此可以找出唯一解從而得到最小波動性。這個最小波動性即為有效前端的起點。

方差即為波動性的平方，因此問題便歸結為尋找最小方差。由於雙資產權重相加為 1，因此方差可以表達為只對於資產 1 的權重函數。

$$\begin{aligned} &\underset{w_1,w_2}{\arg\min}\ \sigma_p^2 = w_1^2\sigma_1^2 + w_2^2\sigma_2^2 + 2w_1w_2\rho_{1,2}\sigma_1\sigma_2 \\ &\text{subject to: } w_1 + w_2 = 1 \end{aligned} \tag{11-9}$$

根據等式關係 $w_2 = 1 - w_1$ 整理得到下式。

$$\sigma_p^2 = \left(\sigma_1^2 - 2\rho_{1,2}\sigma_1\sigma_2 + \sigma_2^2\right)w_1^2 + 2\sigma_2\left(\rho_{1,2}\sigma_1 - \sigma_2\right)w_1 + \sigma_2^2 \tag{11-10}$$

觀察式 (11-10) 可以發現，最高項次係數 $\sigma_1^2 - 2\rho_{1,2}\sigma_1\sigma_2 + \sigma_2^2 \geqslant 0$；等於 0 的情況為相關性係數為 1，且 $\sigma_1 = \sigma_2$，沒有實際研究意義。因此一般情況下，兩個風險資產構造的投資組合方差可以整理為以 w1 為變數的二次項係數大於 0 的二次函數，存在最大值。

對於一元二次函數，最值點位置處一階導數為 0，因此：

$$\frac{\mathrm{d}\sigma_p^2}{\mathrm{d}w_1} = 2\left(\sigma_1^2 - 2\rho_{1,2}\sigma_1\sigma_2 + \sigma_2^2\right)w_1^* + 2\sigma_2\left(\rho_{1,2}\sigma_1 - \sigma_2\right) = 0 \tag{11-11}$$

可以求得投資組合方差最值點處 w_1 對應的具體表達為：

$$w_1^* = \frac{\sigma_2^2 - \rho_{1,2}\sigma_1\sigma_2}{\sigma_1^2 - 2\rho_{1,2}\sigma_1\sigma_2 + \sigma_2^2} \tag{11-12}$$

整理得到，投資組合方差最小值為：

$$\sigma_{p\_\min}^2 = \frac{\sigma_1^2\sigma_2^2\left(1 - \rho_{1,2}^2\right)}{\sigma_1^2 - 2\rho_{1,2}\sigma_1\sigma_2 + \sigma_2^2} \tag{11-13}$$

因此，投資組合波動性最小值為：

$$\sigma_{p\_\min} = \sigma_1\sigma_2\sqrt{\frac{1 - \rho_{1,2}^2}{\sigma_1^2 - 2\rho_{1,2}\sigma_1\sigma_2 + \sigma_2^2}} \tag{11-14}$$

循此規律，可以獲得投資組合對應的收益率期望值為：

$$\mathrm{E}(r_p)^* = \frac{\sigma_2^2\,\mathrm{E}(r_1) - 2\rho_{1,2}\sigma_1\sigma_2\,\mathrm{E}(r_1)\mathrm{E}(r_2) + \sigma_1^2\,\mathrm{E}(r_2)}{\sigma_1^2 - 2\rho_{1,2}\sigma_1\sigma_2 + \sigma_2^2} \tag{11-15}$$

當相關性係數為 -1 時，投資組合波動性為：

$$\sigma_p = \left|\left(\sigma_1 + \sigma_2\right)w_1 - \sigma_2\right| \tag{11-16}$$

對於這個絕對值線性函數，最小值為 0，而取得最小值處的 w_1 對應的具體運算式為：

$$w_1^* = \frac{\sigma_2}{\sigma_1 + \sigma_2} \tag{11-17}$$

此時，投資組合波動性的最小值為：

$$\sigma_{p\_\min} = 0 \tag{11-18}$$

而對應的投資組合收益率期望值為（讀者可能注意到最值情況下的組合收益一定大於零）：

$$E(r_p)^* = \frac{\sigma_1 E(r_2) + \sigma_2 E(r_1)}{\sigma_1 + \sigma_2} \tag{11-19}$$

在本節的例子參數具體為：

$$\begin{aligned} w_1^* &= \frac{\sigma_2}{\sigma_1+\sigma_2} = \frac{38\%}{25\%+38\%} = 40\% \\ w_2^* &= 1 - w_1^* = 60\% \\ \sigma_{p\_\min} &= 0\% \\ E(r_p)^* &= \frac{\sigma_1 E(r_2) + \sigma_2 E(r_1)}{\sigma_1 + \sigma_2} = \frac{25\% \times 16\% + 38\% \times 11\%}{25\% + 38\%} = 12.98\% \end{aligned} \tag{11-20}$$

當相關性係數為 1 時，收益率和波動性的關係為同樣為絕對值線性函數，最小值為 0，而取得最小值處的 w_1 對應的具體運算式為：

$$w_1^* = \frac{\sigma_2}{\sigma_2 - \sigma_1} \tag{11-21}$$

尋找有效前端的起點同時需要滿足組合收益大於 0。

$$\begin{aligned} & E(r_p) \geq 0 \\ & \Rightarrow w_1^* \leq \frac{E(r_2)}{E(r_2) - E(r_1)} \end{aligned} \tag{11-22}$$

如果滿足組合收益大於 0 的條件，那麼此時投資組合波動性的最小值為：

$$\sigma_{p\_\min} = 0 \tag{11-23}$$

而對應的投資組合收益率期望值為：

$$E(r_p)^* = \frac{\sigma_2 E(r_1) - \sigma_1 E(r_2)}{\sigma_2 - \sigma_1} \tag{11-24}$$

在本節的例子中：

$$w_1^* = \frac{\sigma_2}{\sigma_2 - \sigma_1} = \frac{38\%}{38\% - 25\%} = 292\% \tag{11-25}$$

容易發現：

$$w_1 \le \frac{E(r_2)}{E(r_2) - E(r_1)} = \frac{16\%}{16\% - 11\%} = 320\% \tag{11-26}$$

可以計算得到：

$$w_2^* = 1 - w_1^* = -192\% \tag{11-27}$$

從而得到：

$$\begin{cases} \sigma_{p\_\min} = 0\% \\ E(r_p)^* = \dfrac{\sigma_2 E(r_1) - \sigma_1 E(r_2)}{\sigma_2 - \sigma_1} = \dfrac{38\% \times 11\% - 25\% \times 16\%}{38\% - 25\%} = 1.38\% \end{cases} \tag{11-28}$$

表 11-2 列出了不同相關性條件下有效前端的起點，即資產組合的最小波動性，及對應的組合權重和組合收益。

表 11-2　不同相關性條件下最小波動性組合單位：%

$\rho_{1,2}$	w_1*	w_2*	$E(r_p)$	$\sigma_{p\_\min}$
−100	60	40	12.98	0.00
−50	64	36	12.82	14.97
0	70	30	12.51	20.89
50	87	13	11.67	24.59
100	292	−192	1.38	0.00

圖 11-3 中以資產 1 的權重 w1 為水平座標，垂直座標分別為投資組合的收益率 [圖 11-3(a)] 和不同相關性係數條件下的組合波動性 [圖 11-3(b)]。方便讀者更直觀地感受參數間的相互關係和曲線走勢。

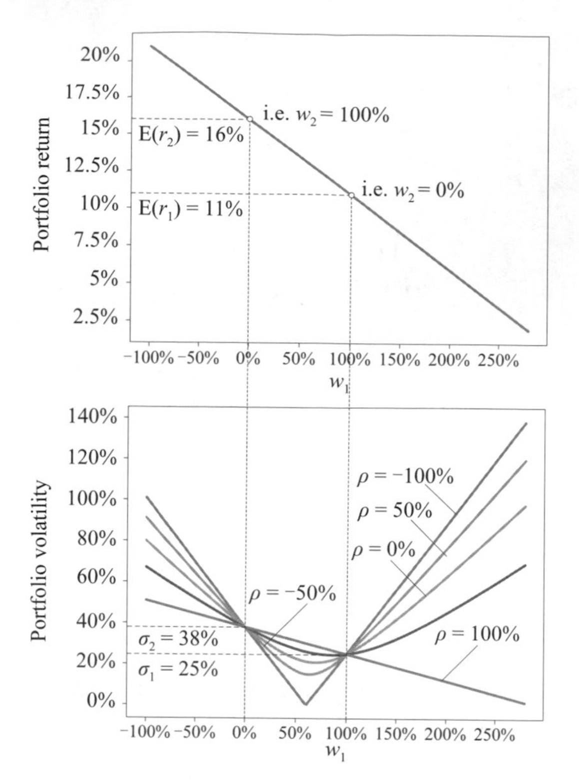

▲ 圖 11-3 組合收益率及波動性和資產 1 權重的關係

以下程式獲得圖 11-1 ～圖 11-3。

B2_Ch11_1.py

```
from numpy import sqrt, linspace
import matplotlib.pyplot as plt

#%%  Specify Individual Assets' Returns, Volatilities, and Correlation

r1 = 0.11
r2 = 0.16
vol1 = 0.25
vol2 = 0.38

rho_range = [-1., -0.5, 0., 0.5, 1.]
```

```
#%%  Two Assets Mean-Variance Framework
def TwoAssetPort(w1,w2,r1,r2,sigma1,sigma2,rho):
    PortReturn = w1*r1 + w2*r2
    PortVol = sqrt((w1*sigma1)**2+(w2*sigma2)**2+2*w1*w2*sigma1*sigma2*rho)
    return PortReturn,PortVol

#%% Plot Return-Volatility
w1 = linspace(-0.3,1.5,190)
w2 = 1- w1

fig,ax=plt.subplots()

for rho in linspace(-1,1,17):
    TwoAssetPort_Return,TwoAssetPort_Vol = TwoAssetPort(w1,w2,r1,r2,vol1,v
ol2,rho)
    #ax.plot(TwoAssetPort_Vol,TwoAssetPort_Return,label='rho = '+str
(int(rho*100))+'%')
    ax.plot(TwoAssetPort_Vol,TwoAssetPort_Return)

ax.set(xlabel='Portfolio Volatility',ylabel='Portfolio Return')


#%% find GMVP of a Two-asset portfolio
def GMVP_TwoAssetPort(r1,r2,sigma1,sigma2,rho):
    w1_star = (sigma2**2-rho*sigma1*sigma2)/(sigma1**2-
2*rho*sigma1*sigma2+sigma2**2)
    w2_star = 1-w1_star

    PortReturn = w1_star*r1 + w2_star*r2
    PortVol = sqrt((w1_star*sigma1)**2+(w2_star*sigma2)**2+2*w1_star*
w2_star*sigma1*sigma2*rho)

    return PortReturn,PortVol,w1_star,w2_star

for rho in rho_range:

    GMVP_return,GMVP_Vol,w1_star,w2_star = GMVP_TwoAssetPort(r1,r2,vol1,vo
l2,rho)
```

```
    print(rho,GMVP_return,GMVP_Vol,w1_star,w2_star)

#%%
fig,ax=plt.subplots()

for rho in rho_range[0:4]:

    GMVP_return,GMVP_Vol,w1_star,w2_star = GMVP_TwoAssetPort(r1,r2,vol1,vo
l2,rho)

    if r1 < r2:
        w1_under = linspace(w1_star,1.5,100)
        w2_under = 1 - w1_under
        w1 = linspace(-0.3,w1_star,100)
        w2 = 1 - w1
    else:
        w1 = linspace(w1_star,1.5,100)
        w2 = 1 - w1
        w1_under = linspace(-0.3,w1_star,100)
        w2_under = 1 - w1_under

    TwoAssetPort_Return_under,TwoAssetPort_Vol_under =
TwoAssetPort(w1_under,w2_under,r1,r2,vol1,vol2,rho)

    TwoAssetPort_Return,TwoAssetPort_Vol =
TwoAssetPort(w1,w2,r1,r2,vol1,vol2,rho)

    ax.plot(TwoAssetPort_Vol,TwoAssetPort_Return,'-',
            TwoAssetPort_Vol_under,TwoAssetPort_Return_under,'--',
            #label='rho = '+str(int(rho*100))+'%')
            )
    ax.plot(GMVP_Vol,GMVP_return,'o')

ax.set(xlabel='Portfolio Volatility',ylabel='Portfolio Return')


#%% Plot Weight 1 vs Return & Volatility
w1 = linspace(-1.0,2.8,190)
w2 = 1- w1
```

```
fig,ax=plt.subplots()

for rho in rho_range:

    TwoAssetPort_Return,TwoAssetPort_Vol =
TwoAssetPort(w1,w2,r1,r2,vol1,vol2,rho)

    ax.plot(w1,TwoAssetPort_Vol,label='rho = '+str(int(rho*100))+'%')

ax.set(xlabel='Weight 1',ylabel='Portfolio Volatility')
plt.legend()


fig,ax=plt.subplots()
ax.plot(w1,TwoAssetPort_Return)
ax.set(xlabel='Weight 1',ylabel='Portfolio Return')
plt.legend()
```

11.2 拉格朗日函數最佳化求解

投資組合規劃問題的本質為二次規劃 (Quadratic programming) 的最佳化計算過程，對於它的求解，通常可以透過建構拉格朗日函數求解極值問題進行解決。本節將透過拉格朗日函數法對雙資產組合進行最佳化求解。

回顧 11.1 節中的最佳化問題。

$$\begin{aligned}&\underset{w_1,w_2}{\arg\min}\ \ \sigma_p^2 = w_1^2\sigma_1^2 + w_2^2\sigma_2^2 + 2w_1w_2\rho_{1,2}\sigma_1\sigma_2\\&\text{subject to: } w_1 + w_2 = 1\end{aligned} \tag{11-29}$$

建構如下所示的拉格朗日函數。

$$L(w_1,w_2,\lambda) = w_1{}^2\sigma_1{}^2 + w_2{}^2\sigma_2{}^2 + 2w_1w_2\rho_{1,2}\sigma_1\sigma_2 + \lambda(1 - w_1 - w_2) \tag{11-30}$$

對 w_1、w_2 和乘子 λ 分別求導，使其等於 0，可以求得：

$$\begin{aligned}&\frac{\partial}{\partial w_1}L\left(w_1,w_2,\lambda\right)=2w_1^*\sigma_1^2+2w_2^*\rho_{1,2}\sigma_1\sigma_2-\lambda=0\\&\frac{\partial}{\partial w_2}L\left(w_1,w_2,\lambda\right)=2w_2^*\sigma_2^2+2w_1^*\rho_{1,2}\sigma_1\sigma_2-\lambda=0\\&\frac{\partial}{\partial \lambda}L\left(w_1,w_2,\lambda\right)=w_1^*+w_2^*=1\end{aligned} \tag{11-31}$$

整理可得：

$$\begin{gathered}w_2{}^*=1-w_1{}^*\\2w_1{}^*\sigma_1{}^2+2w_2{}^*\rho_{1,2}\sigma_1\sigma_2=2w_2{}^*\sigma_2{}^2+2w_1{}^*\rho_{1,2}\sigma_1\sigma_2\end{gathered} \tag{11-32}$$

繼續整理，得到最值狀態下，w_1 和 w_2 的設定值為：

$$\begin{aligned}w_1^*&=\frac{\sigma_2^2-\rho_{1,2}\sigma_1\sigma_2}{\sigma_1^2-2\rho_{1,2}\sigma_1\sigma_2+\sigma_2^2}\\w_2^*&=\frac{\sigma_1^2-\rho_{1,2}\sigma_1\sigma_2}{\sigma_1^2-2\rho_{1,2}\sigma_1\sigma_2+\sigma_2^2}\end{aligned} \tag{11-33}$$

因此，組合的最小方差為：

$$\begin{aligned}\sigma_{p\_\min}^2&=w_2^{*2}\sigma_1{}^2+w_2^{*2}\sigma_2{}^2+2w_1^*w_2^*\rho_{1,2}\sigma_1\sigma_2\\&=\frac{\sigma_1^2\sigma_2^2\left(1-\rho_{1,2}^2\right)}{\sigma_1^2-2\rho_{1,2}\sigma_1\sigma_2+\sigma_2^2}\end{aligned} \tag{11-34}$$

循此規律，可以獲得投資組合對應的收益率期望值為：

$$\begin{aligned}\mathrm{E}(r_p)^*&=w_1^*\,\mathrm{E}(r_1)+w_2^*\,\mathrm{E}(r_2)\\&=\frac{\sigma_2^2\,\mathrm{E}(r_1)-2\rho_{1,2}\sigma_1\sigma_2\,\mathrm{E}(r_1)+\sigma_1^2\,\mathrm{E}(r_2)}{\sigma_1^2-2\rho_{1,2}\sigma_1\sigma_2+\sigma_2^2}\end{aligned} \tag{11-35}$$

與 11.1 節的推導結果做比較，是完全一樣的。

類似的，三資產組合尋找最小組合方差，也同樣可以用拉格朗日函數求解，但是其計算更加複雜。至於更加複雜的多資產組合，將借助矩陣的形式進行求解。

11.3 整體最小風險資產組合

本節透過矩陣的方式來推演在多資產條件下，尋找投資組合的最小風險以及各資產的權重。在這裡，最小風險投資組合通常被稱為整體最小方差組合 (Global Minimum Variance Portfolio, GMVP)。

下面首先介紹需要用到的向量及方陣的表示：權重 w 為 $n \times 1$ 的列向量，羅列了 n 個可供選擇資產的權重；類似的，這 n 個資產預期收益率 E_r 也為 $n \times 1$ 的列向量，n 個資產間的方差 - 協方差矩陣 Σ_r 為 $n \times n$ 的方陣，如圖 11-4 所示。

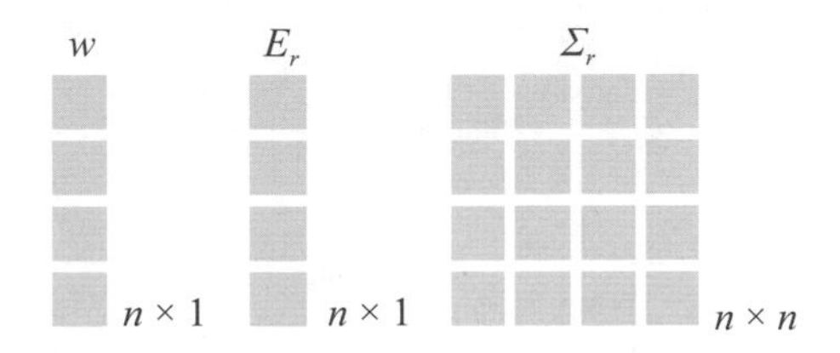

▲ 圖 11-4　資產權重列向量，預期收益率列向量，收益率方差 - 協方差矩陣

尋求 GMVP 的多資產組合最佳化問題，被歸納為：

$$
\begin{aligned}
&\arg\min_{w} \sigma_p^2 = \boldsymbol{w}^{\mathrm{T}} \boldsymbol{\Sigma}_r \boldsymbol{w} \\
&\text{subject to: } \boldsymbol{w}^{\mathrm{T}} 1 = 1
\end{aligned}
\tag{11-36}
$$

由此可以建構拉格朗日函數為：

$$
L(\boldsymbol{w}, \lambda) = \boldsymbol{w}^{\mathrm{T}} \boldsymbol{\Sigma}_r \boldsymbol{w} + \lambda\left(1 - \boldsymbol{w}^{\mathrm{T}} 1\right) \tag{11-37}
$$

其中，λ 為拉格朗日乘子。下一步，對權重向量 w 和乘子 λ 分別求導，並使其等於 0，可以得到最值處的權重向量 w^*。

$$
\begin{aligned}
&\frac{\partial}{\partial \boldsymbol{w}} L(\boldsymbol{w}, \lambda) = 2\boldsymbol{\Sigma}_r \boldsymbol{w}^* - \lambda 1 = \boldsymbol{0} \\
&\frac{\partial}{\partial \lambda} L(\boldsymbol{w}, \lambda) = 1 - \boldsymbol{w}^{*\mathrm{T}} 1 = 0
\end{aligned}
\tag{11-38}
$$

經過整理可得：

$$\begin{cases} 2\boldsymbol{\Sigma}_r \boldsymbol{w}^* - \lambda 1 = \boldsymbol{0} \\ 1^{\mathrm{T}} \boldsymbol{w}^* = 1 \end{cases}$$
$$\Rightarrow \begin{bmatrix} 2\boldsymbol{\Sigma}_r & -\boldsymbol{1} \\ \boldsymbol{1}^{\mathrm{T}} & 0 \end{bmatrix} \begin{bmatrix} \boldsymbol{w}^* \\ \lambda \end{bmatrix} = \begin{bmatrix} \boldsymbol{0} \\ 1 \end{bmatrix} \tag{11-39}$$

如圖 11-5 演示了計算矩陣的影像表達，助於讀者理解。注意，圖 11-5 中乘號 × 僅表達矩陣乘法。

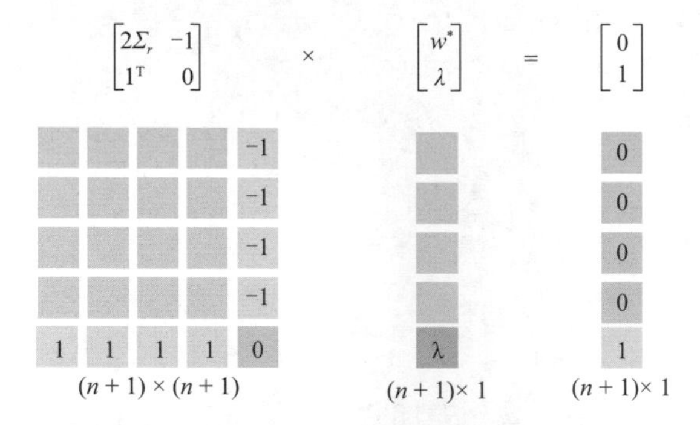

▲ 圖 11-5　GMVP 權重的求解解析矩陣式

透過 Python 程式求解時，可以簡單撰寫下面的矩陣，計算即可得出 GMVP 的權重向量 w^*。

$$\begin{bmatrix} \boldsymbol{w}^* \\ \lambda \end{bmatrix} = \begin{bmatrix} 2\boldsymbol{\Sigma}_r & -\boldsymbol{1} \\ \boldsymbol{1}^{\mathrm{T}} & 0 \end{bmatrix}^{-1} \begin{bmatrix} 0 \\ 1 \end{bmatrix} \tag{11-40}$$

下面將繼續推導 GMVP 下權重、組合方差和組合收益率的運算式。注意以下推導只為方便大家理解，程式撰寫只需式 (11-40) 矩陣運算求解權重即可。

$$\begin{cases} 2\boldsymbol{\Sigma}_r \boldsymbol{w}^* - \lambda 1 = 0 \\ 1^{\mathrm{T}} \boldsymbol{w}^* = 1 \end{cases}$$
$$\Rightarrow \boldsymbol{w}^* = \frac{\lambda}{2} \boldsymbol{\Sigma}_r^{-1} \boldsymbol{1} \tag{11-41}$$
$$\Rightarrow 1^{\mathrm{T}} \frac{\lambda}{2} \boldsymbol{\Sigma}_r^{-1} 1 = 1$$

由此可得到 λ 和權重 w^* 的設定值為：

$$\lambda = \frac{2}{1^{\mathrm{T}} \boldsymbol{\Sigma}_r^{-1} 1}$$
$$\boldsymbol{w}^* = \frac{\boldsymbol{\Sigma}_r^{-1} \mathbf{1}}{1^{\mathrm{T}} \boldsymbol{\Sigma}_r^{-1} 1} \tag{11-42}$$

因此，可以推導得出整體最小方差組合的方差表達為：

$$\begin{aligned}
\sigma_{p_\mathrm{Global_MVP}}^2 &= \boldsymbol{w}^{*\mathrm{T}} \boldsymbol{\Sigma}_r \boldsymbol{w}^* \\
&= \left[\frac{\lambda}{2} \boldsymbol{\Sigma}_r^{-1} \mathbf{1}\right]^{\mathrm{T}} \boldsymbol{\Sigma}_r \left[\frac{\lambda}{2} \boldsymbol{\Sigma}_r^{-1} \mathbf{1}\right] \\
&= \frac{\lambda^2}{4} 1^{\mathrm{T}} \boldsymbol{\Sigma}_r^{-1} \boldsymbol{\Sigma}_r \boldsymbol{\Sigma}_r^{-1} 1 = \frac{\lambda^2}{4} 1^{\mathrm{T}} \boldsymbol{\Sigma}_r^{-1} 1 \\
&= \frac{1}{4} \left(\frac{2}{1^{\mathrm{T}} \boldsymbol{\Sigma}_r^{-1} \mathbf{1}}\right)^2 \left(1^{\mathrm{T}} \boldsymbol{\Sigma}_r^{-1} 1\right) \\
&= \frac{1}{1^{\mathrm{T}} \boldsymbol{\Sigma}_r^{-1} 1}
\end{aligned} \tag{11-43}$$

此時，GMVP 下的組合收益期望值為：

$$\begin{aligned}
\mathrm{E}(r_p)^* &= \boldsymbol{w}^{*\mathrm{T}} \mathrm{E}(\boldsymbol{r}) \\
&= \left[\frac{\lambda}{2} \boldsymbol{\Sigma}_r^{-1} \mathbf{1}\right]^{\mathrm{T}} \mathrm{E}(\boldsymbol{r}) \\
&= \frac{\lambda}{2} 1^{\mathrm{T}} \boldsymbol{\Sigma}_r^{-1} \mathrm{E}(\boldsymbol{r}) \\
&= \frac{1^{\mathrm{T}} \boldsymbol{\Sigma}_r^{-1} \mathrm{E}(\boldsymbol{r})}{1^{\mathrm{T}} \boldsymbol{\Sigma}_r^{-1} 1}
\end{aligned} \tag{11-44}$$

也可推得 GMVP 的方差及其組合收益率期望值的關係為：

$$\mathrm{E}(r_p) = \sigma_{p\_\mathrm{Global\_min}}^2 1^{\mathrm{T}} \boldsymbol{\Sigma}_r^{-1} \mathrm{E}(\boldsymbol{r}) \tag{11-45}$$

由於收益率方差 - 協方差方陣寫入作波動性和相關性係數方陣的乘積，因此相關性對最小設定值的影響很大。本節套用 11.1 節中的例子，透過雙資產的例子，感受一下風險資產的單一相關性係數對於最小組合波動性的漸變影響，如圖 11-7 所示。

$$\begin{cases} E(r_1) = 11\% \\ E(r_2) = 16\% \end{cases}, \begin{cases} \sigma_1 = 25\% \\ \sigma_2 = 38\% \end{cases} \tag{11-46}$$

如圖 11-8 所示，描繪了相關性係數從 -100% 至 100% 的最小組合波動性，以及它們對應的組合收益。可以看到，GMVP 的收益率和相關性係數呈反比。很顯然，資產間相關性越高，越難透過組合降低風險。GMVP 的波動性在相關性係數由負轉正的變化過程中，逐漸上升，而當相關性高於一定程度時 (這個例子中，大約高於 66%)，組合的波動性將明顯下降。這是因為組合主要透過賣空其中一個資產來對沖另一個資產的收益，從而降低組合風險。而此時，為了降低組合風險，就要犧牲組合收益率。

因此，好的投資組合需要由相互間相關性係數低，甚至為負的資產來組合。

如圖 11-6 所示為雙資產間相關性係數和由此雙資產而得 GMVP 組合收益率的關係。

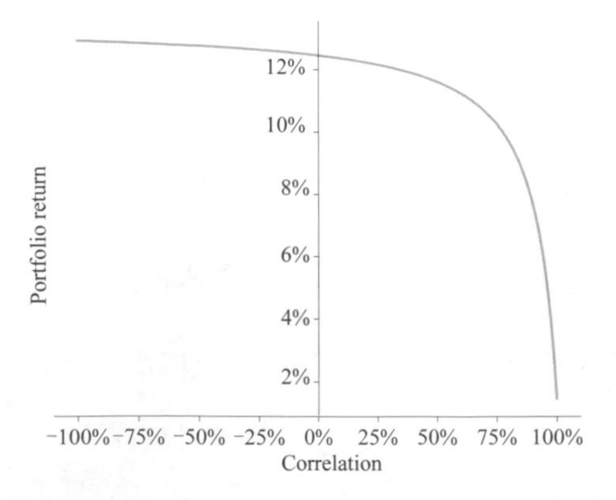

▲ 圖 11-6　雙資產間相關性係數和由此雙資產而得 GMVP 組合收益率的關係

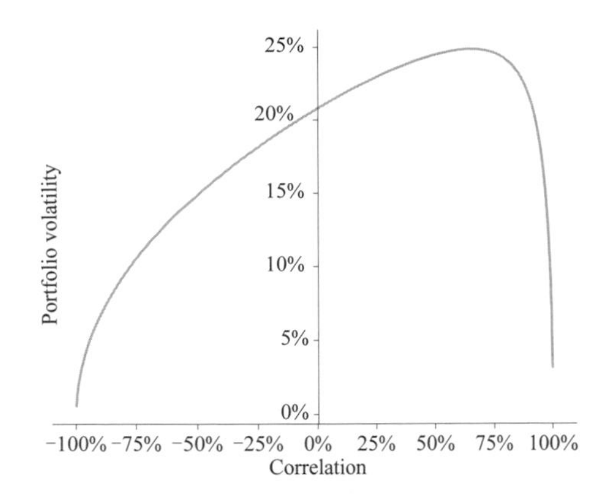

▲ 圖 11-7 雙資產間相關性係數和由此雙資產而得 GMVP 組合波動性的關係

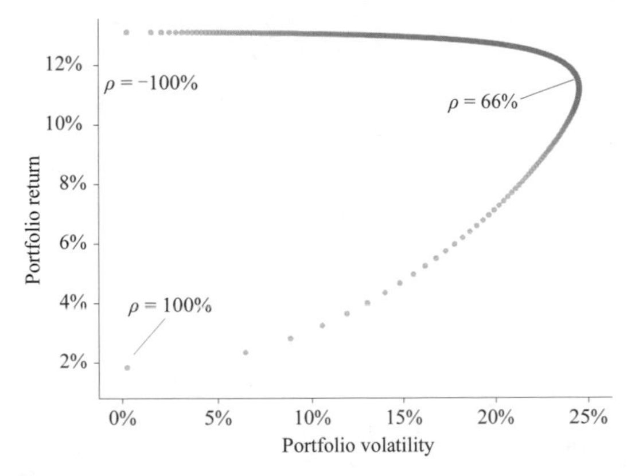

▲ 圖 11-8 不同相關性係數下的雙資產 GMVP 組合，收益率和波動性散點圖

以下程式可以獲得圖 11-6 ～圖 11-8。

B2_Ch11_1.py

```
#%% Plot Two-Asset GMVP
from numpy import matrix, dot, ones, array, linspace, append, sqrt
from numpy.linalg import inv
import matplotlib.pyplot as plt

r1 = 0.11
r2 = 0.16
```

```
vol1 = 0.25
vol2 = 0.38

rho_range = linspace(-1,1,500)
Vol_GMVP_range = array([])
R_GMVP_range = array([])

for rho in rho_range:
    CovM = matrix([[vol1**2, rho*vol1*vol2],[rho*vol1*vol2, vol2**2]])
    Var_GMVP = 1/dot(dot(ones(2),inv(CovM)),ones((2,1)))

    Vol_GMVP = sqrt(Var_GMVP)
    R_GMVP = Var_GMVP*dot(dot(ones(2),inv(CovM)),array([[r1],[r2]]))

    Vol_GMVP_range = append(Vol_GMVP_range,Vol_GMVP)
    R_GMVP_range = append(R_GMVP_range,R_GMVP)

fig,ax=plt.subplots()
ax.plot(rho_range,R_GMVP_range)
ax.set(xlabel='Correlation',ylabel='Portfolio Return')

fig,ax=plt.subplots()
ax.plot(rho_range,Vol_GMVP_range)
ax.set(xlabel='Correlation',ylabel='Portfolio Vol')

fig,ax=plt.subplots()
ax.plot(Vol_GMVP_range,R_GMVP_range,'o')
ax.set(xlabel='Portfolio Vol',ylabel='Portfolio Return')
```

11.4 有效前端

在 11.1 節中已經提到過有效前端，即認為在同等風險條件下，一位理性投資者一定會選擇收益較大的投資組合。如圖 11-9 所示，組合 1 和組合 3 具有相同風險，但組合 3 比組合 1 有較大的收益率，因此一位理性投資者一定會選取組合 3。同樣道理，在同一預期收益條件下，理性投資者一定選擇風險（即組合波動性）較小的投資組合，如圖 11-9 中，組合 2 和組合 4 具有相同收益率，但組合 4 比組合 2 有較小的波動性，因此一位理性投資者一定會選取組合 4。

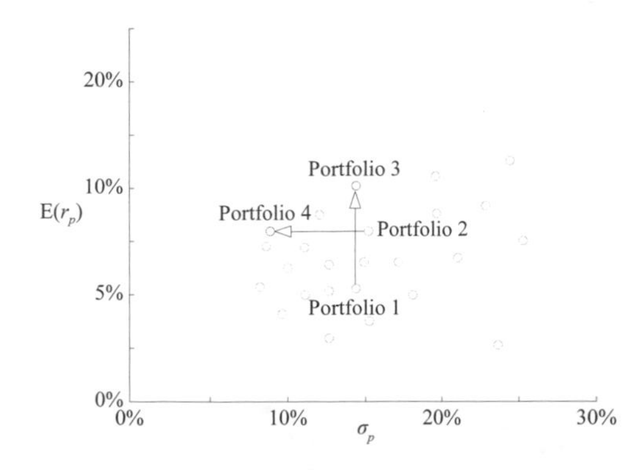

▲ 圖 11-9　各資產組合的收益率和波動性

因此在指定目標群組合收益率的情況下，利用可選用的資產，一定能找到一個風險最小的投資組合。把這些組合在收益率 - 波動性的二維圖中描繪出來，即為有效前端。同樣地，在 11.1 節已經討論過，有效前端的起點即為最小風險組合 (GMVP)，如圖 11-10 所示。

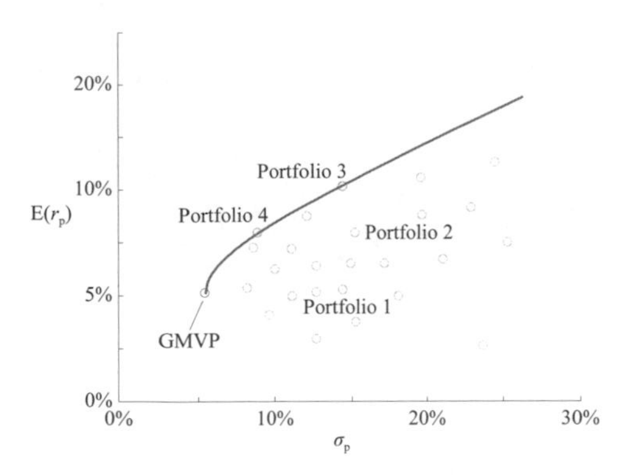

▲ 圖 11-10　各資產組合的收益率和波動性，及有效前端

類似尋找 GMVP 的權重，尋找有效前端的問題同樣可歸納、最佳化問題為給定目標收益，最小化風險。因此比起 11.3 節討論最小風險資產組合，此時多了一個目標收益的線性條件為：

$$\begin{aligned}&\arg\min_{\boldsymbol{w}} \sigma_p^2 = \boldsymbol{w}^{\mathrm{T}}\boldsymbol{\Sigma}_r\boldsymbol{w}\\&\text{subject to: } \begin{cases}\boldsymbol{w}^{\mathrm{T}}1 = 1\\ \boldsymbol{w}^{\mathrm{T}}\,\mathrm{E}(\boldsymbol{r}) = \mathrm{E}\left(r_p\right)\end{cases}\end{aligned} \tag{11-47}$$

建構拉格朗日函數為：

$$L(\boldsymbol{w},\lambda,\gamma) = \boldsymbol{w}^{\mathrm{T}}\boldsymbol{\Sigma}_r\boldsymbol{w} + \lambda\left(1-\boldsymbol{w}^{\mathrm{T}}1\right) + \gamma\left(\mathrm{E}\left(r_p\right) - \boldsymbol{w}^{\mathrm{T}}\,\mathrm{E}(\boldsymbol{r})\right) \tag{11-48}$$

對權重向量 w 和乘子 λ 與 γ 分別求導，使其等於 0。可以得到最值處的權重向量 w^* 為：

$$\begin{aligned}&\frac{\partial}{\partial \boldsymbol{w}}L(\boldsymbol{w},\lambda,\gamma) = 2\boldsymbol{\Sigma}_r\boldsymbol{w}^* - \lambda 1 - \gamma\,\mathrm{E}(\boldsymbol{r}) = 0\\&\frac{\partial}{\partial \lambda}L(\boldsymbol{w},\lambda,\gamma) = 1 - \boldsymbol{w}^{*\mathrm{T}}1 = 0\\&\frac{\partial}{\partial \gamma}L(\boldsymbol{w},\lambda,\gamma) = \mathrm{E}\left(r_p\right) - \boldsymbol{w}^{*\mathrm{T}}\,\mathrm{E}(\boldsymbol{r}) = 0\end{aligned} \tag{11-49}$$

經過整理可得：

$$\begin{aligned}&\begin{cases}2\boldsymbol{\Sigma}_r\boldsymbol{w}^* - \lambda 1 - \gamma\,\mathrm{E}(\boldsymbol{r}) = 0\\ 1^{\mathrm{T}}\boldsymbol{w}^* = 1\\ \mathrm{E}(\boldsymbol{r})^{\mathrm{T}}\boldsymbol{w}^* = \mathrm{E}\left(r_p\right)\end{cases}\\&\Rightarrow \begin{bmatrix}2\boldsymbol{\Sigma}_r & -1 & -\mathrm{E}(\boldsymbol{r})\\ 1^{\mathrm{T}} & 0 & 0\\ \mathrm{E}(\boldsymbol{r})^{\mathrm{T}} & 0 & 0\end{bmatrix}\begin{bmatrix}\boldsymbol{w}^*\\ \lambda\\ \gamma\end{bmatrix} = \begin{bmatrix}0\\ 1\\ \mathrm{E}\left(r_p\right)\end{bmatrix}\end{aligned} \tag{11-50}$$

如圖 11-11 展示了計算矩陣的影像表達。

同樣地，透過 Python 求解時，可以簡單撰寫下面的矩陣計算便可得出目標群組合收益下，最小風險組合的權重 w^* 為：

$$\begin{bmatrix}\boldsymbol{w}^*\\ \lambda\\ \gamma\end{bmatrix} = \begin{bmatrix}2\boldsymbol{\Sigma}_r & -1 & -\mathrm{E}(\boldsymbol{r})\\ 1^{\mathrm{T}} & 0 & 0\\ \mathrm{E}(\boldsymbol{r})^{\mathrm{T}} & 0 & 0\end{bmatrix}^{-1}\begin{bmatrix}0\\ 1\\ \mathrm{E}\left(r_p\right)\end{bmatrix} \tag{11-51}$$

$$\begin{bmatrix} 2\Sigma_r & -1 & -E(\boldsymbol{r}) \\ \mathbf{1}^T & 0 & 0 \\ E(\boldsymbol{r})^T & 0 & 0 \end{bmatrix} \times \begin{bmatrix} \boldsymbol{w}^* \\ \lambda \\ \gamma \end{bmatrix} = \begin{bmatrix} 0 \\ 1 \\ E(r_p) \end{bmatrix}$$

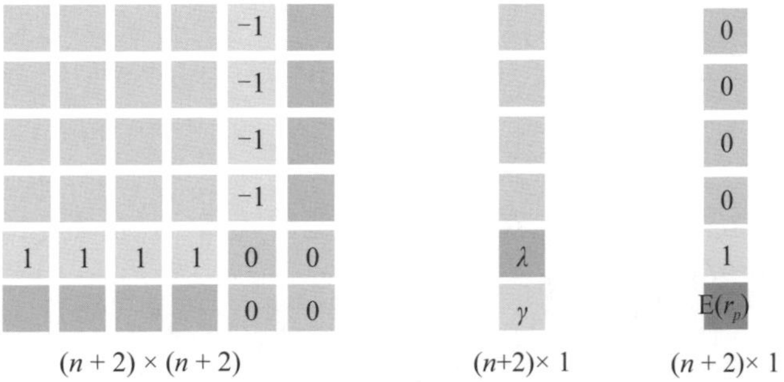

				−1	
				−1	
				−1	
				−1	
1	1	1	1	0	0
				0	0

$(n+2)\times(n+2)$

λ
γ

$(n+2)\times 1$

0
0
0
0
1
$E(r_p)$

$(n+2)\times 1$

▲ 圖 11-11　目標群組合收益率下，尋找最低方差組合的權重求解解析矩陣式

本節將公式繼續推導下去。注意以下推導只是作為分析用，用 Python 撰寫程式時只需對式 (11-51) 矩陣求解即可。

由對權重 w 的偏導為 0，可以得出權重對乘子 λ 與 γ 的表達。

$$\begin{gathered} 2\boldsymbol{\Sigma}_r \boldsymbol{w}^* = \begin{bmatrix} \mathbf{1} & E(\boldsymbol{r}) \end{bmatrix} \begin{bmatrix} \lambda \\ \gamma \end{bmatrix} \\ \Rightarrow \\ \boldsymbol{w}^* = \frac{1}{2}\boldsymbol{\Sigma}_r^{-1} \begin{bmatrix} \mathbf{1} & E(\boldsymbol{r}) \end{bmatrix} \begin{bmatrix} \lambda \\ \gamma \end{bmatrix} \end{gathered} \tag{11-52}$$

而對拉格朗日乘子 λ 與 γ 的偏導為 0，可以得出：

$$\begin{bmatrix} \mathbf{1}^T \\ E(\boldsymbol{r})^T \end{bmatrix} \boldsymbol{w}^* = \begin{bmatrix} 1 \\ E(r_p) \end{bmatrix} \tag{11-53}$$

由此，結合式 (11-52) 和式 (11-53) 可得乘子 λ 和 γ 為：

$$\begin{bmatrix} 1 \\ \mathrm{E}\left(r_p\right) \end{bmatrix} = \begin{bmatrix} \mathbf{1}^{\mathrm{T}} \\ \mathrm{E}(\boldsymbol{r})^{\mathrm{T}} \end{bmatrix} \frac{1}{2} \boldsymbol{\Sigma}_{\boldsymbol{r}}^{-1} \begin{bmatrix} \mathbf{1} & \mathrm{E}(\boldsymbol{r}) \end{bmatrix} \begin{bmatrix} \lambda \\ \gamma \end{bmatrix}$$

$$\Rightarrow \tag{11-54}$$

$$\begin{bmatrix} \lambda \\ \gamma \end{bmatrix} = \frac{\begin{bmatrix} 1 \\ \mathrm{E}\left(r_p\right) \end{bmatrix}}{\frac{1}{2} \begin{bmatrix} \mathbf{1}^{\mathrm{T}} \\ \mathrm{E}(\boldsymbol{r})^{\mathrm{T}} \end{bmatrix} \boldsymbol{\Sigma}_{\boldsymbol{r}}^{-1} \begin{bmatrix} \mathbf{1} & \mathrm{E}(\boldsymbol{r}) \end{bmatrix}}$$

將此乘子的表達列向量帶入權重列向量運算式中，可以得到最小方差的權重列向量 w^* 為：

$$\boldsymbol{w}^* = \frac{\frac{1}{2} \boldsymbol{\Sigma}_{\boldsymbol{r}}^{-1} \begin{bmatrix} \mathbf{1} & \mathrm{E}(\boldsymbol{r}) \end{bmatrix} \begin{bmatrix} 1 \\ \mathrm{E}\left(r_p\right) \end{bmatrix}}{\frac{1}{2} \begin{bmatrix} \mathbf{1}^{\mathrm{T}} \\ \mathrm{E}(\boldsymbol{r})^{\mathrm{T}} \end{bmatrix} \boldsymbol{\Sigma}_{\boldsymbol{r}}^{-1} \begin{bmatrix} \mathbf{1} & \mathrm{E}(\boldsymbol{r}) \end{bmatrix}}$$

$$= \frac{\boldsymbol{\Sigma}_{\boldsymbol{r}}^{-1} \begin{bmatrix} \mathbf{1} & \mathrm{E}(\boldsymbol{r}) \end{bmatrix}}{\begin{bmatrix} \mathbf{1}^{\mathrm{T}} \\ \mathrm{E}(\boldsymbol{r})^{\mathrm{T}} \end{bmatrix} \boldsymbol{\Sigma}_{\boldsymbol{r}}^{-1} \begin{bmatrix} \mathbf{1} & \mathrm{E}(\boldsymbol{r}) \end{bmatrix}} \begin{bmatrix} 1 \\ \mathrm{E}\left(r_p\right) \end{bmatrix} \tag{11-55}$$

$$\Rightarrow$$

$$\boldsymbol{w}^* = \frac{\boldsymbol{\Sigma}_{\boldsymbol{r}}^{-1} \begin{bmatrix} \mathbf{1} & \mathrm{E}(\boldsymbol{r}) \end{bmatrix}}{\begin{bmatrix} \mathbf{1}^{\mathrm{T}} \boldsymbol{\Sigma}_{\boldsymbol{r}}^{-1} \mathbf{1} & \mathbf{1}^{\mathrm{T}} \boldsymbol{\Sigma}_{\boldsymbol{r}}^{-1} \mathrm{E}(\boldsymbol{r}) \\ \mathrm{E}(\boldsymbol{r})^{\mathrm{T}} \boldsymbol{\Sigma}_{\boldsymbol{r}}^{-1} \mathbf{1} & \mathrm{E}(\boldsymbol{r})^{\mathrm{T}} \boldsymbol{\Sigma}_{\boldsymbol{r}}^{-1} \mathrm{E}(\boldsymbol{r}) \end{bmatrix}} \begin{bmatrix} 1 \\ \mathrm{E}\left(r_p\right) \end{bmatrix}$$

權重向量 w^* 的分母為一個 2 × 2 的矩陣，這裡可暫且用 M 來表示。

$$\boldsymbol{M} = \begin{bmatrix} \mathbf{1}^{\mathrm{T}} \\ \mathrm{E}(\boldsymbol{r})^{\mathrm{T}} \end{bmatrix} \boldsymbol{\Sigma}_{\boldsymbol{r}}^{-1} \begin{bmatrix} \mathbf{1} & \mathrm{E}(\boldsymbol{r}) \end{bmatrix}$$

$$= \begin{bmatrix} \mathbf{1}^{\mathrm{T}} \boldsymbol{\Sigma}_{\boldsymbol{r}}^{-1} \mathbf{1} & \mathbf{1}^{\mathrm{T}} \boldsymbol{\Sigma}_{\boldsymbol{r}}^{-1} \mathrm{E}(\boldsymbol{r}) \\ \mathrm{E}(\boldsymbol{r})^{\mathrm{T}} \boldsymbol{\Sigma}_{\boldsymbol{r}}^{-1} \mathbf{1} & \mathrm{E}(\boldsymbol{r})^{\mathrm{T}} \boldsymbol{\Sigma}_{\boldsymbol{r}}^{-1} \mathrm{E}(\boldsymbol{r}) \end{bmatrix} \tag{11-56}$$

繼續推導目標群組合收益下的最小風險，即最小可能組合方差的運算式。

$$
\begin{aligned}
\sigma_{p\_\min}^2 &= \boldsymbol{w}^{\mathrm{T}} \boldsymbol{\Sigma}_r \boldsymbol{w} \\
&= \begin{bmatrix} 1 & \mathrm{E}(r_p) \end{bmatrix} \boldsymbol{M}^{-1} \begin{bmatrix} 1 & \mathrm{E}(\boldsymbol{r}) \end{bmatrix}^{\mathrm{T}} \boldsymbol{\Sigma}_r^{-1} \boldsymbol{\Sigma}_r \boldsymbol{\Sigma}_r^{-1} \begin{bmatrix} 1 & \mathrm{E}(\boldsymbol{r}) \end{bmatrix} \boldsymbol{M}^{-1} \begin{bmatrix} 1 \\ \mathrm{E}(r_p) \end{bmatrix} \\
&= \begin{bmatrix} 1 & \mathrm{E}(r_p) \end{bmatrix} \boldsymbol{M}^{-1} \boldsymbol{M} \boldsymbol{M}^{-1} \begin{bmatrix} 1 \\ \mathrm{E}(r_p) \end{bmatrix} \\
&= \begin{bmatrix} 1 & \mathrm{E}(r_p) \end{bmatrix} \boldsymbol{M}^{-1} \begin{bmatrix} 1 \\ \mathrm{E}(r_p) \end{bmatrix}
\end{aligned}
\tag{11-57}
$$

這裡可以觀察到，組合最小方差和給定的目標群組合收益為 物線關係。為了便於繼續推導，把矩陣 M 的 4 個元素寫作：

$$
\boldsymbol{M} = \begin{bmatrix} x & y \\ y & z \end{bmatrix}
$$

where:

$$
\begin{cases}
x = 1^{\mathrm{T}} \boldsymbol{\Sigma}_r^{-1} 1 \\
y = 1^{\mathrm{T}} \boldsymbol{\Sigma}_r^{-1} \mathrm{E}(\boldsymbol{r}) \\
z = \mathrm{E}(\boldsymbol{r})^{\mathrm{T}} \boldsymbol{\Sigma}_r^{-1} \mathrm{E}(\boldsymbol{r})
\end{cases}
\tag{11-58}
$$

矩陣 M 的反矩陣即為：

$$
\boldsymbol{M}^{-1} = \frac{1}{xz - y^2} \begin{bmatrix} z & -y \\ -y & x \end{bmatrix}
\tag{11-59}
$$

因此，目標群組合收益 $E(r_p)$ 下的最小方差的計算為：

$$
\begin{aligned}
\sigma_{p\_\min}^2 &= \begin{bmatrix} 1 & \mathrm{E}(r_p) \end{bmatrix} \boldsymbol{M}^{-1} \begin{bmatrix} 1 \\ \mathrm{E}(r_p) \end{bmatrix} \\
&= \frac{1}{xz - y^2} \begin{bmatrix} 1 & \mathrm{E}(r_p) \end{bmatrix} \begin{bmatrix} z & -y \\ -y & x \end{bmatrix} \begin{bmatrix} 1 \\ \mathrm{E}(r_p) \end{bmatrix} \\
&= \frac{x\mathrm{E}(r_p)^2 - 2y\mathrm{E}(r_p) + z}{xz - y^2}
\end{aligned}
\tag{11-60}
$$

整理可得：

$$\begin{aligned}\sigma_{p\_\min}^2 &= \frac{x}{xz-y^2}\left[\mathrm{E}\left(r_p\right)^2 - \frac{2y}{x}\mathrm{E}\left(r_p\right) + \frac{z}{x}\right] \\ &= \frac{x}{xz-y^2}\left(\mathrm{E}\left(r_p\right) - \frac{y}{x}\right)^2 + \frac{1}{x}\end{aligned} \tag{11-61}$$

推導至此，由於 x、y 和 z 都是能透過已知的參數可得的常數。因此，可以描繪出最小方差以目標收益為變數的 物線，如圖 11-12 所示。同時讀者思考一下，為什麼 $\frac{x}{xz-z^2}$ 大於 0 ？

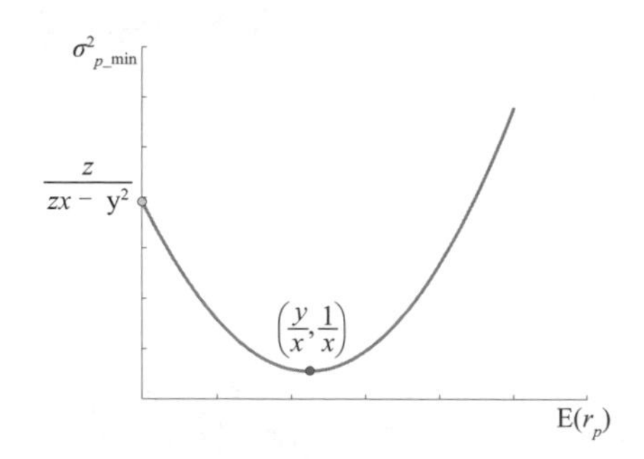

▲ 圖 11-12　組合最小方差以目標收益為變數的物線

此時，GMVP 的方差設定值和對應的組合收益率期望值為：

$$\begin{aligned}&\sigma_{p\_\mathrm{Global}\_\min}^2 = \frac{1}{x} = \frac{1}{1^{\mathrm{T}}\boldsymbol{\Sigma}_r^{-1}1} \\ &\text{when} \\ &\mathrm{E}\left(r_p\right)^* = \frac{y}{x} = \frac{1^{\mathrm{T}}\boldsymbol{\Sigma}_r^{-1}\,\mathrm{E}(\boldsymbol{r})}{1^{\mathrm{T}}\boldsymbol{\Sigma}_r^{-1}1}\end{aligned} \tag{11-62}$$

而此時推導可得權重 $w^{*\mathrm{GMVP}}$ 列向量為：

$$\begin{aligned}&\mathrm{E}\left(r_p\right) = \boldsymbol{w}^{*\mathrm{GMVPT}}\,\mathrm{E}(\boldsymbol{r}) = \frac{1^{\mathrm{T}}\boldsymbol{\Sigma}_r^{-1}\,\mathrm{E}(\boldsymbol{r})}{1^{\mathrm{T}}\boldsymbol{\Sigma}_r^{-1}1} \\ &\Rightarrow \\ &\boldsymbol{w}^{*\mathrm{GMVP}} = \frac{\boldsymbol{\Sigma}_r^{-1}1}{1^{\mathrm{T}}\boldsymbol{\Sigma}_r^{-1}1}\end{aligned} \tag{11-63}$$

讀者可以比較列 $w^{*\mathrm{GMVP}}$ 權重向量和 11.3 節的最小方差運算式，可見它們是一致的。

另外，透過最小方差的運算式，可以將其進一步改寫為組合收益率期望值和最小波動性的雙曲線運算式為：

$$\sigma_p^2 = \frac{x}{xz - y^2}\left(\mathrm{E}\left(r_p\right) - \frac{y}{x}\right)^2 + \frac{1}{x}$$
$$\Rightarrow \tag{11-64}$$
$$\frac{\sigma_p^2}{1/x} - \frac{\left(\mathrm{E}\left(r_p\right) - \frac{y}{x}\right)^2}{xz - y^2/x^2} = 1$$

因此，可以將這段雙曲線表達描繪在由組合收益為垂直座標，投資組合波動性為水平座標的座標系中。投資組合的最小波動性一定大於零，所以這段雙曲線方程式表達了雙曲線的右半部分，如圖 11-13 所示。有效前端即為 GMVP 的上半段。透過推導，可以得到這段雙曲線的漸近線為：

$$\begin{cases} \mathrm{E}\left(r_p\right) = \sqrt{\dfrac{xz - y^2}{x}}\sigma_p + \dfrac{y}{x} \\ \mathrm{E}\left(r_p\right) = -\sqrt{\dfrac{xz - y^2}{x}}\sigma_p + \dfrac{y}{x} \end{cases} \tag{11-65}$$

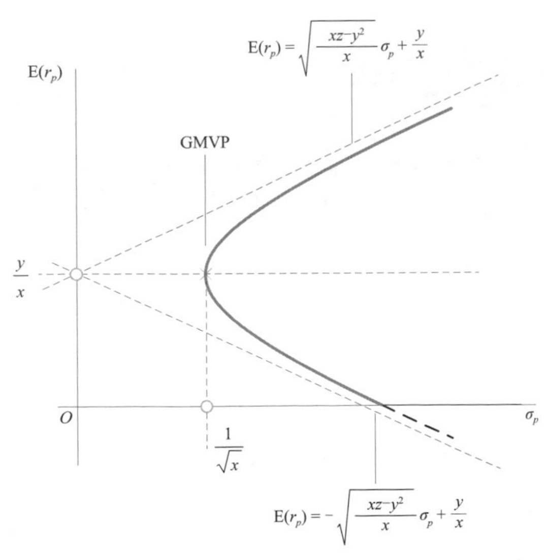

▲ 圖 11-13　目標收益和組合最小波動性的關係圖

這裡的推導，表明了有效前端曲線在收益率——波動性的座標系中，是一條符合以上漸近線所包含的雙曲線右半部分的非負部分。當然，GMVP 為有效前端曲線的起點。

本節包含較多的數學推導，在這裡複習一下有效前端的求解過程。求解的目標為在收益率——波動性的座標系中，描繪出有效前端。

- 已知量為 n 個資產的各自預期收益率，方差 - 協方差矩陣和目標投資組合收益；
- 求解每個對應目標投資組合的最小波動性，以及對應的權重列向量。由此可得最小波動性和目標群組合收益率的雙曲線函數。

有效前端的解析式方程式非常煩瑣，讀者沒有必要去記憶，而理解整個推導過程有助了解背後的數學意義。

注意，本節討論的有效前端，只有權重相加為 1 這一個條件。當條件為等式時，最佳化過程的解有解析式。如果條件為不等式，最佳化解沒有解析式，只能得到數值解。

11.5 有效前端實例

本節將選取 10 支來自不用行業的美股，計算由這 10 支美股組成的有效前端。表 11-3 列出了這 10 支美股的收益率和波動性，這裡的收益率由歷史平均年化月收益率來代替收益率預期。資料的計算基於 2001 年至 2019 年的月收益。為了避免同行業之間可能存在的高連結性，這 10 支個股來自 9 個不同的行業大類。而來自同一消費者非必需品行業 (Consumer discretionary) 的麥當勞 (MCD) 和蒂芙尼 (TIF) 也屬於完全不同的細分領域，前者為食品速食類，後者為奢侈品類。

表 11-3　10 支個股名稱，收益率，波動性列表

Ticker	Return	Vol	Long Name	Sector
BA	12.4%	27.9%	Boeing	Industrials
COST	12.5%	19.9%	Costco	Consumer Staples
DD	7.2%	36.7%	DuPont de Nemours	Materials
DIS	11.3%	23.4%	Walt Disney Company	Communication Services
JPM	10.2%	28.9%	JPMorgan	Financials
MCD	11.0%	18.5%	McDonald's	Consumer Discretionary
MSFT	13.6%	25.6%	Microsoft	IT
PFE	0.9%	18.5%	Pfizer	Healthcare
TIF	14.4%	36.8%	Tiffany	Consumer Discretionary
XOM	4.0%	17.5%	Exxon Mobil Corp	Energy

在收益率——波動性的座標圖中，大致描繪出了這 10 支個股的分佈，可以看出散點圖基本上呈現高風險高收益的整體走勢，如圖 11-14 所示。

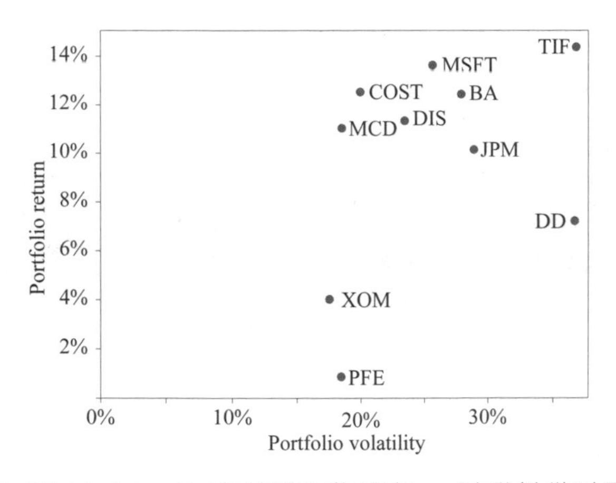

▲ 圖 11-14　10 支美股在收益率——波動性散點圖

10 支股票之間的相關係數方陣是方差 - 協方差係數的重要成分，如表 11-4 所示。

表 11-4　10 支個股間的相關性係數矩陣　　單位：%

Correlation	BA	COST	DD	DIS	JPM	MCD	MSFT	PFE	TIF	XOM
BA	100	26	47	51	35	33	22	31	41	35
COST	26	100	32	40	34	28	36	22	44	16
DD	47	32	100	56	54	23	34	27	47	28
DIS	51	40	56	100	49	38	38	31	53	30
JPM	35	34	54	49	100	36	49	42	51	27
MCD	33	28	23	38	36	100	25	34	27	34
MSFT	22	36	34	38	49	25	100	28	45	29
PFE	31	22	27	31	42	34	28	100	26	33
TIF	41	44	47	53	51	27	45	26	100	28
XOM	35	16	28	30	27	34	29	33	28	100

回顧方差 - 協方差矩陣 Σ_r 為：

$$\boldsymbol{\Sigma}_r = \boldsymbol{\sigma}^{\mathrm{T}} \boldsymbol{R}_r \boldsymbol{\sigma} \tag{11-66}$$

其中，σ 為資產波動性的列向量，方陣 R_r 為相關係數方陣，其中的對角線元素都為 100%。

在 11.3 節中，我們學習過計算整體最小方差組合 GMVP，透過 Python 撰寫計算過程得出 GMVP 條件下的權重 w^*，如圖 11-15 所示。

$$\begin{bmatrix} \boldsymbol{w}^* \\ \lambda \end{bmatrix} = \begin{bmatrix} 2\boldsymbol{\Sigma}_r & -\boldsymbol{1} \\ \boldsymbol{1}^{\mathrm{T}} & 0 \end{bmatrix}^{-1} \begin{bmatrix} \boldsymbol{0} \\ 1 \end{bmatrix} \tag{11-67}$$

有了權重 w^*，即可得出最小組合波動性 12.2% 及對應的組合收益 7.05%。

在這 10 支美股中，奢侈品公司蒂芙尼 (TIF) 的權重為最大的負權重，達到 -7%，表示賣空蒂芙尼能很大程度上幫助投資組合減小風險。回顧它們的波動性表 11-3 和相關係數方陣表 11-4，蒂芙尼的波動性在這 10 支美股中最大，而且它和另外 9 支美股的相關性係數都偏高，其中不少係數都在 40% 或 50% 以上。因此賣空蒂芙尼能有效達到降低組合風險的效果。

另外，組合也需要賣空摩根大通 (JPM) 和杜邦公司 (DD)。兩者都具有較高波動性，同時摩根大通和其他股票具有較高的相關性。

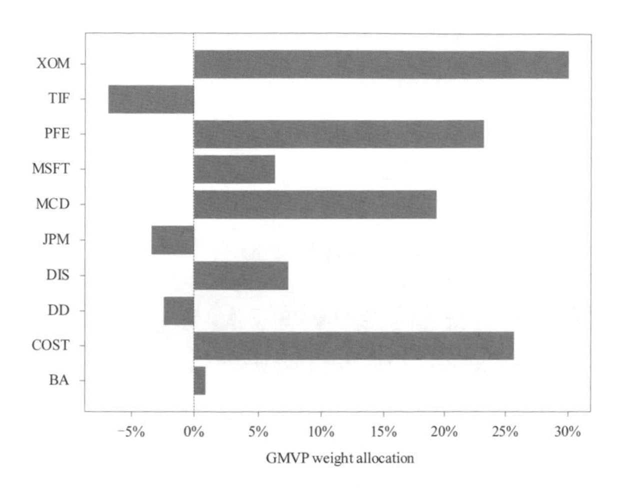

▲ 圖 11-15　允許賣空條件下，GMVP 的權重分佈

接下來，回顧 11.4 節學習的有效前端內容，給定一系列目標群組合收益，可以計算出有效前端。透過 Python 撰寫以下公式計算各目標群組合收益下的最小風險組合權重。

$$\begin{bmatrix} \boldsymbol{w}^* \\ \lambda \\ \gamma \end{bmatrix} = \begin{bmatrix} 2\boldsymbol{\Sigma}_r & -1 & -\mathrm{E}(\boldsymbol{r}) \\ 1^{\mathrm{T}} & 0 & 0 \\ \mathrm{E}(\boldsymbol{r})^{\mathrm{T}} & 0 & 0 \end{bmatrix}^{-1} \begin{bmatrix} 0 \\ 1 \\ \mathrm{E}(r_p) \end{bmatrix} \tag{11-68}$$

節選部分組合的權重及其對應的組合收益和波動性，如表 11-5 所示。

表 11-5　允許賣空條件下，目標收益最小波動性組合的權重　　單位：%

Ticker	Weights							
BA	3	5	7	9	11	13	15	16
COST	27	29	31	33	35	37	38	39
DD	−4	−5	−6	−7	−9	−10	−11	−11
DIS	8	9	9	10	10	11	12	12
JPM	−3	−2	−2	−1	−1	−1	−1	−1

Ticker	Weights							
MCD	22	25	28	31	33	36	39	41
MSFT	8	11	13	15	17	20	22	23
PFE	18	12	6	0	−6	−12	−18	−20
TIF	−7	−6	−6	−6	−6	−5	−5	−5
XOM	27	24	20	17	14	10	7	6
Portfolio return	8.00	9.00	10.00	11.00	12.00	13.00	14.00	14.38
Portfolio volatility	12.3	12.5	12.9	13.4	14.1	14.8	15.7	16.0

這些在有效前端上的資產組合都賣空了蒂芙尼 (TIF)、杜邦 (DD) 和摩根大通 (JPM)。但隨著組合目標收益增大，組合中對應地加持了麥當勞 (MCD)、微軟 (MSFT)、波音 (BA) 和好市多 (COST)。這 4 支美股最大的特點就是收益率較高，而且波動性適中。相比而言，迪士尼 (DIS) 也有適中的波動性和較高的收益率，卻沒有明顯地加持，這是因為迪士尼和另外幾支美股的相關性係數較高，而麥當勞、微軟、波音、好市多則並不與其他個股具有較高的相關性。

將 GMVP 組合和以上的有效前端組合，還有 10 支美股，分別描繪在同一個收益率——波動性座標系中，如圖 11-16 所示。

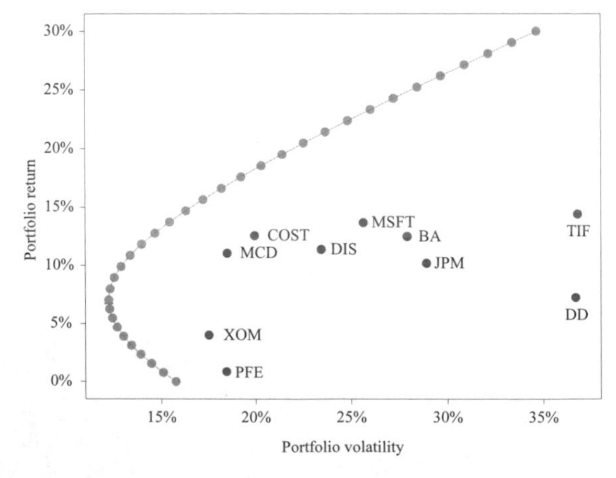

▲ 圖 11-16　允許賣空條件下，有效前端組合，個股的收益率——波動性散點圖

另外，圖 11-16 中也描繪出了 GMVP 組合之下的目標收益下最小風險組合的波動性，它呈現出雙曲線函數的性質。同時，觀察影像，可以形象直觀地看到透過組合，在大幅度降低風險的同時，可以將收益率維持在很高的水準。

以下程式可以生成表 11-3 ～表 11-5 資料以及圖 11-14 ～圖 11-16。

程式需要從 Excel 表格中讀取資料，讀者注意要在 pandas.read_excel() 函數中加入檔案路徑。

B2_Ch11_2.py

```
from numpy import array, sqrt, dot, linspace, ones, zeros, size, append
from pandas import read_excel, DataFrame
from numpy.linalg import inv

import matplotlib.pyplot as plt

#%% Read data from excel
data = read_excel(r'insert_directory\Data_portfolio_1.xlsx')

#%% Return Vector, Volatility Vector, Variance-Covariance Matrix,
Correlation Matrix
Singlename_Mean = DataFrame.mean(data)*12
Singlename_Vol = DataFrame.std(data)*sqrt(12)
CorrelationMatrix = DataFrame.corr(data)
CovarianceMatrix = DataFrame.cov(data)*12

#%% Scatter plot
tickers = Singlename_Mean.index.tolist()

fig,ax=plt.subplots()
ax.scatter(Singlename_Vol,Singlename_Mean,color="blue")

for x_pos, y_pos, label in zip(Singlename_Vol, Singlename_Mean, tickers):
    ax.annotate(label,
                xy=(x_pos, y_pos),
                xytext=(7, 0),
```

```
                 textcoords='offset points',
                 ha='left',
                 va='center')

ax.set(xlabel='Portfolio Volatility',ylabel='Portfolio Return')


#%% GMVP portfolio
CalMat = ones((size(Singlename_Mean)+1,size(Singlename_Mean)+1))
CalMat[0:-1,0:-1] = 2*CovarianceMatrix.to_numpy()
CalMat[0:-1,-1] = - CalMat[0:-1,-1]
CalMat[-1,-1] = 0.0

Vec1 = zeros((size(Singlename_Mean)+1))
Vec1[-1] = 1

SolutionVec1 = dot(inv(CalMat),Vec1)

Weight_GMVP = SolutionVec1[0:-1]

Port_Vol_GMVP = sqrt(dot(dot(Weight_GMVP,CovarianceMatrix.to_
numpy()),Weight_GMVP))
Port_Return_GMVP = dot(Weight_GMVP,Singlename_Mean.to_numpy())

#%% bar chart GMVP weight
fig,ax=plt.subplots()

ax.barh(tickers,Weight_GMVP)
ax.set(xlabel='GMVP Weight Allocation',ylabel='Names')

#%% MVP portfolio, fixed return
Port_Return = 0.30
CalMat = ones((size(Singlename_Mean)+2,size(Singlename_Mean)+2))
CalMat[0:-2,0:-2] = 2*CovarianceMatrix.to_numpy()
CalMat[0:-2,-2] = - CalMat[0:-2,-2]
CalMat[0:-2,-1] = - Singlename_Mean.to_numpy()
CalMat[-1,0:-2] = Singlename_Mean.to_numpy()
CalMat[-2:,-2:] = zeros((2,2))

Vec2 = zeros((size(Singlename_Mean)+2))
```

```
Vec2[-2] = 1
Vec2[-1] = Port_Return

SolutionVec2 = dot(inv(CalMat),Vec2)

Weight_MVP = SolutionVec2[0:-2]

#%% Efficient Frontier

CalMat = ones((size(Singlename_Mean)+2,size(Singlename_Mean)+2))
CalMat[0:-2,0:-2] = 2*CovarianceMatrix.to_numpy()
CalMat[0:-2,-2] = - CalMat[0:-2,-2]
CalMat[0:-2,-1] = - Singlename_Mean.to_numpy()
CalMat[-1,0:-2] = Singlename_Mean.to_numpy()
CalMat[-2:,-2:] = zeros((2,2))
Vec2 = zeros((size(Singlename_Mean)+2))
Vec2[-2] = 1

#==========================================================================
#Efficient Frontier
#==========================================================================
EF_vol = array([])
#Rp_range =  linspace(0.07,0.3, num=24)
Rp_range =  linspace(Port_Return_GMVP,0.3, num=25)

for Rp in Rp_range:
    Vec2[-1] = Rp
    SolutionVec2 = dot(inv(CalMat),Vec2)

    Weight_MVP = SolutionVec2[0:-2]

    Port_vol = sqrt(dot(dot(Weight_MVP,CovarianceMatrix.to_numpy()),
Weight_MVP))
    EF_vol = append(EF_vol,array(Port_vol))

#==========================================================================
#In-efficient
#==========================================================================
InEF_vol = array([])
```

```
Rp_range_inEF =  linspace(0.0,Port_Return_GMVP, num=10)

for Rp in Rp_range_inEF:
    Vec2[-1] = Rp
    SolutionVec2 = dot(inv(CalMat),Vec2)

    Weight_MVP = SolutionVec2[0:-2]

    Port_vol = sqrt(dot(dot(Weight_MVP,CovarianceMatrix.to_
numpy()),Weight_MVP))
    InEF_vol = append(InEF_vol,array(Port_vol))
#==========================================================================
#Hyperbola curve
#==========================================================================
Hcurve_vol = array([])
Rp_range_Hcurve =  linspace(0.0,0.3, num=100)

for Rp in Rp_range_Hcurve:
    Vec2[-1] = Rp
    SolutionVec2 = dot(inv(CalMat),Vec2)

    Weight_MVP = SolutionVec2[0:-2]

    Port_vol = sqrt(dot(dot(Weight_MVP,CovarianceMatrix.to_
numpy()),Weight_MVP))
    Hcurve_vol = append(Hcurve_vol,array(Port_vol))

#%% plot Efficient Frontier portfolios
fig,ax=plt.subplots()
ax.plot(Hcurve_vol,Rp_range_Hcurve)
ax.scatter(Port_Vol_GMVP,Port_Return_GMVP, marker='^')
ax.scatter(InEF_vol,Rp_range_inEF)
ax.scatter(EF_vol,Rp_range)
ax.scatter(Singlename_Vol,Singlename_Mean,color="blue")

for x_pos, y_pos, label in zip(Singlename_Vol, Singlename_Mean, tickers):
    ax.annotate(label,
                xy=(x_pos, y_pos),
                xytext=(7, 0),
```

```
                textcoords='offset points',
                ha='left',
                va='center')

ax.set(xlabel='Portfolio Volatility',ylabel='Portfolio Return')
```

Python 提供了 qpsolvers 運算套件對此問題直接求解。區別於上述透過公式計算得出的結果。qpsolvers 透過數值計算，能夠應對更加複雜的不等式條件。下面舉出使用 qpsolvers 運算套件來生成上述的影像和表格資料。感興趣的讀者，可以比較一下得出的結果是否和公式解析法得出的結果相同。請讀者參考以下網站關於 qpsolvers 工具套件的介紹：

https://pypi.org/project/qpsolvers/1.5/#description

作者在此舉出以下程式供讀者參考。

B2_Ch11_3.py

```
from numpy import array, sqrt, dot, linspace, append, zeros_like, ones_like
from pandas import read_excel, DataFrame
from qpsolvers import solve_qp
import matplotlib.pyplot as plt

#%% Read data from excel
data = read_excel(r'insert_directory\Data_portfolio_1.xlsx')

#%% Return Vector, Volatility Vector, Variance-Covariance Matrix,
Correlation Matrix
Singlename_Mean = DataFrame.mean(data)*12
Singlename_Vol = DataFrame.std(data)*sqrt(12)
CorrelationMatrix = DataFrame.corr(data)
CovarianceMatrix = DataFrame.cov(data)*12

#%% Scatter plot
tickers = Singlename_Mean.index.tolist()

fig,ax=plt.subplots()
ax.scatter(Singlename_Vol,Singlename_Mean,color="blue")
```

```
for x_pos, y_pos, label in zip(Singlename_Vol, Singlename_Mean, tickers):
    ax.annotate(label,
                xy=(x_pos, y_pos),
                xytext=(7, 0),
                textcoords='offset points',
                ha='left',
                va='center')

ax.set(xlabel='Portfolio Volatility',ylabel='Portfolio Return')


#%% GMVP portfolio
Weight_GMVP=solve_qp(
    CovarianceMatrix.to_numpy(),
    zeros_like(Singlename_Mean),
    None,None,
    ones_like(Singlename_Mean),
    array([1.]))

Port_Vol_GMVP = sqrt(dot(dot(Weight_GMVP,CovarianceMatrix.to_
numpy()),Weight_GMVP))
Port_Return_GMVP = dot(Weight_GMVP,Singlename_Mean.to_numpy())

#%% bar chart GMVP weight
fig,ax=plt.subplots()

ax.barh(tickers,Weight_GMVP)
ax.set(xlabel='GMVP Weight Allocation',ylabel='Names')

#%% MVP portfolio, fixed return
Port_Return = 0.30
Weight_MVP=solve_qp(
    CovarianceMatrix.to_numpy(),
    zeros_like(Singlename_Mean),
    None,None,
    array([ones_like(Singlename_Mean),Singlename_Mean.to_numpy()]),
    array([1.,Port_Return]).reshape(2,))

fig,ax=plt.subplots()
```

```
tickers = Singlename_Mean.index.tolist()
ax.barh(tickers,Weight_MVP)
ax.set(xlabel='Weight',ylabel='Names')


#%% Efficient Frontier

#===========================================================================
#Efficient Frontier
#===========================================================================
EF_vol = array([])
#Rp_range =  linspace(0.07,0.3, num=24)
Rp_range =  linspace(Port_Return_GMVP,0.3, num=25)

for Rp in Rp_range:
    Weight_MVP=solve_qp(
        CovarianceMatrix.to_numpy(),
        zeros_like(Singlename_Mean),
        None,None,
        array([ones_like(Singlename_Mean),Singlename_Mean.to_numpy()]),
        array([1.,Rp]).reshape(2,))
    Port_vol = sqrt(dot(dot(Weight_MVP,CovarianceMatrix.to_
numpy()),Weight_MVP))
    EF_vol = append(EF_vol,array(Port_vol))

#===========================================================================
#In-efficient
#===========================================================================
InEF_vol = array([])
Rp_range_inEF =  linspace(0.0,Port_Return_GMVP, num=10)

for Rp in Rp_range_inEF:
    Weight_MVP=solve_qp(
        CovarianceMatrix.to_numpy(),
        zeros_like(Singlename_Mean),
        None,None,
        array([ones_like(Singlename_Mean),Singlename_Mean.to_numpy()]),
        array([1.,Rp]).reshape(2,))
    Port_vol = sqrt(dot(dot(Weight_MVP,CovarianceMatrix.to_
```

```
numpy()),Weight_MVP))
    InEF_vol = append(InEF_vol,array(Port_vol))
#============================================================================
#Hyperbola curve
#============================================================================
Hcurve_vol = array([])
Rp_range_Hcurve =  linspace(0.001,0.3, num=100)

for Rp in Rp_range_Hcurve:
    Weight_MVP=solve_qp(
        CovarianceMatrix.to_numpy(),
        zeros_like(Singlename_Mean),
        None,None,
        array([ones_like(Singlename_Mean),Singlename_Mean.to_numpy()]),
        array([1.,Rp]).reshape(2,))
    Port_vol = sqrt(dot(dot(Weight_MVP,CovarianceMatrix.to_
numpy()),Weight_MVP))
    Hcurve_vol = append(Hcurve_vol,array(Port_vol))

#%% plot Efficient Frontier portfolios
fig,ax=plt.subplots()
ax.plot(Hcurve_vol,Rp_range_Hcurve)
ax.scatter(Port_Vol_GMVP,Port_Return_GMVP, marker='^')
ax.scatter(InEF_vol,Rp_range_inEF)
ax.scatter(EF_vol,Rp_range)
ax.scatter(Singlename_Vol,Singlename_Mean,color="blue")

for x_pos, y_pos, label in zip(Singlename_Vol, Singlename_Mean, tickers):
    ax.annotate(label,
                xy=(x_pos, y_pos),
                xytext=(7, 0),
                textcoords='offset points',
                ha='left',
                va='center')

ax.set(xlabel='Portfolio Volatility',ylabel='Portfolio Return')
```

11.6 不可賣空有效前端

前面的介紹都只有唯一的限定條件，即組合權重相加為 100%。在實際投資決策中，往往會有更多更複雜的條件。一個常見的條件便是不可賣空。由此，尋找 GMVP 的問題便成為：

$$\begin{aligned}&\underset{w}{\arg\min}\ \ \sigma_p^2 = \boldsymbol{w}^{\mathrm{T}}\boldsymbol{\Sigma}_{\boldsymbol{r}}\boldsymbol{w}\\&\text{subject to: }\begin{cases}\boldsymbol{w}^{\mathrm{T}}1 = 1\\ \boldsymbol{I}_n\boldsymbol{w} \ge 0\end{cases}\end{aligned} \tag{11-69}$$

其中，I_n 為 $n \times n$ 的單位矩陣。條件中的第二個不等式，規定了每一個權重都需要大於 0。

回到上面的例子，這次直接套用 Python 中的 qpsolvers 運算套件求解。可得出最小組合波動性 12.5% 及對應的組合收益 7.07%。對應的權重如圖 11-17 所示。

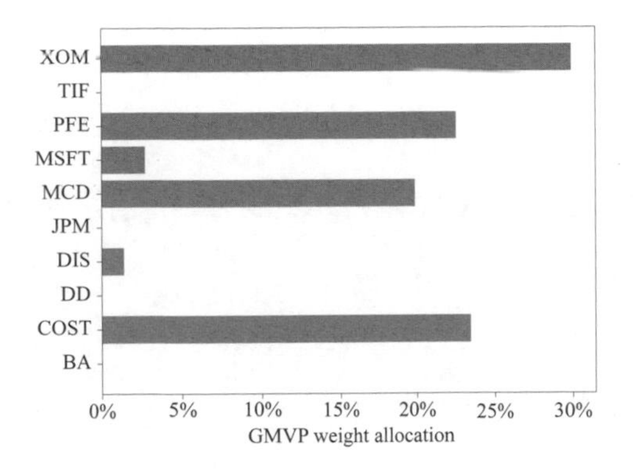

▲ 圖 11-17　不可賣空條件下，GMVP 的權重分佈

比較圖 11-15 中的權重分配，蒂芙尼 (TIF)、摩根大通 (JPM) 和杜邦 (DD) 的權重都為負，而此時為了滿足所有資產權重為非負，它們的權重分配為 0，表示資產組合中不需要購入。另外，波音 (BA) 的權重此時也為 0，主要因為它自身的波動性偏高，而且同其他 9 支美股的相關性並不低。

同理，找出 GMVP 組合之後，繼續畫出有效前端。而此時，問題被歸納為：

$$\arg\min_{w} \sigma_p^2 = \boldsymbol{w}^{\mathrm{T}} \boldsymbol{\Sigma}_{\boldsymbol{r}} \boldsymbol{w}$$
$$\text{subject to: } \begin{cases} \boldsymbol{w}^{\mathrm{T}} 1 = 1 \\ \boldsymbol{I}_n \boldsymbol{w} \geq 0 \\ \boldsymbol{w}^{\mathrm{T}} \mathrm{E}(\boldsymbol{r}) = \mathrm{E}\left(r_p\right) \end{cases} \tag{11-70}$$

加入不等式後，沒有解析解。透過 qpsolvers 運算套件，可以得到數值解。工具套件中的不等式條件式為：

$$\boldsymbol{Gx} \leq \boldsymbol{h} \tag{11-71}$$

為了符合 qpsolvers 運算套件的定義習慣，可以將矩陣 G 和條件列向量 h 定義為：

$$\begin{cases} \boldsymbol{G} = -\boldsymbol{I}_n \\ \boldsymbol{h} = 0 \end{cases} \tag{11-72}$$

這樣，將第二條件改寫作：

$$-\boldsymbol{I}_n \boldsymbol{w} \leq 0 \tag{11-73}$$

或，不可賣空條件的另一種定義方法可以直接指定權重列向量的各個元素為：

$$0 \leq \boldsymbol{w} \leq 1 \tag{11-74}$$

這種定義方式符合工具套件中對變數列向量中各個元素的上限和下限的條件定義。節選部分組合的權重及其對應的組合收益和波動性，如表 11-6 所示。

表 11-6　不可賣空條件下，目標收益最小波動性組合的權重　　單位：%

Ticker	Weight							
BA	0	2	4	6	9	14	0	0
COST	26	27	29	31	34	39	0	0
DD	0	0	0	0	0	0	0	0
DIS	2	2	3	3	2	0	0	0
JPM	0	0	0	0	0	0	0	0
MCD	23	27	30	33	37	3	0	0
MSFT	5	8	10	13	17	37	51	0
PFE	17	10	4	0	0	0	0	0
TIF	0	0	0	0	0	7	49	100
XOM	27	23	20	13	2	0	0	0
Portfolio return	8.00	9.00	10.00	11.00	12.00	13.00	14.00	14.38
Portfolio volatility	12.6	12.8	13.2	13.8	14.6	17.6	26.6	36.8

由於不可賣空資產，因此所有可能組合能達到的最大收益為 10 支美股中的獨自最大收益。其中蒂芙尼具有最高收益 14.38%，因此最大組合收益為 100% 權重分配至蒂芙尼，組合的收益為 14.38%，波動性為 36.8%。由於不能做空任何資產，其影像不再呈現雙曲線的特點。

圖 11-18 描繪出了在不可賣空的情況下，資產組合可以達到的有效前端曲線。

比較表 11-5 中的有效前端，當組合目標上升時，有效前端曲線的斜率下降很快。由於不能賣空，組合中的資產不能進行有效對沖，降低風險，因此組合波動性增加很快。

將圖 11-16 和圖 11-18 進行整合，更進一步地比較允許賣空和無賣空條件下有效前端曲線的區別，得到圖 11-19。

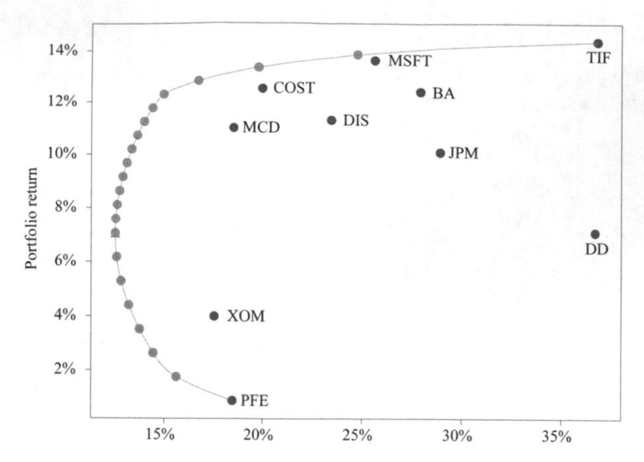

▲ 圖 11-18 不允許賣空條件下，有效前端組合，個股的收益率——波動性散點圖

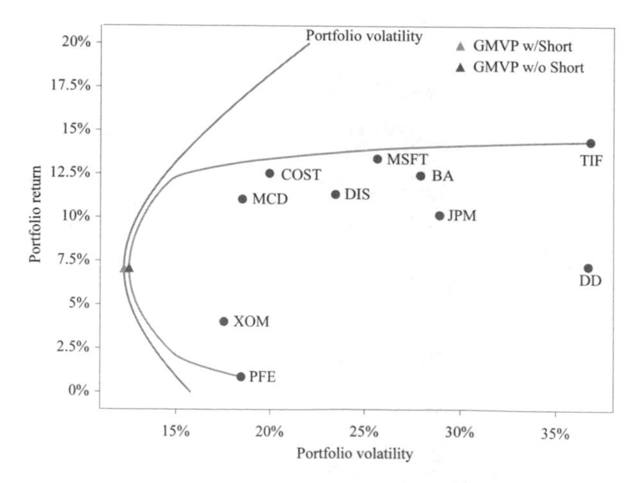

▲ 圖 11-19 有效前端組合，個股的收益率 - 波動性散點圖

表 11-6，圖 11-17 和圖 11-18 由以下程式生成。

B2_Ch11_4.py

```
from numpy import array, sqrt, dot, linspace, append, zeros_like, ones_
like, size, identity
from pandas import read_excel, DataFrame
from qpsolvers import solve_qp
```

```
import matplotlib.pyplot as plt

#%% Read data from excel
data = read_excel(r'insert_directory\Data_portfolio_1.xlsx')

#%% Return Vector, Volatility Vector, Variance-Covariance Matrix,
Correlation Matrix
Singlename_Mean = DataFrame.mean(data)*12
Singlename_Vol = DataFrame.std(data)*sqrt(12)
CorrelationMatrix = DataFrame.corr(data)
CovarianceMatrix = DataFrame.cov(data)*12

#%% Scatter plot
tickers = Singlename_Mean.index.tolist()

fig,ax=plt.subplots()
ax.scatter(Singlename_Vol,Singlename_Mean,color="blue")

for x_pos, y_pos, label in zip(Singlename_Vol, Singlename_Mean, tickers):
    ax.annotate(label,
                xy=(x_pos, y_pos),
                xytext=(7, 0),
                textcoords='offset points',
                ha='left',
                va='center')

ax.set(xlabel='Portfolio Volatility',ylabel='Portfolio Return')


#%% GMVP portfolio
Weight_GMVP=solve_qp(
    CovarianceMatrix.to_numpy(),
    zeros_like(Singlename_Mean),
    -identity(size(Singlename_Mean)),
    zeros_like(Singlename_Mean),
    ones_like(Singlename_Mean),
    array([1.]))

Port_Vol_GMVP = sqrt(dot(dot(Weight_GMVP,CovarianceMatrix.to_numpy()),
Weight_GMVP))
```

```
Port_Return_GMVP = dot(Weight_GMVP,Singlename_Mean.to_numpy())

#%% bar chart GMVP weight
fig,ax=plt.subplots()

ax.barh(tickers,Weight_GMVP)
ax.set(xlabel='GMVP Weight Allocation',ylabel='Names')


#%% MVP portfolio, fixed return
Port_Return = 0.1
Weight_MVP=solve_qp(
    Covaria*nceMatrix.to_numpy(),
    zeros_like(Singlename_Mean),
    -identity(size(Singlename_Mean)),
    zeros_like(Singlename_Mean),
    array([ones_like(Singlename_Mean),Singlename_Mean.to_numpy()]),
    array([1.,Port_Return]).reshape(2,))


#%% Efficient Frontier

#==========================================================================
#Efficient Frontier
#==========================================================================
EF_vol = array([])
#Rp_range =  linspace(0.07,0.3, num=24)
Rp_range =  linspace(Port_Return_GMVP,max(Singlename_Mean), num=15)

for Rp in Rp_range:
    Weight_MVP=solve_qp(
        CovarianceMatrix.to_numpy(),
        zeros_like(Singlename_Mean),
        -identity(size(Singlename_Mean)),
        zeros_like(Singlename_Mean),
        array([ones_like(Singlename_Mean),Singlename_Mean.to_numpy()]),
        array([1.,Rp]).reshape(2,))
    Port_vol = sqrt(dot(dot(Weight_MVP,CovarianceMatrix.to_
numpy()),Weight_MVP))
```

```
    EF_vol = append(EF_vol,array(Port_vol))

#==========================================================================
#In-efficient
#==========================================================================
InEF_vol = array([])
Rp_range_inEF =  linspace(min(Singlename_Mean),Port_Return_GMVP, num=8)

for Rp in Rp_range_inEF:
    Weight_MVP=solve_qp(
        CovarianceMatrix.to_numpy(),
        zeros_like(Singlename_Mean),
        -identity(size(Singlename_Mean)),
        zeros_like(Singlename_Mean),
        array([ones_like(Singlename_Mean),Singlename_Mean.to_numpy()]),
        array([1.,Rp]).reshape(2,))
    Port_vol = sqrt(dot(dot(Weight_MVP,CovarianceMatrix.to_
numpy()),Weight_MVP))
    InEF_vol = append(InEF_vol,array(Port_vol))
#==========================================================================
#Hyperbola curve
#==========================================================================
Hcurve_vol = array([])
Rp_range_Hcurve =  linspace(min(Singlename_Mean),max(Singlename_Mean),
num=50)

for Rp in Rp_range_Hcurve:
    Weight_MVP=solve_qp(
        CovarianceMatrix.to_numpy(),
        zeros_like(Singlename_Mean),
        -identity(size(Singlename_Mean)),
        zeros_like(Singlename_Mean),
        array([ones_like(Singlename_Mean),Singlename_Mean.to_numpy()]),
        array([1.,Rp]).reshape(2,))
    Port_vol = sqrt(dot(dot(Weight_MVP,CovarianceMatrix.to_
numpy()),Weight_MVP))
    Hcurve_vol = append(Hcurve_vol,array(Port_vol))

#%% plot Efficient Frontier portfolios
fig,ax=plt.subplots()
```

```
ax.plot(Hcurve_vol,Rp_range_Hcurve)
ax.scatter(Port_Vol_GMVP,Port_Return_GMVP, marker='^')
ax.scatter(InEF_vol,Rp_range_inEF)
ax.scatter(EF_vol,Rp_range)
ax.scatter(Singlename_Vol,Singlename_Mean,color="blue")

for x_pos, y_pos, label in zip(Singlename_Vol, Singlename_Mean, tickers):
    ax.annotate(label,
                xy=(x_pos, y_pos),
                xytext=(7, 0),
                textcoords='offset points',
                ha='left',
                va='center')

ax.set(xlabel='Portfolio Volatility',ylabel='Portfolio Return')
```

圖 11-19 由以下程式生成。

B2_Ch11_5.py

```
from numpy import array, sqrt, dot, linspace, append, zeros_like, ones_
like, size, identity
from pandas import read_excel, DataFrame
from qpsolvers import solve_qp
import matplotlib.pyplot as plt

#%% Read data from excel
data = read_excel(r'insert_directory\Data_portfolio_1.xlsx')

#%% Return Vector, Volatility Vector, Variance-Covariance Matrix,
Correlation Matrix
Singlename_Mean = DataFrame.mean(data)*12
Singlename_Vol = DataFrame.std(data)*sqrt(12)
CorrelationMatrix = DataFrame.corr(data)
CovarianceMatrix = DataFrame.cov(data)*12

#%% GMVP portfolio w short
Weight_GMVP_wShort=solve_qp(
    CovarianceMatrix.to_numpy(),
    zeros_like(Singlename_Mean),
    None,None,
```

```
    ones_like(Singlename_Mean),
    array([1.]))

Port_Vol_GMVP_wShort = sqrt(dot(dot(Weight_GMVP_wShort,CovarianceMatrix.
to_numpy()),Weight_GMVP_wShort))
Port_Return_GMVP_wShort = dot(Weight_GMVP_wShort,Singlename_Mean.to_
numpy())

#%% GMVP portfolio wo short
Weight_GMVP_woShort=solve_qp(
    CovarianceMatrix.to_numpy(),
    zeros_like(Singlename_Mean),
    -identity(size(Singlename_Mean)),
    zeros_like(Singlename_Mean),
    ones_like(Singlename_Mean),
    array([1.]))

Port_Vol_GMVP_woShort = sqrt(dot(dot(Weight_GMVP_woShort,
CovarianceMatrix.to_numpy()),Weight_GMVP_woShort))
Port_Return_GMVP_woShort = dot(Weight_GMVP_woShort,Singlename_Mean.to_
numpy())

#%% Efficient Frontier
#==========================================================================
#Hyperbola curve
#==========================================================================
Hcurve_vol = array([])
Rp_range_Hcurve =  linspace(0.00,0.2, num=200)

for Rp in Rp_range_Hcurve:
    Weight_MVP=solve_qp(
        CovarianceMatrix.to_numpy(),
        zeros_like(Singlename_Mean),
        None,None,
        array([ones_like(Singlename_Mean),Singlename_Mean.to_numpy()]),
        array([1.,Rp]).reshape(2,))
    Port_vol = sqrt(dot(dot(Weight_MVP,CovarianceMatrix.to_
numpy()),Weight_MVP))
    Hcurve_vol = append(Hcurve_vol,array(Port_vol))
#==========================================================================
#Hyperbola curve - wo short
```

```
#==========================================================================
Hcurve_vol_woshort = array([])
Rp_range_Hcurve_woshort =  linspace(min(Singlename_Mean),max(Singlename_
Mean), num=100)

for Rp in Rp_range_Hcurve_woshort:
    Weight_MVP=solve_qp(
        CovarianceMatrix.to_numpy(),
        zeros_like(Singlename_Mean),
        -identity(size(Singlename_Mean)),
        zeros_like(Singlename_Mean),
        array([ones_like(Singlename_Mean),Singlename_Mean.to_numpy()]),
        array([1.,Rp]).reshape(2,))
    Port_vol = sqrt(dot(dot(Weight_MVP,CovarianceMatrix.to_
numpy()),Weight_MVP))
    Hcurve_vol_woshort = append(Hcurve_vol_woshort,array(Port_vol))

#%% plot Efficient Frontier portfolios
tickers = Singlename_Mean.index.tolist()
fig,ax=plt.subplots()
ax.plot(Hcurve_vol,Rp_range_Hcurve)
ax.plot(Hcurve_vol_woshort,Rp_range_Hcurve_woshort)
#ax.scatter(Port_Vol_GMVP,Port_Return_GMVP, marker='^')
#ax.scatter(InEF_vol,Rp_range_inEF)
#ax.scatter(EF_vol,Rp_range)
ax.plot(Port_Vol_GMVP_wShort,Port_Return_GMVP_wShort,'^',label='GMVP w/
Short')
ax.plot(Port_Vol_GMVP_woShort,Port_Return_GMVP_woShort,'^',label='GMVP w/o
Short')

ax.scatter(Singlename_Vol,Singlename_Mean,color="blue")

for x_pos, y_pos, label in zip(Singlename_Vol, Singlename_Mean, tickers):
    ax.annotate(label,
                xy=(x_pos, y_pos),
                xytext=(7, 0),
                textcoords='offset points',
                ha='left',
                va='center')
ax.set(xlabel='Portfolio Volatility',ylabel='Portfolio Return')
plt.legend()
```

```
#%% MVP portfolio, fixed return, w/o short
Port_Return = 0.30
Weight_MVP=solve_qp(
    CovarianceMatrix.to_numpy(),
    zeros_like(Singlename_Mean),
    None,None,
    array([ones_like(Singlename_Mean),Singlename_Mean.to_numpy()]),
    array([1.,Port_Return]).reshape(2,))

fig,ax=plt.subplots()
ax.barh(tickers,Weight_MVP)
ax.set(xlabel='Weight',ylabel='Names')
```

值得注意的是，在無賣空條件下，有效前端起始於 GMVP，終止於最高收益率資產。而在允許做空的情況下，可以實現高得多的組合收益率。舉例來說，假設組合收益率為 30% (遠高於任何個股的收益率)，圖 11-20 描繪出了各資產的權重。

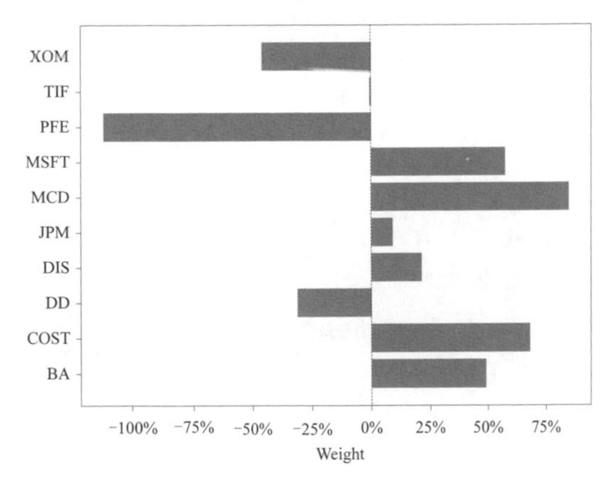

▲ 圖 11-20 允許賣空條件下，目標群組合收益率為 30% 時，最小風險組合的權重配比

讀者可以觀察到，組合大量地賣空輝瑞 (PFE)、埃克森美孚 (XOM) 和杜邦公司 (DD)。這幾個公司的最大特點是收益率很低，但又有一定程度的波動性。因此大量賣空這幾支股票可以幫助降低組合風險。由於賣空，

因此有更多的資金可以投入到例如麥當勞 (MCD)、好市多 (COST)、波音 (BA) 等具有較高收益、風險適中的選擇。

另外，也可以使用 scipy.optimize 工具套件來計算 GMVP 的權重分佈，讀者可以將程式和結果同 qpsolvers 做比較，感受異同。

B2_Ch11_6.py

```
from numpy import sqrt, dot, zeros_like, ones_like
from pandas import read_excel, DataFrame
from scipy.optimize import minimize, LinearConstraint, Bounds
import matplotlib.pyplot as plt

#%% Read data from excel
data = read_excel(r'insert_directory\Data_portfolio_1.xlsx')

#%% Return Vector, Volatility Vector, Variance-Covariance Matrix,
Correlation Matrix
Singlename_Mean = DataFrame.mean(data)*12
Singlename_Vol = DataFrame.std(data)*sqrt(12)
CorrelationMatrix = DataFrame.corr(data)
CovarianceMatrix = DataFrame.cov(data)*12

#%% Scatter plot
tickers = Singlename_Mean.index.tolist()

fig,ax=plt.subplots()
ax.scatter(Singlename_Vol,Singlename_Mean,color="blue")

for x_pos, y_pos, label in zip(Singlename_Vol, Singlename_Mean, tickers):
    ax.annotate(label,
                xy=(x_pos, y_pos),
                xytext=(7, 0),
                textcoords='offset points',
                ha='left',
                va='center')

ax.set(xlabel='Portfolio Volatility',ylabel='Portfolio Return')
```

```
#%% define portfolio variance
w0= zeros_like(Singlename_Vol)
w0[1]=1

def MinVar(weight, *args):
    CovMatrix = args

    obj = dot(dot(weight,CovMatrix),weight)
    return obj

#%% GMVP portfolio
linear_constraint = LinearConstraint(ones_like(Singlename_Vol),[1],[1])

res = minimize(MinVar, w0,
               args=(CovarianceMatrix.to_numpy()),
               method='trust-constr',
               constraints=[linear_constraint])

Weight_GMVP = res.x

Port_Vol_GMVP = sqrt(dot(dot(Weight_GMVP,CovarianceMatrix.to_
numpy()),Weight_GMVP))
Port_Return_GMVP = dot(Weight_GMVP,Singlename_Mean.to_numpy())

#%% bar chart GMVP weight
fig,ax=plt.subplots()

ax.barh(tickers,Weight_GMVP)
ax.set(xlabel='GMVP Weight Allocation',ylabel='Names')


#%% GMVP portfolio w/o short
linear_constraint = LinearConstraint(ones_like(Singlename_Vol),[1],[1])
bounds = Bounds(zeros_like(Singlename_Vol), ones_like(Singlename_Vol))
res = minimize(MinVar, w0,
               args=(CovarianceMatrix.to_numpy()),
               method='trust-constr',
               bounds = bounds,
               constraints=[linear_constraint])

Weight_GMVP = res.x
```

```
Port_Vol_GMVP = sqrt(dot(dot(Weight_GMVP,CovarianceMatrix.to_
numpy()),Weight_GMVP))
Port_Return_GMVP = dot(Weight_GMVP,Singlename_Mean.to_numpy())

#%% bar chart GMVP weight w/o short
fig,ax=plt.subplots()

ax.barh(tickers,Weight_GMVP)
ax.set(xlabel='GMVP Weight Allocation (w/o Short)',ylabel='Names')
```

本章結合不同的資產組合形式系統地探討了平均值方差理論，對於平均值方差理論在實際中的應用，可以看到有效前端 (或 GMVP) 的計算結果對於輸入變數 E(r) 資產收益率期望值列向量和方差 - 協方差矩陣 Σr 中的各個元素 (波動性和相關性係數) 都是非常敏感的。同時，平均值 - 方差模型假設資產的收益率分佈符合高斯分佈，但是實際中一般不會滿足，因此方差 - 協方差矩陣並不能極佳地表現風險。另外，還需要注意，在本節的例子中，E(r) 使用的是歷史平均收益率，而實際應用中，理應使用資產的期望收益率，而期望收益率的預測和計算需要對巨集觀經濟有較好的把握，並對微觀行業運作、公司治理有較好的理解。

針對這些問題，Black 和 Litterman 提出了 Black-Litterman Model，結合了整體市場隱含的收益率和主觀的短期預期，較好地處理了平均值方差模型對於參數敏感以及假設不成立的問題。有興趣的讀者可以做更深入的了解。

此外，方差矩陣也可拆解為波動性和相關性係數矩陣。至於波動性的計算，也可八仙過海各顯神通。讀者可以回顧本書第 1 章介紹的波動性的各種計算方法。

儘管平均值方差模型有種種不足，但並不妨礙它在實際工作中幫助投資者理解市場，了解投資組合，並做出有效的決策。因此，這就更加需要每一個投資者更加合理、智慧地利用模型所揭示的資訊。

投資組合理論 II

12
Chapter

第 11 章討論過投資組合中求解最佳風險組合的解析計算，但是投資組合僅包含風險產品。本章會以此為基礎，進一步介紹投資組合包含無風險產品時最佳風險投資的計算，並且會借助無差別效用曲線介紹最佳完全組合。最後則以 CAPM 為例，介紹資產定價理論。

基於投資組合理論，金融理財師通常建議在股票、債券、現金產品中平衡選擇，以達到合適自己的風險忍耐度。

Portfolio theory, as used by most financial planners, recommends that you diversify with a balance of stocks and bonds and cash that's suitable to your risk tolerance.

—— 哈利 · 馬科維茨 (Harry Markowitz)

本章核心命令程式

- numpy.corrcoef()　計算資料的相關性係數
- numpy.inv(A)　計算方陣反矩陣，相當於 A^(-1)
- pandas.read_excel()　提取 Excel 中的資料
- qpsolvers.solve_qp　二次最佳化數值求解

- scipy.optimize.Bounds()　定義最佳化問題中的上下約束
- scipy.optimize.LinearConstraint()　定義線性限制條件
- scipy.optimize.minimize()　最佳化求解最小值

12.1 包含無風險產品的投資組合

在第 11 章對於投資組合的討論中，主要涉及由風險資產 (risky assets) 組成的風險投資組合 (risky portfolio)。在本節中，將要討論含有無風險資產的投資組合。

假設一個投資組合 C 由一個風險資產組合 P 和一個無風險資產 (risk-free asset) 組成，那麼這個總投資組合可以表示為：

$$\begin{aligned} \mathrm{E}(r_c) &= \begin{bmatrix} w_p & w_{rf} \end{bmatrix} \begin{bmatrix} \mathrm{E}(r_p) \\ r_f \end{bmatrix} = w_p \, \mathrm{E}(r_p) + w_{rf} r_f \\ &= r_f + w_p \left(\mathrm{E}(r_p) - r_f \right) \end{aligned} \tag{12-1}$$

其中，$E(r_p)$ 為風險資產組合 P 的收益率期望值。$w = [w_p, w_{rf}]^{\mathrm{T}}$ 為組成資產的權重向量。w_p 為風險資產 P 的權重，w_{rf} 為無風險資產的權重。兩者權重之和為 1，即：

$$w_p + w_{rf} = 1 \tag{12-2}$$

此時，總投資組合的收益率方差為：

$$\begin{aligned} \sigma_c^2 &= \begin{bmatrix} w_p & w_{rf} \end{bmatrix} \begin{bmatrix} \mathrm{var}(r_p) & \mathrm{cov}\left(r_p, r_f\right) \\ \mathrm{cov}\left(r_p, r_f\right) & \mathrm{var}(r_f) \end{bmatrix} \begin{bmatrix} w_p \\ w_{rf} \end{bmatrix} \\ &= \begin{bmatrix} w_p & w_{rf} \end{bmatrix} \begin{bmatrix} \sigma_p^2 & 0 \\ 0 & 0 \end{bmatrix} \begin{bmatrix} w_p \\ w_{rf} \end{bmatrix} \\ &= {w_p}^2 {\sigma_p}^2 \end{aligned} \tag{12-3}$$

由於無風險資產的波動性為 0，風險資產 P 和無風險資產的協方差即為 0。因此，總投資組合的波動性等於風險資產的比重乘以其波動性。

$$\sigma_c = w_p \sigma_p \tag{12-4}$$

在圖 12-1 中，讀者可以看到風險資產組合 P 和帶有無風險產品的總投資組合 C 的相對位置。

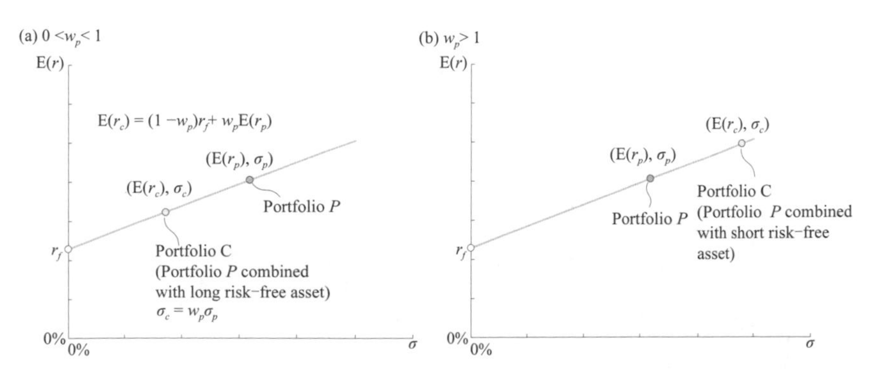

▲ 圖 12-1　總投資組合 C，風險投資組合 P 和無風險資產的關係

這裡需要注意其中預設的假設，即風險資產組合 P 的收益率期望值一定大於無風險收益率。

在投資組合中加入無風險產品，計算有效前端問題同樣可歸結為最佳化問題——給定目標收益，最小化風險。

由於總投資組合 C 的波動性即為風險資產組合 P 的波動性，而風險資產組合 P 的波動性由 n 個風險資產組成。因此最小化總投資組合 C 的方差即等於最小化風險組合 P 的方差。最佳化問題的等式線性條件為：

$$w_p \mathrm{E}\left(r_p\right) + w_{rf} r_f = \mathrm{E}\left(r_c\right) \tag{12-5}$$

由於：

$$w_p + w_{rf} = 1 \tag{12-6}$$

因此：

$$\begin{gathered} w_p \mathrm{E}\left(r_p\right) = \boldsymbol{w}^{\mathrm{T}}\, \mathrm{E}(\boldsymbol{r}) \\ w_{rf} r_f = \left(1 - w_p\right) r_f = \left(1 - \boldsymbol{w}^{\mathrm{T}} 1\right) r_f \end{gathered} \tag{12-7}$$

其中 1 是全 1 向量。由此，等式線性條件可以改寫為：

$$\boldsymbol{w}^{\mathrm{T}}\mathrm{E}(\boldsymbol{r})+\left(1-\boldsymbol{w}^{\mathrm{T}}1\right)r_f=\mathrm{E}\left(r_c\right) \tag{12-8}$$

歸納以上，總投資組合 C 的有效前端求解，可歸結為最佳化問題。

$$\begin{aligned}&\underset{\boldsymbol{w}}{\arg\min}\quad \sigma_p^2=\boldsymbol{w}^{\mathrm{T}}\boldsymbol{\Sigma}_{\boldsymbol{r}}\boldsymbol{w}\\&\text{subject to: }\boldsymbol{w}^{\mathrm{T}}\mathrm{E}(\boldsymbol{r})+\left(1-\boldsymbol{w}^{\mathrm{T}}1\right)r_f=\mathrm{E}\left(r_c\right)\end{aligned} \tag{12-9}$$

經過整理，可以得到：

$$\begin{aligned}&\underset{\boldsymbol{w}}{\arg\min}\quad \boldsymbol{w}^{\mathrm{T}}\boldsymbol{\Sigma}_{\boldsymbol{r}}\boldsymbol{w}\\&\text{subject to: }\boldsymbol{w}^{\mathrm{T}}\left(\mathrm{E}(\boldsymbol{r})-r_f1\right)=\mathrm{E}\left(r_c\right)-r_f\end{aligned} \tag{12-10}$$

建構拉格朗日函數為：

$$L\left(\boldsymbol{w},\lambda\right)=\boldsymbol{w}^{\mathrm{T}}\boldsymbol{\Sigma}_{\boldsymbol{r}}\boldsymbol{w}+\lambda\left[\left(\mathrm{E}\left(r_c\right)-r_f\right)-\boldsymbol{w}^{\mathrm{T}}\left(\mathrm{E}(\boldsymbol{r})-r_f1\right)\right] \tag{12-11}$$

對 w，λ 分別求導，使其等於 0，可以得到最值處的權重向量 w^* 為：

$$\begin{aligned}&\frac{\partial}{\partial\boldsymbol{w}}L\left(\boldsymbol{w},\lambda\right)=2\boldsymbol{\Sigma}_{\boldsymbol{r}}\boldsymbol{w}^*-\lambda\left(\mathrm{E}(\boldsymbol{r})-r_f1\right)=0\\&\frac{\partial}{\partial\lambda}L\left(\boldsymbol{w},\lambda\right)=\left(\mathrm{E}\left(r_c\right)-r_f\right)-\boldsymbol{w}^{*\mathrm{T}}\left(\mathrm{E}(\boldsymbol{r})-r_f1\right)=0\end{aligned} \tag{12-12}$$

經過整理可得：

$$\begin{aligned}&\begin{cases}2\boldsymbol{\Sigma}_{\boldsymbol{r}}\boldsymbol{w}^*-\lambda\left(\mathrm{E}(\boldsymbol{r})-r_f1\right)=0\\\left(\mathrm{E}(\boldsymbol{r})-r_f1\right)^{\mathrm{T}}\boldsymbol{w}^*=\mathrm{E}\left(r_c\right)-r_f\end{cases}\\&\Rightarrow\begin{bmatrix}2\boldsymbol{\Sigma}_{\boldsymbol{r}} & -\left(\mathrm{E}(\boldsymbol{r})-r_f\boldsymbol{1}\right)\\\left(\mathrm{E}(\boldsymbol{r})-r_f\boldsymbol{1}\right)^{\mathrm{T}} & 0\end{bmatrix}\begin{bmatrix}\boldsymbol{w}^*\\\lambda\end{bmatrix}=\begin{bmatrix}0\\\mathrm{E}\left(r_c\right)-r_f\end{bmatrix}\end{aligned} \tag{12-13}$$

透過 Python 求解時，可以撰寫下面的矩陣計算，從而得出目標群組合收益下，總投資組合 C 的最小風險組合中風險資產的權重 w^* 為：

$$\begin{bmatrix}\boldsymbol{w}^*\\\lambda\end{bmatrix}=\begin{bmatrix}2\boldsymbol{\Sigma}_{\boldsymbol{r}} & -\left(\mathrm{E}(\boldsymbol{r})-r_f1\right)\\\left(\mathrm{E}(\boldsymbol{r})-r_f1\right)^{\mathrm{T}} & 0\end{bmatrix}^{-1}\begin{bmatrix}0\\\mathrm{E}\left(r_c\right)-r_f\end{bmatrix} \tag{12-14}$$

本節在此繼續推導，由矩陣中第一個等式可以得出：

$$\begin{aligned} &2\boldsymbol{\Sigma}_{r}\boldsymbol{w}^{*}-\lambda\left(\mathrm{E}(\boldsymbol{r})-r_{f}1\right)=0 \\ &\Rightarrow \boldsymbol{w}^{*}=\frac{\lambda}{2}\boldsymbol{\Sigma}_{r}^{-1}\left(\mathrm{E}(\boldsymbol{r})-r_{f}1\right) \end{aligned} \tag{12-15}$$

和第二個等式相結合，可以得出 λ：

$$\begin{aligned} &\left(\mathrm{E}(\boldsymbol{r})-r_{f}1\right)^{\mathrm{T}}\boldsymbol{w}^{*}=\mathrm{E}\left(r_{c}\right)-r_{f} \\ &\Rightarrow \left(\mathrm{E}(\boldsymbol{r})-r_{f}1\right)^{\mathrm{T}}\frac{\lambda}{2}\boldsymbol{\Sigma}_{r}^{-1}\left(\mathrm{E}(\boldsymbol{r})-r_{f}1\right)=\mathrm{E}\left(r_{c}\right)-r_{f} \\ &\Rightarrow \lambda=\frac{2\left(\mathrm{E}\left(r_{c}\right)-r_{f}\right)}{\left(\mathrm{E}(\boldsymbol{r})-r_{f}1\right)^{\mathrm{T}}\boldsymbol{\Sigma}_{r}^{-1}\left(\mathrm{E}(\boldsymbol{r})-r_{f}1\right)} \end{aligned} \tag{12-16}$$

將 λ 帶入式 (12-16)，得到最小風險組合的權重 w^* 為：

$$\boldsymbol{w}^{*}=\left(\mathrm{E}\left(r_{c}\right)-r_{f}\right)\frac{\boldsymbol{\Sigma}_{r}^{-1}\left(\mathrm{E}(\boldsymbol{r})-r_{f}1\right)}{\left(\mathrm{E}(\boldsymbol{r})-r_{f}1\right)^{\mathrm{T}}\boldsymbol{\Sigma}_{r}^{-1}\left(\mathrm{E}(\boldsymbol{r})-r_{f}1\right)} \tag{12-17}$$

由於分母為一常數，假設為 Ω，可以將權重向量 w^* 改寫為：

$$\boldsymbol{w}^{*}=\frac{\mathrm{E}\left(r_{c}\right)-r_{f}}{\Omega}\boldsymbol{\Sigma}_{r}^{-1}\left(\mathrm{E}(\boldsymbol{r})-r_{f}1\right) \tag{12-18}$$

此時利用得到的權重 w^* 求得總投資組合 C 的最小方差為：

$$\begin{aligned} \sigma_{c\_\min}^{2}&=\boldsymbol{w}^{*\mathrm{T}}\boldsymbol{\Sigma}_{r}\boldsymbol{w}^{*} \\ &=\left(\frac{\mathrm{E}\left(r_{c}\right)-r_{f}}{\Omega}\boldsymbol{\Sigma}_{r}^{-1}\left(\mathrm{E}(\boldsymbol{r})-r_{f}1\right)\right)^{\mathrm{T}}\boldsymbol{\Sigma}_{r}\frac{\mathrm{E}\left(r_{c}\right)-r_{f}}{\Omega}\boldsymbol{\Sigma}_{r}^{-1}\left(\mathrm{E}(\boldsymbol{r})-r_{f}1\right) \\ &=\left(\frac{\mathrm{E}\left(r_{c}\right)-r_{f}}{\Omega}\right)^{2}\left(\mathrm{E}(\boldsymbol{r})-r_{f}1\right)^{\mathrm{T}}\boldsymbol{\Sigma}_{r}^{-1}\boldsymbol{\Sigma}_{r}\boldsymbol{\Sigma}_{r}^{-1}\left(\mathrm{E}(\boldsymbol{r})-r_{f}1\right) \\ &=\left(\frac{\mathrm{E}\left(r_{c}\right)-r_{f}}{\Omega}\right)^{2}z \\ &=\frac{\left(\mathrm{E}\left(r_{c}\right)-r_{f}\right)^{2}}{\Omega} \end{aligned} \tag{12-19}$$

由此，總投資組合 C 的最小波動性為：

$$
\begin{aligned}
\sigma_{c\_\min} &= \frac{\mathrm{E}(r_c)-r_f}{\sqrt{\Omega}} \\
&= \frac{\mathrm{E}(r_c)-r_f}{\sqrt{\left(\mathrm{E}(\boldsymbol{r})-r_f 1\right)^{\mathrm{T}} \boldsymbol{\Sigma}_{\boldsymbol{r}}^{-1} \left(\mathrm{E}(\boldsymbol{r})-r_f 1\right)}}
\end{aligned}
\tag{12-20}
$$

可以將式 (12-20) 改寫為：

$$
\mathrm{E}(r_c) = r_f + \sqrt{\Omega}\sigma_{c\_\min} \tag{12-21}
$$

顯而易見，在收益率──波動性的二維圖中，加入無風險資產的投資組合 C 的有效前端為一條截距為無風險收益率 r_f，斜率為 $\sqrt{\Omega}$ 的直線。當然為了滿足有效前端的意義，它的起點，即 GMVP，為 100% 權重於無風險資產，波動性為 0。如圖 12-2 中的藍色直線即為此時的有效前端。

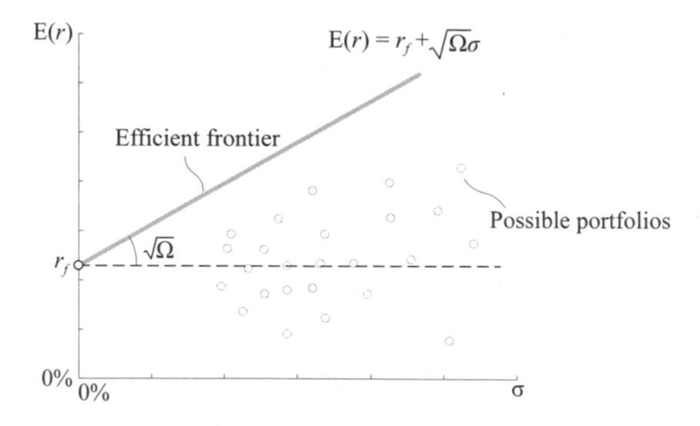

▲ 圖 12-2　加入無風險資產的總投資組合 C 的有效前端

如果對權重向量 w^* 中的元素按比例做縮放，可以使其各個元素相加為 1。

$$
\text{when } 1^{\mathrm{T}}\boldsymbol{w} = 1
$$

$$
\boldsymbol{w}_P^* = \frac{1}{1^{\mathrm{T}}\boldsymbol{w}^*}\boldsymbol{w}^* = \frac{\boldsymbol{\Sigma}_{\boldsymbol{r}}^{-1}\left(\mathrm{E}(\boldsymbol{r})-r_f 1\right)}{1^{\mathrm{T}}\boldsymbol{\Sigma}_{\boldsymbol{r}}^{-1}\left(\mathrm{E}(\boldsymbol{r})-r_f 1\right)} \tag{12-22}
$$

在此權重下，投資組合中沒有無風險資產，稱為投資組合 P^*。對比第 11 章介紹的風險資產組合 P 的有效前端為一段雙曲線的右半部分。這裡討論的是加入無風險資產的總投資組合 C 的有效前端，為一條直線。那麼投資組合 P^* 即為兩條有效前端的相切點。

這裡來推導一下投資組合 P^* 的收益率期望值和波動性為：

$$
\begin{aligned}
\mathrm{E}\left(r_{p^*}\right) &= \boldsymbol{w}_P^{*\mathrm{T}}\,\mathrm{E}(\boldsymbol{r}) \\
&= \frac{\mathrm{E}(\boldsymbol{r})^{\mathrm{T}}\boldsymbol{\Sigma}_{\boldsymbol{r}}^{-1}\left(\mathrm{E}(\boldsymbol{r})-r_f 1\right)}{1^{\mathrm{T}}\boldsymbol{\Sigma}_{\boldsymbol{r}}^{-1}\left(\mathrm{E}(\boldsymbol{r})-r_f 1\right)} \\
\sigma_{p^*} &= \frac{\sqrt{\Omega}}{1^{\mathrm{T}}\boldsymbol{\Sigma}_{\boldsymbol{r}}^{-1}\left(\mathrm{E}(\boldsymbol{r})-r_f 1\right)} \\
&= \frac{\sqrt{\left(\mathrm{E}(\boldsymbol{r})-r_f 1\right)^{\mathrm{T}}\boldsymbol{\Sigma}_{\boldsymbol{r}}^{-1}\left(\mathrm{E}(\boldsymbol{r})-r_f 1\right)}}{1^{\mathrm{T}}\boldsymbol{\Sigma}_{\boldsymbol{r}}^{-1}\left(\mathrm{E}(\boldsymbol{r})-r_f 1\right)}
\end{aligned}
\tag{12-23}
$$

有興趣的讀者可以驗證一下，投資組合 P^* 正好也在第 11 章學習的雙曲線有效曲線上，並且斜率為 $\sqrt{\Omega}$。

如圖 12-3 描繪出各種可能的風險資產組合和投資組合 P^*，還有只包含風險資產的投資組合 P 的有效前端，與包含無風險資產的總投資組合 C 的有效前端。

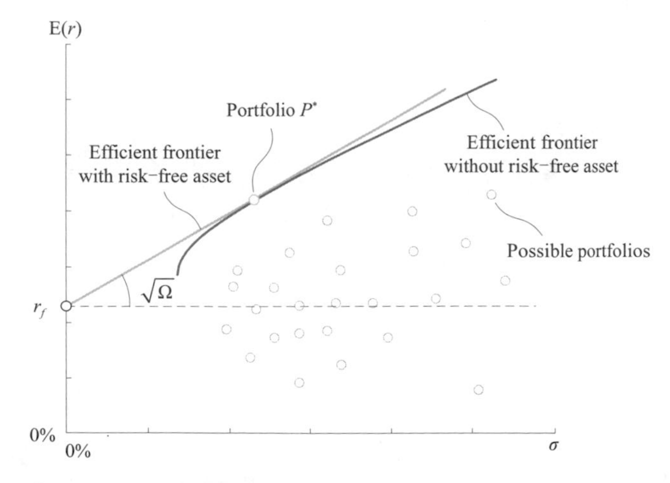

▲ 圖 12-3　總投資組合 C 的有效前端和投資組合 P* 的關係

12.2 最佳風險投資組合及實例分析

本節將涉及幾組重要的概念：最佳風險投資組合、資本市場線、資本分配線和夏普比率。

資本分配線 (capital allocation line)，通常簡寫為 CAL，定義為風險資產或風險資產組合和無風險資產所連接的直線，如圖 12-4 所示。

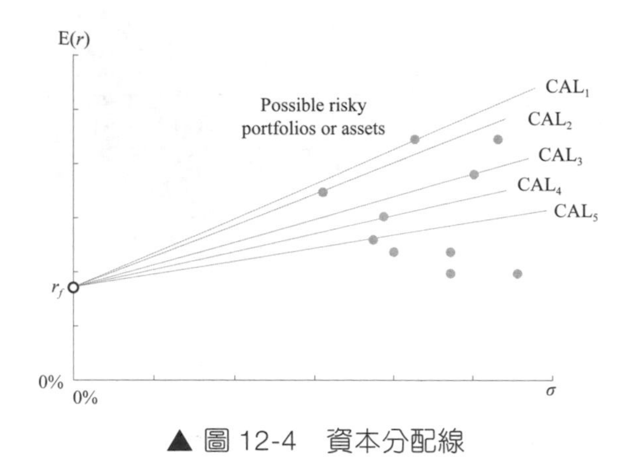

▲ 圖 12-4　資本分配線

投資組合的收益率期望方程式為：

$$E(r_c) = r_f + \left(\frac{E(r_i) - r_f}{\sigma_i}\right)\sigma_c \tag{12-24}$$

其中，$E(r_i)$ 為某風險資產組合或風險資產 i 的收益率期望值，$E(r_c)$ 為結合風險資產 i 和無風險資產而成的投資組合 C 的收益率期望值。方程式的斜率說明沿著這條資產分配線而得的所有投資組合 C 的收益 / 風險比率相等。

那麼所有資本分配線中的最佳分配線為資本市場線 (capital market line)，通常簡寫為 CML，定義為投資組合 P (只由風險資產組成) 的可能區域和無風險利率的切線。透過之前的學習，我們知道投資組合 P 的可能區域即為被投資組合 P 的有效前端包裹的半橢圓形區域。這塊區域和無風險利率的切線即為 12.1 節討論的總投資組合 C (包含無風險產品) 的有效前端。

如圖 12-5 所示，藍色直線即為資本市場線。其用方程式為：

$$E(r_c) = r_f + \left(\frac{E(r_M) - r_f}{\sigma_M} \right) \sigma_c \tag{12-25}$$

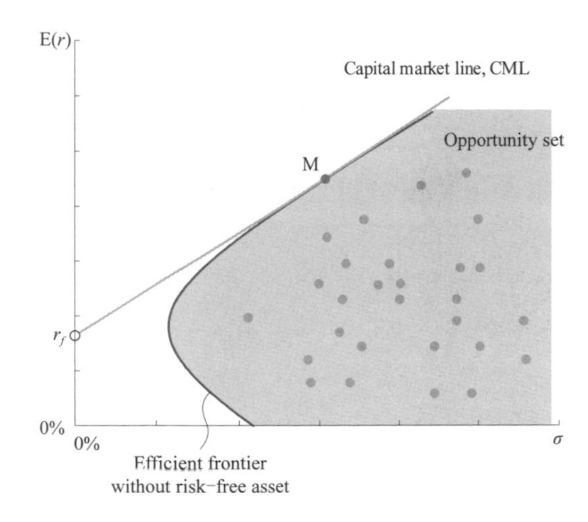

▲ 圖 12-5　資本市場線

圖 12-5 中相切點 M 投資組合，即為 12.1 節討論的投資組合 P^*，它也有另外一個名稱，叫最佳風險投資組合 (optimal risky portfolio)。所謂最佳風險投資，顧名思義，就是所有風險資產組合中的最佳選擇，何以見得，這便引入了下一個概念，叫夏普比率 (Sharpe ratio)。

夏普比率是比較投資優異的一種計量方式，它的計算公式為：

$$SR_p = \frac{E(r_p) - r_f}{\sigma_p} \tag{12-26}$$

它將風險度量計入投資表現的評判中。比率的分子為投資組合的超額收益 (excess rate of return)，透過組合的收益率期望值和無風險資產收益率的差來表達，分母為組合的波動性。夏普比率表現了在一定投資組合下，投資者承擔每單位風險所能換取的超額收益。將不同投資產品或組合放在同一風險量下比較，對理性投資者來說，夏普比率越高，表示這個投資組合越優越，投資產品表現越好。夏普比率由諾貝爾經濟學獎獲得者夏普 (William Sharpe) 提出。

因此，最佳風險投資組合 M 是投資組合 P 中夏普比率最高的。大家可以注意到，12.1 節介紹的總投資組合 C 的有效前端，它的斜率 $\sqrt{\Omega}$ 即為夏普比率。

$$\sqrt{\left(\mathrm{E}(\boldsymbol{r})-r_f\mathbf{1}\right)^{\mathrm{T}}\boldsymbol{\Sigma}_{\boldsymbol{r}}^{-1}\left(\mathrm{E}(\boldsymbol{r})-r_f\mathbf{1}\right)} \tag{12-27}$$

同時，也表示資本市場線是所有資本分配線中斜率最高的。

當投資者尋找到最佳風險組合，即夏普比率最高的投資組合時，投資者即可透過與無風險產品相結合，在合理的風險承受下找到理想的投資組合，如圖 12-6 所示。

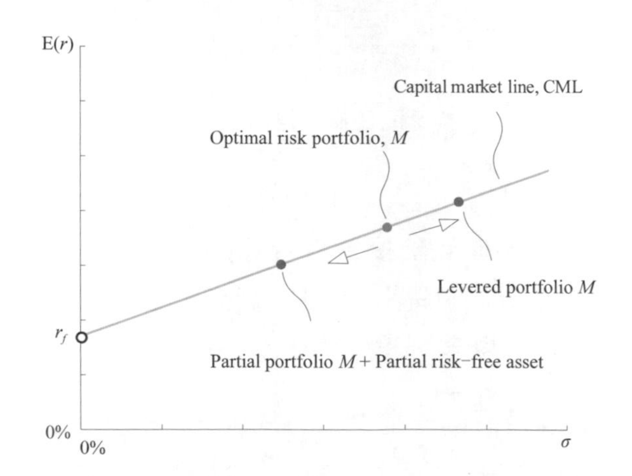

▲ 圖 12-6 結合最佳風險資產組合和無風險資產

下面套用第 11 章 10 支美股的例子，來求得最佳風險資產組合，即最高夏普比率。假設無風險利率為 2%。表 12-1 中列出了 10 支美股各自的收益率、波動性及夏普比率。其中好市多 (COST) 的夏普比率最高，達到

0.53。麥當勞 (MCD)、微軟 (MSFT)、迪士尼 (DIS) 的夏普比率也都達到 0.4 以上。輝瑞 (PFE) 的夏普比率為負，杜邦 (DD) 和埃克森美孚 (XOM) 的夏普比率都很低，如表 12-1 所示。

表 12-1　10 支個股名稱、收益率、波動性及夏普比率列表

Ticker	Return	Vol	Long Name	Sharpe Ratio
BA	12.4%	27.9%	Boeing	0.37
COST	12.5%	19.9%	Costco	0.53
DD	7.2%	36.7%	DuPont de Nemours	0.14
DIS	11.3%	23.4%	Walt Disney Company	0.40
JPM	10.2%	28.9%	JPMorgan	0.28
MCD	11.0%	18.5%	McDonald's	0.49
MSFT	13.6%	25.6%	Microsoft	0.45
PFE	0.9%	18.5%	Pfizer	-0.06
TIF	14.4%	36.8%	Tiffany	0.34
XOM	4.0%	17.5%	Exxon Mobil Corp	0.12

從上文中學習到，尋找最佳風險組合歸結為以下最佳化問題。

$$\begin{aligned}&\arg\min_{\boldsymbol{w}} \ \boldsymbol{w}^{\mathrm{T}}\boldsymbol{\Sigma}_r\boldsymbol{w}\\&\text{subject to: } \boldsymbol{w}^{\mathrm{T}}\left(\mathrm{E}(\boldsymbol{r})-r_f\mathbf{1}\right)=\mathrm{E}\left(r_c\right)-r_f\end{aligned} \tag{12-28}$$

透過 Python 撰寫程式得到最佳風險資產組合的權重 w^*_p，如圖 12-7 所示。

$$\begin{aligned}&\begin{bmatrix}\boldsymbol{w}^*\\ \lambda\end{bmatrix}=\begin{bmatrix}2\boldsymbol{\Sigma}_r & -\left(\mathrm{E}(\boldsymbol{r})-r_f\mathbf{1}\right)\\ \left(\mathrm{E}(\boldsymbol{r})-r_f\mathbf{1}\right)^{\mathrm{T}} & 0\end{bmatrix}^{-1}\begin{bmatrix}0\\ \mathrm{E}\left(r_c\right)-r_f\end{bmatrix}\\&\text{then}\\&\boldsymbol{w}_P^*=\frac{1}{\mathbf{1}^{\mathrm{T}}\boldsymbol{w}^*}\boldsymbol{w}^*\end{aligned} \tag{12-29}$$

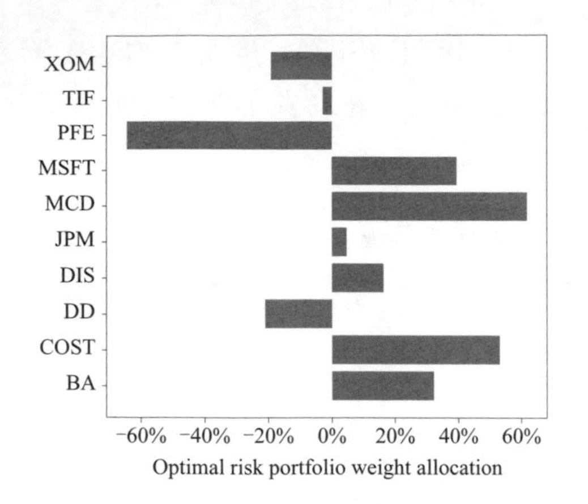

▲ 圖 12-7 最佳風險資產組合 (10 支美股實例) 的權重分佈

最佳風險資產組合中包含大量具有高夏普比率的資產，比如麥當勞 (MCD)、好市多 (COST) 和微軟 (MSFT)，和大量賣空最低夏普比率的輝瑞 (PFE)。同時具有較低夏普比率的杜邦 (DD) 和埃克森美孚 (XOM) 也得到一定程度上的賣空。

有了權重 w_p*，即可得出最佳風險組合波動性為 24.3%，及對應的組合收益率為 21.92%。從而得到最高夏普比率為 (21.92% -2%)/24.3% = 0.82。

如圖 12-8 描繪出此時的資本市場線。

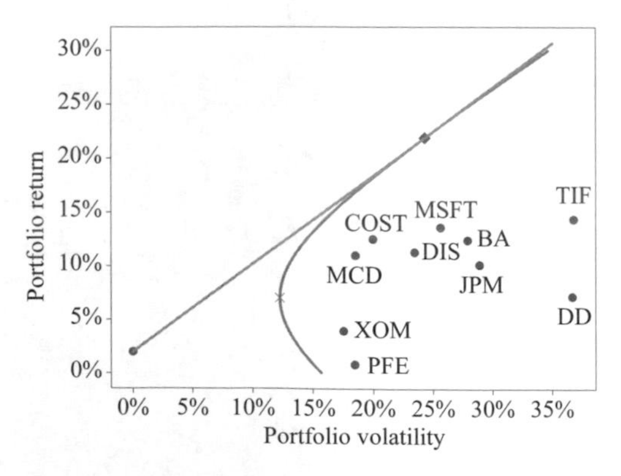

▲ 圖 12-8 資本市場線 (10 支美股實例)

如果在不可賣空的條件下，最佳化問題為：

$$
\begin{aligned}
&\arg\min_{w} \ \boldsymbol{w}^{\mathrm{T}} \boldsymbol{\Sigma}_{r} \boldsymbol{w} \\
&\text{subject to: } \begin{cases} \boldsymbol{w}^{\mathrm{T}} \left(\mathrm{E}(\boldsymbol{r}) - r_f 1 \right) = \mathrm{E}\left(r_c \right) - r_f \\ \boldsymbol{I}_n \boldsymbol{w} \geq 0 \end{cases} \\
&\text{then} \\
&\boldsymbol{w}_P^* = \frac{1}{1^{\mathrm{T}} \boldsymbol{w}^*} \boldsymbol{w}^*
\end{aligned}
\tag{12-30}
$$

套用 Python 中的 qpsolvers 運算套件，繼而進行縮放，求解得到最佳風險資產組合的權重 $\boldsymbol{w}_p$*，如圖 12-9 所示。

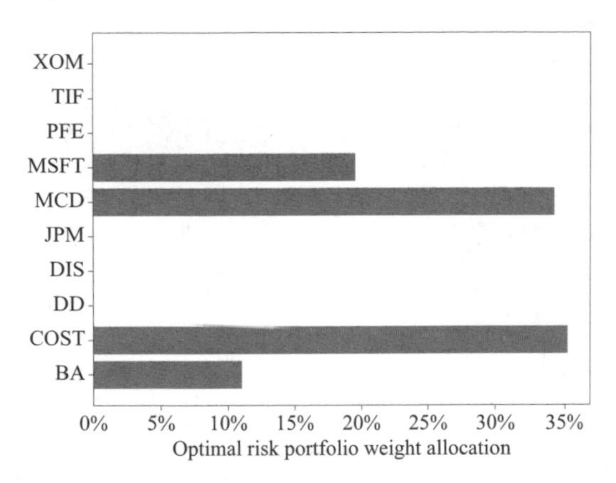

▲ 圖 12-9　不可賣空條件下，最佳風險資產組合（10 支美股實例）的權重分佈

此時，在不可賣空條件下，最佳資產組合只挑選了具有最高夏普比率的資產，有麥當勞 (MCD)、好市多 (COST)、微軟 (MSFT) 和波音 (BA)。其中好市多的比重最大。

得到權重 w_p*，即可得出最佳風險組合波動性為 14.8%，及對應的組合收益為 12.2%。從而得到最高夏普比率為 (12.2% -2%)/14.8% = 0.69。圖 12-10 描繪出此時的資本市場線。

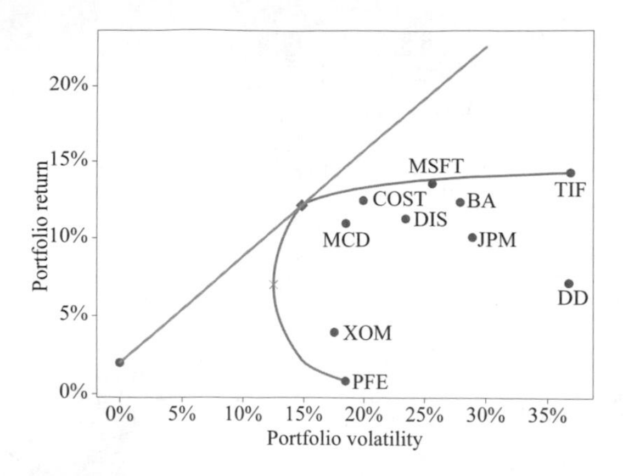

▲ 圖 12-10　不可賣空條件下，資本市場線 (10 支美股實例)

12.3 無差別效用曲線

投資者效用 (Utility) 衡量了投資者的滿意程度。這本是一個非常感性的概念，但一定理論假設下，它是可以被量化的。通常在金融領域，比較流行的表達投資者效用的方程式為：

$$U = \mathrm{E}(r) - \frac{1}{2} A\sigma^2 \tag{12-31}$$

其中，U 表示滿意程度，即效用，$\mathrm{E}(r)$ 為某投資者追求的收益率期望值，方差 σ^2 代表風險，A 為常數，代表了風險厭惡，稱為風險厭惡係數。方程式中的常數 1/2 沒有具體意義，只是為了便於其他衍生計算。因此，這個方程式表達維持滿意度 U，投資者願意承擔的風險。

風險厭惡係數 A 的設定值可以將市場上的投資者分為三類。

- 風險尋求者 (risk-seeking investors)：他們追求更高風險更快樂的理念，為了更高的風險甚至可以犧牲收益率期望值。對於這樣的投資者，風險厭惡係數 A 設定值為負。這樣的投資者可稱為賭徒。
- 風險中性者 (risk-neutral investors)：風險高低對於他們是無感的，只要投資的收益率期望值不變。此時，風險厭惡係數 A 設定值為 0。這樣的投資者在實際中並不常見。

- 風險厭惡者 (risk-averse investors)：為了維持相同的滿意度，當增加一部分風險，必須尋求對應更高的收益率期望值，來補償增加的風險。這符合市場上大部分理性投資者的行為。風險厭惡係數 A 的設定值為正。

如圖 12-11 描繪出了三種投資者在收益率——波動性的二維座標下的效用曲線，其中的投資者都有著相同的投資滿意度 U。在無風險時，即波動性為 0 時，他們有著相同的收益率期望值來達到滿意度 U。圖中對風險厭惡者又細分為了三類，越厭惡風險的投資者，風險厭惡係數 A 越高，曲線的斜率上升越快。

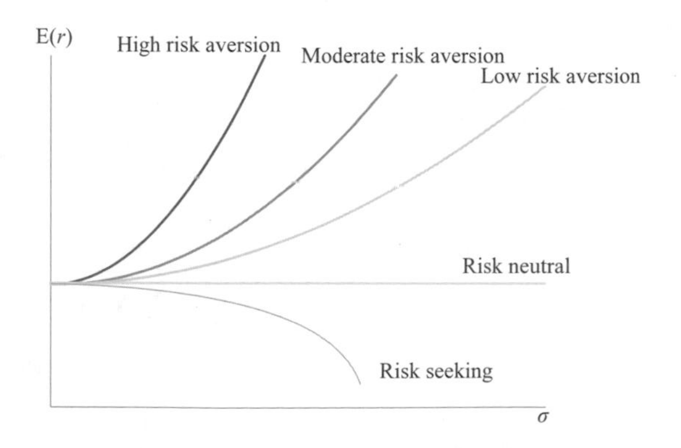

▲ 圖 12-11　五類投資者的風險避開特徵

由於絕大多數理性投資者表現出風險厭惡，對於效用的討論也更加關注風險厭惡投資者。風險厭惡投資者在收益率期望值和風險 (波動性) 中需要權衡。對於任何一個風險厭惡投資者而言，在一個收益率——波動性的二維座標系裡，他們一定會更願意選擇最靠近左上角的投資專案。圖 12-12 中有一投資組合 m，它的收益率期望值和波動性達到了某一投資者的效用 U。相比較投資組合 m，毫無疑問，板塊 A 中的投資選項一定更受青睞，因為板塊 A 中的投資組合比組合 m 的風險低，並且收益率預期要更高，因此效用高於 U。同樣地，相比組合 m，該投資者一定不會選擇板塊 C 中的任何選項，它們的效用都要低於 U。

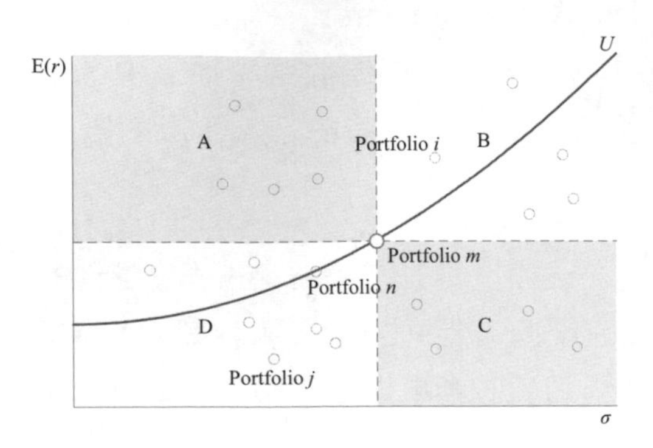

▲ 圖 12-12　無差異效用曲線 U

而在板塊 B 和板塊 D 中，需要透過收益和風險的取捨，達到投資者的滿意度。例如組合 j 的收益過於低，不能達到投資者的效用 U。而組合 i 的收益更高，或風險相較更低，達到比效用 U 更高的效用。組合 n 和組合 m 在同一效用曲線 U 上，代表它們的效用是相同的。

下面，作者列舉兩組無差異效用曲線，幫助讀者更進一步地理解。圖 12-13 中描繪出四條效用曲線，它們有相同的風險厭惡係數 A，但是 $U_4 > U_3 > U_2 > U_1$，很有可能這是來自同一位投資者，不同滿意程度的效用曲線組。

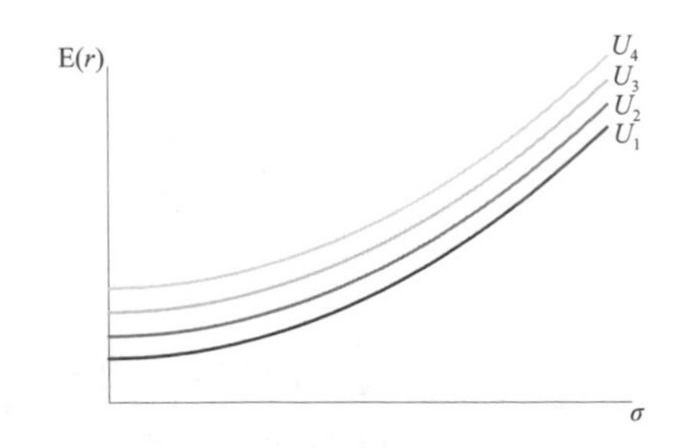

▲ 圖 12-13　第一組無差異效用曲線 U

圖 12-14 中描繪出三條效用曲線，它們有不同的風險厭惡係數 A，並且

$U_1>U_2>U_3$。這些效用曲線來自不同投資者。U_1 投資者比 U_2、U_3 具有較低的風險厭惡，但 U_1 的效用滿意要求比 U_2、U_3 都要高，這從無差異效用曲線 U 和收益率期望值的截距中可以判斷。

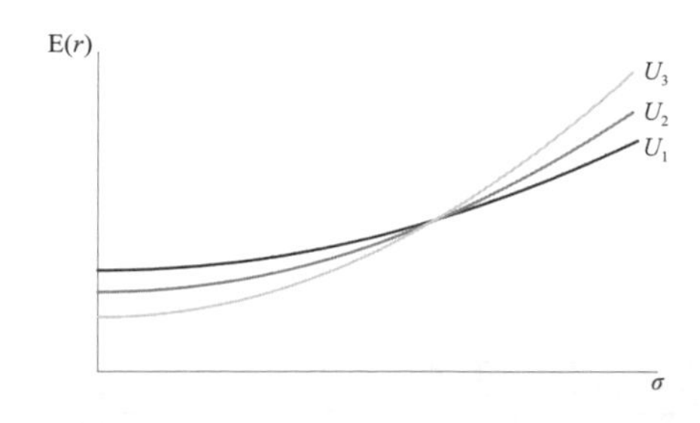

▲ 圖 12-14　第二組無差異效用曲線 U

下式將效用的方程式改寫為對收益率期望值的運算式。其中的效用 U 設定為常數。

$$\mathrm{E}(r)=\frac{1}{2}A\sigma^2+U \tag{12-32}$$

對波動性求導，則可以求得收益率相對於波動性的變化和波動性自身的關係，即為曲線的斜率。

$$\frac{\mathrm{d}\,\mathrm{E}(r)}{\mathrm{d}\sigma}=A\sigma \tag{12-33}$$

收益變化率對於波動性水準呈線性遞增關係，如圖 12-15 所示，這個斜率即為 A。換句話說，風險厭惡者在風險水準不斷提高的情況下，每增加一單位需要補償更多的收益率要求。而這個遞增的速率為 A，因此越討厭風險的人，A 越大。

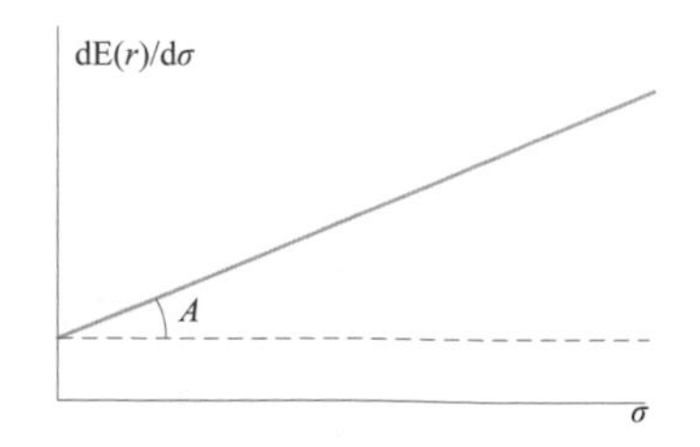

▲ 圖 12-15　收益率相對於波動性的變化和波動性的關係圖

在實際運用中，A 的設定值更為複雜，通常認為與一個人的財富程度有關係。越富裕的人，更願意承擔風險去追求利潤，因此 A 的設定值相較於貧窮的人要低。

另外，無差別曲線也不一定為二次函數的形式，也可能為圓錐曲線函數，或更為複雜的高次函數。本章以二次函數為例，便於讀者理解和應用。

12.4 最佳完全投資組合實例分析

透過風險資產及其組合，與無風險產品可以找出最佳風險投資組合 (optimal risky portfolio)，即夏普比率最高的風險投資組合，繼而描繪出資本市場線 (capital market line)。假設一個投資者有不同滿意度的效用曲線，即 A 相同，但是 U 和收益率期望值 y 軸的截距不同。越靠上的效用曲線表示滿意度越高 (截距越高)。那麼如何找出讓投資者滿意度最高的組合？這需要滿足以下兩點要求。

- 投資組合一定會在資本市場線上，因為能達到最高夏普比率。
- 尋找 U 最大的無差別效用曲線。

如圖 12-16 所示，資本市場線和 U_6 有一交點，為組合 Y。資本市場線和 U_5 有一交點，為組合 Z。由於 U_5 比 U_6 高，因此投資者對組合 Z 的滿意度要高於組合 Y。同理，資本市場線和 U_4 也有兩個交點。而 U_3 和資本市場線有唯一的切線交點。資本市場線和更高效用的 U_2 和 U_1 曲線都沒有交點，表示無論如何分配最佳風險投資組合和無風險產品的權重，都將無法達到 U_1 和 U_2 可以達到的滿意度。因此有唯一切點的 U_3 是現有資本市場線可以達到的最大效用。組合 X 是唯一的最高效用組合，我們稱它為最佳完全投資組合 (optimal complete portfolio) 。

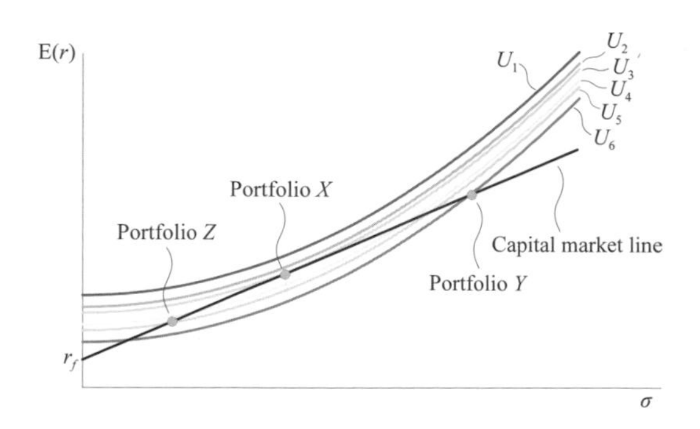

▲ 圖 12-16　無差異效用曲線 U 和資本市場線

由之前的學習我們知道，調整最佳風險投資組合和無風險資產的比重，即可得到最佳完整組合。如果假設最佳風險投資組合的權重為 y，則可以得到資本市場線上的任意投資組合的收益率期望值和波動性表達為：

$$\begin{aligned} \mathrm{E}(r) &= (1-y)r_f + y\,\mathrm{E}(r_p) \\ \sigma &= y\sigma_p \end{aligned} \tag{12-34}$$

此時，資本市場線為一條資本分配線。透過求得無差別效用曲線和資本市場線交點，可將效用 U 表達為關於最佳風險投資組合的權重 y 的函數，即：

$$\begin{aligned} U &= \mathrm{E}(r) - \frac{1}{2}A\sigma^2 \\ &= (1-y)r_f + y\,\mathrm{E}(r_p) - \frac{1}{2}A\left(y\sigma_p\right)^2 \\ &= \left(-\frac{A\sigma_p{}^2}{2}\right)y^2 + \left(\mathrm{E}(r_p) - r_f\right)y + r_f \end{aligned} \tag{12-35}$$

顯而易見，U 為以權重 y 為變數的曝露向下 物線，如圖 12-17 所示。

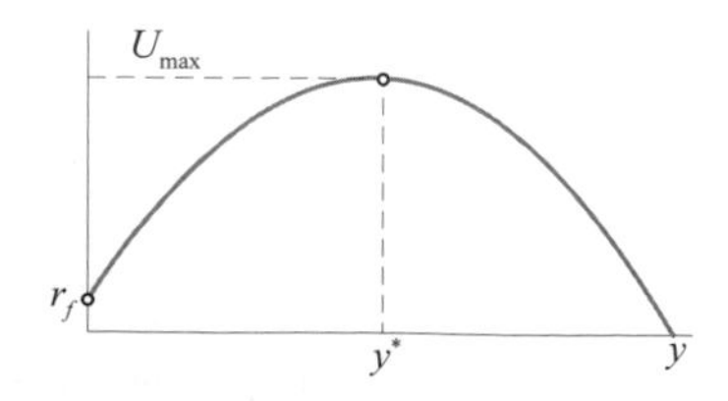

▲ 圖 12-17　效用 U 對於最佳風險投資組合權重 y 的曲線圖

函數 U 對 y 求導為 0，可以得出 U 的最大值和此時權重 y 的值為：

$$y^* = \frac{\mathrm{E}(r_p)-r_f}{A\sigma_p^2} = \frac{SR_p}{A\sigma_p}$$
$$U_{\max} = r_f + \frac{\left(\mathrm{E}(r_p)-r_f\right)^2}{2A\sigma_p^2} = r_f + \frac{SR_p^2}{2A} \tag{12-36}$$

從 y^* 運算式可以知道，當 A 越大時，也就是風險厭惡越大時，最佳完全投資組合中無風險資產的比重越高，最大效用 $U_{\max}$ 越低。相反地，當 A 越小時，也就是風險厭惡越小，最佳完全投資組合中風險資產組合的比重越高，甚至需要賣空無風險產品 (當 $y^* > 1$) 來達到最大效用，這樣能夠達到的最大效用 $U_{\max}$ 將更大。這種關係表現如圖 12-18 所示。

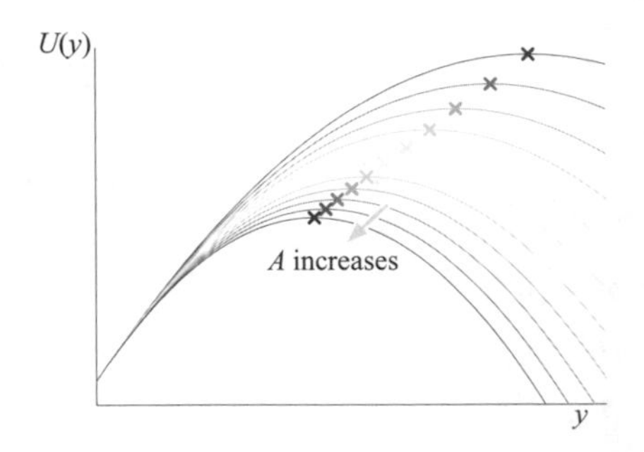

▲ 圖 12-18　風險厭惡 A 遞增時，效用 U 函數曲線變化

得到 y^* 之後，可以求得最佳完全投資組合的收益率表示為：

$$\begin{aligned}\mathrm{E}(r_{c*}) &= \left(1-y^*\right)r_f + y^*\mathrm{E}\left(r_{p*}\right) \\ &= \left(1-\frac{\mathrm{E}(r_{p*})-r_f}{A\sigma_{p*}^2}\right)r_f + \frac{\mathrm{E}(r_{p*})-r_f}{A\sigma_{p*}^2}\mathrm{E}\left(r_{p*}\right)\end{aligned} \tag{12-37}$$

若加入夏普比率，可表示為：

$$\begin{aligned}\mathrm{E}(r_{c*}) &= \left(1-\frac{SR_{p*}}{A\sigma_{p*}}\right)r_f + \frac{SR_{p*}}{A\sigma_{p*}}\mathrm{E}\left(r_{p*}\right) \\ &= r_f + \frac{SR_{p*}^2}{A}\end{aligned} \tag{12-38}$$

此時，最佳完全投資組合的波動性表示為：

$$\begin{aligned}\sigma_{c*} &= y^{*}\sigma_{p*} \\ &= \frac{E(r_{p*})-r_f}{A\sigma_{p*}^{2}}\sigma_{p*} \\ &= \frac{E(r_{p*})-r_f}{A\sigma_{p*}}\end{aligned} \tag{12-39}$$

若加入夏普比率，可表示為：

$$\sigma_{c*} = \frac{SR_{p*}}{A} \tag{12-40}$$

如圖 12-19 將有效前端、最小風險組合、最佳風險投資組合、資本市場線、無差別效用曲線和最佳完全投資組合描繪在同一平面中。需要指出的是，最佳完全投資組合在賣空無風險產品的情況下，在最佳風險投資組合的上方。

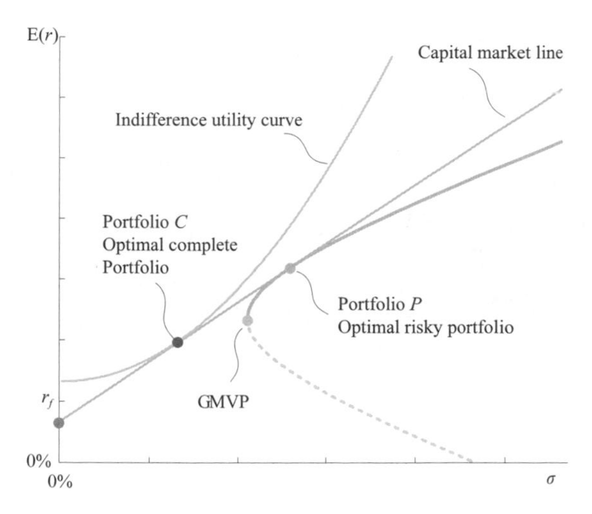

▲ 圖 12-19　最佳完全投資組合

結合上文中的例子，下面將介紹加入無差別效用曲線，來求得最佳完整投資組合。假設有兩個投資者，一個投資者的風險厭惡係數 A 為 3，另一個投資者的風險厭惡係數 A 為 5。

當 A 為 5 時，最佳完全投資組合中，最佳風險投資組合的權重為 67%，收益率為 15.4%，波動性為 16.4%。而當 A 為 3 時，投資者願意承擔更多風險，在其最佳完全投資組合中，最佳風險投資者組合的比重為 112%，表示需要賣空 12% 的無風險產品。此時，最佳完全投資組合的收益率為 24.4%，波動性為 27.3%。如圖 12-20 描繪出 A 分別為 3 和 5 時的效用曲線和兩者的最佳完全投資組合。

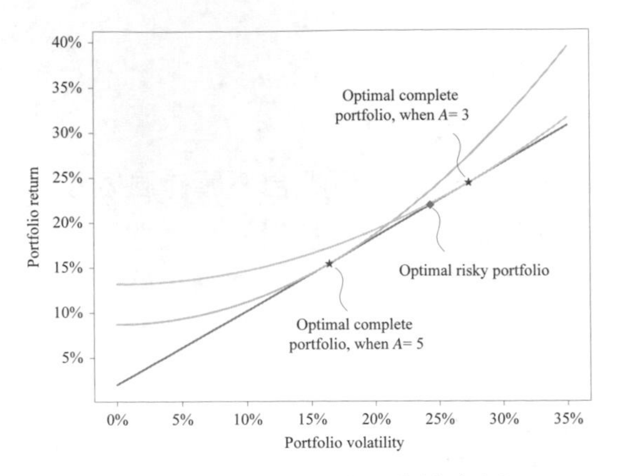

▲ 圖 12-20　無差別曲線實例

圖 12-21 展示了 10 支美股的實例中所得到的最佳風險投資組合、最佳完全投資組合、效用曲線、市場資本線和有效前端。

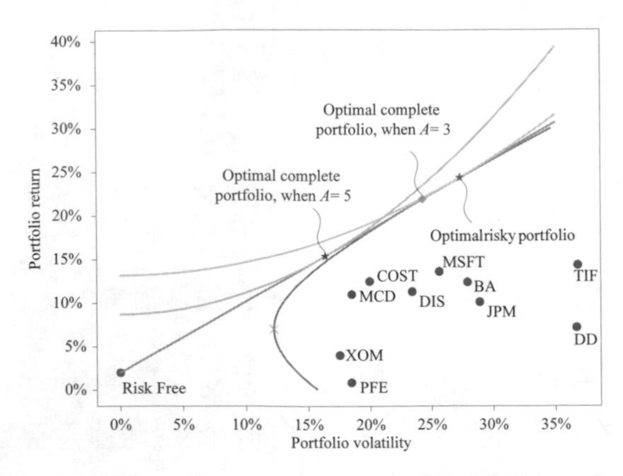

▲ 圖 12-21　最佳完全投資組合實例

在風險資產不賣空的情況下，A 為 5 時，最佳完全投資組合中，最佳風險投資組合的權重為 93%，收益率為 11.5%，波動性為 13.8%。而當 A 為 3 時，投資者願意承擔更多風險，在其最佳完全投資組合中，最佳風險投資者組合的比重為 155%，表示需要賣空 55% 的無風險產品。此時，最佳完全投資組合的收益率為 17.8%，波動性為 23%。如圖 12-22 描繪出 A 分別為 3 和 5 時的效用曲線和兩者的最佳完全投資組合。

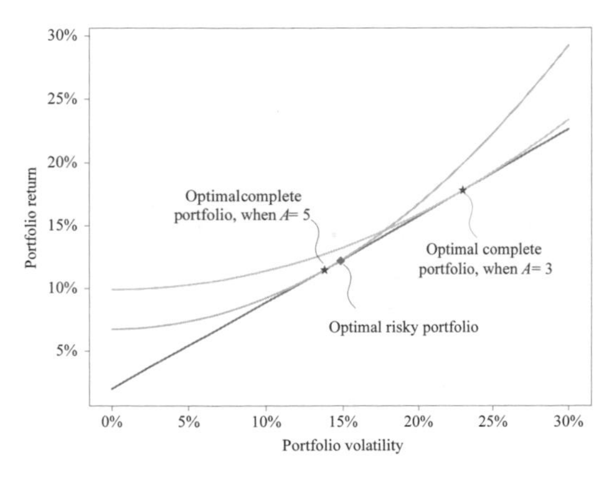

▲ 圖 12-22 無差別曲線實例，不賣空風險資產情況下

圖 12-23 展示了 10 支美股的實例中所得到的最佳風險投資組合、最佳完全投資組合、效用曲線、市場資本線和有效前端。

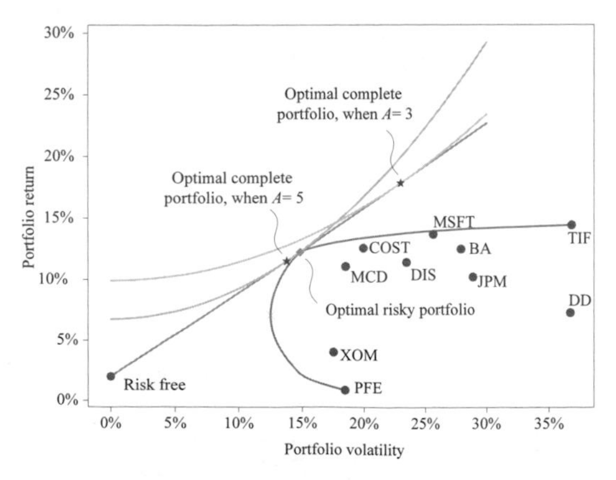

▲ 圖 12-23 最佳完全投資組合實例，不賣空風險資產情況下

透過第 11 章和本章前幾節的學習，可以依此歸納複習出尋找最佳投資組合的流程，如表 11-2 所示。

表 11-2 最佳完全投資組合的求取過程

	Inputs	Output	Chart
Step 1	Individual risky assets Expected return，Variance-Covariance matrix	Opportunity set，Efficient frontier，GMVP	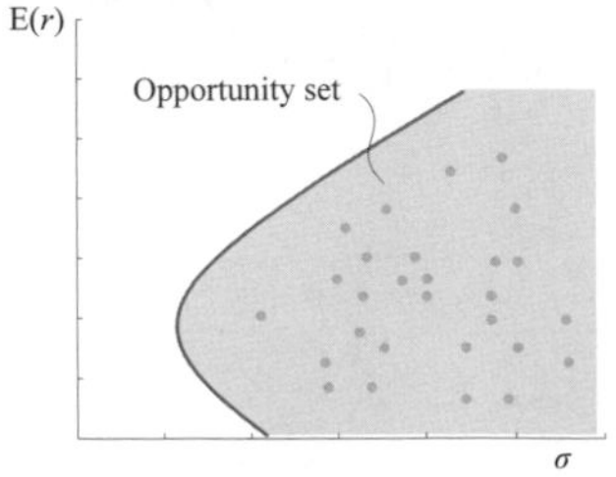
Step 2	Risk free rate	Capital market line，Optimal risky portfolio	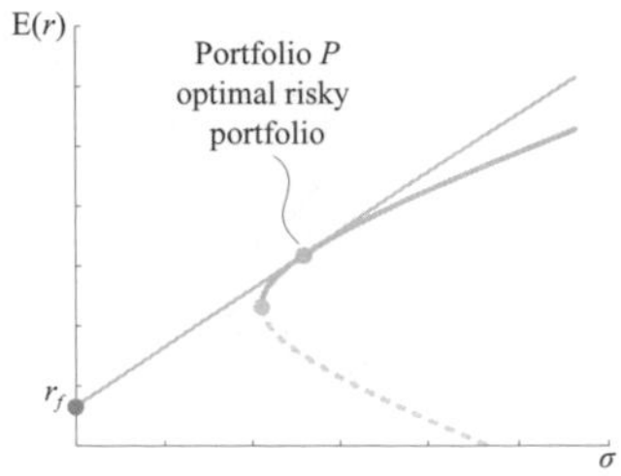
Step 3	Risk aversion coefficient	Indifference utility curves	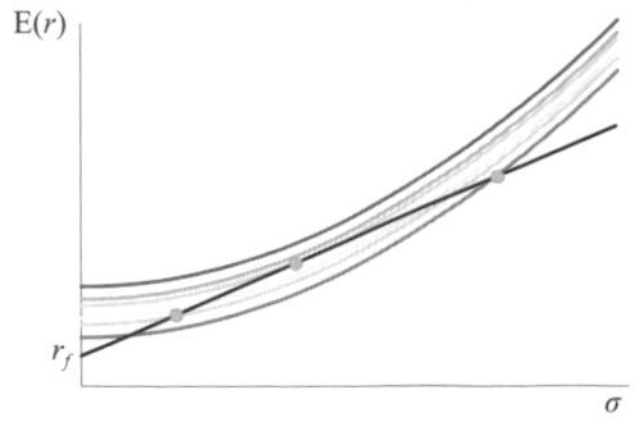
Step 4	N/A	Optimal complete portfolio	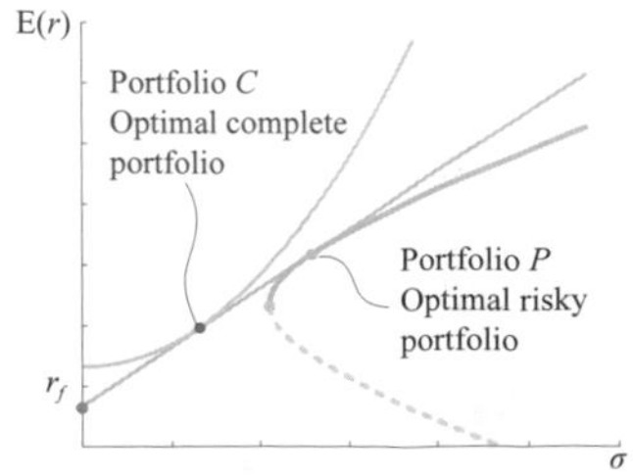

圖 12-7 和圖 12-8 由以下程式生成。

B2_Ch12_1.py

```
from numpy import array, sqrt, dot, linspace, ones, zeros, size, append
from pandas import read_excel, DataFrame
from numpy.linalg import inv

import matplotlib.pyplot as plt

#%% Read data from excel
data = read_excel(r'insert_directory\Data_portfolio_1.xlsx')

#%% Return Vector, Volatility Vector, Variance-Covariance Matrix,
Correlation Matrix
Singlename_Mean = DataFrame.mean(data)*12
Singlename_Vol = DataFrame.std(data)*sqrt(12)
CorrelationMatrix = DataFrame.corr(data)
CovarianceMatrix = DataFrame.cov(data)*12

#%% Define Risk Free asset
RF = 0.02

#%% Scatter plot
tickers = Singlename_Mean.index.tolist()

fig,ax=plt.subplots()
ax.scatter(Singlename_Vol,Singlename_Mean,color="blue")
ax.scatter(0,RF,color="red")

for x_pos, y_pos, label in zip(Singlename_Vol, Singlename_Mean, tickers):
    ax.annotate(label,
                xy=(x_pos, y_pos),
                xytext=(7, 0),
                textcoords='offset points',
                ha='left',
                va='center')

ax.set(xlabel='Portfolio Volatility',ylabel='Portfolio Return')


#%% GMVP portfolio
```

```
CalMat = ones((size(Singlename_Mean)+1,size(Singlename_Mean)+1))
CalMat[0:-1,0:-1] = 2*CovarianceMatrix.to_numpy()
CalMat[0:-1,-1] = - CalMat[0:-1,-1]
CalMat[-1,-1] = 0.0

Vec1 = zeros((size(Singlename_Mean)+1))
Vec1[-1] = 1

SolutionVec1 = dot(inv(CalMat),Vec1)

Weight_GMVP = SolutionVec1[0:-1]

Port_Vol_GMVP = sqrt(dot(dot(Weight_GMVP,CovarianceMatrix.to_
numpy()),Weight_GMVP))
Port_Return_GMVP = dot(Weight_GMVP,Singlename_Mean.to_numpy())

#%% bar chart GMVP weight
fig,ax=plt.subplots()

ax.barh(tickers,Weight_GMVP)
ax.set(xlabel='GMVP Weight Allocation',ylabel='Names')

#%% MVP portfolio, fixed return
Port_Return = 0.30
CalMat = ones((size(Singlename_Mean)+2,size(Singlename_Mean)+2))
CalMat[0:-2,0:-2] = 2*CovarianceMatrix.to_numpy()
CalMat[0:-2,-2] = - CalMat[0:-2,-2]
CalMat[0:-2,-1] = - Singlename_Mean.to_numpy()
CalMat[-1,0:-2] = Singlename_Mean.to_numpy()
CalMat[-2:,-2:] = zeros((2,2))

Vec2 = zeros((size(Singlename_Mean)+2))
Vec2[-2] = 1
Vec2[-1] = Port_Return

SolutionVec2 = dot(inv(CalMat),Vec2)

Weight_MVP = SolutionVec2[0:-2]

#%% Efficient Frontier
```

```
CalMat = ones((size(Singlename_Mean)+2,size(Singlename_Mean)+2))
CalMat[0:-2,0:-2] = 2*CovarianceMatrix.to_numpy()
CalMat[0:-2,-2] = - CalMat[0:-2,-2]
CalMat[0:-2,-1] = - Singlename_Mean.to_numpy()
CalMat[-1,0:-2] = Singlename_Mean.to_numpy()
CalMat[-2:,-2:] = zeros((2,2))
Vec2 = zeros((size(Singlename_Mean)+2))
Vec2[-2] = 1

#=================================================================
#Efficient Frontier
#=================================================================
EF_vol = array([])
#Rp_range =  linspace(0.07,0.3, num=24)
Rp_range =  linspace(Port_Return_GMVP,0.3, num=25)

for Rp in Rp_range:
    Vec2[-1] = Rp
    SolutionVec2 = dot(inv(CalMat),Vec2)

    Weight_MVP = SolutionVec2[0:-2]

    Port_vol = sqrt(dot(dot(Weight_MVP,CovarianceMatrix.to_
numpy()),Weight_MVP))
    EF_vol = append(EF_vol,array(Port_vol))

#=================================================================
#In-efficient
#=================================================================
InEF_vol = array([])
Rp_range_inEF =  linspace(0.0,Port_Return_GMVP, num=10)

for Rp in Rp_range_inEF:
    Vec2[-1] = Rp
    SolutionVec2 = dot(inv(CalMat),Vec2)

    Weight_MVP = SolutionVec2[0:-2]

    Port_vol = sqrt(dot(dot(Weight_MVP,CovarianceMatrix.to_
```

```
numpy()),Weight_MVP))
    InEF_vol = append(InEF_vol,array(Port_vol))
#=================================================================
#Hyperbola curve
#=================================================================
Hcurve_vol = array([])
Rp_range_Hcurve =  linspace(0.0,0.3, num=100)

for Rp in Rp_range_Hcurve:
    Vec2[-1] = Rp
    SolutionVec2 = dot(inv(CalMat),Vec2)

    Weight_MVP = SolutionVec2[0:-2]

    Port_vol = sqrt(dot(dot(Weight_MVP,CovarianceMatrix.to_
numpy()),Weight_MVP))
    Hcurve_vol = append(Hcurve_vol,array(Port_vol))

#%% Optimal Risky portfolio
Er_initial = 0.15
CalMat = zeros((size(Singlename_Mean)+1,size(Singlename_Mean)+1))
CalMat[0:-1,0:-1] = 2*CovarianceMatrix.to_numpy()
CalMat[0:-1,-1] = -(Singlename_Mean.to_numpy()-RF)
CalMat[-1,0:-1] = Singlename_Mean.to_numpy()-RF

Vec3 = zeros((size(Singlename_Mean)+1))
Vec3[-1] = Er_initial-RF

SolutionVec3 = dot(inv(CalMat),Vec3)

Weight_ORP = SolutionVec3[0:-1]/sum(SolutionVec3[0:-1])

Port_Vol_ORP = sqrt(dot(dot(Weight_ORP,CovarianceMatrix.to_
numpy()),Weight_ORP))
Port_Return_ORP = dot(Weight_ORP,Singlename_Mean.to_numpy())

SR = (Port_Return_ORP-RF)/Port_Vol_ORP

#%% bar chart ORP weight
fig,ax=plt.subplots()
```

```
ax.barh(tickers,Weight_ORP)
ax.set(xlabel='Optimal Risk Portfolio Weight Allocation',ylabel='Names')


#%% plot Efficient Frontier portfolios
fig,ax=plt.subplots()
ax.plot(Hcurve_vol,Rp_range_Hcurve)
ax.scatter(Port_Vol_GMVP,Port_Return_GMVP, marker='x')
#ax.scatter(InEF_vol,Rp_range_inEF)
#ax.scatter(EF_vol,Rp_range)
ax.scatter(0,RF,color="red")
ax.scatter(Port_Vol_ORP,Port_Return_ORP, marker='D')
ax.plot([0,Port_Vol_ORP],[RF,Port_Return_ORP])
ax.scatter(Singlename_Vol,Singlename_Mean,color="blue")

for x_pos, y_pos, label in zip(Singlename_Vol, Singlename_Mean, tickers):
    ax.annotate(label,
                xy=(x_pos, y_pos),
                xytext=(7, 0),
                textcoords='offset points',
                ha='left',
                va='center')

ax.set(xlabel='Portfolio Volatility',ylabel='Portfolio Return')
```

另外，圖 12-7 和圖 12-8 也可利用 qpsolver 運算套件生成，參考以下程式。執行程式後，也同時生成圖 12-21 和圖 12-22。

B2_Ch12_2.py

```
from numpy import array, sqrt, dot, linspace, append, zeros_like, ones_
like
from pandas import read_excel, DataFrame
from qpsolvers import solve_qp
import matplotlib.pyplot as plt

#%% Read data from excel
data = read_excel(r'insert_directory\Data_portfolio_1.xlsx')
```

```
#%% Return Vector, Volatility Vector, Variance-Covariance Matrix,
Correlation Matrix
Singlename_Mean = DataFrame.mean(data)*12
Singlename_Vol = DataFrame.std(data)*sqrt(12)
CorrelationMatrix = DataFrame.corr(data)
CovarianceMatrix = DataFrame.cov(data)*12

#%% Define Risk Free asset
RF = 0.02

#%% Scatter plot
tickers = Singlename_Mean.index.tolist()

fig,ax=plt.subplots()
ax.scatter(Singlename_Vol,Singlename_Mean,color="blue")
ax.scatter(0,RF,color="red")

for x_pos, y_pos, label in zip(Singlename_Vol, Singlename_Mean, tickers):
    ax.annotate(label,
                xy=(x_pos, y_pos),
                xytext=(7, 0),
                textcoords='offset points',
                ha='left',
                va='center')

ax.set(xlabel='Portfolio Volatility',ylabel='Portfolio Return')


#%% GMVP portfolio
Weight_GMVP=solve_qp(
    CovarianceMatrix.to_numpy(),
    zeros_like(Singlename_Mean),
    None,None,
    ones_like(Singlename_Mean),
    array([1.]))

Port_Vol_GMVP = sqrt(dot(dot(Weight_GMVP,CovarianceMatrix.to_
numpy()),Weight_GMVP))
Port_Return_GMVP = dot(Weight_GMVP,Singlename_Mean.to_numpy())
```

```
#%% bar chart GMVP weight
fig,ax=plt.subplots()

ax.barh(tickers,Weight_GMVP)
ax.set(xlabel='GMVP Weight Allocation',ylabel='Names')

#%% MVP portfolio, fixed return
Port_Return = 0.30
Weight_MVP=solve_qp(
    CovarianceMatrix.to_numpy(),
    zeros_like(Singlename_Mean),
    None,None,
    array([ones_like(Singlename_Mean),Singlename_Mean.to_numpy()]),
    array([1.,Port_Return]).reshape(2,))

fig,ax=plt.subplots()
tickers = Singlename_Mean.index.tolist()
ax.barh(tickers,Weight_MVP)
ax.set(xlabel='Weight',ylabel='Names')


#%% Efficient Frontier

#================================================================
#Efficient Frontier
#================================================================
EF_vol = array([])
#Rp_range =  linspace(0.07,0.3, num=24)
Rp_range =  linspace(Port_Return_GMVP,0.3, num=25)

for Rp in Rp_range:
    Weight_MVP=solve_qp(
        CovarianceMatrix.to_numpy(),
        zeros_like(Singlename_Mean),
        None,None,
        array([ones_like(Singlename_Mean),Singlename_Mean.to_numpy()]),
        array([1.,Rp]).reshape(2,))
    Port_vol = sqrt(dot(dot(Weight_MVP,CovarianceMatrix.to_
numpy()),Weight_MVP))
```

```
    EF_vol = append(EF_vol,array(Port_vol))

#=================================================================
#In-efficient
#=================================================================
InEF_vol = array([])
Rp_range_inEF =  linspace(0.0,Port_Return_GMVP, num=10)

for Rp in Rp_range_inEF:
    Weight_MVP=solve_qp(
        CovarianceMatrix.to_numpy(),
        zeros_like(Singlename_Mean),
        None,None,
        array([ones_like(Singlename_Mean),Singlename_Mean.to_numpy()]),
        array([1.,Rp]).reshape(2,))
    Port_vol = sqrt(dot(dot(Weight_MVP,CovarianceMatrix.to_
numpy()),Weight_MVP))
    InEF_vol = append(InEF_vol,array(Port_vol))
#=================================================================
#Hyperbola curve
#=================================================================
Hcurve_vol = array([])
Rp_range_Hcurve =  linspace(0.001,0.3, num=100)

for Rp in Rp_range_Hcurve:
    Weight_MVP=solve_qp(
        CovarianceMatrix.to_numpy(),
        zeros_like(Singlename_Mean),
        None,None,
        array([ones_like(Singlename_Mean),Singlename_Mean.to_numpy()]),
        array([1.,Rp]).reshape(2,))
    Port_vol = sqrt(dot(dot(Weight_MVP,CovarianceMatrix.to_
numpy()),Weight_MVP))
    Hcurve_vol = append(Hcurve_vol,array(Port_vol))

#%% Optimal Risky portfolio
Er_initial = 0.15
Solution=solve_qp(
    CovarianceMatrix.to_numpy(),
```

```
    zeros_like(Singlename_Mean),
    None,None,
    array([Singlename_Mean.to_numpy()-RF]),
    array([Er_initial-RF]))

Weight_ORP = Solution/sum(Solution)

Port_Vol_ORP = sqrt(dot(dot(Weight_ORP,CovarianceMatrix.to_
numpy()),Weight_ORP))
Port_Return_ORP = dot(Weight_ORP,Singlename_Mean.to_numpy())

SR = (Port_Return_ORP-RF)/Port_Vol_ORP

#%% bar chart ORP weight
fig,ax=plt.subplots()

ax.barh(tickers,Weight_ORP)
ax.set(xlabel='Optimal Risk Portfolio Weight Allocation',ylabel='Names')


#%% Capital Market Line
vol_range = linspace(0,0.35,100)
CML = RF + SR*vol_range

#%% plot Efficient Frontier portfolios
fig,ax=plt.subplots()
ax.plot(Hcurve_vol,Rp_range_Hcurve)
ax.scatter(Port_Vol_GMVP,Port_Return_GMVP, marker='x')
#ax.scatter(InEF_vol,Rp_range_inEF)
#ax.scatter(EF_vol,Rp_range)
ax.scatter(0,RF,color="red")
ax.scatter(Port_Vol_ORP,Port_Return_ORP, marker='D',color="red")
ax.plot(vol_range,CML)
ax.scatter(Singlename_Vol,Singlename_Mean,color="blue")

for x_pos, y_pos, label in zip(Singlename_Vol, Singlename_Mean, tickers):
    ax.annotate(label,
                xy=(x_pos, y_pos),
                xytext=(7, 0),
```

```
                        textcoords='offset points',
                        ha='left',
                        va='center')

ax.set(xlabel='Portfolio Volatility',ylabel='Portfolio Return')


#%% Optimal Indifference Utility Curve 1
A1 = 3
U_max_1 = RF + SR**2/(2*A1)
Weight_P_1 = SR/(A1*Port_Vol_ORP)

R1 = 1/2*A1*(vol_range**2) + U_max_1

E_c1 = RF+SR**2/A1
Vol_c1 = Weight_P_1*Port_Vol_ORP

#%% bar chart OCP1 weight
fig,ax=plt.subplots()

ax.barh(tickers,Weight_ORP*Weight_P_1)
ax.set(xlabel='Optimal Risk Portfolio Weight Allocation with A =
'+ str(A1),ylabel='Names')

#%% Optimal Indifference Utility Curve 2
A2 = 5
U_max_2 = RF + SR**2/(2*A2)
Weight_P_2 = SR/(A2*Port_Vol_ORP)

R2 = 1/2*A2*(vol_range**2) + U_max_2

E_c2 = RF+SR**2/A2
Vol_c2 = Weight_P_2*Port_Vol_ORP

#%% bar chart OCP2 weight
fig,ax=plt.subplots()

ax.barh(tickers,Weight_ORP*Weight_P_2)
ax.set(xlabel='Optimal Risk Portfolio Weight Allocation with A =
'+ str(A2),ylabel='Names')
```

```
#%% plot Capital Market Line and Indifference Utility Curves
fig,ax=plt.subplots()
ax.plot(vol_range,CML)
ax.plot(vol_range,R1,color="green")
ax.plot(vol_range,R2,color="green")
ax.scatter(Port_Vol_ORP,Port_Return_ORP, marker='D')

ax.scatter(Vol_c1,E_c1, marker='*', color="purple")
ax.scatter(Vol_c2,E_c2, marker='*', color="purple")

ax.set(xlabel='Portfolio Volatility',ylabel='Portfolio Return')

#%% plot everything
fig,ax=plt.subplots()
ax.plot(Hcurve_vol,Rp_range_Hcurve)
ax.scatter(Port_Vol_GMVP,Port_Return_GMVP, marker='x')
#ax.scatter(InEF_vol,Rp_range_inEF)
#ax.scatter(EF_vol,Rp_range)
ax.scatter(0,RF,color="red")
ax.scatter(Port_Vol_ORP,Port_Return_ORP, marker='D')
ax.plot(vol_range,CML)

ax.plot(vol_range,R1,color="green")
ax.plot(vol_range,R2,color="green")

ax.scatter(Vol_c1,E_c1, marker='*', color="purple")
ax.scatter(Vol_c2,E_c2, marker='*', color="purple")

ax.scatter(Singlename_Vol,Singlename_Mean,color="blue")
for x_pos, y_pos, label in zip(Singlename_Vol, Singlename_Mean, tickers):
    ax.annotate(label,
                xy=(x_pos, y_pos),
                xytext=(7, 0),
                textcoords='offset points',
                ha='left',
                va='center')

ax.set(xlabel='Portfolio Volatility',ylabel='Portfolio Return')
```

在不可賣空風險資產的條件下，圖 12-9、圖 12-10、圖 12-22 和圖 12-23 可以由以下程式生成。

B2_Ch12_3.py

```
from numpy import array, sqrt, dot, linspace, append, zeros_like, ones_
like, size, identity
from pandas import read_excel, DataFrame
from qpsolvers import solve_qp
import matplotlib.pyplot as plt

#%% Read data from excel
data = read_excel(r'insert_directory\Data_portfolio_1.xlsx')

#%% Return Vector, Volatility Vector, Variance-Covariance Matrix,
Correlation Matrix
Singlename_Mean = DataFrame.mean(data)*12
Singlename_Vol = DataFrame.std(data)*sqrt(12)
CorrelationMatrix = DataFrame.corr(data)
CovarianceMatrix = DataFrame.cov(data)*12

#%% Define Risk Free asset
RF = 0.02

#%% Scatter plot
tickers = Singlename_Mean.index.tolist()

fig,ax=plt.subplots()
ax.scatter(Singlename_Vol,Singlename_Mean,color="blue")
ax.scatter(0,RF,color="red")

for x_pos, y_pos, label in zip(Singlename_Vol, Singlename_Mean, tickers):
    ax.annotate(label,
                xy=(x_pos, y_pos),
                xytext=(7, 0),
                textcoords='offset points',
                ha='left',
                va='center')
```

```
ax.set(xlabel='Portfolio Volatility',ylabel='Portfolio Return')


#%% GMVP portfolio
Weight_GMVP=solve_qp(
    CovarianceMatrix.to_numpy(),
    zeros_like(Singlename_Mean),
    -identity(size(Singlename_Mean)),
    zeros_like(Singlename_Mean),
    ones_like(Singlename_Mean),
    array([1.]))

Port_Vol_GMVP = sqrt(dot(dot(Weight_GMVP,CovarianceMatrix.to_
numpy()),Weight_GMVP))
Port_Return_GMVP = dot(Weight_GMVP,Singlename_Mean.to_numpy())

#%% bar chart GMVP weight
fig,ax=plt.subplots()

ax.barh(tickers,Weight_GMVP)
ax.set(xlabel='GMVP Weight Allocation',ylabel='Names')

#%% MVP portfolio, fixed return
Port_Return = 0.1
Weight_MVP=solve_qp(
    CovarianceMatrix.to_numpy(),
    zeros_like(Singlename_Mean),
    -identity(size(Singlename_Mean)),
    zeros_like(Singlename_Mean),
    array([ones_like(Singlename_Mean),Singlename_Mean.to_numpy()]),
    array([1.,Port_Return]).reshape(2,))


#%% Efficient Frontier

#==========================================================================
#Efficient Frontier
#==========================================================================
EF_vol = array([])
```

```
#Rp_range =  linspace(0.07,0.3, num=24)
Rp_range =  linspace(Port_Return_GMVP,max(Singlename_Mean), num=15)

for Rp in Rp_range:
    Weight_MVP=solve_qp(
        CovarianceMatrix.to_numpy(),
        zeros_like(Singlename_Mean),
        -identity(size(Singlename_Mean)),
        zeros_like(Singlename_Mean),
        array([ones_like(Singlename_Mean),Singlename_Mean.to_numpy()]),
        array([1.,Rp]).reshape(2,))
    Port_vol = sqrt(dot(dot(Weight_MVP,CovarianceMatrix.to_
numpy()),Weight_MVP))
    EF_vol = append(EF_vol,array(Port_vol))

#==========================================================================
#In-efficient
#==========================================================================
InEF_vol = array([])
Rp_range_inEF =  linspace(min(Singlename_Mean),Port_Return_GMVP, num=8)

for Rp in Rp_range_inEF:
    Weight_MVP=solve_qp(
        CovarianceMatrix.to_numpy(),
        zeros_like(Singlename_Mean),
        -identity(size(Singlename_Mean)),
        zeros_like(Singlename_Mean),
        array([ones_like(Singlename_Mean),Singlename_Mean.to_numpy()]),
        array([1.,Rp]).reshape(2,))
    Port_vol = sqrt(dot(dot(Weight_MVP,CovarianceMatrix.to_
numpy()),Weight_MVP))
    InEF_vol = append(InEF_vol,array(Port_vol))
#==========================================================================
#Hyperbola curve
#==========================================================================
Hcurve_vol = array([])
Rp_range_Hcurve =  linspace(min(Singlename_Mean),max(Singlename_Mean),
num=50)
```

```
for Rp in Rp_range_Hcurve:
    Weight_MVP=solve_qp(
        CovarianceMatrix.to_numpy(),
        zeros_like(Singlename_Mean),
        -identity(size(Singlename_Mean)),
        zeros_like(Singlename_Mean),
        array([ones_like(Singlename_Mean),Singlename_Mean.to_numpy()]),
        array([1.,Rp]).reshape(2,))
    Port_vol = sqrt(dot(dot(Weight_MVP,CovarianceMatrix.to_
numpy()),Weight_MVP))
    Hcurve_vol = append(Hcurve_vol,array(Port_vol))

#%% Optimal Risky portfolio
Er_initial = 0.05
Solution=solve_qp(
    CovarianceMatrix.to_numpy(),
    zeros_like(Singlename_Mean),
    -identity(size(Singlename_Mean)),
    zeros_like(Singlename_Mean),
    array([Singlename_Mean.to_numpy()-RF]),
    array([Er_initial-RF]))

Weight_ORP = Solution/sum(Solution)

Port_Vol_ORP = sqrt(dot(dot(Weight_ORP,CovarianceMatrix.to_
numpy()),Weight_ORP))
Port_Return_ORP = dot(Weight_ORP,Singlename_Mean.to_numpy())

SR = (Port_Return_ORP-RF)/Port_Vol_ORP

#%% bar chart ORP weight
fig,ax=plt.subplots()

ax.barh(tickers,Weight_ORP)
ax.set(xlabel='Optimal Risk Portfolio Weight Allocation',ylabel='Names')

#%% Capital Market Line
vol_range = linspace(0,0.3,100)
CML = RF + SR*vol_range
```

```
#%% plot Efficient Frontier portfolios
fig,ax=plt.subplots()
ax.plot(Hcurve_vol,Rp_range_Hcurve)
ax.scatter(Port_Vol_GMVP,Port_Return_GMVP, marker='x')
#ax.scatter(InEF_vol,Rp_range_inEF)
#ax.scatter(EF_vol,Rp_range)
ax.scatter(0,RF,color="red")
ax.scatter(Port_Vol_ORP,Port_Return_ORP, marker='D',color="red")
ax.plot(vol_range,CML)
ax.scatter(Singlename_Vol,Singlename_Mean,color="blue")

for x_pos, y_pos, label in zip(Singlename_Vol, Singlename_Mean, tickers):
    ax.annotate(label,
                xy=(x_pos, y_pos),
                xytext=(7, 0),
                textcoords='offset points',
                ha='left',
                va='center')

ax.set(xlabel='Portfolio Volatility',ylabel='Portfolio Return')


#%% Optimal Indifference Utility Curve 1
A1 = 3
U_max_1 = RF + SR**2/(2*A1)
Weight_P_1 = SR/(A1*Port_Vol_ORP)

R1 = 1/2*A1*(vol_range**2) + U_max_1

E_c1 = RF+SR**2/A1
Vol_c1 = Weight_P_1*Port_Vol_ORP

#%% bar chart OCP1 weight
fig,ax=plt.subplots()

ax.barh(tickers,Weight_ORP*Weight_P_1)
ax.set(xlabel='Optimal Risk Portfolio Weight Allocation with A =
'+ str(A1),ylabel='Names')
```

```
#%% Optimal Indifference Utility Curve 2
A2 = 5
U_max_2 = RF + SR**2/(2*A2)
Weight_P_2 = SR/(A2*Port_Vol_ORP)

R2 = 1/2*A2*(vol_range**2) + U_max_2

E_c2 = RF+SR**2/A2
Vol_c2 = Weight_P_2*Port_Vol_ORP

#%% bar chart OCP2 weight
fig,ax=plt.subplots()

ax.barh(tickers,Weight_ORP*Weight_P_2)
ax.set(xlabel='Optimal Risk Portfolio Weight Allocation with A = '+
str(A2),ylabel='Names')

#%% plot Capital Market Line and Indifference Utility Curves
fig,ax=plt.subplots()
ax.plot(vol_range,CML)
ax.plot(vol_range,R1,color="green")
ax.plot(vol_range,R2,color="green")
ax.scatter(Port_Vol_ORP,Port_Return_ORP, marker='D')

ax.scatter(Vol_c1,E_c1, marker='*', color="purple")
ax.scatter(Vol_c2,E_c2, marker='*', color="purple")

ax.set(xlabel='Portfolio Volatility',ylabel='Portfolio Return')

#%% plot everything
fig,ax=plt.subplots()
ax.plot(Hcurve_vol,Rp_range_Hcurve)
ax.scatter(Port_Vol_GMVP,Port_Return_GMVP, marker='x')
#ax.scatter(InEF_vol,Rp_range_inEF)
#ax.scatter(EF_vol,Rp_range)
ax.scatter(0,RF,color="red")
ax.scatter(Port_Vol_ORP,Port_Return_ORP, marker='D')
ax.plot(vol_range,CML)
```

```
ax.plot(vol_range,R1,color="green")
ax.plot(vol_range,R2,color="green")

ax.scatter(Vol_c1,E_c1, marker='*', color="purple")
ax.scatter(Vol_c2,E_c2, marker='*', color="purple")

ax.scatter(Singlename_Vol,Singlename_Mean,color="blue")
for x_pos, y_pos, label in zip(Singlename_Vol, Singlename_Mean, tickers):
    ax.annotate(label,
                xy=(x_pos, y_pos),
                xytext=(7, 0),
                textcoords='offset points',
                ha='left',
                va='center')

ax.set(xlabel='Portfolio Volatility',ylabel='Portfolio Return'))
```

12.5 資產定價理論

資本資產定價模型 (capital asset pricing model) 是現代金融理論的重要基石，通常簡稱為 CAPM 模型。這個模型由現代金融理論開拓者威廉・夏普 (W. Sharpe)、約翰・林特納 (J Lintner)、簡・莫辛 (J. Mossin) 分別提出。其中，夏普也因其貢獻而獲得諾貝爾經濟學獎。

William F. Sharpe (1934 –) Prize motivation: "for their pioneering work in the theory of financial economics." Contribution: Developed a general theory for the pricing of financial assets. (Sources: https://www.nobelprize.org/prizes/economic-sciences/1990/sharpe/facts/)

在 CAPM 模型下，將風險資產超額收益率 (excess return)，即 $r_i - r_f$，透過市場超額收益率 (market excess rate of return)，即 $r_m - r_f$，來線性串列達。

$$r_i - r_f = \alpha_i + \beta_i \left(r_m - r_f \right) + e_i \quad (12\text{-}41)$$

可用 Ri 和 Rm 來代表超額收益率。

$$
\begin{aligned}
R_i &= r_i - r_f \\
R_m &= r_m - r_f
\end{aligned}
\tag{12-42}
$$

因此，運算式也可以簡化寫為：

$$R_i = \alpha_i + \beta_i R_m + e_i \tag{12-43}$$

其中，α 為常數；e 為誤差項，它表現了風險資產收益率自身帶有的獨立隨機性；β 為荷載 (loading)，代表了市場超額收益率對於風險資產超額收益率的敏感度；R_m 代表了整體資本市場的表現，例如對於美國股票的分析，可以利用 S&P500 指數表現來大致反映市場狀況。荷載 β_i，可以透過以下推導得到。

$$
\begin{aligned}
\mathrm{cov}(R_i, R_m) &= \mathrm{cov}(\alpha_i + \beta_i R_m + e_i, R_m) \\
&= \mathrm{cov}(\beta_i R_m, R_m) + \mathrm{cov}(e_i, R_m) \\
&= \beta_i \,\mathrm{var}(R_m) = \beta_i \sigma_{R_m}^2
\end{aligned}
\tag{12-44}
$$

因此，可以得出：

$$\beta_i = \frac{\mathrm{cov}(R_i, R_m)}{\sigma_{R_m}^2} = \rho \frac{\sigma_{R_i}}{\sigma_{R_m}} \tag{12-45}$$

在 CAPM 模型理想情況下，α 常數近似為 0，可以忽略。因此，得到下式。

$$\mathrm{E}(R_i) = \beta_i \mathrm{E}(R_m) \tag{12-46}$$

或寫為：

$$\mathrm{E}(r_i) = r_f + \beta_i \left[\mathrm{E}(r_m) - r_f\right] \tag{12-47}$$

這個運算式即為證券市場線 (security market line)。它是 CAPM 模型的理論表現。證券市場線在收益率期望值——荷載 β 的二維圖中定位風險資產的收益與風險相對位置，如圖 12-24 所示。證券市場線基於相對市場風險係數 β 的定位，舉出了理論上風險資產的收益率期望值，並且所有風險資產都應落在證券市場線上。

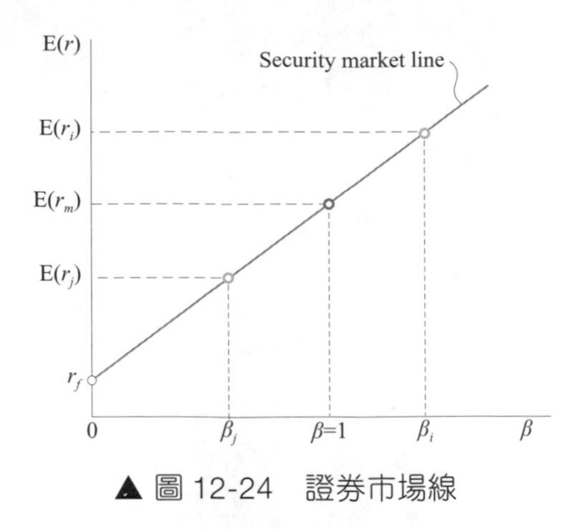

▲ 圖 12-24 證券市場線

證券市場線表現的是風險資產的收益率期望值和相對市場風險之間（由 β 所表現）的關係。β 越大，相對市場的風險越大，相對市場的波動性也越大。

根據證券市場線表明的資訊，理論上可用於判斷一個風險資產的回報是否被高估或低估。風險資產 i 位於證券市場線上方，表示相較於證券市場線提供的理論收益率期望值，它具有較高的回報，因此風險資產 i 價值被低估，可以買入資產 i。另外，風險資產 j 位於證券市場線下方，表示相較於證券市場線提供的理論收益率期望值，它具有較低的回報，因此風險資產 j 價值被低估，可以賣出資產 j。

另外，CAPM 模型揭示了風險資產和市場之間方差的關係。

$$\sigma_{R_i}^2 = \beta_i^2 \sigma_{R_m}^2 + \sigma_{e_i}^2 \quad (12\text{-}48)$$

比較上文所討論的資本分配線 (capital allocation line) 和資本市場線 (capital market line)，讀者需要注意的是證券市場線 (security market line) 所處二維圖的風險指標為 β，代表相對市場的風險，並非資產的總風險 $\sigma_{R_i}^2$。證券市場線並不表現公司自身的風險 $\sigma_{e_i}^2$，這也是容易混淆的地方。相對風險小的資產並不表示總風險小，而相對風險大的資產並不表示總風險大。

β 所揭示的相對市場風險也稱為系統風險 (systematic risk)。而未被系統風險所解釋的，源於資產自身的特定性風險為非系統性風險 (idiosyncratic risk 或 non-systematic risk) 。根據現代金融理論，透過增加投資組合中風險資產的個數，並使之多樣化 (diversification)，可以大大降低組合的非系統性風險。讀者可以回顧第 11 章的相關內容，充分理解多樣化對於降低風險的作用。

如表 12-3 列出了 10 支美股的 β。可以觀察到輝瑞 (PFE) 和麥當勞 (MCD) 具有相同的總風險 (波動性都為 18.5%)，但麥當勞具有較小的相對風險，它的 β 為 0.59，而輝瑞的 β 為 0.63。

表 12-3　10 支個股名稱、收益率、波動性、β 列表

Ticker	Excess return Vol	Long Name	β	$\beta_i\sigma_{R_m}$	$\frac{\beta_i^2\sigma_{R_m}^2}{\sigma_{R_i}^2}$
BA	28.0%	Boeing	1.11	16.4%	34%
COST	20.0%	Costco	0.71	10.5%	28%
DD	36.7%	DuPont de Nemours	1.61	23.9%	42%
DIS	23.5%	Walt Disney Company	1.11	16.4%	49%
JPM	28.9%	JPMorgan	1.35	20.0%	48%
MCD	18.5%	McDonald's	0.59	8.7%	22%
MSFT	25.6%	Microsoft	1.03	15.3%	36%
PFE	18.5%	Pfizer	0.63	9.3%	25%
TIF	36.8%	Tiffany	1.77	26.2%	50%
XOM	17.5%	Exxon Mobil Corp	0.62	9.1%	27%

這 10 支美股中，蒂芙尼 (TIF) 和杜邦 (DD) 具有最高的 β，表示它們有最高的相對風險，這也基本表現在它們的總風險波動性中。表 12-3 中列出了 $\beta \times \sigma_{mkt}$，表現了每個風險資產中系統風險的波動性，即 CAPM 模型所表達出的波動性。市場超額收益的波動性 σ_{R_m} 為 15%。表 12-3 最後一列中列出了每支美股的總風險被系統風險所解釋的比重，而未被解釋的部分來自股票自身的非系統性風險。

CAPM 模型對風險資產的理解帶來了許多好處。然而，它只透過單一因數市場超額收益率及其荷載來描述單一風險資產的收益率期望值和風險。透過表 12-3，讀者或許已感受到單一市場因數所揭示資訊的局限性。但是，基於 CAPM 模型多因數模型也不斷被開發和應用。

在多因數模型中，風險資產的收益率期望值透過線性模型將一系列相關因數 (factor) 結合它們的敏感度 (sensitivity) 來表達。

舉例來說，某風險資產 *i*，透過 *m* 個因數來表達其超額收益率。

$$R_i = \alpha_i + \beta_{i,1}F_1 + \beta_{i,2}F_2 + \cdots + \beta_{i,m}F_m + e_i \tag{12-49}$$

其中，F 為因數的變化量。

Fama-French 三因數模型在 CAPM 模型基礎上加入了第二項 $R_S - R_L$ 和第三項 $R_H - R_L$。其中第二項因數也叫 SMB (Small Minus Big)，它代表了市場中由市值大小區分的大公司和小公司之間的收益差。第三項因數也叫 HML (High Minus Low)，它代表了市場上具有較大帳面 - 市值比 [市淨率 (Price-Book value) 的倒數] 的公司和較小帳面 - 市值比的公司之間的收益差，它的運算式為：

$$R_i = \alpha_i + \beta_{i1}R_M + \beta_{i2}SMB + \beta_{i3}HML + e_i \tag{12-50}$$

感興趣的讀者可以透過以下免費網站下載 Fama-French 模型的研究資料：
https://mba.tuck.dartmouth.edu/pages/faculty/ken.french/data_library.html

並了解更多不用版本的多因數模型。

表 11-3 由以下程式生成。

B2_Ch12_4.py

```
from numpy import sqrt, linspace, corrcoef, zeros
from pandas import read_excel, DataFrame

#%% Read data from excel
```

```
data = read_excel(r'insert_directory\Data_portfolio_2.xlsx')

#%% CAPM beta
Mean = DataFrame.mean(data)*12
Vol = DataFrame.std(data)*sqrt(12)

Singlename_Return = data.iloc[:,1:-2]

MktExcess = data.iloc[:,-2]
RF = data.iloc[:,-1]

Singlename_ExcessReturn = Singlename_Return

n= len(Singlename_Return.columns)

Correlation_v_Mkt = zeros(n)

for k in linspace(0,n-1,n):
    k=int(k)
    Singlename_ExcessReturn.iloc[:,k] = Singlename_Return.iloc[:,k] - RF
    Correlation_v_Mkt[k] = corrcoef(Singlename_ExcessReturn.iloc[:,k].to_
numpy(), MktExcess.to_numpy())[1,0]


Vol_Excess = DataFrame.std(Singlename_ExcessReturn)*sqrt(12)
Vol_Mkt = DataFrame.std(MktExcess)*sqrt(12)


Beta = zeros(n)
Sys_exp_Vol = zeros(n)
Sys_exp_prct = zeros(n)

for k in linspace(0,n-1,n):
    k=int(k)
    Beta[k] = Correlation_v_Mkt[k]*Vol_Excess[k]/Vol_Mkt
    Sys_exp_Vol[k] = Beta[k]*Vol_Mkt
    Sys_exp_prct[k] = Sys_exp_Vol[k]**2/Vol_Excess[k]**2
```

本章延續第 11 章的內容，繼續探討現代投資組合理論，詳細討論了包含無風險產品的投資組合以及無差別效用曲線的內容。這些理論表現了現代投資理念的核心觀點，在很大程度上改變了很多投資者的思維方式。它可以為投資者提供量化的理論依據，從而幫助投資者極佳地理解投資組合的風險，並在此基礎上追求高收益。

第 11 章介紹過組合權重的計算結果對於方差 - 協方差矩陣和收益率期望值的敏感度極高。這導致了資本市場的波動將引起預期參數的變化，因而需要調整權重。本章限於篇幅，並未深入討論投資組合設定再平衡 (portfolio rebalancing)，有興趣的讀者可以自己參考相關書籍。

本章最後介紹了資產定價理論，以 CAPM 模型為代表，透過因數的加入，嘗試透過對因數的收益和風險的量化理解，來揭示風險資產的收益率期望值和風險。這些理論將繁雜豐富的風險資產歸納為若干個重要的因數，從而進一步將管理上千個風險資產的問題歸結為若干因數曝露 (factor exposure) 的管理。資產定價理論不僅適用於單支股票的微觀應用，也可用於揭示某一投資市場或某一資產類別 (asset class) 的巨集觀理解。

備忘

A － C

append()　在列表尾端增加新的物件

arch.arch_model().fit()　ARCH 模型擬合

arch.archmodel.params　列印輸出模型參數

ax.axhline()　繪製水平線

ax.axvline()　繪製垂直線

ax.contour()　繪製平面等高線

ax.contourf()　繪製平面填充等高線

ax.fill_between()　填充線條之間的區域

ax.get_xlim()　獲取 x 軸範圍

ax.get_xticklabels()　獲得 x 軸的標度

ax.get_ylim()　獲取 y 軸範圍

ax.grid(True)　在影像中顯示網格

ax.hist()　繪製柱狀圖

ax.plot_surface()　繪製立體曲面圖

ax.plot_wireframe()　繪製線方塊圖

ax.scatter3D()　繪製三維立體散點圖

ax.set_xlim()　設定 x 軸設定值範圍

ax.zaxis._axinfo["grid"].update()　修改三維網格樣式

cumprod()　計算累積機率

D－I

DataFrame.cumprod()　計算累積回報率

DataFrame.ewm()　計算指數權重移動平均

DataFrame.expanding().std()　產生擴充標準差

DataFrame.ffill()　按前差法補充資料

DataFrame.pct_change()　生成回報率

fig.canvas.draw()　更新繪圖

hist()　生成長條圖

import numpy　匯入運算套件 numpy

isoweekday()　傳回一星期中的每幾點，星期一為 1

M

matplotlib.pyplot.annotate()　在圖中繪製箭頭

matplotlib.patches.Rectangle()　繪製透過定位點以及設定寬度和高度的矩形

matplotlib.pyplot.axes(projection='3d')　定義一個三維座標軸

matplotlib.pyplot.gca().xaxis.set_major_formatter()　設定主標籤格式

matplotlib.pyplot.stem(x,y)　繪製離散資料棉棒圖，x 是位置，y 是長度

matplotlib.pyplot.style.use()　選擇繪圖使用的樣式

matplotlib.pyplot.tight_layout()　自動調整子圖參數，以適應影像區域

mcint.integrate()　計算蒙地卡羅積分

mdates.DayLocator()　設定日期選擇

N

norm.cdf()　計算標準正態分佈累積機率分佈值 CDF

norm.fit()　正態分佈擬合

norm.pdf()　計算標準正態分佈機率分佈值 PDF

norm.ppf()　正態分佈分位點

np.linspace()　產生連續均勻向量數值

np.meshgrid()　產生以向量 x 為行，向量 y 為列的矩陣

np.vectorize()　向量化函數

numpy.arange()　根據指定的範圍以及設定的步進值，生成一個等差陣列

numpy.concatenate()　將多個陣列進行連接

numpy.corrcoef()　計算資料的相關性係數

numpy.cumsum()　產生沿某一軸的資料元素的相加累積值

numpy.dot()　numpy 陣列間點乘

numpy.exp()　計算括號中元素的自然指數

numpy.floor()　計算括號中元素的向下取整數值

numpy.inv(A)　計算方陣反矩陣，相當於 A^(-1)

numpy.linalg.cholesky()　Cholesky 分解

numpy.max()　計算括號中元素的最大值

numpy.meshgrid(x,y)　產生以向量 x 為行，向量 y 為列的矩陣

numpy.min()　計算括號中元素的最小值

numpy.random.choice()　從一組資料中隨機選取元素，並將選取結果放入陣列中傳回

numpy.sqrt()　計算括號中元素的平方根

numpy.zeros()　傳回給定形狀和類型的新陣列，用零填充

P-Q

pandas.date_range()　指定日期範圍

pandas.get_dummies()　轉為指示變數

pandas.read_excel()　提取 Excel 中的資料

pandas.Timedelta()　設定時間增量

pandas.to_datetime()　轉為日期格式

pandas.to_datetime(date, format = "%Y-%m-%d")　依照設定格式轉換產生日期格式資料

plot_wireframe()　繪製三維單色線方塊圖

plotly.graph_objects.Figure()　建立圖形物件

plotly.io.renderers.default = "browser"　設定瀏覽器輸出生成的表格或圖形

plt.rcParams["font.family"] = "Times New Roman"　修改圖片字型

plt.rcParams["font.size"] = "10"　修改圖片字型大小

Prettytable.prettytable()　建立列印表格

qpsolvers.solve_qp　二次最佳化數值求解

quantile()　計算分位數

QuantLib.DiscountingSwapEngine()　把所有的現金流折扣到評估日期，並計算兩端當前值的差

QuantLib.FlatForward().enableExtrapolation()　使用外插法處理曲線

QuantLib.Gsr()　GSR 模型

(Gaussian short rate)　模擬產生未來的收益率曲線

QuantLib.HazardRateCurve()　建構違約曲線

QuantLib.Settings.instance().setEvaluationDate　設定評估日期

S-T

scipy.optimize.Bounds()　定義最佳化問題中的上下約束

scipy.optimize.LinearConstraint()　定義線性限制條件

scipy.optimize.minimize()　最佳化求解最小值

scipy.special.comb(n,k)　從 n 個元素中取出 k 個元素的所有組合的個數

scipy.stats.spearmanr()　計算 spearman 相關係數

seaborn.countplot()　繪製個數統計圖

seaborn.countplot()　繪製橫條圖

seaborn.distplot()　繪製分佈圖

seaborn.heatmap()　繪製熱力圖

seaborn.set()　視覺化個性化設定

Series.resample()　對序列重新組合，可選擇周、雙周、月等參數

Series.rolling().std()　產生流動標準差

sklearn.ensemble.RandomForestRegressor()　隨機森林法填充遺漏值

sklearn.linear_model.Lasso()　套索回歸擬合

sklearn.linear_model.LinearRegression()　線性回歸擬合

sklearn.linear_model.Ridge()　嶺回歸擬合

sklearn.metrics.auc()　計算 AUC 值

sklearn.metrics.confusion_matrix()　評估模型結果

sklearn.metrics.mean_squared_error()　計算均方誤差值

sklearn.metrics.r2_score()　計算決定系數值

sklearn.metrics.roc_curve()　產生 ROC 曲線

sklearn.model_selection.train_test_split()　將資料劃分為訓練資料和測試資料

sklearn.pipeline.Pipeline()　按順序打包並處理各個節點的資料

sklearn.preprocessing.PolynomialFeatures()　生成多項式特徵

slope,intercept,r_value,p_value,std_err = scipy.stats.linregress()　計算最小平方線性回歸，並傳回參數值

sns.distplot()　Seaborn 運算套件繪製分佈圖

to_series()　建立一個索引和值都等於索引鍵的序列